공학수학

강대민 지음

도서출판 GS인터비전

머리말

공학수학은 각종 역학문제, 공학 및 설계문제를 해결하는데, 필수적으로 알아야 하는 내용으로서 수십 년간의 강의 경험을 비롯하여 많은 참고문헌과 도서를 바탕으로 다양한 예제와 함께 체계적으로 이해하기 쉽게 본 도서를 기술하였다.

주요 내용으로서 1장에서는 수학에서 언급되는 기초함수로서 대수함수, 지수함수와 로그함수 및 삼각함수등에 대한 내용이고 2장에서는 벡터와 행렬의 기본 개념과 응용, 3장에서는 미분방정식의 풀이에 직접적으로 관계가 되는 각종 함수들의 미분과 적분에 대하여 설명하였다. 4장에서는 미분방정식중 제일 간단한 1계 미분방정식중 변수분리형방정식, 완전미분방정식 및 1계 선형미분방정식등을 중심으로 한 풀이해법이고 5장, 6장은 2계 및 고계의 제차와 비제차 선형미분방정식의 풀이해법에 대해 정리하였다. 그리고 7장에서는 상수계수를 갖지 않는 미분방정식의 급수해법 및 급수의 응용에 대해, 8장에서는 라플라스 변환에 의한 미분방정석의 풀이법과 특성을 언급하였다. 또한 9장에서는 주기함수와 비 주기함수에 대한 푸리에 급수 및 적분에 대한 내용, 10장은 이전의 장이 상미분방정식인데 반해 편미분방정식으로 표현되는 1차원 파동방정식과 열전도방정식의 풀이법 설명을 하였고 마지막으로 11장에서는 복소수와 복소함수에 대해 정리되었다.

본 도서를 출판하며 최대한 체계적이고 이해하기 쉽게 설명하려고 최선을 다했고 공학수학을 공부하는데 도움이 되었으면 하는 바람이다.

끝으로 이 책을 출판하는데 수고하신 GS인터비전 송기수 사장님을 비롯하여 출판사 관계자님들에게 감사드린다.

2023년 10월

저자 씀

차례

Chapter 1 기초함수 / 1

Chapter 2 벡터와 행렬 / 31

Chapter 3 미분과 적분 / 95

Chapter 4 1계 미분방정식 / 161

Chapter 5 2계 및 고계 제차 선형미분방정식 / 213

Chapter 6 비제차 선형미분방정식 / 259

Chapter 7 거듭제곱급수 해법 / 299

Chapter 8 Laplace 변환 / 351

Chapter 9 푸리에 급수 및 적분 / 393

Chapter 1
기초함수

1.1 대수함수

1.1.1 다항함수

숫자와 문자의 곱으로 이루어진 식을 단항식(monomial)이라하고 이중 숫자로 나눈 식은 단항식이 되지만 문자를 나눈 식은 단항식이 되지 않는다. 그리고 문자에 근호가 있든지 (-)또는 (+)가 포함되어있는 식도 단항식이 아니고 반면 단항식들의 합이나 차로 이루어진 식으로서 단항식의 확대된 식을 다항식(polynomial)이라 하여 n차 다항식은 다음과 같이 표현된다.

$$a_nx^n + a_{n-1}x^{n-1} + \ldots + a_1x + a_0 \qquad \text{식 (1.1)}$$

여기서 $a_n \neq 0$이고 a_n, a_{n-1}, a_{n-2}, … a_0는 그 다항식의 계수(coefficient)라고 하고 n은 차수(degree)라 한다.

이러한 다항식을 전개하는 방법 중 한 문자에 대하여 차수가 높은 항부터 낮은 항까지 나열하여 표시하는 것을 내림차순이라 하고 반대로 한 문자에 대하여 차수가 낮은 항부터 높은 항까지 나열하여 표시하는 것을 오름차순이라 한다. 또한 함수 $f(x)$가 x에 대한 다항식일 때 $y=f(x)$라고 표현하여 이것을 다항함수라고 하고 식 (1.2)를 $f(x)$의 n차다항함수라고 한다.

$$f(x) = a_nx^n + a_{n-1}x^{n-1} + \ldots + a_1x + a_0 \qquad \text{식 (1.2)}$$

가령 $f(x)=2x^5-4x-7$은 x에 대한 5차 함수이고 $g(x)=1+6x-4x^7$은 x에 대한 7차 함수이다.

[예제 1.1] 다음 물음에 답하라.

1. 다음 식의 단항식 여부를 구별하라.

(a) $-xy^5$ (b) $\dfrac{2x^2y^3}{\sqrt{3}}$ (c) $\dfrac{x^5}{y}$ (d) $4x^2+y^3$

[풀이]

(a) 숫자와 문자의 곱으로 이루어졌으므로 단항식이다.

(b) 숫자에 근호가 있으므로 단항식이다.

(c) 분모에 문자 y가 있으므로 단항식이 아니다.

(d) 식의 중간에 (+)가 있으므로 단항식이 아니다.

2. $A=2x+xy$, $B=x^2+y^2+1$일 때 다음 식을 x에 대한 내림차순과 y에 대한 내림차순으로 정리하라.

(a) $A-B$ (b) $2A+3B$ (c) AB

[풀이]

(a) $A-B = (2x+xy)-(x^2+y^2+1) = 2x+xy-x^2-y^2-1$

x에 대한 내림차순: $-x^2+(2+y)x-y^2-1$

y에 대한 내림차순: $-y^2+xy-x^2+2x-1$

(b) $2A+3B = 2(2x+xy)+3(x^2+y^2+1) = 4x+2xy+3x^2+3y^2+3$

x에 대한 내림차순: $3x^2+(4+2y)x+3y^2+3$

y에 대한 내림차순: $3y^2+2xy+3x^2+4x+3$

(c) $AB = (2x+xy)(x^2+y^2+1) = 2x^3+2xy^2+2x+x^3y+xy^3+xy$

x에 대한 내림차순: $(2+y)x^3+(2y^2+2+y^3+y)x$

y에 대한 내림차순: $xy^3+2xy^2+(x^3+x)y+2x^3+2x$

1.1.2 일차함수와 이차함수

n차 다항식중 가장 기본적인 함수로서 a, b가 상수이고 $a \neq 0$일 때 $y=ax+b$로 표현되어 이것을 일차함수(linear function)라고 하고 이때 a를 기울기(slope), b를 y절편(y-intercept)이라고 한다. 주어진 일차함수의 x절편은 함수와 x축과의 교점, y절편은 함수와 y축과의 교점을 뜻하고 두 점 (x_0, y_0)와 (x_1, y_1)을 지나는 일차함수의 기울기는

$$a=\frac{y_1-y_0}{x_1-x_0}$$

가 된다. 이렇게 하여 두 점 (x_0, y_0)와 (x_1, y_1)을 지나는 일차함수는

$$y-y_0=\frac{y_1-y_0}{x_1-x_0}(x-x_0) \qquad \text{식 (1.3)}$$

으로 표현할 수 있다. 이러한 일차함수의 그래프를 그릴때는 일반적으로 $x=0$일 때 y절편을 구하고 $y=0$일 때 x절편을 구하여 두 점을 연결해서 그린다.

[예제 1.2] 다음 두 점을 지나는 일차함수를 구하라.

(a) (1, 1), (3, 7) (b) (2, -1), (4, 5)

[풀이]

(a) 두 점 (1, 1), (3, 7)을 지나므로 기울기는

$$\frac{y_1-y_0}{x_1-x_0}=\frac{7-1}{3-1}=3$$

그러므로 두 점 (1, 1), (3, 7)을 지나는 일차함수는

$$y-y_0=\frac{y_1-y_0}{x_1-x_0}(x-x_0)$$

에서 $y-1=3(x-1)$가 되어 정리하면

$$y=3x-2$$

(b) 두 점 (2, -1), (4, 5)을 지나므로 기울기는

$$\frac{5+1}{4-2}=3$$

두 점을 지나는 일차함수는 $y+1=3(x-2)$가 되어 정리하면

$$y=3x-7$$

a, b, c가 상수, $a \neq 0$이고 $y = ax^2 + bx + c$의 함수를 이차함수(quadratic function)라고 한다. 이러한 이차함수의 표시방법은 다음과 같이 일반형과 표준형으로 나타낼 수 있다.

(1) 일반형 :

$$y = ax^2 + bx + c \ (a,\ b,\ c : \text{상수},\ a \neq 0) \qquad \text{식 (1.4)}$$

(2) 표준형 : 일반형의 $y = ax^2 + bx + c$에서 모양을 변형하면

$$y = a[x^2 + \frac{b}{a}x + (\frac{b}{2a})^2 - (\frac{b}{2a})^2] + c = a(x + \frac{b}{2a})^2 + c - \frac{b^2}{4a}$$

이렇게 하여 $p = -\frac{b}{2a}$, $q = c - \frac{b^2}{4a}$라고 하면

$$y = a(x-p)^2 + q \qquad \text{식 (1.5)}$$

으로 정리할 수 있다.

이차함수의 그래프는 주어진 이차함수를 표준형 이차함수로 나타낸 다음 $y = ax^2$의 그래프를 적절히 평행이동하여 그린다. 즉 이 그래프는 $y = ax^2$에서 x대신 $x-p$, y대신 $y-q$를 대입한 함수로서 $y = ax^2$함수를 x방향으로 p만큼, y방향으로 q만큼 평행이동한 그래프이다.

[예제 1.3] 다음 일반형 이차함수를 표준형 이차함수로 나타내고 특징을 설명하라.

(a) $y = x^2 - 2x + 3$ (b) $y = -2x^2 - 8x + 7$

[풀이]

(a) 주어진 함수를 표준형으로 표시하면 $y = x^2 - 2x + 3 = (x-1)^2 + 2$가 되므로 이 함수는 $y = x^2$의 그래프를 x방향으로 1만큼, y방향으로 2만큼 평행이동한 함수가 된다.

(b) 주어진 함수를 표준형으로 표시하면 $y = -2x^2 - 8x + 7 = -2(x+2)^2 + 15$가 되어 이 함수는 $y = -2x^2$의 그래프를 x방향으로 -2만큼, y방향으로 15만큼 평행이동한 함수가 된다.

1.1.3 합성함수와 역함수

A. 합성함수

두 집합 A, B에서 $f: A \to B$가 함수(function)라 할 때 집합 A를 정의역(domain)으로서 독립변수이고 B는 공역(codomain)이라하여 종속변수로 설명되는 치역은 공역의 한 부분집합이다.

$f: A \to B$와 $g: B \to C$인 두 함수에서 A의 임의의 원소 x에 C의 원소 $g[f(x)]$를 대응시키는 새로운 함수를 f와 g의 합성함수(composition function)라고 하고 아래와 같이 $g \circ f$으로 나타내고

$$g \circ f \ : \ A \to C$$

합성함수는 A의 임의의 원소 x에 대하여

$$g \circ f(x) = g[f(x)] \text{ 혹은 } (g \circ f)(x) = g[f(x)] \qquad \text{식 (1.6)}$$

으로 표현한다.

B. 역함수

정의역이 X이고 치역이 Y인 함수 $y = f(x)$에 대해서 정의역을 Y, 치역을 X로 가지며 $x = g(y)$를 만족하는 함수 g를 f의 역함수(inverse function)라고 하여 일반적으로 f^{-1}으로 나타내고 아래와 같이 표시한다.

$$f^{-1} \ : \ B \to A$$

따라서 함수 $y = f(x)$의 역함수가 존재한다면 다음 식 (1.7)이 성립되고 $y = f(x)$와 $y = f^{-1}(x)$의 그래프는 직선 $y = x$에 대하여 대칭이 된다.

$$y = f(x) \ : \ x = f^{-1}(y) \qquad \text{식 (1.7)}$$

[예제 1.4] 다음 물음에 답하라

1. 함수 $f(x) = 2x^2 - x - 3$, $g(x) = 2x - 6$일 때 합성함수 $g \circ f$, $g \circ g$, $f \circ g$, 를 구하여라.
2. 함수 $y = -x + 2$의 역함수를 구하여라.
3. 함수 $f(x) = x + 2$, $g(x) = 3x - 1$라고 하면 $(g \circ f)^{-1}(x)$를 구하라.
4. 함수 $f(x) = x + 1$, $g(x) = 2x - 1$에서 $(g \circ f)^{-1} = f^{-1} \circ g^{-1}$가 성립됨을 확인하여라.

[풀이]

1. 합성함수 $g \circ f = 2(2x^2-x-3)-6 = 4x^2-2x-12$

$$g \circ g = 2(2x-6)-6=4x-18$$

$$f \circ g = 2(2x-6)^2-(2x-6)-3 = 2(4x^2-24x+36)-2x+6-3$$

$$= 8x^2-50x+75$$

2. 역함수는 x, y를 자리바꿈을 하여

$$x=-y+2 \qquad \therefore\ y=2-x$$

3. 합성함수 $g \circ f = 3(x+2)-1=3x+5$이므로

$$(g \circ f)^{-1}(x) = \frac{x-5}{3}$$

4. 먼저 $g \circ f = 2(x+1)-1=2x+1,\ f^{-1} = x-1,\ g^{-1} = \dfrac{x+1}{2}$ 이 되므로

$$(g \circ f)^{-1} = \frac{x-1}{2}$$

$$f^{-1} \circ g^{-1} = \frac{x+1}{2}-1 = \frac{x-1}{2}$$

따라서

$$(g \circ f)^{-1} = f^{-1} \circ g^{-1}$$

가 성립한다.

1.1.4 유리함수와 무리함수

A. 유리함수

실수 중에서 정수와 분수를 합친 것을 유리수(rational number), 다항식과 분수식을 합쳐서 유리식(rational expression)이라 하고 유리식 가운데서 분모에 문자를 포함하지 않는 것을 다항식, 분모에

문자를 포함하는 것을 분수식이라 한다. 함수 $f(x)$가 x에 대한 유리식일 때 $y=f(x)$를 유리함수(rational function)라 하고 이러한 유리함수는 유리식과 같이 다항함수와 분수함수로 나누어진다. 가령 $y=x^2-1$, $y=x^2-x-1$등은 다항함수가 되고 $y=\frac{x-1}{x^2+3}$, $\frac{1}{x-1}$등은 분수함수가 된다. 즉 $y=f(x)$가 유리함수이면 다항식 $p(x)$, $q(x)$으로서 $y=\frac{p(x)}{q(x)}$ 의 형태로 될 때 $q(x)$가 상수함수이면 $f(x)$는 다항함수, $q(x)$가 1차 이상의 다항함수이면 $f(x)$는 분수함수이다. 또 $f(x)$가 다항함수일때의 정의역은 실수 전체의 집합이고 분수함수인 경우의 정의역은 분모를 0이 되는 x값을 제외한 실수 전체의 집합이 된다. 이러한 유리함수중 분수함수의 그래프를 그리는 방법은 다음과 같다.

가. 가장 간단한 형태의 분수함수[그림 1.1]: $y=\frac{k}{x}(k\neq 0,\ 상수)$

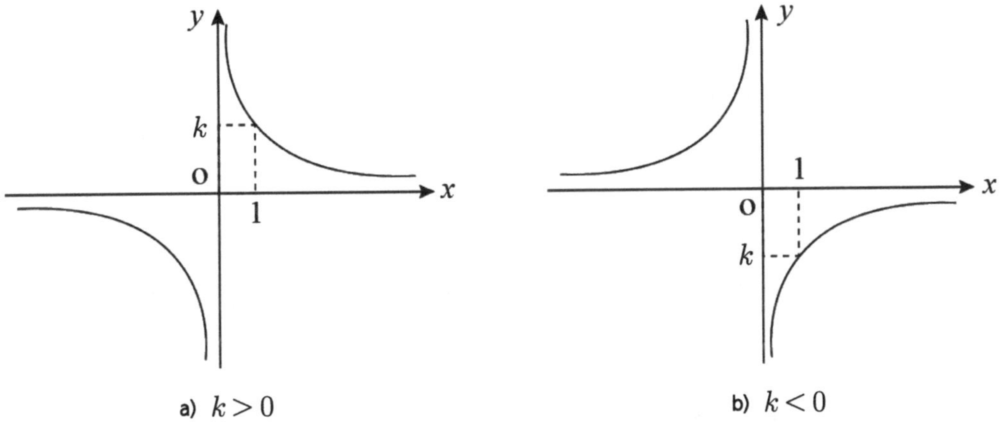

[그림 1.1]

나. $y=\frac{k}{x-a}+b\ (k\neq 0)$의 그래프

이 그래프는 $y=\frac{k}{x}$의 그래프를 x방향으로 a만큼, y방향으로 b만큼 평행이동한 그래프이다.

$y=\dfrac{px+q}{rx+s}$ ($p \neq 0$. p, q , s, t ; 상수)의 그래프

이 그래프는 $px+q$를 $rx+s$로 나누어서 $y=\dfrac{k}{x-a}+b$의 형태로 변환한다. 예를 들어 $y=\dfrac{2x-3}{x+1}$의 그래프를 그리려면

$$y=\frac{2x-3}{x+1} = -\frac{5}{x+1}+2$$

이 그래프는 $y=-\dfrac{5}{x}$의 그래프를 x방향으로 -1만큼, y방향으로 2만큼 평행이동한 그래프가 된다.

[예제 1.5] 다음 물음에 답하라.

1. 다음 함수가 유리함수인지를 판별하라.

$$\text{(a) } y=\frac{x-1}{x^3+\sqrt{2}x-1} \qquad \text{(b) } y=\frac{x+3}{\sqrt{x}-1}$$

[풀이]

(a) 분자, 분모 모두 다항식이므로 유리함수이다.

(b) 분자는 다항식이고 분모는 문자에 근호가 있어 다항식이 아니므로 주어진 식은 유리함수가 아니다.

2. 다음 유리함수의 그래프는 어떤 그래프인지 설명하라.

$$\text{(a) } y=\frac{2x-1}{x+1} \qquad \text{(b) } y=\frac{-3x+2}{x-2}$$

[풀이]

(a) 주어진 식을 변형하면

$y=\dfrac{2x-1}{x+1} = 2-\dfrac{3}{x+1}$이 되므로 이 식은 $y=-\dfrac{3}{x}$의 그래프를 x방향으로 -1만큼, y방향으로 2만큼 평행이동한 그래프이다.

(b) $y=\dfrac{-3x+2}{x-2}$ = $-3-\dfrac{4}{x-2}$이므로 이것은 $y=-\dfrac{4}{x}$의 그래프를 x방향으로 2만큼, y방향으로 -3만큼 평행이동한 그래프이다.

B. 무리함수

유리식과 달리 미지수가 근호 안에 포함되어있는 식을 무리식(irrational expression)이라하고 함수 $f(x)$가 무리식일 때 $y=f(x)$를 무리함수라고 한다. 예를들어 $y=\sqrt{2}x$는 유리함수가 되고 $y=2\sqrt{x}$는 무리함수가 된다. 이러한 무리함수의 그래프는 다음과 같다.

가. 가장 간단한 무리함수 $y=\pm\sqrt{ax}$, $y=\pm\sqrt{-ax}\,(a>0)$의 그래프

(1) $y=\sqrt{ax}$의 그래프는 제 1사분면에 그려진다[그림 1-2(a)].
(2) $y=-\sqrt{ax}$는 $y=\sqrt{ax}$의 그래프를 x축에 대한 대칭이다.
(3) $y=\sqrt{-ax}$는 $y=\sqrt{ax}$의 그래프를 y축에 대한 대칭이다.
(4) $y=-\sqrt{-ax}$는 $y=\sqrt{ax}$의 그래프를 원점에 대한 대칭이다.

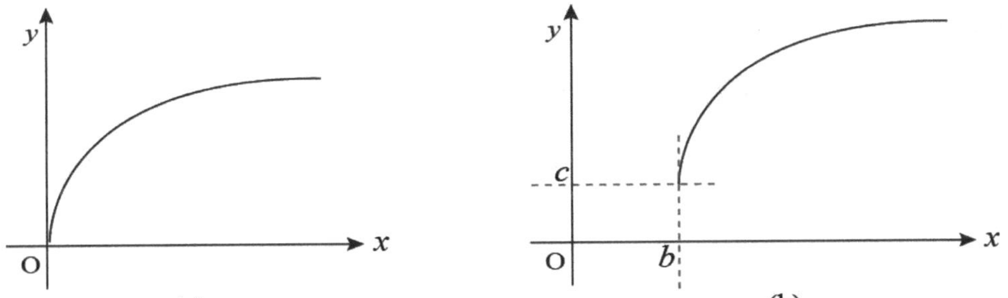

(a) (b)

[그림 1.2]

나. $y=\pm\sqrt{a(x-b)}+c\ (a>0)$의 그래프

이 그래프는 $y=\pm\sqrt{ax}$의 그래프를 x방향으로 b만큼, y방향으로 c만큼 평행이동한 그래프로서 [그림 1.2(b)]와 같이 그릴 수 있다.

[예제 1.6] 다음 물음에 답하여라.

1. 다음 함수가 무리함수인지를 판별하라.

$$(1)\ y=\sqrt{3}x+\frac{1}{4}x^2 \qquad (2)\ y=4\sqrt{x}+3$$

[풀이]

(1) 식 속의 근호 안에 문자가 없으므로 유리함수이다.

(2) 식 속의 근호안에 문자가 있으므로 무리함수이다.

2. 다음 무리함수의 그래프는 어떤 그래프인지 설명하라.

$$(1)\ y=\sqrt{2x-6}+8 \qquad (2)\ y=\sqrt{-x+1}-5$$

[풀이]

(1) 주어진 식을 변형하면

$$y=\sqrt{2x-6}+8 = \sqrt{2(x-3)}+8$$

이 식은 $y=\sqrt{2x}$ 의 함수를 x방향으로 3만큼, y방향으로 8만큼 평행이동한 그래프이다.

(2) $y=\sqrt{-x+1}-5 = \sqrt{-(x-1)}-5$

이 식은 $y=\sqrt{-x}$ 의 함수를 x방향으로 1만큼, y방향으로 -5만큼 평행이동한 그래프가 된다.

1.2 지수함수와 로그함수

1.2.1 지수함수

$a > 0$이고 $a \neq 1$인 경우 x가 실수일 때

$$y = a^x \qquad \text{식 (1.8)}$$

를 지수함수(exponential function)라고 하고 이때 a를 밑 또는 밑수(base), x를 지수(exponent)라 한다.

가. 지수함수 $y = a^x (a > 0,\ a \neq 1)$의 그래프

$y = a^x$의 그래프는 밑수 a의 범위에 따라 $0 < a < 1$인 경우[그림 1.3(b)]와 $a > 1$인 경우[그림 1.3(a)]로 나눌 수 있다. $0 < a < 1$인 경우는 x값이 증가할수록 y값은 감소하고 $a > 1$인 경우는 x값이 증가할수록 y값도 증가한다.

나. 지수함수 $y = a^x (a > 1)$의 대칭이동 그래프

(1) $y = a^{-x} = (\frac{1}{a})^x$은 $y = a^x$의 그래프와 y축에 대한 대칭이다.

(2) $y = -a^x$은 $y = a^x$의 그래프와 x축에 대한 대칭이다.

(3) $y = -a^{-x}$은 $y = a^x$의 그래프와 원점에 대한 대칭이다.

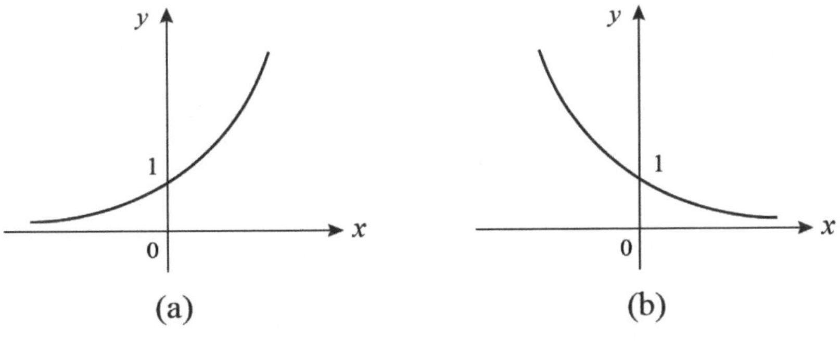

[그림 1.3]

다. 지수방정식과 지수부등식

지수에 미지수가 포함되어있는 방정식을 지수방정식(exponential equation)이라하고 지수방정식의 해는 다음과 같이 구한다.

(1) 밑수가 같은 경우

$a > 0,\ a \neq 1$이고 $a^{f(x)} = a^{g(x)}$이면 $f(x) = g(x)$이다.

(2) 지수가 같은 경우

$a^{f(x)} = b^{f(x)}$이면 $a = b$이다.

(3) 지수가 같고 밑수가 다른 경우

$a \neq b$이고 $a^{f(x)} = b^{f(x)}$이면 $f(x) = 0$이 된다.

지수에 미지수가 포함되어있는 부등식을 지수부등식(exponential inequality)이라하고 이러한 지수부등식의 해는 다음과 같이 구한다.

(1) 밑수를 같게 한다.

(2) 밑수의 크기에 따라 다음과 같이 구한다.

(a) $a > 1$이고 $a^{f(x)} > a^{g(x)}$이면 $f(x) > g(x)$가 된다.

(b) $0 < a < 1$이고 $a^{f(x)} > a^{g(x)}$이면 $f(x) < g(x)$가 된다.

[예제 1.7] 다음 물음에 답하여라.

1. 다음 지수방정식을 풀어라.

$$(1)\ 2^{x^2-2x} = 8 \qquad (2)\ (\frac{1}{5})^{2x-1} = \sqrt{5}$$

[풀이]

(1) 주어진 식을 밑수가 같게 변형하면

$$2^{x^2-2x} = 8 = 2^3 \text{가 되므로 } x^2 - 2x = 3$$

$$\therefore\ x = 3 \text{ 혹은 } -1$$

(2) 주어진 식을 밑수가 같게 변형하면

$$(5)^{-2x+1} = (5)^{\frac{1}{2}} \quad \therefore\ -2x+1 = \frac{1}{2}$$

$$\therefore\ x = \frac{1}{4}$$

2. 다음 지수 부등식을 풀어라.

$$(1)\ 3^{2x-1} > 3^{x-1} \qquad (2)\ (\frac{1}{2})^{x-3} > 2^{3x}$$

[풀이]

(1) 밑수가 동일하고 1보다 크므로

$$2x-1 > x-1$$

$$\therefore\ x > 0$$

(2) 밑수를 같게 만들기 위해 변형하면

$$(\frac{1}{2})^{x-3} = 2^{-x+3} > 2^{3x}$$

$$\therefore\ -x+3 > 3x$$

$$\therefore\ \frac{3}{4} > x$$

1.2.2 로그함수

$a > 0,\ a \neq 1$이고 동시에 $x > 0$인 x에 대하여 $a^y = x$이면

$$y = \log_a x \qquad \text{식 (1.9)}$$

로 되고 이것을 y를 a를 밑으로 하는 로그함수(logarithmic function)라 하여 이때 x를 $\log_a x$의 진수(antilogarithm)라 한다. 이때 $a > 0,\ a \neq 1$이며 $x > 0,\ y > 0$일 때 다음 성질이 성립된다.

가. $\log_a 1 = 0,\ \log_a a = 1$

나. $\log_a x + \log_a y = \log_a xy$

다. $\log_a x - \log_a y = \log_a \frac{x}{y}$

라. $\log_a x^k = k\log_a x$ (k는 상수)

마. $b > 0,\ b \neq 1$일 때 $\log_a x = \dfrac{\log_b x}{\log_b a}$

로그함수인 $\log_a x$에 대해 수학에서 가장 많이 사용하는 함수는 a =10인 경우와 $a=e$인 경우이다. 여기서 a = 10인 경우의 로그함수를 상용로그(common logarithm)라고 하여 다음과 같이 밑수 10을 생략한다.

$$y=\log_{10}x = \log x$$

밑수가 e인 로그를 자연로그(natural logarithm)하고 하여 다음과 같이 밑수를 표시하지 않고 ln을 사용한다.

$$y=\log_e x = \ln x$$

여기서 e는 $\lim_{x\to 0}(1+x)^{\frac{1}{x}}$로 표현되며 값은 e = 2.718 ... 이 된다.

가. 로그함수 $\log_a x(a>0,\ a\neq 1)$의 그래프

로그함수의 그래프는 밑수 $a>1$인 경우와 $0<a<1$인 경우에 대해 나누어진다.
$a>1$인 경우 [그림 1.4(a)]는 x값이 증가하면 y값도 증가하지만 $0<a<1$인 경우 [그림 1-4(b)] 대해서는 x값이 증가하면 y값은 감소한다.

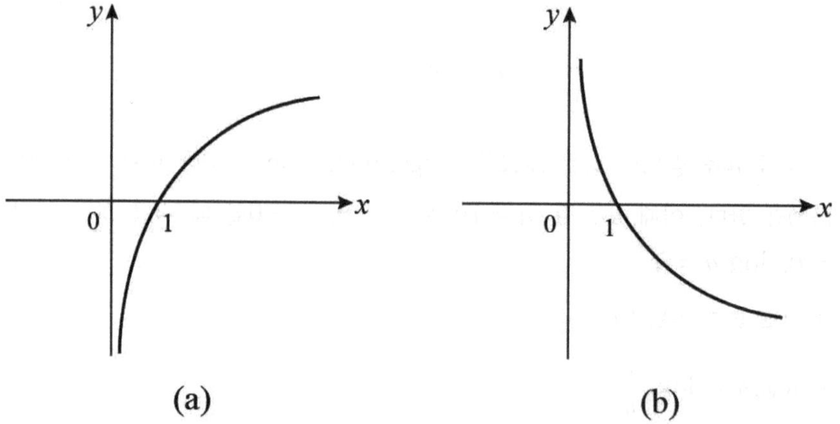

[그림 1.4]

나. 로그함수 $\log_a x(a > 1)$ 그래프의 대칭이동

이러한 로그함수의 대칭이동 그래프는 다음과 같은 특징이 있다.

(1) $\log_a(-x)$: $\log_a x$와 y축에 대하여 대칭이다.

(2) $-\log_a x$: $\log_a x$와 x축에 대하여 대칭이다.

(3) $-\log_a(-x)$: $\log_a x$와 원점에 대하여 대칭이다.

로그의 진수 또는 밑수에 미지수를 포함된 방정식을 로그방정식(logarithmic equation)이라 하고 이 해는 다음과 같이 구한다.

가. 밑수가 같은 경우

가령 $\log_a f(x) = \log_a g(x)$이면 $f(x) = g(x)$가 된다. 여기서 $f(x)$, $g(x) > 0$를 만족하는 값만 해가 된다.

나. 로그가 없는 항이 있는 경우

예를 들면 $\log_a f(x) = b$이면 $f(x) = a^b$로 해서 푼다. 단 $f(x) > 0$를 만족하는 값만 해가 된다. 이에 반해 로그의 진수 또는 밑수에 미지수가 포함된 부등식을 로그부등식(logarithmic inequality)이라 한다.

$a > 0$, $a \neq 1$일 때 로그부등식의 해는 다음과 같이 구한다.

(1) $\log_a f(x) < \log_a g(x)$인 경우에 대해서는

$a > 1$ 일때는 $0 < f(x) < g(x)$

$0 < a < 1$ 일때는 $f(x) > g(x) > 0$

(2) $\log_a f(x) < b$인 경우에는

$a > 1$ 일때는 $0 < f(x) < a^b$

$0 < a < 1$ 일때는 $f(x) > a^b$

[예제 1.8] 다음 물음에 답하여라.

1. 다음 식을 간단히 하라.

(1) $\log_3 \frac{1}{6} + \log_3 \frac{2}{3}$ (2) $\log_2 \frac{1}{6} - \log_2 \frac{1}{3}$ (3) $\log_2 6 + \log_4 8$

[풀이]

(1) $\log_3\frac{1}{6}+\log_3\frac{2}{3}$ = $\log_3(\frac{1}{6}\times\frac{2}{3})$ = $\log_3\frac{1}{9}$

= $\log_3 3^{-2}$ = -2

(2) $\log_2\frac{1}{6}-\log_2\frac{1}{3}$ = $\log_2(\frac{1}{6}\times(\frac{1}{3})^{-1})$ = $\log_2\frac{1}{2}$ = -1

(3) $\log_4 8=\frac{\log_2 8}{\log_2 4}$= $\frac{3}{2}$= $\log_2 2^{\frac{3}{2}}$이므로

$\log_2 6+\log_4 8$ = $\log_2(6\times2\sqrt{2})=\log_2 12\sqrt{2}$

2. 다음 로그방정식을 풀어라.

(1) $\log_3(x+1)+\log_3(x-2)=\log_3 4$ (2) $\log_2(x^2+x)=1$

(3) $\log_5(x+2)=\log_5(x^2+x)$

[풀이]

(1) $\log_3(x+1)+\log_3(x-2)=\log_3(x+1)(x-2)$이므로

$(x+1)(x-2)=4$

x를 구하면

$$x=3,\ \ -2$$

로그의 성질에서 $x>2$이므로

$$x=3$$

(2) 이 식을 정리하면

$$x^2+x-2=0$$

따라서

$$\therefore\ x=1,\ \ -2$$

(3) 주어진 식에서

$$x+2=x^2+x \qquad \therefore\ x=\pm\sqrt{2}$$

3. 다음 부등식을 풀어라.

(1) $\log_3(x+2) < \log_3(2x-4)$ (2) $\log_{\frac{1}{2}}x+\log_{\frac{1}{2}}(x-1) < 2$

[풀이]

(1) 밑수가 1보다 큰 수이고

$$x+2 < 2x-4$$
$$\therefore\ x > 6$$

(2) 밑수가 1보다 작은 수이므로

$$x(x-1) > (\frac{1}{2})^2$$

$$\therefore\ x > \frac{1+\sqrt{2}}{2},\ \text{혹은}\quad x < \frac{1-\sqrt{2}}{2}$$

로그의 성질에서 $x > 1$이므로

$$\therefore\ x > \frac{1+\sqrt{2}}{2}$$

1.3 삼각함수

1.3.1 삼각함수의 정의

중심이 O이고 반지름이 r인 원을 그려 원주상에 두 점 A, B를 지정하면 호 AB가 발생하는데 이 때 호의 길이 AB가 r이라하면 $\angle AOB$는 반지름 r애 관계없이 일정하게 된다. 여기서 $\angle AOB$의 크기를 1라디안(radian) 혹은 1호도라고 이를 단위로 각도를 재는 법을 호도법(circular measure)이라 하는 반면 직각을 $\dfrac{1}{90}$로 나눈 값을 1도(degree)라고 정의하는 것을 육십분법(sexadecimal system)이라 한다. 가령 반지름이 r인 원인 경우 원의 둘레는 $2\pi r$이므로 다음 관계식이 성립한다.

$$360^0 = 2\pi\text{라디안} \qquad \therefore\ 180^0 = \pi\text{라디안}$$

따라서

$$1\text{라디안} = \frac{180^0}{\pi} = 57^0 17' 45'',\ 1^0 = \frac{\pi}{180}\text{라디안} \qquad \text{식 (1.10)}$$

이렇게 하여 육십분법으로 표시된 각도와 호도법으로 표현된 각도를 서로 변환할 때 사용되는 식은 다음과 같다.

(1) 육십분법으로 나타난 각도 α^0를 호도법으로 나타낼 때

$$\alpha^0 \times \frac{\pi}{180}(rad)$$

(2) 호도법으로 나타난 각도 β라디안을 육십분법으로 나타낸 때

$$\beta \times \frac{180^0}{\pi}$$

x축의 양의 방향과 각도 θ로 이루는 직선과 중심이 원점이고 반지름이 r인 원의 교점을 $P(x,\ y)$라고 한다면 삼각함수(trigonoetric function)는 다음과 같이 정의한다.

$$\sin\theta = \frac{y}{r},\ \cos\theta = \frac{x}{r},\ \tan\theta = \frac{y}{x}$$

가 되고 이것을 이용하면

$$\csc\theta = \frac{1}{\sin\theta} = \frac{r}{y},\ \sec\theta = \frac{1}{\cos\theta} = \frac{r}{x},\ \cot\theta = \frac{1}{\tan\theta} = \frac{x}{y}$$

이며 대표적인 삼각함수의 값으로서 각도 θ가 1사분면에 위치한 $\theta = 0, \frac{\pi}{6}, \frac{\pi}{4}, \frac{\pi}{3}, \frac{\pi}{2}$에 대한 값을 [표 1.1]에 표시하였다.

[표 1.1] 대표적인 삼각함수의 값

angle / function	0	$\frac{\pi}{6}$	$\frac{\pi}{4}$	$\frac{\pi}{3}$	$\frac{\pi}{2}$
$\sin\theta$	0	$\frac{1}{2}$	$\frac{\sqrt{2}}{2}$	$\frac{\sqrt{3}}{2}$	1
$\cos\theta$	1	$\frac{\sqrt{3}}{2}$	$\frac{\sqrt{2}}{2}$	$\frac{1}{2}$	0
$\tan\theta$	0	$\frac{\sqrt{3}}{3}$	1	$\sqrt{3}$	

[예제 1.9] 다음 물음에 답하여라.

1. 다음 육십법을 호도법으로, 호도법을 육십법으로 나타내어라.

   (1) 20^0　　(2) $\frac{5}{2}\pi$

2. 다음 삼각함수의 값을 구하라.

   (1) $\sec\frac{\pi}{6}$　　(2) $\cot\frac{\pi}{4}$

3. $0 < \theta < \frac{\pi}{2}$인 상태에서 $\sin\theta = \frac{1}{3}$일 때 아래 값들을 구하여라.

   (1) $\cos\theta$　　(2) $\tan\theta$　　(3) $\sec\theta$　　(4) $\csc\theta$

[풀이]

1. (1) 육십법을 호도법으로 바꿀 때의 식에서

$$\alpha^0 \times \frac{\pi}{180}(rad) = 20^0 \times \frac{\pi}{180} = \frac{\pi}{90}(rad)$$

(2) 호도법을 육십법으로 나타낼 때

$$\beta \times \frac{180^0}{\pi} = \frac{5}{2}\pi \times \frac{180^0}{\pi} = 450^0$$

2. (1) $\sec\frac{\pi}{6} = \frac{1}{\cos\frac{\pi}{6}} = \frac{2}{\sqrt{3}} = \frac{2\sqrt{3}}{3}$ (2) $\cot\frac{\pi}{4} = \frac{1}{\tan\frac{\pi}{4}} = 1$

3. $\sin\theta = \frac{1}{3}$이므로 삼각형으로 표시하면

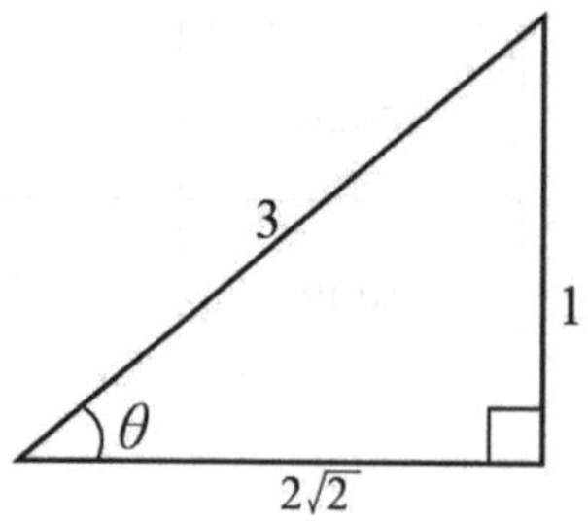

(1) $\cos\theta = \frac{2\sqrt{2}}{3}$ (2) $\tan\theta = \frac{1}{2\sqrt{2}} = \frac{\sqrt{2}}{4}$

(3) $\sec\theta = \frac{3}{2\sqrt{2}} = \frac{3\sqrt{2}}{4}$ (4) $\csc\theta = \frac{3}{1} = 3$

1.3.2 삼각함수의 성질

삼각함수중 $y=\sin(x^2)$은 $y=\sin x^2$으로, $y=(\sin x)^2$는 $y=\sin^2 x$라고 괄호를 없애고 표현한다고 하면 삼각함수의 정의로부터 다음과 같은 성질이 성립된다.

1. $\sin^2 x+\cos^2 x = (\frac{y}{r})^2+(\frac{x}{r})^2 = \frac{x^2+y^2}{r^2}=\frac{r^2}{r^2} = 1$

2. 위 식에서 양변에 $\cos^2 x$를 나누면

$$\frac{\sin^2 x}{\cos^2 x}+1=\frac{1}{\cos^2 x}, \quad \therefore \tan^2 x+1=\sec^2 x$$

3. 양변에 $\sin^2 x$를 나누면

$$1+\frac{\cos^2 x}{\sin^2 x}=\frac{1}{\sin^2 x}, \qquad \therefore \ \cot^2 x+1=\csc^2 x$$

가 되고 이러한 삼각함수의 기본공식을 정리하면 다음 [요약 1.1]과 같다.

[요약 1.1] 삼각함수의 기본공식

(1) $\sin^2 x+\cos^2 x = 1$

(2) $\tan^2 x+1=\sec^2 x$

(3) $\cot^2 x+1=\csc^2 x$

다음은 각 θ에 따라 $\sin\theta$, $\cos\theta, \tan\theta$에 대한 성질을 알아본다.

1. 각이 $2n\pi+\theta$(n는 정수)인 경우

이 경우는 [그림 1.5(a)]와 같이 각이 θ인 경우와 동경이 일치하므로

$$\sin(\theta+2n\pi) = \sin\theta, \ \cos(\theta+2n\pi) = \cos\theta$$

2. 각이 $n\pi+\theta$(n는 정수)인 경우[그림 1.5(b) 참고]

① n가 홀수인 경우 : $\pi+\theta$와 동경이 일치한다.

$\sin(\theta+\pi) = -\sin\theta$, $\cos(\theta+\pi) = -\cos\theta$가 되고 탄젠트에 대해서는

$$\tan(n\pi+\theta) = \tan(\pi+\theta) = \tan\theta$$

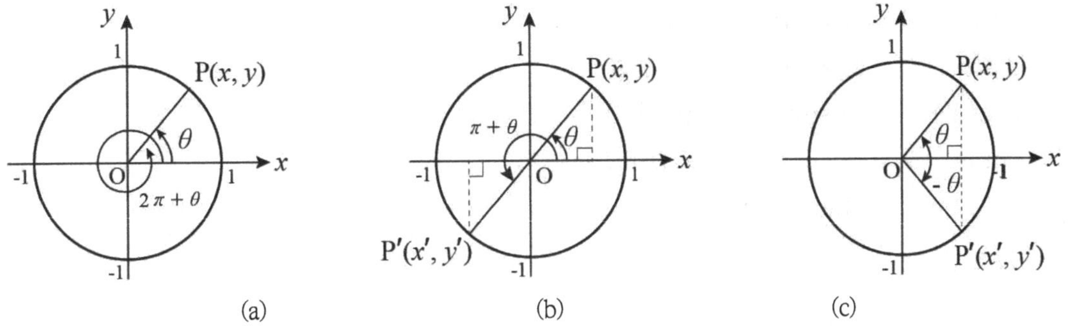

[그림 1.5]

② n가 짝수인 경우 : θ와 동경이 일치한다.

$$\tan(n\pi+\theta) = \tan\theta$$

3. 각이 $-\theta$인 경우

이 경우는 [그림 1-5(c)]와 같이 단위원과 각 θ의 동경과 만나는 점을 $P(x,\ y)$, $-\theta$의 동경과 만나는 점을 $P'(x',\ y')$라고 하면 P와 P'는 x축에 대해 대칭이므로

$$\sin(-\theta) = -\sin\theta,\quad \cos(-\theta) = \cos\theta,\ \tan(-\theta) = -\tan\theta$$

그러므로 삼각함수의 기본성질과 덧셈정리를 요약하면 각각 [요약 1.2]와 [요약 1.3]으로 정리할 수 있다.

[요약 1.2] 삼각함수의 기본성질

(1) $\sin(\theta+2n\pi) = \sin\theta,\ \cos(\theta+2n\pi) = \cos\theta,\ \tan(\theta+n\pi) = \tan\theta$

(2) $\sin(\theta+\pi) = -\sin\theta,\ \cos(\theta+\pi) = -\cos\theta,\ \tan(\pi+\theta) = \tan\theta$

(3) $\sin(\pi-\theta) = \sin\theta,\ \cos(\pi-\theta) = -\cos\theta,\ \tan(\pi-\theta) = -\tan\theta$

(4) $\sin(-\theta) = -\sin\theta,\ \cos(-\theta) = \cos\theta,\ \tan(-\theta) = -\tan\theta$

(5) $\sin(\frac{\pi}{2}+\theta) = \cos\theta,\ \cos(\frac{\pi}{2}+\theta) = -\sin\theta,\ \tan(\frac{\pi}{2}+\theta) = -\cot\theta$

(6) $\sin(\frac{\pi}{2}-\theta) = \cos\theta,\ \cos(\frac{\pi}{2}-\theta) = \sin\theta,\ \tan(\frac{\pi}{2}-\theta) = \cot\theta$

[요약 1.3] 삼각함수의 덧셈정리

(1) $\sin(\alpha+\beta)=\sin\alpha\cos\beta+\cos\alpha\sin\beta$

(2) $\sin(\alpha-\beta)=\sin\alpha\cos\beta-\cos\alpha\sin\beta$

(3) $\cos(\alpha+\beta)=\cos\alpha\cos\beta-\sin\alpha\sin\beta$

(4) $\cos(\alpha-\beta)=\cos\alpha\cos\beta+\sin\alpha\sin\beta$

(5) $\tan(\alpha+\beta)=\dfrac{\tan\alpha+\tan\beta}{1-\tan\alpha\tan\beta}$

(6) $\tan(\alpha-\beta)=\dfrac{\tan\alpha-\tan\beta}{1+\tan\alpha\tan\beta}$

[요약 1.3]의 삼각함수의 덧셈정리에서 $\alpha=\beta$로 하면 다음과 같이 배각공식(formula of multiple angle)을 얻을 수 있다.

(1) $\sin(\alpha+\beta)=\sin\alpha\cos\beta+\cos\alpha\sin\beta$에서

$$\sin 2\alpha = 2\sin\alpha\cos\alpha$$

(2) $\cos(\alpha+\beta)=\cos\alpha\cos\beta-\sin\alpha\sin\beta$에서

$$\begin{aligned}\cos 2\alpha &= \cos^2\alpha-\sin^2\alpha \\ &= 1-2\sin^2\alpha = 2\cos^2\alpha-1\end{aligned}$$

(3) $\tan(\alpha+\beta)=\dfrac{\tan\alpha+\tan\beta}{1-\tan\alpha\tan\beta}$에서

$$\tan 2\alpha = \frac{2\tan\alpha}{1-\tan^2\alpha}$$

[요약 1.4] 삼각함수의 배각공식

(1) $\sin 2\alpha = 2\sin\alpha\cos\alpha$

(2) $\cos 2\alpha = 1-2\sin^2\alpha = 2\cos^2\alpha-1$

(3) $\tan 2\alpha = \dfrac{2\tan\alpha}{1-\tan^2\alpha}$

위의 삼각함수의 배각공식의 두 번째 식(2)에서 α대신에 $\dfrac{\alpha}{2}$를 대입하면

$$\cos\alpha = 1-2\sin^2\frac{\alpha}{2} \qquad \therefore\ \sin^2\frac{\alpha}{2} = \frac{1-\cos\alpha}{2}$$

$$\cos\alpha = 2\cos^2\frac{\alpha}{2}-1 \qquad \therefore\ \cos^2\frac{\alpha}{2} = \frac{1+\cos\alpha}{2}$$

윗 식을 이용하면

$$\tan^2\frac{\alpha}{2} = \frac{\sin^2\frac{\alpha}{2}}{\cos^2\frac{\alpha}{2}} = \frac{\frac{1-\cos\alpha}{2}}{\frac{1+\cos\alpha}{2}} = \frac{1-\cos\alpha}{1+\cos\alpha}$$

가 되어 이것을 반각공식(formula of half angle)이라 하고 [요약 1.5]에 정리하였다.

[요약 1.5] 삼각함수의 반각공식

(1) $\sin^2\dfrac{\alpha}{2} = \dfrac{1-\cos\alpha}{2}$

(2) $\cos^2\dfrac{\alpha}{2} = \dfrac{1+\cos\alpha}{2}$

(3) $\tan^2\dfrac{\alpha}{2} = \dfrac{1-\cos\alpha}{1+\cos\alpha}$

삼각함수에서 곱을 합 또는 차로 표현하기 위해 삼각함수의 덧셈정리

$$\sin(\alpha+\beta) = \sin\alpha\cos\beta + \cos\alpha\sin\beta$$
$$\sin(\alpha-\beta) = \sin\alpha\cos\beta - \cos\alpha\sin\beta$$

에서 두 식을 합하거나 빼면

$$\sin\alpha\cos\beta = \frac{1}{2}[\sin(\alpha+\beta) + \sin(\alpha-\beta)]$$

$$\cos\alpha\sin\beta = \frac{1}{2}[\sin(\alpha+\beta) - \sin(\alpha-\beta)]$$

그리고

$$\cos(\alpha+\beta) = \cos\alpha\cos\beta - \sin\alpha\sin\beta$$
$$\cos(\alpha-\beta) = \cos\alpha\cos\beta + \sin\alpha\sin\beta$$

에서 두 식을 합하거나 빼면

$$\cos\alpha\cos\beta = \frac{1}{2}[\cos(\alpha+\beta) + \cos(\alpha-\beta)]$$

$$\sin\alpha\sin\beta = -\frac{1}{2}[\cos(\alpha+\beta) - \cos(\alpha-\beta)]$$

로 되어 이 결과를 [요약 1.6]에 정리하였다.

[요약 1.6] 삼각함수에서 곱을 합 또는 차로 변환

(1) $\sin\alpha\cos\beta = \frac{1}{2}[\sin(\alpha+\beta)+\sin(\alpha-\beta)]$

(2) $\cos\alpha\sin\beta = \frac{1}{2}[\sin(\alpha+\beta)-\sin(\alpha-\beta)]$

(3) $\cos\alpha\cos\beta = \frac{1}{2}[\cos(\alpha+\beta)+\cos(\alpha-\beta)]$

(4) $\sin\alpha\sin\beta = -\frac{1}{2}[\cos(\alpha+\beta)-\cos(\alpha-\beta)]$

[요약 1.6]에서 아래와 같이 두면

$$\alpha \Rightarrow \frac{\alpha+\beta}{2}, \quad \beta \Rightarrow \frac{\alpha-\beta}{2}$$

$\alpha+\beta = \alpha$, $\alpha-\beta = \beta$가 되므로 다음과 같이 합 또는 차를 곱으로 바꾸는 공식을 얻을 수 있다.

[요약 1.7] 삼각함수에서 합 또는 차를 곱으로 변환

(1) $\sin\alpha+\sin\beta=2\sin\frac{\alpha+\beta}{2}\cos\frac{\alpha-\beta}{2}$

(2) $\sin\alpha-\sin\beta=2\cos\frac{\alpha+\beta}{2}\sin\frac{\alpha-\beta}{2}$

(3) $\cos\alpha+\cos\beta=2\cos\frac{\alpha+\beta}{2}\cos\frac{\alpha-\beta}{2}$

(4) $\cos\alpha-\cos\beta=2\sin\frac{\alpha+\beta}{2}\sin\frac{\alpha-\beta}{2}$

[예제 1.10] 다음 물음에 답하여라.

1. α는 제 1사분면, β는 제 2사분면의 각이라고 할 때 $\sin\alpha=\frac{2}{3}$, $\sin\beta=\frac{1}{4}$이라 할 때 다음을 구하라.

(1) $\sin(\alpha-\beta)$ (2) $\cos(\alpha+\beta)$ (3) $\tan(\alpha+\beta)$

2. α는 제3사분면의 각이고 $\sin\alpha = -\frac{1}{3}$이라고 할 때 다음을 구하라.

(1) $\sin2\alpha$ (2) $\cos2\alpha$ (3) $\sin\frac{\alpha}{2}$ (4) $\cos\frac{\alpha}{2}$

3. 곱을 합 또는 차로 바꾸는 성질을 이용하여 다음의 값을 구하여라.

$\cos45^0\sin15^0$

4. 합 또는 차를 곱으로 바꾸는 성질을 이용하여 다음의 값을 구하여라.

$\sin45^0 + \sin15^0$

[풀이]

1. 주어진 조건에서 $\cos\alpha = \frac{\sqrt{5}}{3}$, $\cos\beta = -\frac{\sqrt{15}}{4}$이므로

(1) $\sin(\alpha-\beta) = \sin\alpha\cos\beta - \cos\alpha\sin\beta$

$= \frac{2}{3}\times(-\frac{\sqrt{15}}{4}) - \frac{\sqrt{5}}{3}\times\frac{1}{4} = \frac{-2\sqrt{15}-\sqrt{5}}{12}$

(2) $\cos(\alpha+\beta) = \cos\alpha\cos\beta - \sin\alpha\sin\beta$

$= \frac{\sqrt{5}}{3}\times(-\frac{\sqrt{15}}{4}) - \frac{2}{3}\times\frac{1}{4} = \frac{-5\sqrt{3}-2}{12}$

(3) $\tan\alpha = \frac{2}{\sqrt{5}}$, $\tan\beta = -\frac{1}{\sqrt{15}}$ 이므로

$$\tan(\alpha+\beta) = \frac{\tan\alpha+\tan\beta}{1-\tan\alpha\tan\beta} = \frac{\frac{2}{\sqrt{5}}-\frac{1}{\sqrt{15}}}{1+\frac{2}{\sqrt{5}}\times\frac{1}{\sqrt{15}}} = \frac{2\sqrt{15}-\sqrt{5}}{\sqrt{75}+2}$$ (분모 유리화 필요)

2. $\cos\alpha = -\frac{\sqrt{8}}{3}$이므로

(1) $\sin2\alpha = 2\sin\alpha\cos\alpha = 2\times\left(-\frac{1}{3}\right)\times\left(-\frac{\sqrt{8}}{3}\right) = \frac{4\sqrt{2}}{9}$

(2) $\cos 2\alpha = 1-2\sin^2\alpha = 1-2\times\left(-\frac{1}{3}\right)^2 = \frac{7}{9}$

(3) $\sin^2\frac{\alpha}{2} = \frac{1-\cos\alpha}{2} = \frac{1+\frac{\sqrt{8}}{3}}{2} = \frac{3+2\sqrt{2}}{6}$

$\therefore\ \sin\frac{\alpha}{2} = \sqrt{\frac{3+2\sqrt{2}}{6}} = \frac{1+\sqrt{2}}{\sqrt{6}} = \frac{\sqrt{6}+2\sqrt{3}}{6}$

(4) $\cos^2\frac{\alpha}{2} = \frac{1+\cos\alpha}{2} = \frac{1-\frac{\sqrt{8}}{3}}{2} = \frac{3-2\sqrt{2}}{6}$

$\therefore\ \cos\frac{\alpha}{2} = \sqrt{\frac{3-2\sqrt{2}}{6}} = \frac{-1+\sqrt{2}}{\sqrt{6}} = \frac{-\sqrt{6}+2\sqrt{3}}{6}$

3. $\cos\alpha\sin\beta = \frac{1}{2}[\sin(\alpha+\beta)-\sin(\alpha-\beta)]$에서 $\alpha=45^0$, $\beta=15^0$이므로

$\therefore\ \cos\alpha\sin\beta = \frac{1}{2}(\sin 60^0-\sin 30^0) = \frac{1}{2}\left(\frac{\sqrt{3}}{2}-\frac{1}{2}\right)$

$= \frac{\sqrt{3}-1}{4}$

4. $\sin\alpha+\sin\beta=2\sin\frac{\alpha+\beta}{2}\cos\frac{\alpha-\beta}{2}$에서

$\sin 45^0+\sin 15^0 = 2\sin 30^0\cos 15^0 = \cos 15^0$ 가 된다.

여기서 반각공식을 이용하면

$\cos^2 15^0 = \frac{1+\cos 30^0}{2} = \frac{1+\frac{\sqrt{3}}{2}}{2} = \frac{2+\sqrt{3}}{4}$

$\therefore\ \cos 15^0 = \sqrt{\frac{2+\sqrt{3}}{4}} = \frac{\sqrt{2+\sqrt{3}}}{2}$

$\therefore\ \sin 45^0+\sin 15^0 = \frac{\sqrt{2+\sqrt{3}}}{2}$

1장 연습문제

1. $A = x - xy^2$, $B = 2x^3 + xy - 4$, $C = 3x - y$일 때 다음 식을 x에 대한 내림차순과 y에 대한 내림차순으로 정리하라.

   (1) $A + B + C$ (2) $(A+B)C$ (3) $A - 4B - C$

2. 다음 일반형 이차함수를 표준형 이차함수로 나타내고 그 그래프를 그려라.

$$y = 4x^2 + x - 1$$

3. 함수 $f(x) = x^2 + 4x - 1$, $g(x) = x + 5$일 때 합성함수 $g \circ f$, $g \circ g$, $f \circ g$등을 구하여라.

4. 함수 $f(x) = y = 4x - 7$의 역함수를 구하고 함수 $g(x) = x^2 - 1$라고 하면 $(g \circ f)^{-1}(x)$를 구하라.

5. 다음 지수방정식과 지수 부등식을 풀어라.

   (1) $2^{x^2 - x} = 64$ (2) $(\frac{1}{3})^{-2x+1} = \sqrt{3}$ (3) $5^{x-1} > 5^{x^2}$ (4) $(\frac{1}{7})^{x^2-6} > 7^x$

6. θ가 3사분면인 상태에서 $\sin\theta = -\frac{1}{5}$일 때 아래 값들을 구하여라.

   (1) $\cos\theta$ (2) $\tan\theta$ (3) $\sec\theta$ (4) $\csc\theta$ (5) $\mathrm{cot}an\theta$

7. α는 제 1사분면, β는 제 4사분면의 각이라고 할 때 $\sin\alpha = \frac{1}{2}$, $\sin\beta = -\frac{1}{5}$이라 할 때 다음을 구하라.

   (1) $\sin(\alpha + \beta)$ (2) $\sin(\alpha - \beta)$ (3) $\cos(\alpha - \beta)$ (4) $\tan(\alpha - \beta)$

8. 합 또는 차를 곱으로 바꾸는 성질을 이용하여 다음의 값을 구하여라.

$$\sin 75^0 - \sin 15^0$$

Chapter 2

벡터와 행렬

2.1 벡터

2.1.1 벡터의 기본

선분의 길이, 질량, 온도, 습도, 면적등과 같은 크기만을 가지는 양을 스칼라(scalar)양이라고 하고 힘, 속도, 가속도등과 같은 크기와 방향을 가지는 양을 벡터(vector)양이라고 한다. 벡터를 표시할 때는 $\overrightarrow{AB}$, $\overrightarrow{CD}$의 모양으로 표시하고 간단히 $\vec{a}$, $\vec{b}$, $\vec{c}$라고도 표시한다. $\overrightarrow{AB}$라고 표시하는 경우 점 A를 시점, 점 B를 종점이라고 하고 또한 $\overrightarrow{AB}$의 길이를 그 벡터의 크기라고 하여 기호를 $|\overrightarrow{AB}|$라 표시하며 벡터 $\vec{a}$의 크기도 $|\vec{a}|$라고 나타낸다. 두 개의 벡터 $\vec{a}=\overrightarrow{AB}$, $\vec{b}=\overrightarrow{CD}$가 크기와 방향이 같으면 다음 등식이 만족한다.

$$\overrightarrow{AB}=\overrightarrow{CD} \text{ 혹은 } \vec{a}=\vec{b}$$

벡터 $\vec{a}=\overrightarrow{AB}$에 대하여 크기가 같고 방향이 반대인 벡타를 $\vec{a}$의 역벡터라고 하고 $-\vec{a}$라고 표기한다. [그림 2.1(a)]에서 두 개의 벡터 $\vec{a}$, $\vec{b}$에서 벡터 $\vec{b}$를 평행이동해서 그의 시점을 $\vec{a}$벡터의 종점에 일치시키면 삼각형 ABC가 만들어진다. 이때 벡터 $\overrightarrow{AC}$를 $\vec{a}=\overrightarrow{AB}$와 $\vec{b}=\overrightarrow{BC}$의 합이라고 하여

$$\overrightarrow{AC} = \vec{a}+\vec{b} \qquad \text{식 (2.1)}$$

라고 표시하고 이와같이 벡터의 합을 작도하는 작도법을 삼각형법칙이라한다. 벡터의 가법에 대해서는 다음과 같은 법칙이 성립한다.

(1) $\vec{a}+\vec{b} = \vec{b}+\vec{a}$ (교환법칙)

(2) $(\vec{a}+\vec{b})+\vec{c} = \vec{a}+(\vec{b}+\vec{c})$ (결합법칙)

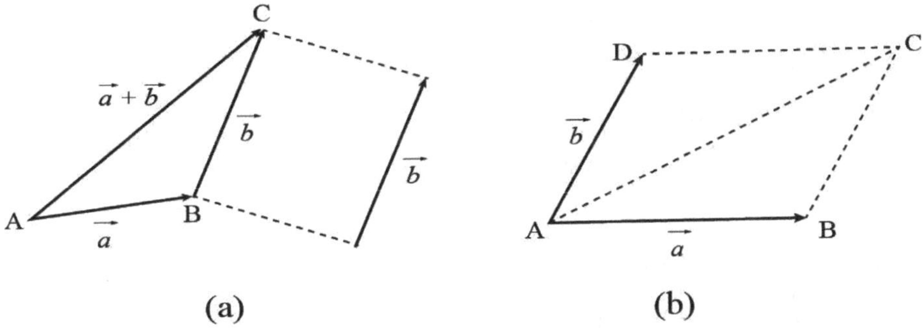

[그림 2.1]

[그림 2.1(a)] 왼쪽 그림에서 $\vec{a}$, $\vec{b}$의 합 $\vec{a}+\vec{b}$을 작도는 [그림 2.1(b)] 오른쪽 그림에서 평행사변형 ABCD의 대각선 $\overrightarrow{AC}$를 얻을 수 있다. 이러한 형태로 벡터의 합을 작도하는 법을 평행사변형법칙이라고 한다. 벡터 $\vec{a}=\overrightarrow{AB}$와 그의 역벡터 $-\vec{a}=\overrightarrow{BA}$의 합을 그리면

$$\vec{a} + (-\vec{a}) = \overrightarrow{AB} + \overrightarrow{BA} = \overrightarrow{AA}$$

이 벡터 $\overrightarrow{AA}$의 시점과 종점이 일치하여 크기가 0의 벡터를 영벡터라고 하고 $\vec{0}$라고 표기한다.

두 개의 벡터 $\vec{a}$, $\vec{b}$에 대해서 합 $\vec{a}+(-\vec{b})$을 간단히 $\vec{a}-\vec{b}$라고 쓰고 이것을 $\vec{a}$, $\vec{b}$의 차라고 하며 일반적으로 $\vec{a}$벡터의 m배를 $m\ \vec{a}$로 다음과 같이 정의한다.

(1) $m > 0$, $m\ \vec{a}$는 $\vec{a}$와 같은 방향이고 크기는 $m|\vec{a}|$와 같다.

$$|m\vec{a}| = m|\vec{a}| \quad (m > 0)$$

(2) $m < 0$, $m\ \vec{a}$는 $\vec{a}$와 반대 방향이고 크기는 $m|\vec{a}|$와 같다.

$$|m\vec{a}| = m|\vec{a}| \quad (m < 0)$$

(3) $m=0$, $0\vec{a} = \vec{0}$

영벡터가 아닌 $\vec{a}$, $\vec{b}$가 같은 방향이든지 반대방향이든지 될 때 $\vec{a}$와 $\vec{b}$는 서로 평행하게 되어 $\vec{a} /\!/ \vec{b}$라고 표현하고 이것을 $\vec{a} \neq 0$, $\vec{b} \neq 0$의 경우

$$\vec{a} /\!/ \vec{b} \ : \ \vec{a}=m\vec{b}\text{가 되는 상수 m가 있다.}$$

m, n가 상수이고 벡터의 실수배에 대해 다음 법칙이 성립한다.

(1) $(mn)\vec{a}=m(n\vec{a})$ (결합법칙)

(2) $(m+n)\vec{a}=m\vec{a}+n\vec{a}$ 혹은

$m(\vec{a}+\vec{b})=m\vec{a}+m\vec{b}$ (분배법칙)

[예제 2.1] 다음 벡터에서 $\vec{p}-\vec{q}$와 $\vec{s}+\vec{t}$가 영벡터가 아니면 서로 평행임을 보여라.

$\vec{p}=-\vec{a}+\vec{b}$, $\vec{q}=-3\vec{a}+2\vec{b}$, $\vec{s}=2\vec{a}+\vec{b}$, $\vec{t}=4\vec{a}-4\vec{b}$

[풀이]

$\vec{p}-\vec{q} = 2\vec{a}-\vec{b}$, $\vec{s}+\vec{t} = 6\vec{a}-3\vec{b} = 3(2\vec{a}-\vec{b})$이므로

$\vec{p}-\vec{q} = 3(\vec{s}+\vec{t})$ 가 되어 $\vec{p}-\vec{q}$와 $\vec{s}+\vec{t}$는 서로 평행이다.

2.1.2 공간벡터의 성분

공간상에서 한 점 O점을 통과하는 서로 직교되는 세 개의 수직선 Ox, Oy, Oz을 각각 x축, y축, z축이라고 하고 이것을 좌표축, O를 원점이라 한다. 이때 이루어진 좌표평면은 xy평면, yz평면, zx 평면이고 xy평면은 z좌표가 0이 된다. 여기서 xy평면을 방정식 $z=0$로 표시되고 동시에 yz평면은 방정식 $x=0$, zx평면은 방정식 $y=0$로 표시된다.

P점의 좌표를 $P(x,y,z)$라고 하면 원점 O와 P를 잇는 거리는

$$OP^2 = OH^2 + PH^2 = (x^2+y^2)+z^2$$

여기서 H의 좌표는 $H(x,y,o)$이다

O와 P사이의 거리는

$$OP = \sqrt{x^2+y^2+z^2} \qquad \text{식 (2.2)}$$

두 점 $P(x_1,\ y_1,\ z_1)$, $Q(x_2,\ y_2,\ z_2)$이 있다고 할 때 PQ를 평행이동해서 P점을 원점 O에 이동하고 끝단 Q'점을 Q'로 이동한다고 하면 Q'점의 좌표는

$$(x_2-x_1,\ y_2-y_1, z_2-z_1)$$

가 되어 다음 공식을 얻을 수 있다.

(1) 두 점 $P(x_1,\ y_1,\ z_1)$, $Q(x_2,\ y_2,\ z_2)$의 거리는

$$PQ = \sqrt{(x_2-x_1)^2+(y_2-y_1)^2+(z_2-z_1)^2}$$

(2) 특히 원점 O와 $P(x,y,z)$의 거리는

$$OP = \sqrt{x^2+y^2+z^2}$$

두 개의 점 $P(x_1,\ y_1,\ z_1)$, $Q(x_2,\ y_2,\ z_2)$을 이은 PQ를 m : n로 내분하는 점을 $R(x, y, z)$이라하여 이 점을 구하기 위해 3점 P, Q, R부터 xy평면의 수선을 각각 PP', QQ', RR'라고 하여 점 R'는 xy평면성분 $P'Q'$을 m : n로 내분하는 점이 된다. xy평면상의 3점 P', Q', R'의 좌표는 각각 $(x_1,\ y_1)$, (x_2, y_2), (x, y)가 되기 때문에 내분점의 공식에 따라

$$x = \frac{nx_1 + mx_2}{m+n}, \qquad y = \frac{ny_1 + my_2}{m+n}$$

동시에 3점 P, Q, R부터 yz평면상에서 생각해보면

$$z = \frac{nz_1 + mz_2}{m+n}$$

가 되어 다음과 같이 정리할 수 있다.

(1) 공간의 두 점 $P(x_1,\ y_1,\ z_1)$, $Q(x_2,\ y_2,\ z_2)$ 연결선분의 m : n비로 내분하는 점의 좌표는

$$x = \frac{nx_1 + mx_2}{m+n}, \qquad y = \frac{ny_1 + my_2}{m+n}, \qquad z = \frac{nz_1 + mz_2}{m+n}$$

(2) 특히 선분 PQ의 중점 M의 좌표는

$$\left(\frac{x_1 + x_2}{2},\ \frac{y_1 + y_2}{2},\ \frac{z_1 + z_2}{2}\right)$$

가 된다.

[참고] 두 점 $P(x_1,\ y_1,\ z_1)$, $Q(x_2,\ y_2,\ z_2)$ 연결선분의 m : n비로 외분하는 점의 좌표는

$$x = \frac{-nx_1 + mx_2}{m-n}, \qquad y = \frac{-ny_1 + my_2}{m-n}, \qquad z = \frac{-nz_1 + mz_2}{m-n}$$

평면상에서 임의의 벡터 $\vec{a}$라고 하면 $\vec{a}$를 원점 O를 시점으로 하면 종점은 $A(a_1,\ a_2)$가 될때 $(a_1,\ a_2)$를 벡터 $\vec{a}$의 성분이라 하고 a_1, a_2를 각각 x성분, y성분이라 한다. 동시에 공간벡터의 성

분에서 $\vec{a}$를 원점 O를 시점, 종점을 $A(a_1, a_2, a_3)$이라 하면 a_1, a_2, a_3를 각각 x성분, y성분, z성분이라 한다. 공간에서 x축, y축, z축상의 각각의 점

$$E(1, 0, 0), \quad F(0, 1, 0), \quad G(0, 0, 1)$$

을 취하면 3개의 수직단위벡터

$$\vec{i} = \overrightarrow{OE}, \quad \vec{j} = \overrightarrow{OF}, \quad \vec{k} = \overrightarrow{OG}$$

을 표시할 수 있는데 그 $\vec{i}$, $\vec{j}$, $\vec{k}$를 공간의 기본벡터라고 한다.

공간에서 원점 O를 시점으로 하고 종점의 좌표가 (a_1, a_2, a_3)인 $\vec{a}$가 있다고 하면

$$\vec{a} = a_1\vec{i} + a_2\vec{j} + a_3\vec{k} \qquad \text{식 (2.3)}$$

가 되고 식 (2.3)을 벡터 $\vec{a}$의 기본벡터표시라고 한다.

벡터 $\vec{a}$의 크기 $|\vec{a}| = OP$이므로

$$|\vec{a}| = \sqrt{a_1^2 + a_2^2 + a_3^2}$$

가 되어 다음 관계가 성립한다.

성분 (a_1, a_2, a_3)의 벡터 $\vec{a}$에 대하여 기본벡터표시와 벡터의 크기는 다음과 같이 나타낼 수 있다.

(1) $\vec{a} = a_1\vec{i} + a_2\vec{j} + a_3\vec{k}$: 기본벡터표시

(2) $|\vec{a}| = \sqrt{a_1^2 + a_2^2 + a_3^2}$: 벡터의 크기

공간에서 벡터 $\vec{a}$는 기본벡터표시

$$\vec{a} = a_1\vec{i} + a_2\vec{j} + a_3\vec{k}$$

로 표시되고 이것을

$$\vec{a} = (a_1, a_2, a_3)$$

로 써서 이것을 벡터 $\vec{a}$의 성분표시라고 한다. 특히 영벡터와 기본벡터의 성분표시는 각각

$$\vec{0}=(0,\ 0,\ 0),\ \vec{i}=(1,\ 0,\ 0),\ \vec{j}=(0,\ 1,\ 0),\ \vec{k}=(0,\ 0,\ 1)$$

가 되고 $\vec{a}=(a_1,\ a_2,\ a_3)$, $\vec{b}=(b_1,\ b_2,\ b_3)$ 이라할 때

$$\vec{a}=\vec{b} \text{ 이면 } a_1=b_1,\ a_2=b_2,\ a_3=b_3\text{가 성립된다.}$$

그리고 다음 법칙이 성립된다.

벡터 $(a_1,\ a_2,\ a_3)$, $(b_1,\ b_2,\ b_3)$와 상수 m에 대하여

(1) $(a_1,\ a_2,\ a_3) \pm (b_1,\ b_2,\ b_3) = (a_1 \pm b_1,\ a_2 \pm b_2,\ a_3 \pm b_3)$

(2) $m\ (a_1,\ a_2,\ a_3) = (ma_1,\ ma_2,\ ma_3)$

두 개의 벡터 $\vec{a}$, $\vec{b}$가 $\vec{0}$가 아니고 $\vec{a} \mathbin{/\!/} \vec{b}$인 경우 $\vec{a} = m\vec{b}$가 되는 수 m가 존재하여 $\vec{a} = (a_1,\ a_2,\ a_3)$, $\vec{b}=(b_1,\ b_2,\ b_3)$ 이라할 때

$$\vec{a} \mathbin{/\!/} \vec{b}\ :\ a_1=mb_1,\ a_2=mb_2,\ a_3=mb_3$$

그리고

$$\vec{a} \mathbin{/\!/} \vec{b}\ :\ \frac{a_1}{b_1}=\frac{a_2}{b_2}=\frac{a_3}{b_3}$$

가 성립한다.

[예제 2.2] 두 점 A(1, -2, 3)과 B(2, 3, -2)와 같은 거리에 있는 x축의 좌표를 구하라.

[풀이]

구하고자 하는 점을 P라고 하면 P는 x축상에 있고 좌표가 $(x, 0, 0)$가 된다. 이때 AP의 거리는

$$AP^2=(x-1)^2+(0+2)^2+(0-3)^2 = x^2-2x+14$$

$$BP^2=(x-2)^2+(0-3)^2+(0+2)^2 = x^2-4x+17$$

AP = BP이므로

$$x^2-2x+14 = x^2-4x+17$$

$$\therefore\ x=\frac{3}{2}$$

따라서 점 P의 좌표는

$$(\frac{3}{2},\ 0,\ 0)$$

이다.

[예제 2.3] 두 점 A, B를 잇는 선분 AB를 $m:n$으로 내분하는 점 P의 위치벡터를 구하라. 단 m과 n는 양수이다.

[풀이]

[그림 2.2]에서 $\overrightarrow{AP}=\overrightarrow{OP}-\overrightarrow{OA}$이고 $\overrightarrow{AP}=\frac{m}{m+n}\overrightarrow{AB}$

$$=\frac{m}{m+n}(\overrightarrow{OB}-\overrightarrow{OA})$$

그러므로 $\overrightarrow{OP}=\frac{m}{m+n}(\overrightarrow{OB}-\overrightarrow{OA})+\overrightarrow{OA}$

$$=\frac{n}{m+n}\overrightarrow{OA}+\frac{m}{m+n}\overrightarrow{OB}$$

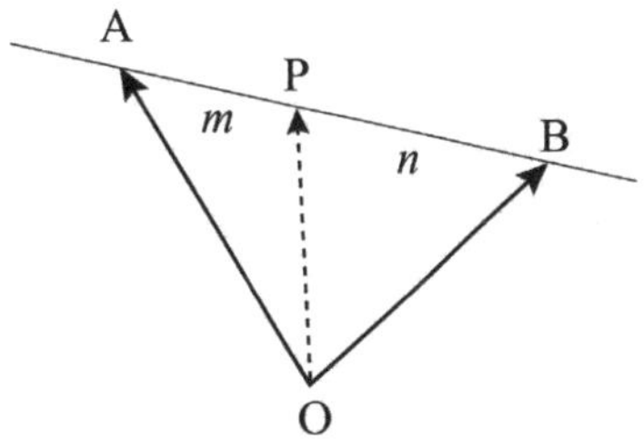

[그림 2.2]

[예제 2.4] $\vec{a}=-2\vec{i}+3\vec{j}-\vec{k},\quad \vec{b}=4\vec{i}+2\vec{j}-6\vec{k}$에서 다음을 구하라.

(1) $\vec{a}+\vec{b}$의 기본벡터 : $\vec{a}+\vec{b}=(-2\vec{i}+3\vec{j}-\vec{k})+(4\vec{i}+2\vec{j}-6\vec{k})$

$$=(-2+4)\vec{i}+(3+2)\vec{j}+(-1-6)\vec{k}$$

$$=2\vec{i}+5\vec{j}-7\vec{k}$$

(2) $|\vec{a}-\vec{b}|$: $\vec{a}-\vec{b}=(-2\vec{i}+3\vec{j}-\vec{k})-(4\vec{i}+2\vec{j}-6\vec{k})$

$$=(-2-4)\vec{i}+(3-2)\vec{j}+(-1+6)\vec{k}$$

$$=-6\vec{i}+\vec{j}+5\vec{k}$$

$$|\vec{a}-\vec{b}|=\sqrt{(-6)^2+1^2+5^2}=\sqrt{62}$$

[예제 2.5] 두 점 P(-1, 2, 4)과 Q(2, 1, -6)에서 다음을 구하라.

(1) $\overrightarrow{PQ}$의 기본벡터표시

$$\overrightarrow{PQ} = (2-(-1))\vec{i}+(1-2)\vec{j}+(-6-4)\vec{k}$$
$$= 3\vec{i}-\vec{j}-10\vec{k}$$

(2) $|\overrightarrow{PQ}| = \sqrt{3^2+(-1)^2+(-10)^2} = \sqrt{110}$

2.1.3 내적

[그림 2.3]에서 영벡터가 아닌 두 개의 벡터 $\vec{a}$, $\vec{b}$의 시점을 동일하게 O로 하면 $\vec{a} = \overrightarrow{OA}$, $\vec{b} = \overrightarrow{OB}$가 되고 이 두 개의 선분사이의 각 $\theta = \angle AOB$을 벡터 $\vec{a}$, $\vec{b}$의 사이각이라 한다. 여기서 각 θ의 범위는 $0 \le \theta \le \pi$내의 값이라고 할 때 벡터 $\vec{a}$와 $\vec{b}$의 내적은 다음과 같이 표시한다.

$$\vec{a} \cdot \vec{b} = |\vec{a}||\vec{b}|\cos\theta \qquad \text{식 (2.4)}$$

여기서 $\vec{a}$, $\vec{b}$중 하나가 $\vec{0}$인 경우는 $\vec{a} \cdot \vec{b} = 0$이 되고 내적의 기호를 $\vec{a} \cdot \vec{b}$대신 $(\vec{a}, \vec{b})$로 표시하기도 한다.

$\vec{a} \ne 0$, $\vec{b} \ne 0$인 경우에 대해 내적의 부호는 각 θ가 예각, 직각, 둔각에 따라 다음과 같이 성립된다.

(1) $0 \le \theta < \frac{\pi}{2}$(예각), $\vec{a} \cdot \vec{b} > 0$

(2) $\theta = \frac{\pi}{2}$(직각), $\vec{a} \cdot \vec{b} = 0$

(3) $\frac{\pi}{2} < \theta \le \pi$(둔각), $\vec{a} \cdot \vec{b} < 0$

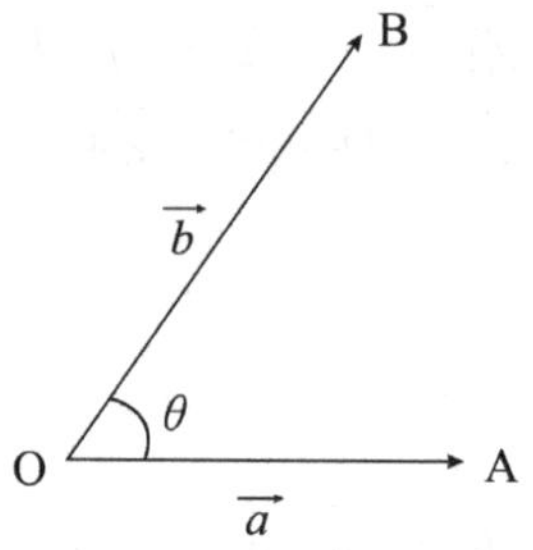

[그림 2.3]

여기서 특별하게 $\vec{a} = \vec{b}$이면 $\cos 0^0 = 1$ 이므로

$$\vec{a} \cdot \vec{a} = |\vec{a}|^2$$

가 되고 내적은 임의의 벡터 $\vec{a}$, $\vec{b}$와 상수 m에 대하여 다음과 같은 성질이 있다.

(1) $\vec{a} \cdot \vec{b} = \vec{b} \cdot \vec{a}$ (교환법칙)

(2) $(m\vec{a}) \cdot \vec{b} = \vec{a} \cdot (m\,\vec{b}) = m(\vec{a} \cdot \vec{b})$ (결합법칙)

(3) $\vec{a} \cdot (\vec{b}+\vec{c}) = \vec{a} \cdot \vec{b} + \vec{a} \cdot \vec{c}$ (분배법칙)

(4) $\vec{a} \cdot \vec{a} = |\vec{a}|^2 \geq 0$ (등호는 $\vec{a} = 0$인 경우에 한함)

$\vec{a} \neq 0$, $\vec{b} \neq 0$ 인 경우 벡터 $\vec{a}$와 $\vec{b}$가 수직인 경우 $\vec{a} \perp \vec{b}$로 표시하고 수직조건은 다음과 같고

$$\vec{a} \perp \vec{b} \ : \ \vec{a} \cdot \vec{b} = 0$$

x, y, z축에 대한 단위벡터의 내적은 다음과 같이 정리된다. 즉

$$\begin{cases} \vec{i} \cdot \vec{i} = \vec{j} \cdot \vec{j} = \vec{k} \cdot \vec{k} = 1 \\ \vec{i} \cdot \vec{j} = \vec{j} \cdot \vec{k} = \vec{k} \cdot \vec{i} = 0 \end{cases}$$

벡터 $\vec{a} = (a_1,\ a_2,\ a_3)$, $\vec{b} = (b_1,\ b_2,\ b_3)$ 의 내적을 계산하기위하여 $\vec{a}$와 $\vec{b}$의 기본벡터표시를 이용하면

$$\begin{aligned} \vec{a} \cdot \vec{b} &= (a_1\vec{i}+a_2\vec{j}+a_3\vec{k}) \cdot (b_1\vec{i}+b_2\vec{j}+b_3\vec{k}) \\ &= a_1b_1\vec{i} \cdot \vec{i}+a_1b_2\vec{i} \cdot \vec{j}+a_1b_3\vec{i} \cdot \vec{k} + a_2b_1\vec{j} \cdot \vec{i}+a_2b_2\vec{j} \cdot \vec{j}+a_2b_3\vec{j} \cdot \vec{k} \\ &\quad + a_3b_1\vec{k} \cdot \vec{i}+a_3b_2\vec{k} \cdot \vec{j}+a_3b_3\vec{k} \cdot \vec{k} \\ &= a_1b_1+a_2b_2+a_3b_3 \end{aligned}$$

그러므로 결과를 요약하면

$$\vec{a} \cdot \vec{b} = a_1b_1+a_2b_2+a_3b_3$$

또

$$|\vec{a}| = \sqrt{a_1^2+a_2^2+a_3^2},\ |\vec{b}| = \sqrt{b_1^2+b_2^2+b_3^2}$$

이기 때문에 벡터 $\vec{a} = (a_1, a_2, a_3)$, $\vec{b} = (b_1, b_2, b_3)$라고 한다면 다음과 같이 정리할 수 있다.

(1) $\vec{a} \cdot \vec{b} = a_1b_1 + a_2b_2 + a_3b_3$

(2) $\vec{a} \neq 0$, $\vec{b} \neq 0$ 인 경우 $\vec{a}$와 $\vec{b}$의 사이각 θ에 대하여

$$\cos\theta = \frac{\vec{a} \cdot \vec{b}}{|\vec{a}||\vec{b}|} = \frac{a_1b_1 + a_2b_2 + a_3b_3}{\sqrt{a_1^2 + a_2^2 + a_3^2} \cdot \sqrt{b_1^2 + b_2^2 + b_3^2}}$$

(3) $\vec{a} \perp \vec{b}$: $a_1b_1 + a_2b_2 + a_3b_3 = 0$

[예제 2.6] 다음 등식을 증명하라.

$$|\vec{a} + \vec{b}|^2 = |\vec{a}|^2 + 2\vec{a} \cdot \vec{b} + |\vec{b}|^2$$

[증명]

$\vec{a} + \vec{b}$와 $\vec{a} + \vec{b}$는 사이각이 0이므로 분배법칙과 교환법체에 의해

$$\begin{aligned} |\vec{a} + \vec{b}|^2 &= (\vec{a} + \vec{b}) \cdot (\vec{a} + \vec{b}) = (\vec{a} + \vec{b}) \cdot \vec{a} + (\vec{a} + \vec{b}) \cdot \vec{b} \\ &= \vec{a} \cdot \vec{a} + \vec{b} \cdot \vec{a} + \vec{a} \cdot \vec{b} + \vec{b} \cdot \vec{b} \\ &= |\vec{a}|^2 + 2\vec{a} \cdot \vec{b} + |\vec{b}|^2 \end{aligned}$$

따라서 $|\vec{a} + \vec{b}|^2 = |\vec{a}|^2 + 2\vec{a} \cdot \vec{b} + |\vec{b}|^2$가 성립된다.

[예제 2.7] 다음 벡터 $\vec{x}$, $\vec{y}$, $\vec{z}$가 다음과 같이 주어질 때 아래사항과 같이 벡터내적에 대한 연산법칙을 확인하라.

$$\vec{x} = (1, 2, 5), \quad \vec{y} = (-1, 0, 4), \quad \vec{z} = (0, 3, 1)$$

(1) $\vec{x} \cdot \vec{y} = \vec{y} \cdot \vec{x}$ (2) $(\vec{x} + \vec{y}) \cdot \vec{z} = \vec{x} \cdot \vec{z} + \vec{y} \cdot \vec{z}$ (3) $(3\vec{x}) \cdot \vec{y} = 3(\vec{x} \cdot \vec{y})$

[풀이]

(1) $\vec{x} \cdot \vec{y} = 1 \times (-1) + 2 \times 0 + 5 \times 4 = 19$, $\vec{y} \cdot \vec{x} = (-1) \times 1 + 0 \times 2 + 4 \times 5 = 19$

$$\therefore \vec{x} \cdot \vec{y} = \vec{y} \cdot \vec{x}$$

(2) $(\vec{x}+\vec{y}) \cdot \vec{z}$ = (0, 2, 9) • (0, 3, 1) = $0\times0+2\times3+9\times1$ = 15, $\vec{x} \cdot \vec{z}+\vec{y} \cdot \vec{z}$ = (1, 2, 5) • (0, 3, 1) + (-1, 0, 4) • (0, 3, 1) = $1\times0+2\times3+5\times1+(-1)\times0+0\times3+4\times1$ = 15

$$\therefore\ (\vec{x}+\vec{y}) \cdot \vec{z}=\vec{x} \cdot \vec{z}+\vec{y} \cdot \vec{z}$$

(3) $(3\vec{x}) \cdot \vec{y}$ = (3, 6, 15) • (-1, 0, 4) = $3\times(-1)+6\times0+15\times4$ = 57, $3(\vec{x} \cdot \vec{y})$ = 3 $(1\times(-1)+2\times0+5\times4)$ = 57

$$\therefore\ (3\vec{x}) \cdot \vec{y}=3(\vec{x} \cdot \vec{y})$$

[예제 2.8] 다음 벡터가 주어질 때 두 벡터가 이루는 각의 크기를 구하라.

$$\vec{a} = 2\vec{i}-\vec{j}+\vec{k}, \quad \vec{b} = \vec{i}-2\vec{j}+4\vec{k}$$

[풀이]

두 벡터가 이루는 각의 크기 θ는

$$\cos\theta = \frac{a_1b_1+a_2b_2+a_3b_3}{\sqrt{a_1^2+a_2^2+a_3^2} \cdot \sqrt{b_1^2+b_2^2+b_3^2}}$$

에서 위 식은

$$\cos\theta = \frac{2\times1+(-1)\times(-2)+1\times4}{\sqrt{2^2+(-1)^2+1^2} \cdot \sqrt{1^2+(-2)^2+4^2}} = \frac{8}{\sqrt{6} \cdot \sqrt{21}}$$

$$\theta=\cos^{-1}(\frac{8}{3\sqrt{14}})$$

2.2 벡터와 도형

2.2.1 위치벡터

평면이나 공간에 1점 O를 고정하고 임의의 점 P에 대해서 한 개의 벡터 $\vec{r}=\overrightarrow{OP}$가 대응되는 점 P를 벡터 $\vec{r}$로 표시하면 그 벡터 $\vec{r}$를 점 P의 위치벡터라 하고 점 O를 위치벡터의 원점이라 한다.

점 P, P_1, P_2, ...의 위치벡터를 각각 $\vec{r}$, $\vec{r_1}$, $\vec{r_2}$, ...라고하고 직교좌표계에서 위치벡터의 원점을 좌표의 원점으로 선택하면 점 P의 좌표는 (x, y, z)으로 그의 위치벡터 $\vec{r}$의 성분은 (x, y, z)가 되어 $\vec{r} = x\vec{i}+y\vec{j}+z\vec{k}$가 된다.

[예제 2.9] 다음 물음에 답하라.

(1) 선분 AB의 중점을 M라고 하면 점 M의 벡터 $\vec{r}$를 구하라.

[풀이]

(1) 앞의 [예제 2-3]에서 M을 중점이므로 m=n=1이 된다.

따라서 $$\vec{c}=\vec{r}=\frac{\vec{a}+\vec{b}}{1+1}=\frac{\vec{a}+\vec{b}}{2}$$

(2) 점 C가 선분 AB를 m : n의 비로 내분하는 점이고 점 A, B, C의 좌표가 각각 (x_1, y_1, z_1), (x_2, y_2, z_2), (x, y, z)일 때 C점의 좌표 x, y, z를 구하라.

[풀이]

점 C의 위치벡터를 $\vec{c}$ 라고 하면 [예제 2-3]에서

$$\vec{c}=\frac{n\vec{a}+m\vec{b}}{m+n}$$ 이므로

$$\therefore\ x\vec{i}+y\vec{j}+z\vec{k} = \frac{n(x_1\vec{i}+y_1\vec{j}+z_1\vec{k})+m(x_2\vec{i}+y_2\vec{j}+z_2\vec{k})}{m+n}$$

$$= \left(\frac{nx_1+mx_2}{m+n}\right)\vec{i}+\left(\frac{ny_1+my_2}{m+n}\right)\vec{j}+\left(\frac{nz_1+mz_2}{m+n}\right)\vec{k}$$

그러므로

$$x = \frac{nx_1 + mx_2}{m+n}, \ y = \frac{ny_1 + my_2}{m+n}, \ z = \frac{nz_1 + mz_2}{m+n}$$

가 된다.

(3) 2점 A(1, 1, 2), B(-3, 4, 7)의 연결선분 AB를 3 : 1의 비로 내분하는 점 C의 위치벡터 $\vec{c}$를 구하라.

[풀이]

$x = \frac{nx_1 + mx_2}{m+n}, \ y = \frac{ny_1 + my_2}{m+n}, \ z = \frac{nz_1 + mz_2}{m+n}$에서

$(x_1, \ y_1, \ z_1)$ = (1, 1, 2), $(x_2, \ y_2, \ z_2)$ = (-3, 4, 7), m=3, n=1이므로

$$x = \frac{nx_1 + mx_2}{m+n} = \frac{1\times1+3\times(-3)}{3+1} = -\frac{8}{4} = -2$$

$$y = \frac{ny_1 + my_2}{m+n} = \frac{1\times1+3\times4}{3+1} = \frac{13}{4}$$

$$z = \frac{nz_1 + mz_2}{m+n} = \frac{1\times2+3\times7}{3+1} = \frac{23}{4}$$

그러므로

$$\vec{c} = -2\vec{i} + \frac{13}{4}\vec{j} + \frac{23}{4}\vec{k}$$

[예제 2.10] 점 A, B의 위치벡터는 각각 $\vec{a}$, $\vec{b}$가 되는 경우 선분 AB을 $m : n$의 비로 외분하는 점 C의 위치벡터 $\vec{c}$는 아래와 같이 됨을 설명하라.

$$\vec{c} = \frac{-n\vec{a} + m\vec{b}}{m-n}$$

[풀이]

$\overrightarrow{AC}$, $\overrightarrow{CB}$는 같은 방향이고 선분 AC와 CB의 길이의 비를 $m : n$이므로

$$\mathrm{AC} : \mathrm{CB} = m : n$$

따라서 $n|\overrightarrow{AC}| = m|\overrightarrow{CB}|$, $\therefore\ n\overrightarrow{AC} = m\overrightarrow{CB}$

$$\triangle\mathrm{OAC}\text{에서 } \overrightarrow{AC} = \vec{c} - \vec{a},\ \triangle\mathrm{OBC}\text{에서 } \overrightarrow{CB} = \vec{c} - \vec{b}$$

이것을 대입하면

$$n(\vec{c} - \vec{a}) = m(\vec{c} - \vec{b})$$

정리하면

$$(-n+m)\vec{c} = m\vec{b} - n\vec{a},\quad \therefore\ \vec{c} = \frac{-n\vec{a} + m\vec{b}}{m-n}$$

가 된다.

2.2.2 직선과 평면 방정식

공간에서 점 A의 위치벡터를 $\vec{a}$라고 하고 점 A를 통과하면서 0이 아닌 벡터 $\vec{b}$에 평행한 직선을 l 라고 할 때 직선 l상에 임의의 점 P의 위치벡터를 $\vec{p}$로 두면 벡터 $\overrightarrow{AP} = \vec{p} - \vec{a}$는 $\vec{b}$와 평행하므로

$$\vec{p} - \vec{a} = t\vec{b} \text{ (t는 실수임)}$$

가 되고 직선 l은 방정식

$$\vec{p} = \vec{a} + t\vec{b} \qquad \text{식 (2.5)}$$

로 표시되어 식 (2.5)를 직선 l의 벡터방정식, t를 매개변수이라 한다.

점 A, P의 좌표를 각각 (a_1, a_2, a_3), (x, y, z), 벡터 $\vec{b}$의 좌표를 (b_1, b_2, b_3)라 하면 식 (2.5)에서

$$(x, y, z) = (a_1, a_2, a_3) + t(b_1, b_2, b_3)$$

로 되기 때문에

$$\begin{cases} x = a_1 + tb_1 \\ y = a_2 + tb_2 \\ z = a_3 + tb_3 \end{cases} \quad \text{(t는 실수)} \qquad \text{식 (2.6)}$$

가 성립하고 이것을 직선 l의 매개변수표시라 한다.

식 (2.6)으로부터 식선 l은

$$\frac{x-a_1}{b_1} = \frac{y-a_2}{b_2} = \frac{z-a_3}{b_3} \qquad \text{식 (2.7)}$$

로 표시가 가능하기에 공간의 직선방정식은 다음과 같이 정리된다.

(1) 점 (a_1, a_2, a_3)을 통과하고 벡터 $\vec{b} = (b_1, b_2, b_3)$에 평행한 직선방정식은

$$\frac{x-a_1}{b_1} = \frac{y-a_2}{b_2} = \frac{z-a_3}{b_3}$$

여기서 $\vec{b}$를 직선의 방향벡터, $b_1 : b_2 : b_3$를 방향비라 한다.

(2) 같이하여 다른 두 점 $A(a_1, a_2, a_3)$, $B(b_1, b_2, b_3)$를 통하는 공간의 직선방정식은 $\overrightarrow{AB} = (b_1 - a_1, b_2 - a_2, b_3 - a_3)$가 되므로

$$\frac{x-a_1}{b_1-a_1} = \frac{y-a_2}{b_2-a_2} = \frac{z-a_3}{b_3-a_3}$$

가 된다.

두 직선의 사이각을 구하기 위해 직선 g, l의 방향벡터를 각각 $\vec{a}$, $\vec{b}$라고 할때 $\vec{a}$, $\vec{b}$때문에 정해진 두 개의 각중 90^0이내의 각 θ를 두 개의 선 g, l의 사이각이라 한다. 또 $\vec{a} \perp \vec{b}$과 $\vec{a} // \vec{b}$인 경우 직선 g, l은 각각 수직, 평행해 있다 하고 g, l이 수직인 경우는 $\vec{g} \perp \vec{l}$, g, l이 평행인 경우는 $\vec{g} \mathbin{/\!/} \vec{l}$이라 표시하면 이들 사이의 관계는 다음과 같다.

(3) 공간내의 두 개의 직선 g, l의 방향벡터를 각각 $\vec{a} = (a_1, a_2, a_3)$, $\vec{b} = (b_1, b_2, b_3)$일 때

(3-1) 두 직선 g, l의 사이각을 $\theta(0 \le \theta < \dfrac{\pi}{2})$라 두면

$$\cos\theta = \frac{|\vec{a} \bullet \vec{b}|}{|\vec{a}||\vec{b}|} = \frac{|a_1b_1 + a_2b_2 + a_3b_3|}{\sqrt{a_1^2 + a_2^2 + a_3^2} \bullet \sqrt{b_1^2 + b_2^2 + b_3^2}}$$

(3-2) $\vec{g} \mathbin{/\!/} \vec{l}$: $\dfrac{a_1}{b_1} = \dfrac{a_2}{b_2} = \dfrac{a_3}{b_3}$

(3-3) $\vec{g} \perp \vec{l}$: $a_1b_1 + a_2b_2 + a_3b_3 = 0$

직선 l이 xy평면에 평행한 상태가 되고 벡터 $\vec{b} = (b_1, b_2, 0)$에 평행하면 매개변수표시 식 (2.6)은

$$\begin{cases} x = a_1 + tb_1 \\ y = a_2 + tb_2 \\ z = a_3 \end{cases} \qquad \text{식 (2.8)}$$

가 되어 이 경우는 직선 l이 평면 $z = a_3$위에 있다는 것을 표시하는 것이 되고 식 (2.7)에서 b_3=0의 경우 대응되는 분자의 항은 0으로 되어 $z - a_3 = 0$라고 약속을 하면 식 (2.8)을 식 (2.7)의 특별한 경우가 된다.

[예제 2.11] 점 (1, 2, 4)를 통과하고 방향벡터 $\vec{b} = (1, 4, 8)$가 되는 직선의 방정식을 구하라.

[풀이]

공간의 직선방정식을 구하는 식이

$$\frac{x-a_1}{b_1}=\frac{y-a_2}{b_2}=\frac{z-a_3}{b_3}$$

가 되므로 주어진 조건을 대입하면 구하는 직선의 방정식

$$\frac{x-1}{1}=\frac{y-2}{4}=\frac{z-4}{8}$$

가 된다.

[예제 2.12] 두 점 A(3, -1, -4), B(2, 1, 3)을 통하는 직선 l의 방정식을 연비형태로 구하라.

[풀이]

직선 l은 점 A를 통하고 벡터 $\overrightarrow{AB}$에 평행하게 있다.

$$\overrightarrow{AB} = (2-3,\ 1-(-1),\ 3-(-4)) = (-1,\ 2,\ 7)$$

가 되어서 직선 l의 방정식은

$$\frac{x-3}{-1}=\frac{y+1}{2}=\frac{z+4}{7}$$

점 A(x_0, y_0, z_0)를 통과하고 벡터 $\vec{n}=(a,\ b,\ c)\neq 0$에 수직한 평면 α의 방정식을 점 A의 위치벡터를 $\vec{a}$라 할 때 평면 α상에 임의의 점 P을 취하고 그의 위치벡터를 $\vec{p}$라고 하면

$$\vec{n}\cdot(\vec{p}-\vec{a})=0 \qquad \text{식 (2.9)}$$

이것은 평면 α의 벡터방정식이 되고 아울러 $\vec{n}=(a,\ b,\ c)\neq 0$, $\vec{p}$ = (x, y, z), $\vec{a}$ = (x_0, y_0, z_0)라 되면 식 (2.9)는

$$a(x-x_0)+b(y-y_0)+c(z-z_0)=0 \qquad \text{식 (2.10)}$$

가 되고 이것은 평면 α의 방정식이 된다. 이 경우 벡터 $\vec{n}$를 평면 α의 법선벡터라고 하고 평면 α에 수직한 직선을 법선이라 하고 이상의 내용을 다음과 같이 정리될 수 있다.

(1) 점 A(x_0, y_0, z_0)를 통과하고 $\vec{n}=(a,\ b,\ c)$가 법선 벡터가 되는 평면의 방정식은

$$a(x-x_0)+b(y-y_0)+c(z-z_0)=0$$

이것을 다시 표현하면 평면의 방정식은 x, y, z의 1차 방정식으로 다음과 같이 쓸 수 있다.

$$ax+by+cz+d=0 \qquad \text{식 (2.11)}$$

식 (2.11)의 1차 방정식은 $a \neq 0$로 해서

$$a(x+\frac{d}{a})+b(y-0)+c(z-0)=0$$

으로 변형되어 이것은 점 $(-\frac{d}{a},\ 0, 0)$을 통과하고 $\vec{n}=(a,\ b,\ c)$가 법선벡터가 되는 평면방정식이 되어 다음과 같은 관계가 성립된다.

즉 x, y, z의 1차 방정식

$$ax+by+cz+d=0$$

은 평면을 표시하는 평면방정식이 되고 $\vec{n}=(a,\ b,\ c)$는 평면방정식의 법선벡터가 된다.

(2) 공간에서 점 P(x_0, y_0, z_0)와 평면 α : $ax+by+cz+d=0$ 의 거리 k는

$$k=\frac{|ax_0+by_0+cz_0|}{\sqrt{a^2+b^2+c^2}}$$

[증명] $\vec{n} = (a,\ b,\ c)$는 평면 α의 법선벡터이다. P∥$\vec{n}$이 되므로

$$\overrightarrow{PH} = t\vec{n} \qquad (1)$$

여기서 H점은 점 P에서 평면 α상에 수직으로 된 점의 위치를 나타낸다

양변에 $\cdot\ \vec{n}$를 취하면

$$t\ \vec{n} \cdot \vec{n} = \overrightarrow{PH} \cdot \vec{n} \qquad (2)$$

평면 α상의 점 H의 좌표를 $(x_1,\ y_1,\ z_1)$라고 하면

$$\overrightarrow{PH} = (x_1 - x_0,\ y_1 - y_0,\ z_1 - z_0)$$

점 H가 평면 α상에 있기 때문에 $ax_1 + by_1 + cz_1 + d = 0$가 성립되고 식 (2)에서

$$\begin{aligned} t\ \vec{n} \cdot \vec{n} = (a^2 + b^2 + c^2)t = \overrightarrow{PH} \cdot \vec{n} &= a(x_1 - x_0) + b(y_1 - y_0) + c(z_1 - z_0) \\ &= (ax_1 + by_1 + cz_1) - (ax_0 + by_0 + cz_0) \\ &= -d - (ax_0 + by_0 + cz_0) \end{aligned}$$

$$\therefore\ (a^2 + b^2 + c^2)t = -d - (ax_0 + by_0 + cz_0)$$

$$\therefore\ t = -\frac{d + (ax_0 + by_0 + cz_0)}{a^2 + b^2 + c^2}$$

$k = |\overrightarrow{PH}|$가 되므로 식 (1)에서

$$k = |\overrightarrow{PH}| = |t\vec{n}| = |t||\vec{n}| = \frac{|ax_0 + by_0 + cz_0|}{\sqrt{a^2 + b^2 + c^2}}$$

가 된다.

아울러 평면상에서 직선 l과 l위에 있지 않는 점 P가 있는 경우 점 P에서 l까지 이끌린 수선 PH의 길이를 점 P와 직선 l의 거리라고 하면 다음과 같이 정리된다. 즉 점과 직선의 거리관계에서 「평면상에서 직선 l: $ax+by+c=0$과 l위에 있지 않은 점 $P(x_0,\ y_0)$의 거리 k는

$$k = \frac{|ax_0 + by_0 + c|}{\sqrt{a^2 + b^2}}$$

[예제 2.13] 점 A(1, 3, -1)을 통하고 법선벡터가 $\vec{n}$ = (3, 1, 5)인 경우에 대해 평면방정식을 구하라.

[풀이]

공식

$$a(x-x_0)+b(y-y_0)+c(z-z_0)=0$$

에서

$$3(x-1) + (y-3) + 5(z+1) = 0$$

$$\therefore\ 3x+y+5z = 1$$

가 된다.

[예제 2.14] 다음의 3점 A(1, -2, 0), B(0, 1, -1), C(-1, 0, 3)을 통하는 평면의 방정식을 구하라.

[풀이]

구하는 평면방정식은

$$ax+by+cz+d=0$$

각각의 3점을 평면방정식에 대입하면

$$a-2b+d=0$$
$$b-c+d=0$$
$$-a+3c+d=0$$

여기서 $a = -11d,\ b = -5d,\ c = -4d$ 가 되어 이 값을 식에 대입하면

$$-11dx - 5dy - 4dz + d = 0$$

그러므로

$$11x + 5y + 4z = 1$$

[예제 2.15] 직선 $2x - y + 3 = 0$과 점 (1, 2)의 거리 k는 얼마인가?

[풀이]

거리 k는

$$k = \frac{|ax_0 + by_0 + c|}{\sqrt{a^2 + b^2}} = \frac{|2\times 1 - 1\times 2 + 3|}{\sqrt{2^2 + (-1)^2}}$$

$$= \frac{3}{\sqrt{5}} = \frac{3\sqrt{5}}{5}$$

2.2.3 원과 구

평면상의 점 C를 중심으로 하고 반경 r인 원 C를 고려하여 원의 원주상에 임의의 점 P를 취하여 점 C와 P의 위치벡터를 각각 $\vec{c}$, $\vec{p}$라고 하면

$$\vec{p} = \vec{c} + \overrightarrow{CP} \qquad \therefore\ \vec{p} - \vec{c} = \overrightarrow{CP}$$

$|\overrightarrow{CP}| = r$이 되므로

$$|\vec{p} - \vec{c}| = r \qquad \text{식 (2.12)}$$

식 (2.12)에서 $\vec{p}$ = (x, y), $\vec{c}$ = (a, b)라고 하면 식 (2.12)의 평형방정식은

$$(x-a)^2 + (y-b)^2 = r^2 \qquad \text{식 (2.13)}$$

을 만족하여 이것은 원 C의 방정식이 된다.

한편 공간의 점 C에서 거리가 r로 일정한 점 P의 궤적은 구가 되고 이 구의 중심 C 및 구 상의 임의의 점 P의 위치벡터를 각각 $\vec{c}$, $\vec{p}$라고 하면 구의 벡터방정식은

$$|\vec{p}-\vec{c}|=r \qquad \text{식 (2.14)}$$

가 되고 이 식의 양변에 제곱하면

$$|\vec{p}-\vec{c}|^2=r^2$$

여기서 C(a, b, c), P(x, y, z)라고 하면

$$\vec{p}-\vec{c}=(x-a,\ y-b,\ z-c)$$

가 되기 때문에 이 구의 방정식은

$$(x-a)^2+(y-b)^2+(z-c)^2=r^2 \qquad \text{식 (2.15)}$$

가 되고 특히 원점을 중심으로 하고 반경 r인 구의 방정식은

$$x^2+y^2+z^2=r^2$$

구의 방정식 (2.15)의 좌변을 전개하여 정리하면

$$x^2+y^2+z^2+2lx+2my+2nz+d=0$$

의 형태의 2차방정식으로 됨과 동시에 그의 형태의 2차방정식은 일반적으로 구를 표시한다.

[예제 2.16] 다음 2차방정식은 어떤 도형을 표시하는지 표시하라.

$$x^2+y^2+z^2-2x+4y=0$$

[풀이]

주어진 식을 정리하면

$$(x-1)^2+(y+2)^2+z^2=5=(\sqrt{5})^2$$

이 방정식의 모양은 중심이 (1, -2, 0)이고 반경이 $\sqrt{5}$인 구의 형태이다.

2.3 행렬식

2.3.1 행렬식

식 (2.16)에 나타낸 바와 같이 식 $a_1b_2-a_2b_1$을 다음 등식의 좌변의 기호로 표시하여 이 등식의 좌변의 식을 2차 행렬식, 우변의 식을 그의 전개라 하고 이 전개를 만드는 것은 [그림 2.4(a)]에 따라 가능하다.

$$\begin{vmatrix} a_1 & b_1 \\ a_2 & b_2 \end{vmatrix} = a_1b_2-a_2b_1 \qquad \text{식 (2.16)}$$

[예제 2.17] 다음 2차 행렬식의 값을 계산하라.

$$\begin{vmatrix} 4 & -2 \\ 3 & 1 \end{vmatrix} = 4\times1-(-2)\times3 = 10$$

2차 행렬식은 $4=2^2$개수의 문자로 정방형으로 배열된 식으로 되고 $9=3^2$개수는 문자를 정방형 배열한 식을 식 (2.17)로 정의하여 좌변의 식을 3차의 행렬식, 우변의 식을 그의 전개라고 한다.

$$\begin{vmatrix} a_1 & b_1 & c_1 \\ a_2 & b_2 & c_2 \\ a_3 & b_3 & c_3 \end{vmatrix} = a_1b_2c_3+a_2b_3c_1+a_3b_1c_2-a_3b_2c_1-a_1b_3c_2-a_2b_1c_3 \qquad \text{식 (2.17)}$$

이의 전개는 $a_ib_jc_k$라고 하는 형의 6개 단항식에 규칙적으로 부호를 붙여 합한 것으로 또 이의 전개식을 만든 것은 [그림 2.4(b)]과 같이 이의 도표를 참고하여 3차의 행렬식의 전개를 만들 수 있다.

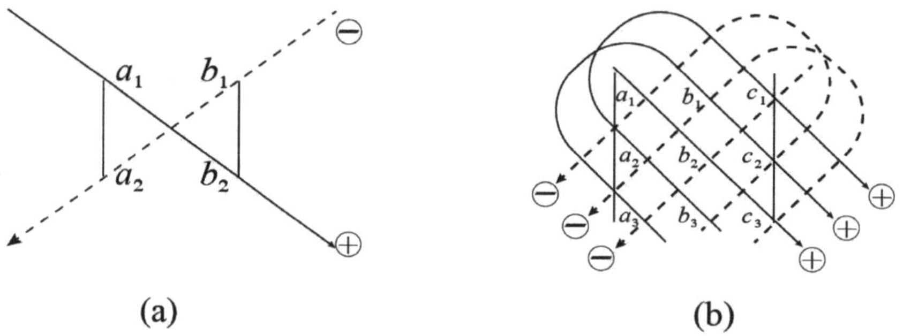

[그림 2.4]

[예제 2.18] 다음 모양에 3차 행렬식의 값을 계산하라.

$$\begin{vmatrix} 1 & 4 & -2 \\ 3 & 2 & 4 \\ -1 & 1 & 2 \end{vmatrix}$$

$= 1\times2\times2+3\times1\times(-2)+(-1)\times4\times4-(-2)\times2\times(-1)-4\times3\times2-1\times1\times4$

$= -42$

3차의 행렬식 (2.17)에서 이것을 구성하는 a_1, b_1, c_1, …, b_3, c_3를 그의 성분 혹은 요소라 하고 성분의 횡 방향으로 나열하면

$$(a_1,\ b_1,\ c_1),\quad (a_2,\ b_2,\ c_2),\quad (a_3,\ b_3,\ c_3)$$

을 그의 행이라 하고 위에부터 순서로 제 1행, 제 2행, 제 3행이라 한다. 또 성분을 종의 방향으로 나열하는 것을 그의 열이라 하고 이것을 좌측의 순서로 제 1열, 제 2열, 제 3열이라 한다.

$$\begin{pmatrix} a_1 \\ a_2 \\ a_3 \end{pmatrix},\quad \begin{pmatrix} b_1 \\ b_2 \\ b_3 \end{pmatrix},\quad \begin{pmatrix} c_1 \\ c_2 \\ c_3 \end{pmatrix}$$

행렬식의 제 i행과 제 j열이 교차하는 위치에 있는 성분이 $(i,\ j)$성분이라 하고 2차 행렬식에 관해서도 같은 형태이다.

2.3.2 행렬식의 성질

행렬식의 성질을 3차원 행렬식에 대해서 서술하지만 이 성질은 2차 행렬식에도 성립된다.

(1) 「행렬식에서 행과 열을 서로 바꾸어 넣어도 그의 값은 변하지 않는다.」 즉

$$\begin{vmatrix} a_1 & b_1 & c_1 \\ a_2 & b_2 & c_2 \\ a_3 & b_3 & c_3 \end{vmatrix} = \begin{vmatrix} a_1 & a_2 & a_3 \\ b_1 & b_2 & b_3 \\ c_1 & c_2 & c_3 \end{vmatrix}$$

[증명] 이의 등식의 양변의 행렬식을 전개하면 각각 다음과 같이 된다.

$$\begin{vmatrix} a_1 & b_1 & c_1 \\ a_2 & b_2 & c_2 \\ a_3 & b_3 & c_3 \end{vmatrix} = a_1b_2c_3 + a_2b_3c_1 + a_3b_1c_2 - a_3b_2c_1 - a_1b_3c_2 - a_2b_1c_3$$

$$\begin{vmatrix} a_1 & a_2 & a_3 \\ b_1 & b_2 & b_3 \\ c_1 & c_2 & c_3 \end{vmatrix} = a_1b_2c_3 + a_3b_1c_2 + a_2b_3c_1 - a_3b_2c_1 - a_2b_1c_3 - a_1b_3c_2$$

이 두 개의 식을 비교해보면 상호 동일하고 아울러 다음 등식도 성립된다.

$$\begin{vmatrix} a_1 & b_1 \\ a_2 & b_2 \end{vmatrix} = \begin{vmatrix} a_1 & a_2 \\ b_1 & b_2 \end{vmatrix}$$

앞의 (1)의 성질애서 다음 내용이 성립된다.
「행렬식에 관해서의 정리, 공식집에서 행에 대해서 성립하는 것은 열에 대해서도 성립한다」.
그러므로 다음 행 및 열에 대하여 정리, 공식은 행에 관해서 설명하고 열에 대한 증명은 생략한다.

(2) 「행렬식의 한 개의 행(또는 열)의 성분에 동일한 수 k를 곱해진 행렬식의 값은 동일한 수 k를 행렬식 앞에 내어 행렬식 값의 k배한 것과 같다.」
예를들면,

$$\begin{vmatrix} a_1 & b_1 & c_1 \\ ka_2 & kb_2 & kc_2 \\ a_3 & b_3 & c_3 \end{vmatrix} = k \begin{vmatrix} a_1 & b_1 & c_1 \\ a_2 & b_2 & c_2 \\ a_3 & b_3 & c_3 \end{vmatrix}$$

[증명] 행렬식의 정리를 이용하면

$$\begin{vmatrix} a_1 & b_1 & c_1 \\ ka_2 & kb_2 & kc_2 \\ a_3 & b_3 & c_3 \end{vmatrix} = a_1k(b_2)c_3 + (ka_2)b_3c_1 + a_3b_1(kc_2) - a_3(kb_2)c_1 - a_1b_3(kc_2) - (ka_2)b_1c_3$$

$$= k(a_1b_2c_3 + a_2b_3c_1 + a_3b_1c_2 - a_3b_2c_1 - a_1b_3c_2 - a_2b_1c_3)$$

$$= k \begin{vmatrix} a_1 & b_1 & c_1 \\ a_2 & b_2 & c_2 \\ a_3 & b_3 & c_3 \end{vmatrix}$$

[예제 2.19] 성질 (2)을 이용해서 다음과 같이 변형할 수 있다.

$$\begin{vmatrix} 4 & -9 & 2 \\ 4 & -3 & 6 \\ 8 & 6 & -4 \end{vmatrix} = \begin{vmatrix} 4\times1 & -9 & 2 \\ 4\times1 & -3 & 6 \\ 4\times2 & 6 & -4 \end{vmatrix} = 4\begin{vmatrix} 1 & -9 & 2 \\ 1 & -3 & 6 \\ 2 & 6 & -4 \end{vmatrix} = 4\begin{vmatrix} 1 & 3\times(-3) & 2 \\ 1 & 3\times(-1) & 6 \\ 2 & 3\times2 & -4 \end{vmatrix}$$

$$= 4\times3\begin{vmatrix} 1 & -3 & 2 \\ 1 & -1 & 6 \\ 2 & 2 & -4 \end{vmatrix} = 4\times3\begin{vmatrix} 1 & -3 & 2\times1 \\ 1 & -1 & 2\times3 \\ 2 & 2 & 2\times(-2) \end{vmatrix} = 4\times3\times2\begin{vmatrix} 1 & -3 & 1 \\ 1 & -1 & 3 \\ 2 & 2 & -2 \end{vmatrix}$$

$$= 4\times3\times2\begin{vmatrix} 1 & -3 & 1 \\ 1 & -1 & 3 \\ 2\times1 & 2\times1 & 2\times(-1) \end{vmatrix} = 4\times3\times2\times2\begin{vmatrix} 1 & -3 & 1 \\ 1 & -1 & 3 \\ 1 & 1 & -1 \end{vmatrix}$$

성질(2)에서 $k=0$라고 하면 다음 성질 (3)이 얻어진다.

(3)「행렬식에서 한 개의 행(또는 열)의 성분이 0이되면 그의 행렬식의 값은 0이 된다.」

(4)「행렬식의 한 개의 행의 성분이 $(a+a' \;\; b+b' \;\; c+c')$의 모양으로 2개의 성분 $(a \;\; b \;\; c)$와 $(a' \;\; b' \;\; c')$의 합의 형태로 되어있으면 그의 행렬식의 값은 다음과 같이 두 개의 행렬식의 값의 합과 동일하고 또 열에 대해서도 같은 형태이다」. 즉

$$\begin{vmatrix} a_1 & b_1 & c_1 \\ a+a' & b+b' & c+c' \\ a_3 & b_3 & c_3 \end{vmatrix} = \begin{vmatrix} a_1 & b_1 & c_1 \\ a & b & c \\ a_3 & b_3 & c_3 \end{vmatrix} + \begin{vmatrix} a_1 & b_1 & c_1 \\ a' & b' & c' \\ a_3 & b_3 & c_3 \end{vmatrix}$$

[증명] 행렬식의 정의를 이용하면 좌변 행렬식은

$$\begin{vmatrix} a_1 & b_1 & c_1 \\ a+a' & b+b' & c+c' \\ a_3 & b_3 & c_3 \end{vmatrix}$$

$$= a_1(b+b')c_3 + (a+a')b_3c_1 + a_3b_1(c+c') - a_3(b+b')c_1 - a_1b_3(c+c') - (a+a')b_1c_3$$

$$= (a_1bc_3 + ab_3c_1 + a_3b_1c - a_3bc_1 - a_1b_3c - ab_1c_3)$$

$$+ (a_1b'c_3 + a'b_3c_1 + a_3b_1c' - a_3b'c_1 - a_1b_3c' - a'b_1c_3)$$

$$= \begin{vmatrix} a_1 & b_1 & c_1 \\ a & b & c \\ a_3 & b_3 & c_3 \end{vmatrix} + \begin{vmatrix} a_1 & b_1 & c_1 \\ a' & b' & c' \\ a_3 & b_3 & c_3 \end{vmatrix}$$

가 된다.

(5) 「행렬식의 두 개의 행(또는 열)을 변화해서 얻은 행렬식의 값은 그렇게 해서 얻은 행렬식에 부호를 바꾸는 것과 동일하다」.

예를들면

$$\begin{vmatrix} a_1 & b_1 & c_1 \\ a_3 & b_3 & c_3 \\ a_2 & b_2 & c_2 \end{vmatrix} = -\begin{vmatrix} a_1 & b_1 & c_1 \\ a_2 & b_2 & c_2 \\ a_3 & b_3 & c_3 \end{vmatrix}$$

[증명] 행렬식의 정의를 이용하면

$$\begin{vmatrix} a_1 & b_1 & c_1 \\ a_3 & b_3 & c_3 \\ a_2 & b_2 & c_2 \end{vmatrix} = a_1b_3c_2 + a_3b_2c_1 + a_2b_1c_3 - a_2b_3c_1 - a_1b_2c_3 - a_3b_1c_2$$

$$= -(a_1b_2c_3 + a_2b_3c_1 + a_3b_1c_2 - a_3b_2c_1 - a_1b_3c_2 - a_2b_1c_3)$$

$$= -\begin{vmatrix} a_1 & b_1 & c_1 \\ a_2 & b_2 & c_2 \\ a_3 & b_3 & c_3 \end{vmatrix}$$

가 된다.

[예제 2.20] 성질 (5)를 이용해서 다음과 같이 변형할 수 있다.

$$\begin{vmatrix} 1 & -9 & 2 \\ a & b & c \\ 5 & 3 & -4 \end{vmatrix} = -\begin{vmatrix} a & b & c \\ 1 & -9 & 2 \\ 5 & 3 & -4 \end{vmatrix} = \begin{vmatrix} b & a & c \\ -9 & 1 & 2 \\ 3 & 5 & -4 \end{vmatrix}$$

성질 (5)에서 $a_2 = a_3$, $b_2 = b_3$, $c_2 = c_3$가 되는 경우, 다음 성질 (6)이 성립된다.

(6) 「행렬식의 두 개의 행(또는 열)이 같으면 그의 행렬식의 값은 0이다.」

성질(2)과 (6)에 의해서 성질(7)이 성립된다.
(7) 「행렬식의 두 개의 행(또는 열)의 대응하는 성분이 비례해서 넣어져 있으면 그의 행렬식의 값은 0이다.」
예를 들면

$$\begin{vmatrix} a_1 & b_1 & c_1 \\ a & b & c \\ ka & kb & kc \end{vmatrix} = 0$$

[예제 2.21] 다음 행렬식의 값이 0임을 설명하라.

$$(1)\ \begin{vmatrix} 1 & 3 & -4 \\ 3 & 9 & -12 \\ -2 & 6 & 4 \end{vmatrix} \qquad (2)\ \begin{vmatrix} 2 & 7 & -4 \\ -5 & 11 & 10 \\ 3 & 8 & -6 \end{vmatrix}$$

[풀이]
위의 행렬식을 정리하면

$$(1)\ \begin{vmatrix} 1 & 3 & -4 \\ 3 & 9 & -12 \\ -2 & 6 & 4 \end{vmatrix} = \begin{vmatrix} 1 & 3 & -4 \\ 3\times1 & 3\times3 & 3\times(-4) \\ -2 & 6 & 4 \end{vmatrix} = 3\begin{vmatrix} 1 & 3 & -4 \\ 1 & 3 & -4 \\ -2 & 6 & 4 \end{vmatrix} = 0$$

$$(2)\ \begin{vmatrix} 2 & 7 & -4 \\ -5 & 11 & 10 \\ 3 & 8 & -6 \end{vmatrix} = \begin{vmatrix} 2 & 7 & 2\times(-2) \\ -5 & 11 & (-5)\times(-2) \\ 3 & 8 & 3\times(-2) \end{vmatrix} = -2\begin{vmatrix} 2 & 7 & 2 \\ -5 & 11 & -5 \\ 3 & 8 & 3 \end{vmatrix} = 0$$

(8) 「행렬식의 한 개의 행(또는 열)의 전체 성분에 같은 수를 곱하여서 그것을 다른 행(또는 열)에 더하여도 행렬식의 값은 변하지 않는다.」
예를들면

$$\begin{vmatrix} a_1 & b_1 & c_1 \\ a_2 & b_2 & c_2 \\ a_3 & b_3 & c_3 \end{vmatrix} = \begin{vmatrix} a_1 & b_1 & c_1 \\ a_2+ka_3 & b_2+kb_3 & c_2+kc_3 \\ a_3 & b_3 & c_3 \end{vmatrix}$$

[증명] 성질 (2), (4), (6)을 이용하면 위 식의 우변의 항은

$$\begin{vmatrix} a_1 & b_1 & c_1 \\ a_2+ka_3 & b_2+kb_3 & c_2+kc_3 \\ a_3 & b_3 & c_3 \end{vmatrix} = \begin{vmatrix} a_1 & b_1 & c_1 \\ a_2 & b_2 & c_2 \\ a_3 & b_3 & c_3 \end{vmatrix} + \begin{vmatrix} a_1 & b_1 & c_1 \\ ka_3 & kb_3 & kc_3 \\ a_3 & b_3 & c_3 \end{vmatrix} = \begin{vmatrix} a_1 & b_1 & c_1 \\ a_2 & b_2 & c_2 \\ a_3 & b_3 & c_3 \end{vmatrix} + 0$$

$$= \begin{vmatrix} a_1 & b_1 & c_1 \\ a_2 & b_2 & c_2 \\ a_3 & b_3 & c_3 \end{vmatrix}$$

[**예제** 2.22] 다음 행렬식의 값을 구하여라.

$$\begin{vmatrix} 3 & 2 & 1 \\ 6 & 3 & 3 \\ -5 & 6 & 9 \end{vmatrix} = \begin{vmatrix} 3 & 2 & 1 \\ 3\times2 & 3\times1 & 3\times1 \\ -5 & 6 & 9 \end{vmatrix} = 3\begin{vmatrix} 3 & 2 & 1 \\ 2 & 1 & 1 \\ -5 & 6 & 9 \end{vmatrix}$$

2행×(-2) + 1행, 2행×(-6) + 3행

$$3\begin{vmatrix} 3 & 2 & 1 \\ 2 & 1 & 1 \\ -5 & 6 & 9 \end{vmatrix} = 3\begin{vmatrix} -1 & 0 & -1 \\ 2 & 1 & 1 \\ -5 & 6 & 9 \end{vmatrix} = 3\begin{vmatrix} -1 & 0 & -1 \\ 2 & 1 & 1 \\ -17 & 0 & 3 \end{vmatrix}$$

$$= 3\times(-1\times1\times3-1\times(-1)\times(-17))$$

$$= -60$$

위의 예제에서 행렬식의 값을 계산하는데 있어 행렬식의 성질 (2) ~ (8)을 이용해서 고려된 행렬식을 성분에 0이 많게 행렬식을 변형해서 전개하면 계산이 쉽게 되는 경우가 많다.

2.3.3 행렬식의 전개

1. 소행렬식 및 전개

3차의 행렬식을 행렬식의 정의에 의하여 행에 대하여 전개하면 식 (2.18)과 같이

$$D = \begin{vmatrix} a_1 & b_1 & c_1 \\ a_2 & b_2 & c_2 \\ a_3 & b_3 & c_3 \end{vmatrix} = a_1b_2c_3+a_2b_3c_1+a_3b_1c_2-a_3b_2c_1-a_1b_3c_2-a_2b_1c_3 \quad \text{식 (2.18)}$$

이것을 제 1행의 성분 a_1, b_1, c_1에 대하여 정리하면

$$D = a_1(b_2c_3 - c_3b_2) - b_1(a_2c_3 - a_3c_2) + c_1(a_2b_3 - a_3b_2)$$

그러면 2차 행렬식의 정의를 이용하면 위의 식 우변은 다음 모양으로 된다.

$$\begin{vmatrix} a_1 & b_1 & c_1 \\ a_2 & b_2 & c_2 \\ a_3 & b_3 & c_3 \end{vmatrix} = a_1\begin{vmatrix} b_2 & c_2 \\ b_3 & c_3 \end{vmatrix} - b_1\begin{vmatrix} a_2 & c_2 \\ a_3 & c_3 \end{vmatrix} + c_1\begin{vmatrix} a_2 & b_2 \\ a_3 & b_3 \end{vmatrix} \qquad \text{식 (2.19)}$$

식 (2.19)의 우변을 좌변의 행렬식의 제 1행에 대하여 전개라고 한다. 이 전개를 이용하면 3차의 행렬식의 값을 계산하여 구할 수 있고 위의 식 (2.19)의 우변에 있는 2차 행렬식을 각각

$$A_1 = \begin{vmatrix} b_2 & c_2 \\ b_3 & c_3 \end{vmatrix},\ B_1 = \begin{vmatrix} a_2 & c_2 \\ a_3 & c_3 \end{vmatrix},\ C_1 = \begin{vmatrix} a_2 & b_2 \\ a_3 & b_3 \end{vmatrix} \qquad \text{식 (2.20)}$$

라고 두면 A_1은 원래의 행렬식에서 성분 a_1을 포함하는 행과 열을 제외해서 얻어진 2차 행렬식이 되고 동시에 B_1(또는 C_1)도 원래의 행렬식에서 b_1(또는 c_1)을 포함하는 행과 열을 제외해서 얻은 2차 행렬식이 된다. 이 2차 행렬식 A_1, B_1, C_1을 각각 성분 a_1, b_1, c_1에 대하여 소행렬식이라고 한다. 소행렬식 A_1, B_1, C_1을 이용하면 제 1행에 대하여 전개된 식 (2.19)는 다음과 같은 식 (2.21)로 변환된다.

$$D = a_1A_1 - b_1B_1 + c_1C_1 \qquad \text{식 (2.21)}$$

[예제 2.23] 다음 행렬식의 값을 소행렬식을 이용하여 구하라.

$$\begin{vmatrix} 1 & 2 & 7 \\ 4 & 0 & 0 \\ 5 & 2 & 3 \end{vmatrix}$$

[풀이]

주어진 행렬식의 제 1행에 대하여 전개하면

$$\begin{vmatrix} 1 & 2 & 7 \\ 4 & 0 & 0 \\ 5 & 2 & 3 \end{vmatrix} = 1\times\begin{vmatrix} 0 & 0 \\ 2 & 3 \end{vmatrix} - 2\begin{vmatrix} 4 & 0 \\ 5 & 3 \end{vmatrix} + 7\begin{vmatrix} 4 & 0 \\ 5 & 2 \end{vmatrix}$$

$$= 1\times(0\times3-0\times2)-2(4\times3-0\times5)+7(4\times2-0\times5)$$

$$= 32$$

아울러

$$A_2 = \begin{vmatrix} b_1 & c_1 \\ b_3 & c_3 \end{vmatrix},\ B_2 = \begin{vmatrix} a_1 & c_1 \\ a_3 & c_3 \end{vmatrix},\ C_2 = \begin{vmatrix} a_1 & b_1 \\ a_3 & b_3 \end{vmatrix}$$

$$A_3 = \begin{vmatrix} b_1 & c_1 \\ b_2 & c_2 \end{vmatrix},\ B_3 = \begin{vmatrix} a_1 & c_1 \\ a_2 & c_2 \end{vmatrix},\ C_3 = \begin{vmatrix} a_1 & b_1 \\ a_2 & b_2 \end{vmatrix}$$

라 두고 이것을 각각 성분 a_2, b_2, c_2, a_3, b_3, c_3에 대응하는 소행렬식이라 한다. 이것들의 소행렬식의 만드는 방법은 소행렬식 A_1, B_1, C_1의 만드는 방법을 준해서 하면 된다.

3차 행렬식

$$D = \begin{vmatrix} a_1 & b_1 & c_1 \\ a_2 & b_2 & c_2 \\ a_3 & b_3 & c_3 \end{vmatrix}$$

의 제 1행에 대하여 위의 전개된 모양과 동일한 모양으로 해서 D의 제 2행, 제 3행에 대해서 전개가 얻을 수 있고 다음과 같이 된다.

(1) 위의 3차 행렬식에 대하여 행에 대하여 전개하면

(1-1) $D = a_1A_1 - b_1B_1 + c_1C_1$

(1-2) $D = -a_2A_2 + b_2B_2 - c_2C_2$

(1-3) $D = a_3A_3 - b_3B_3 + c_3C_3$

[예제 2.24] [예제 2.23]에서 행렬식의 값을 제 2행과 제 3행에 대하여 전개하라.

제 2행에 대하여 전개하면

$$\begin{vmatrix} 1 & 2 & 7 \\ 4 & 0 & 0 \\ 5 & 2 & 3 \end{vmatrix} = -4\times\begin{vmatrix} 2 & 7 \\ 2 & 3 \end{vmatrix} + 0\times\begin{vmatrix} 1 & 7 \\ 5 & 3 \end{vmatrix} - 0\times\begin{bmatrix} 1 & 2 \\ 5 & 2 \end{bmatrix}$$

$$= -4(2\times3-7\times2)$$

$$= 32$$

제 3행에 대하여 전개하면

$$\begin{vmatrix} 1 & 2 & 7 \\ 4 & 0 & 0 \\ 5 & 2 & 3 \end{vmatrix} = 5\times\begin{vmatrix} 2 & 7 \\ 0 & 0 \end{vmatrix} - 2\times\begin{vmatrix} 1 & 7 \\ 4 & 0 \end{vmatrix} + 3\times\begin{bmatrix} 1 & 2 \\ 4 & 0 \end{bmatrix}$$

$$= 5\times(2\times0-7\times0)-2\times(1\times0-7\times4)+3\times(1\times0-2\times4)$$

$$= 32$$

위의 결과로서 제 1행, 제2행, 제 3행에 대해 전개하여 구한 행렬식의 값은 32로서 동일하다. [예제 2.23]과 [예제 2.24]에서 고려해보면 행렬식의 행에 대해서 전개하는 경우 0이 많이 나열되어있는 행을 이용하는 것이 편리하다는 것을 알 수 있다. 같이하여
3차 행렬식

$$D = \begin{vmatrix} a_1 & b_1 & c_1 \\ a_2 & b_2 & c_2 \\ a_3 & b_3 & c_3 \end{vmatrix}$$

의 제 1열, 제 2열, 제 3열의 성분에 대하여 정리하면 소행렬식을 이용하여 표시하여 쓰면 각각 다음과 같이 된다.

(2) 위의 3차 행렬식에 대하여 열에 대하여 전개하면

(2-1) $D = a_1A_1 - a_2A_2 + a_3A_3$

(2-2) $D = -b_1B_1 + b_2B_2 - b_3B_3$

(2-3) $D = c_1C_1 - c_2C_2 + c_3C_3$

위의 공식을 각각 제 1열, 제 2열, 제 3열에 대하여 전개라고 한다.

[예제 2.25] 다음 행렬식의 값을 구하라.

$$D = \begin{vmatrix} 2 & -6 & -6 \\ 2 & 3 & 3 \\ 3 & 6 & 9 \end{vmatrix}$$

[풀이]

(1) 주어진 행렬식을 제 1행을 중심으로 정리하면

$$D = \begin{vmatrix} 2 & -6 & -6 \\ 2 & 3 & 3 \\ 3 & 6 & 9 \end{vmatrix} = \begin{vmatrix} 2\times1 & 2\times(-3) & 2\times(-3) \\ 2 & 3 & 3 \\ 3 & 6 & 9 \end{vmatrix} = 2\begin{vmatrix} 1 & -3 & -3 \\ 2 & 3 & 3 \\ 3 & 6 & 9 \end{vmatrix}$$

$$= 2\begin{vmatrix} 1 & 3\times(-1) & 3\times(-1) \\ 2 & 3\times1 & 3\times1 \\ 3 & 3\times2 & 3\times3 \end{vmatrix} = 2\times3\times3\begin{vmatrix} 1 & -1 & -1 \\ 2 & 1 & 1 \\ 3 & 2 & 3 \end{vmatrix} = 2\times3\times3\begin{vmatrix} 3 & 0 & 0 \\ 2 & 1 & 1 \\ 3 & 2 & 3 \end{vmatrix}$$

$$= 2\times3\times3\times3\begin{vmatrix} 1 & 1 \\ 2 & 3 \end{vmatrix} = 2\times3\times3\times3(1\times3-1\times2) = 54$$

(2) 주어진 행렬식을 제 3열을 중심으로 정리하면

$$2\times3\times3\begin{vmatrix} 1 & -1 & -1 \\ 2 & 1 & 1 \\ 3 & 2 & 3 \end{vmatrix} = 2\times3\times3\begin{vmatrix} 1 & -1 & 0 \\ 2 & 1 & 0 \\ 3 & 2 & 1 \end{vmatrix} = 2\times3\times3\begin{vmatrix} 1 & -1 \\ 2 & 1 \end{vmatrix}$$

$$= 2\times3\times3(1\times1-(-1)\times2) = 54$$

2. 고차의 행렬식

식 (2.22)에서 보여진 바와 같이 4^2개수의 문자를 정방형으로 나열한 행렬식을 4차 행렬식이라 한다.

$$D = \begin{bmatrix} a_1 & b_1 & c_1 & d_1 \\ a_2 & b_2 & c_2 & d_2 \\ a_3 & b_3 & c_3 & d_3 \\ a_4 & b_4 & c_4 & d_4 \end{bmatrix} \qquad \text{식 (2.22)}$$

이것은 다음 식 (2.23)의 모양으로 정의한다.

$$D = a_1\begin{vmatrix} b_2 & c_2 & d_2 \\ b_3 & c_3 & d_3 \\ b_4 & c_4 & d_4 \end{vmatrix} - b_1\begin{vmatrix} a_2 & c_2 & d_2 \\ a_3 & c_3 & d_3 \\ a_4 & c_4 & d_4 \end{vmatrix} + c_1\begin{vmatrix} a_2 & b_2 & d_2 \\ a_3 & b_3 & d_3 \\ a_4 & b_4 & d_4 \end{vmatrix} - d_1\begin{vmatrix} a_2 & b_2 & c_2 \\ a_3 & b_3 & c_3 \\ a_4 & b_4 & c_4 \end{vmatrix} \qquad \text{식 (2.23)}$$

위의 식의 우변은 3차의 행렬식의 제 1행에 대하여 전개되어서 만들어졌고 4차 행렬식에 대해서도 행/열 등의 용어를 3차 행렬식에 준해서 사용하면 식 (2.23)의 우변은 4차 행렬식의 제 1행에 대하여 전개라고 한다. 4차 행렬식의 전개는 식 (2.16)이나 식 (2.17)에 언급된 2차와 3차에 전개하듯이 하면 안되며 4차 행렬식의 전개는 5차, 6차, ... 의 행렬식의 전개가 그대로 적용되지만 여기서는 4차 행렬식을 그의 대표로 하여 언급한다. 4차 행렬식에 대해서도 행렬식의 성질 (1) ~ (8)이 그대로 성립되지만 증명은 생략하고 3차 행렬식의 경우와 같게 4차 행렬식에 대해서도 각 성분에 대하여 소행렬식으로 생각할 수 있다. 예를들면 4차 행렬식 (2.22)에서 성분 a_1, b_1, c_1, d_1, …에 대한 소행렬식을 각각 A_1, B_1, C_1, D_1, …라고 표시하면 행렬식 D의 제 1행에 대해서 다음 모양으로 전개된다.

$$D = a_1A_1 - b_1B_1 + c_1C_1 - d_1D_1 \qquad \text{(제 1행에 대하여 전개)}$$

다른 행 또는 열에 대해서의 전개도 같은 모양이 성립된다. 예를 들면

$$D = -a_2A_2 + b_2B_2 - c_2C_2 + d_2D_2 \qquad \text{(제 2행에 대하여 전개)}$$

....

또한

$$D = a_1A_1 - a_2A_2 + a_3A_3 - a_4A_4 \qquad \text{(제 1열에 대하여 전개)}$$

$$D = -b_1B_1 + b_2B_2 - b_3B_3 + b_4B_4 \qquad \text{(제 2열에 대하여 전개)}$$

....

[예제 2.26] 다음 행렬식의 값을 구하라.

$$D = \begin{vmatrix} 6 & -3 & 2 & -1 \\ 2 & 1 & 5 & 0 \\ -1 & 7 & 1 & 1 \\ 3 & -1 & 4 & 1 \end{vmatrix}$$

[풀이]

(1) 제 3행과 제 4행에 제 1행을 더하면

$$D = \begin{vmatrix} 6 & -3 & 2 & -1 \\ 2 & 1 & 5 & 0 \\ -1 & 7 & 1 & 1 \\ 3 & -1 & 4 & 1 \end{vmatrix} = \begin{vmatrix} 6 & -3 & 2 & -1 \\ 2 & 1 & 5 & 0 \\ 5 & 4 & 3 & 0 \\ 9 & -4 & 6 & 0 \end{vmatrix}$$

(2) 제 4열에 대해 전개하면

$$\begin{vmatrix} 6 & -3 & 2 & -1 \\ 2 & 1 & 5 & 0 \\ 5 & 4 & 3 & 0 \\ 9 & -4 & 6 & 0 \end{vmatrix} = \begin{vmatrix} 2 & 1 & 5 \\ 5 & 4 & 3 \\ 9 & -4 & 6 \end{vmatrix}$$

(3) 변경된 3차 행렬식에서 1행에서 -4를 곱하여 2행에서 더하고 1행에서 4를 곱하여 3행에서 더하면

$$\begin{vmatrix} 2 & 1 & 5 \\ 5 & 4 & 3 \\ 9 & -4 & 6 \end{vmatrix} = \begin{vmatrix} 2 & 1 & 5 \\ -3 & 0 & -17 \\ 17 & 0 & 26 \end{vmatrix}$$

(4) 3차 행렬식에서 2열에 대해 전개하면

$$\begin{vmatrix} 2 & 1 & 5 \\ -3 & 0 & -17 \\ 17 & 0 & 26 \end{vmatrix} = -\begin{vmatrix} -3 & -17 \\ 17 & 26 \end{vmatrix} = -(-3\times 26-(-17)\times 17)$$

$$= -211$$

2.3.4 행렬식의 응용

1. 연립 1차방정식

다음 3원연립1차방정식에서

$$\begin{cases} a_1x+b_1y+c_1z=d_1 & (1) \\ a_2x+b_2y+c_2z=d_2 & (2) \\ a_3x+b_2y+c_3z=d_3 & (3) \end{cases} \qquad \text{식 (2.24)}$$

여기서

$$D = \begin{vmatrix} a_1 & b_1 & c_1 \\ a_2 & b_2 & c_2 \\ a_3 & b_3 & c_3 \end{vmatrix} \neq 0$$

이 연립방정식에서 x, y, z를 구하기 위해서 먼저 1열에 대하여 전개하면

$$a_1A_1 - a_2A_2 + a_3A_3 = \begin{vmatrix} a_1 & b_1 & c_1 \\ a_2 & b_2 & c_2 \\ a_3 & b_3 & c_3 \end{vmatrix} \qquad \text{식 (2.25)}$$

단, 행렬식 D에서 성분 a_1, a_2, a_3에 대한 소행렬식을 각각 A_1, A_2, A_3라고 한다.
만약 $a_1 = b_1$, $a_2 = b_2$, $a_3 = b_3$라고 하면

$$b_1A_1 - b_2A_2 + b_3A_3 = \begin{vmatrix} b_1 & b_1 & c_1 \\ b_2 & b_2 & c_2 \\ b_3 & b_3 & c_3 \end{vmatrix} = 0 \qquad \text{식 (2.26)}$$

같이하여

$$c_1A_1 - c_2A_2 + c_3A_3 = 0 \qquad \text{식 (2.27)}$$

또한 식 (2.24)에서 x를 구하기 위해

(1) × A_1 - (2) × A_2 + (3) × A_3을 구하여 정리하면

$$(a_1A_1 - a_2A_2 + a_3A_3)x + (b_1A_1 - b_2A_2 + b_3A_3)y + (c_1A_1 - c_2A_2 + c_3A_3)$$
$$= d_1A_1 - d_2A_2 + d_3A_3$$

이 식의 좌변에 대해서는 (2.25), (2.26), (2.27)을 이용하면

$$(a_1A_1 - a_2A_2 + a_3A_3)\mathrm{x} = \begin{vmatrix} a_1 & b_1 & c_1 \\ a_2 & b_2 & c_2 \\ a_3 & b_3 & c_3 \end{vmatrix} \mathrm{x} = \mathrm{Dx}$$

$$= d_1A_1 - d_2A_2 + d_3A_3 = \begin{vmatrix} d_1 & b_1 & c_1 \\ d_2 & b_2 & c_2 \\ d_3 & b_3 & c_3 \end{vmatrix}$$

여기서 식 (2.25)에서 $a_1 = d_1$, $a_2 = d_2$, $a_3 = d_3$을 대입한 등식을 이용하고 아울러 D≠0에서

$$x = \frac{1}{D} \begin{vmatrix} d_1 & b_1 & c_1 \\ d_2 & b_2 & c_2 \\ d_3 & b_3 & c_3 \end{vmatrix}$$

가 되고

$$y = \frac{1}{D} \begin{vmatrix} a_1 & d_1 & c_1 \\ a_2 & d_2 & c_2 \\ a_3 & d_3 & c_3 \end{vmatrix}, \quad z = \frac{1}{D} \begin{vmatrix} a_1 & b_1 & d_1 \\ a_2 & b_2 & d_2 \\ a_3 & b_3 & d_3 \end{vmatrix}$$

도 역시 성립되어 연립1차방정식 (2.24)의 해는 다음과 같고 이것을 Cramer의 공식이라 한다.

$$x = \frac{1}{D} \begin{vmatrix} d_1 & b_1 & c_1 \\ d_2 & b_2 & c_2 \\ d_3 & b_3 & c_3 \end{vmatrix}, \quad y = \frac{1}{D} \begin{vmatrix} a_1 & d_1 & c_1 \\ a_2 & d_2 & c_2 \\ a_3 & d_3 & c_3 \end{vmatrix}, \quad z = \frac{1}{D} \begin{vmatrix} a_1 & b_1 & d_1 \\ a_2 & b_2 & d_2 \\ a_3 & b_3 & d_3 \end{vmatrix} \qquad \text{식 (2.28)}$$

[예제 2.27] 다음의 연립1차방정식의 해를 Cramer공식을 이용하여 구하라.

$$x - y + z = 2$$
$$2x - y + 3z = 1$$
$$4x - 2y + z = 2$$

[풀이]

Cramer공식에서 식 (2.28)을 이용하면

$$D = \begin{vmatrix} a_1 & b_1 & c_1 \\ a_2 & b_2 & c_2 \\ a_3 & b_3 & c_3 \end{vmatrix} = \begin{vmatrix} 1 & -1 & 1 \\ 2 & -1 & 3 \\ 4 & -2 & 1 \end{vmatrix} = \begin{vmatrix} 1 & 0 & 0 \\ 2 & 1 & 1 \\ 4 & 2 & -3 \end{vmatrix} = \begin{vmatrix} 1 & 1 \\ 2 & -3 \end{vmatrix} = -5$$

따라서

$$x = \frac{1}{D}\begin{vmatrix} d_1 & b_1 & c_1 \\ d_2 & b_2 & c_2 \\ d_3 & b_3 & c_3 \end{vmatrix} = -\frac{1}{5}\begin{vmatrix} 2 & -1 & 1 \\ 1 & -1 & 3 \\ 2 & -2 & 1 \end{vmatrix} = -\frac{1}{5}\begin{vmatrix} 0 & -1 & 0 \\ -1 & -1 & 2 \\ -2 & -2 & -1 \end{vmatrix} = -1$$

$$y = \frac{1}{D}\begin{vmatrix} a_1 & d_1 & c_1 \\ a_2 & d_2 & c_2 \\ a_3 & d_3 & c_3 \end{vmatrix} = -\frac{1}{5}\begin{vmatrix} 1 & 2 & 1 \\ 2 & 1 & 3 \\ 4 & 2 & 1 \end{vmatrix} = -\frac{1}{5}\begin{vmatrix} 1 & 0 & 0 \\ 2 & -3 & 1 \\ 4 & -6 & -3 \end{vmatrix} = -3$$

$$z = \frac{1}{D}\begin{vmatrix} a_1 & b_1 & d_1 \\ a_2 & b_2 & d_2 \\ a_3 & b_3 & d_3 \end{vmatrix} = -\frac{1}{5}\begin{vmatrix} 1 & -1 & 2 \\ 2 & -1 & 1 \\ 4 & -2 & 2 \end{vmatrix} = -\frac{1}{5}\begin{vmatrix} 1 & 0 & 0 \\ 2 & 1 & -3 \\ 4 & 2 & -6 \end{vmatrix} = 0$$

Cramer공식 (1)은 일반적으로 n원 연립1차방정식에 대해서도 확장되어 성립되고 특히 2원 연립 방정식

$$\begin{cases} ax+by=p \\ cx+dy=q \end{cases}, \qquad D = \begin{vmatrix} a & b \\ c & d \end{vmatrix} \neq 0 \qquad \text{식 (2.29)}$$

에 대해서는 연립1차방정식 (2.29)의 해는 Cramer공식에 의해 다음과 같다.

$$x = \frac{1}{D}\begin{vmatrix} p & b \\ q & d \end{vmatrix}, \qquad y = \frac{1}{D}\begin{vmatrix} a & p \\ c & q \end{vmatrix} \qquad \text{식 (2.30)}$$

[예제 2.28] 다음의 연립1차방정식의 해를 Cramer공식을 이용하여 구하라.

$$\begin{cases} 2x-y=4 \\ x+y=2 \end{cases}$$

[풀이]

Cramer공식 (2.30)에서

$$D = \begin{vmatrix} 2 & -1 \\ 1 & 1 \end{vmatrix} = 3 \text{ 이므로}$$

$$x = \frac{1}{3}\begin{vmatrix} 4 & -1 \\ 2 & 1 \end{vmatrix} = 2, \quad y = \frac{1}{3}\begin{vmatrix} 2 & 4 \\ 1 & 2 \end{vmatrix} = 0$$

2. 벡터의 외적

벡터 $\vec{a}$, $\vec{b}$, …를 표시하는데 있어 두꺼운 문자 a, b, … 를 이용하여 표시하며 2개의 벡터 a, b에 대해서 $\boldsymbol{a} = a_1\boldsymbol{i} + a_2\boldsymbol{j} + a_3\boldsymbol{k}$, $\boldsymbol{b} = b_1\boldsymbol{i} + b_2\boldsymbol{j} + b_3\boldsymbol{k}$라고 하면 외적 $\boldsymbol{a}\times\boldsymbol{b}$는

$$\boldsymbol{a}\times\boldsymbol{b} = \begin{vmatrix} a_2 & a_3 \\ b_2 & b_3 \end{vmatrix}\boldsymbol{i} - \begin{vmatrix} a_1 & a_3 \\ b_1 & b_3 \end{vmatrix}\boldsymbol{j} + \begin{vmatrix} a_1 & a_2 \\ b_1 & b_2 \end{vmatrix}\boldsymbol{k}$$

가 되고 외적의 정의를 다음 모양으로 형식적으로 표시할 수 있다.

$$\boldsymbol{a}\times\boldsymbol{b} = \begin{vmatrix} \boldsymbol{i} & \boldsymbol{j} & \boldsymbol{k} \\ a_1 & a_2 & a_3 \\ b_1 & b_2 & b_3 \end{vmatrix}$$

[예제 2.29] $\boldsymbol{a} = 2\boldsymbol{i} - \boldsymbol{j} + 3\boldsymbol{k}$, $\boldsymbol{b} = -\boldsymbol{i} + 2\boldsymbol{j} + 4\boldsymbol{k}$라고 할 때 다음을 구하라.

(1) $\boldsymbol{a}\times\boldsymbol{b}$ (2) $\boldsymbol{a}$, $\boldsymbol{b}$에 수직인 단위벡터

[풀이]

(1) $$\boldsymbol{a}\times\boldsymbol{b} = \begin{vmatrix} \boldsymbol{i} & \boldsymbol{j} & \boldsymbol{k} \\ 2 & -1 & 3 \\ -1 & 2 & 4 \end{vmatrix} = \begin{vmatrix} -1 & 3 \\ 2 & 4 \end{vmatrix}\boldsymbol{i} - \begin{vmatrix} 2 & 3 \\ -1 & 4 \end{vmatrix}\boldsymbol{j} + \begin{vmatrix} 2 & -1 \\ -1 & 2 \end{vmatrix}\boldsymbol{k}$$

$$= -10\boldsymbol{i} - 11\boldsymbol{j} + 5\boldsymbol{k}$$

(2) $\boldsymbol{a}\times\boldsymbol{b}$가 $\boldsymbol{a}$, $\boldsymbol{b}$에 수직이 되므로 $\boldsymbol{a}\times\boldsymbol{b}$의 단위벡터가 $\boldsymbol{a}$, $\boldsymbol{b}$에 수직인 단위벡터 $\boldsymbol{e}$가 된다.

$$\boldsymbol{e} = \pm\frac{\boldsymbol{a}\times\boldsymbol{b}}{|\boldsymbol{a}\times\boldsymbol{b}|} = \pm\frac{1}{\sqrt{(-10)^2 + (-11)^2 + 5^2}}(-10\boldsymbol{i} - 11\boldsymbol{j} + 5\boldsymbol{k})$$

[예제 2.30] $\boldsymbol{i}\times\boldsymbol{j}=\boldsymbol{k}$임을 설명하라.

[설명]

$\boldsymbol{i}=1\boldsymbol{i}+0\boldsymbol{j}+0\boldsymbol{k}$, $\boldsymbol{j}=0\boldsymbol{i}+1\boldsymbol{j}+0\boldsymbol{k}$이므로 외적의 정의에 의해서

$$\boldsymbol{i}\times\boldsymbol{j} = \begin{vmatrix} 0 & 0 \\ 1 & 0 \end{vmatrix}\boldsymbol{i}-\begin{vmatrix} 1 & 0 \\ 0 & 0 \end{vmatrix}\boldsymbol{j}+\begin{vmatrix} 1 & 0 \\ 0 & 1 \end{vmatrix}\boldsymbol{k} = 0\boldsymbol{i}-0\boldsymbol{j}+1\boldsymbol{k} = \boldsymbol{k}$$

[예제 2.31] $\boldsymbol{a}=a\boldsymbol{i}$, $\boldsymbol{b}=b\boldsymbol{i}+c\boldsymbol{j}$ $(a,\ b,\ c>0)$라고 할 때 $|\boldsymbol{a}\times\boldsymbol{b}|$는 2개의 벡터 $\boldsymbol{a}$, $\boldsymbol{b}$를 두 변으로 하는 평행사변형의 면적 S과 같음을 증명하라.

[증명]

$$\boldsymbol{a}\times\boldsymbol{b} = \begin{vmatrix} 0 & 0 \\ c & 0 \end{vmatrix}\boldsymbol{i}-\begin{vmatrix} a & 0 \\ b & 0 \end{vmatrix}\boldsymbol{j}+\begin{vmatrix} a & 0 \\ b & c \end{vmatrix}\boldsymbol{k}$$
$$= ac\boldsymbol{k}$$

그러므로

$$|\boldsymbol{a}\times\boldsymbol{b}| = ac$$

이렇게 하여 ac는 $\boldsymbol{a}$, $\boldsymbol{b}$를 두 변으로 하는 평행사변형의 면적 S가 되어서 다음과 같이 표현이 가능하다. 즉

$$|\boldsymbol{a}\times\boldsymbol{b}| = S$$

$\boldsymbol{a}\times\boldsymbol{b}$로 표현되는 외적은 다음과 같은 특성이 있다.

(1) $\boldsymbol{a}\times\boldsymbol{b}$는 $\boldsymbol{a}$, $\boldsymbol{b}$에 수직이 된다.

(2) $|\boldsymbol{a}\times\boldsymbol{b}|$는 $\boldsymbol{a}$, $\boldsymbol{b}$를 두 변으로 하는 평행사변형의 면적

$$S = |\boldsymbol{a}||\boldsymbol{b}|\sin\theta$$

과 같고 여기서 $\theta(0\leq\theta\leq\pi)$는 $\boldsymbol{a}$, $\boldsymbol{b}$의 사이각이 된다.

(3) $\boldsymbol{a}$를 180^0이내의 각 θ로 $\boldsymbol{b}$에 회전해서 오른나사를 회전했을 때 $\boldsymbol{a}\times\boldsymbol{b}$는 나사축의 진행방향을 가지고 있다.

(4) 외적에 대해서 다음사항이 성립된다.

가. $\boldsymbol{a}\times\boldsymbol{b} = -\boldsymbol{b}\times\boldsymbol{a}$, $\boldsymbol{a}\times\boldsymbol{a} = 0$

나. $\boldsymbol{a} /\!/ \boldsymbol{b}$ 이면 $\boldsymbol{a}\times\boldsymbol{b} = 0$가 된다.

다. 외적의 연산에 대해서 일반적으로 다음과 같이 교환법칙과 결합법칙은 성립되지 않는다. 즉

$$\boldsymbol{a}\times\boldsymbol{b} \neq \boldsymbol{b}\times\boldsymbol{a},\ \boldsymbol{a}\times(\boldsymbol{b}\times\boldsymbol{c}) \neq (\boldsymbol{a}\times\boldsymbol{b})\times\boldsymbol{c}$$

[예제 2.32] 3개의 벡터 $\boldsymbol{a}$, $\boldsymbol{b}$, $\boldsymbol{c}$에 의해 정해진 평행육면체의 체적 V는 다음 식으로 됨을 증명하라.

$$V = \boldsymbol{a} \cdot (\boldsymbol{b}\times\boldsymbol{c})$$

[증명] 평행육면체의 높이를 h, 밑면적을 S라고 하면

$$h = |\boldsymbol{a}|\cos\theta,\ S = |\boldsymbol{b}\times\boldsymbol{c}|$$

$$\therefore\ V = hS = |\boldsymbol{a}|\cos\theta|\boldsymbol{b}\times\boldsymbol{c}| = |\boldsymbol{a}||\boldsymbol{b}\times\boldsymbol{c}|\cos\theta$$

$$= \boldsymbol{a} \cdot (\boldsymbol{b}\times\boldsymbol{c})$$

여기서 θ는 $\boldsymbol{b}\times\boldsymbol{c}$의 방향과 $\boldsymbol{a}$사이의 각도이고 3개의 벡터 $\boldsymbol{a}$, $\boldsymbol{b}$, $\boldsymbol{c}$에 대해서 수식 $\boldsymbol{a} \cdot (\boldsymbol{b}\times\boldsymbol{c})$을 벡터의 삼중적이라 한다.

모든 경우에 대해 $\boldsymbol{a}$, $\boldsymbol{b}$, $\boldsymbol{c}$의 정해진 평행육면체의 체적 V는 3중적 $\boldsymbol{a} \cdot (\boldsymbol{b}\times\boldsymbol{c})$의 절대값과 같게 다음과 같이 표현할 수 있다.

$$V = |\boldsymbol{a} \cdot (\boldsymbol{b}\times\boldsymbol{c})|$$

다음 공식이 성립된다. 즉

$\boldsymbol{a} = a_1\boldsymbol{i} + a_2\boldsymbol{j} + a_3\boldsymbol{k}$, $\boldsymbol{b} = b_1\boldsymbol{i} + b_2\boldsymbol{j} + b_3\boldsymbol{k}$, $\boldsymbol{c} = c_1\boldsymbol{i} + c_2\boldsymbol{j} + c_3\boldsymbol{k}$라고 하면 벡터 $\boldsymbol{a}$, $\boldsymbol{b}$, $\boldsymbol{c}$의 삼중적은

$$\boldsymbol{a} \cdot (\boldsymbol{b}\times\boldsymbol{c}) = \begin{vmatrix} a_1 & a_2 & a_3 \\ b_1 & b_2 & b_3 \\ c_1 & c_2 & c_3 \end{vmatrix}$$

[증명] 먼저 $\boldsymbol{a} \cdot (\boldsymbol{b} \times \boldsymbol{c}) = a_1 \begin{vmatrix} b_2 & b_3 \\ c_2 & c_3 \end{vmatrix} - a_2 \begin{vmatrix} b_1 & b_3 \\ c_1 & c_3 \end{vmatrix} + a_3 \begin{vmatrix} b_1 & b_2 \\ c_1 & c_2 \end{vmatrix}$

$$= \begin{vmatrix} a_1 & a_2 & a_3 \\ b_1 & b_2 & b_3 \\ c_1 & c_2 & c_3 \end{vmatrix}$$

가 된다.

[예제 2.33] $\boldsymbol{a} = -2\boldsymbol{i} - \boldsymbol{j} + 3\boldsymbol{k}$, $\boldsymbol{b} = 4\boldsymbol{i} + 2\boldsymbol{j} + 6\boldsymbol{k}$, $\boldsymbol{c} = -\boldsymbol{i} + 3\boldsymbol{j} + 2\boldsymbol{k}$라고 할 때 다음과 같은 벡터의 삼중적을 구하라.

$$\boldsymbol{a} \cdot (\boldsymbol{b} \times \boldsymbol{c})$$

[풀이]

$$\boldsymbol{a} \cdot (\boldsymbol{b} \times \boldsymbol{c}) = \begin{vmatrix} -2 & -1 & 3 \\ 4 & 2 & 6 \\ -1 & 3 & 2 \end{vmatrix} = 2 \begin{vmatrix} -2 & -1 & 3 \\ 2 & 1 & 3 \\ -1 & 3 & 2 \end{vmatrix} = 2 \begin{vmatrix} 0 & 0 & 6 \\ 2 & 1 & 3 \\ -1 & 3 & 2 \end{vmatrix}$$

$$= 2 \times 6 \begin{vmatrix} 2 & 1 \\ -1 & 3 \end{vmatrix} = 2 \times 6 \times 7 = 84$$

3중곱에서 행렬식의 성질을 활용하면 다음과 같은 성질이 성립된다.

가. $\boldsymbol{a} \cdot (\boldsymbol{b} \times \boldsymbol{c}) = \boldsymbol{b} \cdot (\boldsymbol{c} \times \boldsymbol{a}) = \boldsymbol{c} \cdot (\boldsymbol{a} \times \boldsymbol{b})$

나. $\boldsymbol{a} \cdot (\boldsymbol{b} \times \boldsymbol{c}) = -\, \boldsymbol{b} \cdot (\boldsymbol{a} \times \boldsymbol{c}) = -\, \boldsymbol{c} \cdot (\boldsymbol{b} \times \boldsymbol{a})$

2.4 행렬

2.4.1 행렬의 기초

평면상의 벡터는 2개의 수를 횡으로 나열한 $(a,\ b)$으로 표시되고 공간의 벡터는 3개의 수를 횡으로 나열한 $(a,\ b,\ c)$으로 표시된다. 이의 생각을 일반화해서 수를 장방향으로 나열한 배열, 예를 들면

$$\begin{pmatrix} 2 & 1 \\ 4 & 6 \end{pmatrix}, \quad \begin{pmatrix} a & b & c \\ r & s & t \end{pmatrix}$$

등이 생각될 수 있고 수나 문자를 장방형으로 배열하여 표시한 것을 행렬 또는 매트릭스(matrix)라고 한다. 행렬에 두고 행, 열이 있는 성분등을 부르는 방법은 행렬식의 경우와 전부 동일하고 m개의 행과 n개의 열로부터 성립되는 행렬을 $\boldsymbol{m} \times \boldsymbol{n}$행렬이라 하고 일반적으로 A, B, C, …등으로 표시한다. 예를 들면

$$A = \begin{pmatrix} 2 & 4 & -1 \\ 1 & 1 & 6 \end{pmatrix}, \qquad B = \begin{pmatrix} a & b & c & d \\ c & s & t & u \end{pmatrix}$$

는 각각 2×3행렬, 2×4행렬이 되고 행렬 A의 $(i,\ j)$성분을 a_{ij}라고 표시한다. 예를 들면 2×3행렬 A를

$$A = \begin{pmatrix} a_{11} & a_{12} & a_{13} \\ a_{21} & a_{22} & a_{23} \end{pmatrix}$$

라고 표시할 수 있고 간단히 행렬 A를

$$A = (a_{ij})$$

라고 표시할 수 있다.

특히 $n \times n$행렬에서는 성분이 정방형으로 배열되어있기에 이것을 n차의 정방행렬이라하고 가령

$$A = \begin{pmatrix} -1 & 5 \\ 2 & 3 \end{pmatrix}, \quad B = \begin{pmatrix} -2 & 5 & 3 \\ 4 & 0 & 2 \\ 5 & -1 & 6 \end{pmatrix}$$

은 각각 2차, 3차의 정방행렬이라 한다.

또한 한 개의 행만으로 되는 $1 \times n$행렬을 n차원행벡터라고 하고 1개의 열만 이루어지는 $n \times 1$행렬을 n차원열벡터라 한다. 예를들면

$$(x \quad y \quad z \quad u \quad v), \quad \begin{pmatrix} a \\ b \end{pmatrix}$$

는 각각 5차원행벡터, 2차원열벡터가 되고 행벡터와 열벡터를 정리하면 수벡터라 한다.

2개의 행렬 A, B에 대해서 A와 B의 형태가 같고 A와 B의 대응하는 성분이 같으면 A와 B는 같다고 하여 행렬의 상등인 A = B라고 표시한다.

[예제 2.34] 다음의 장방향으로 나열한 3개의 문자 x, y, z의 1차식의 조는 각각의 계수를 이용하여 행렬로 표시하라

$$\begin{cases} x-2y+4z \\ -3x+y+5z \end{cases}, \qquad \begin{cases} 2x+y+8z \\ 3x+y+z \\ x-y+z \end{cases}$$

[풀이]

나열된 1차식의 조의 각각 계수를 이용하여 행렬로 만든 결과는 다음과 같이 된다.

$$\begin{pmatrix} 1 & -2 & 4 \\ -3 & 1 & 5 \end{pmatrix}, \qquad \begin{pmatrix} 2 & 1 & 8 \\ 3 & 1 & 1 \\ 1 & -1 & 1 \end{pmatrix}$$

[예제 2.35] 다음과 같이 표시되는 2×4행렬에 대해서 제1행, 제4열을 표시하고 (2, 4)성분을 구하라.

$$A = \begin{pmatrix} 1 & -4 & 5 & 0 \\ 8 & -3 & 1 & 2 \end{pmatrix}$$

[풀이]

행렬 A의 제1행은 $(1 \quad -4 \quad 5 \quad 0)$가 되고 제 4열은 $\begin{pmatrix} 0 \\ 2 \end{pmatrix}$가 된다. 또 (2, 4)성분은 2가 된다.

[예제 2.36] 다음 두 행렬의 등식이 만족하기 위한 a, b, c의 값을 구하라.

$$\begin{pmatrix} a & 2 & 4 \\ 1 & b & c \end{pmatrix} = \begin{pmatrix} -4 & 2 & 4 \\ 1 & -3 & -5 \end{pmatrix}$$

[풀이]

행렬의 상등조건에서 $a=-4$, $b=-3$ $c=-5$가 된다.

2.4.2 행렬의 연산

2조의 1차식

$$\begin{cases} x+4y \\ -3x+2y \end{cases} \qquad \begin{cases} 9x+3y \\ x+y \end{cases}$$

은 각각 2×2행렬

$$A = \begin{pmatrix} 1 & 4 \\ -3 & 2 \end{pmatrix}, \quad B = \begin{pmatrix} 9 & 3 \\ 1 & 1 \end{pmatrix}$$

이 대응한다. 대응하는 1차식의 합

$$\begin{cases} (x+4y)+(9x+3x)=10x+7y \\ (-3x+2y)+(x+y)=-2x+3y \end{cases}$$

을 만들면 이 조에 대해서 행렬

$$\begin{pmatrix} 1+9 & 4+3 \\ -3+1 & 2+1 \end{pmatrix} = \begin{pmatrix} 10 & 7 \\ -2 & 3 \end{pmatrix}$$

가 대응된다. 이 행렬은 2개의 2×2행렬 A, B의 합, A + B라고 표시하여 일반적으로 행렬식의 합을 다음 모양으로 정의된다.

같은 형태의 2개의 행렬 A = (a_{ij}), B = (b_{ij})의 합 C = A + B는 A와 B의 대응하는 성분의 합을 성분이 되는 행렬로 된다. 즉 C = (c_{ij})라고 하면

$$c_{ij} = a_{ij} + b_{ij}$$

예를 들면

$$A = \begin{pmatrix} a_1 & b_1 & c_1 \\ a_2 & b_2 & c_2 \end{pmatrix}, \qquad B = \begin{pmatrix} \alpha_1 & \beta_1 & \gamma_1 \\ \alpha_2 & \beta_2 & \gamma_2 \end{pmatrix}$$

에 대하여

$$A + B = \begin{pmatrix} a_1+\alpha_1 & b_1+\beta_1 & c_1+\gamma_1 \\ a_2+\alpha_2 & b_2+\beta_2 & c_2+\gamma_2 \end{pmatrix}$$

같은 형태의 행렬 A, B, C에 대하여 다음 교환법칙과 결합법칙이 성립된다.

(1) A + B = B + A (교환법칙)

(2) (A + B) + C = A + (B + C) (결합법칙)

수 m과 행렬 A = (a_{ij})의 적 B = mA는 A의 성분을 m배한 행렬이 된다. 역시 B = (ma_{ij})가 된다. 예를 들면 행렬

$$A = \begin{pmatrix} a_1 & b_1 & c_1 \\ a_2 & b_2 & c_2 \end{pmatrix}$$

에 대하여 A의 m배는 다음 모양이 된다.

$$mA = \begin{pmatrix} ma_1 & mb_1 & mc_1 \\ ma_2 & mb_2 & mc_2 \end{pmatrix}$$

특히 수 0과 행렬의 곱은 모든 성분이 0인 행렬이 되고 일반적으로 행렬 A의 성분이 모두 0가 되는 경우 A를 영행렬이라 한다. 예를 들어

$$\begin{pmatrix} 0 & 0 \\ 0 & 0 \end{pmatrix}, \quad \begin{pmatrix} 0 & 0 & 0 \\ 0 & 0 & 0 \end{pmatrix}$$

등은 영행렬이 되고 영행렬을 O라고 표시하면 다음 계산법칙이 성립한다.

임의의 행렬 A와 동일한 형의 영행렬 O에 대해서

$$A + O = O + A = A$$

임의의 수 m, n과 같은 행렬 A, B의 곱에 대해서 다음과 같은 연산법칙이 성립한다.

(1) m(nA) = (mn)A

(2) (m+n)A = mA + nA

(3) m(A + B) = mA + mB

(4) 0A = O, mO = O

행렬 A에 대해서 (-1)A를 -A라고 표시한다. 즉, -A는 A의 성분의 부호를 바꾼 성분을 가진 행렬이 된다. 또한 같은 형의 행렬 A, B에 대해서 그의 차 A - B를

$$A-B = A + (-B)$$

로 정의된다. 예를들면

$$A = \begin{pmatrix} a_1 & b_1 & c_1 \\ a_2 & b_2 & c_2 \end{pmatrix}, \qquad B = \begin{pmatrix} \alpha_1 & \beta_1 & \gamma_1 \\ \alpha_2 & \beta_2 & \gamma_2 \end{pmatrix}$$

에 대하여

$$A - B = \begin{pmatrix} a_1 - \alpha_1 & b_1 - \beta_1 & c_1 - \gamma_1 \\ a_2 - \alpha_2 & b_2 - \beta_2 & c_2 - \gamma_2 \end{pmatrix}$$

가 된다.

행렬 A의 행과 열의 서로 바꾸어서 얻어진 행렬을 A의 전치행렬이라 하고 ${}^tA$라고 표시한다. 예를 들면

$A = \begin{pmatrix} a_1 & b_1 & c_1 \\ a_2 & b_2 & c_2 \end{pmatrix}$의 경우 ${}^tA = \begin{pmatrix} a_1 & a_2 \\ b_1 & b_2 \\ c_1 & c_2 \end{pmatrix}$가 되고 일반적으로 $m \times n$행렬 A의 전치행렬 ${}^tA$는 $n \times m$행렬이 된다. 특히 정방행렬의 전치행렬은 동일한 모양의 정방행렬이 된다.

전치행렬의 성질에 대해 임의의 수 m와 같은 형의 행렬 A, B에 대해서

(1) ${}^t({}^tA) = A$

(2) ${}^t(mA) = m\,{}^tA$

(3) ${}^t(A+B) = {}^tA + {}^tB$

(4) ${}^t(A-B) = {}^tA - {}^tB$

[예제 2.37] 다음 상수가 곱해진 행렬을 정리하여라.

$$3\begin{pmatrix} 1 & -4 & 3 \\ 6 & 2 & 4 \end{pmatrix}$$

[풀이]
주어진 문제에서 상수배를 행렬을 곱하면

$$\begin{pmatrix} 1\times3 & -4\times3 & 3\times3 \\ 6\times3 & 2\times3 & 4\times3 \end{pmatrix} = \begin{pmatrix} 3 & -12 & 9 \\ 18 & 6 & 12 \end{pmatrix}$$

[예제 2.38] 다음 행렬을 정리하여라.

$$2\begin{pmatrix} 4 & 1 \\ -3 & 7 \end{pmatrix} + 4\begin{pmatrix} 1 & 1 \\ 2 & -3 \end{pmatrix} - 3\begin{pmatrix} 2 & 4 \\ 5 & 6 \end{pmatrix}$$

[풀이]
주어진 문제에서

$$\begin{aligned} 2\begin{pmatrix} 4 & 1 \\ -3 & 7 \end{pmatrix} + 4\begin{pmatrix} 1 & 1 \\ 2 & -3 \end{pmatrix} - 3\begin{pmatrix} 2 & 4 \\ 5 & 6 \end{pmatrix} &= \begin{pmatrix} 8 & 2 \\ -6 & 14 \end{pmatrix} + \begin{pmatrix} 4 & 4 \\ 8 & -12 \end{pmatrix} + \begin{pmatrix} -6 & -12 \\ -15 & -18 \end{pmatrix} \\ &= \begin{pmatrix} 8+4-6 & 2+4-12 \\ -6+8-15 & 14-12-18 \end{pmatrix} \\ &= \begin{pmatrix} 6 & -6 \\ -13 & -16 \end{pmatrix} \end{aligned}$$

[예제 2.39] $A = \begin{pmatrix} 1 & -1 \\ 3 & 4 \end{pmatrix}$, $B = \begin{pmatrix} 0 & 2 \\ 1 & 6 \end{pmatrix}$라고 하면 다음 식을 만족하는 행렬 X를 구하라.

$$2A-(B-X)=4A-X+B$$

[풀이]
주어진 식을 정리하여 X를 구하면

$$2X=2A+2B \qquad \therefore \quad X=A+B$$

따라서

$$\begin{aligned} X &= \begin{pmatrix} 1 & -1 \\ 3 & 4 \end{pmatrix} + \begin{pmatrix} 0 & 2 \\ 1 & 6 \end{pmatrix} \\ &= \begin{pmatrix} 1 & 1 \\ 4 & 10 \end{pmatrix} \end{aligned}$$

[예제 2.40] 행렬 A가 2차 정방행렬이 다음과 같을 때 아래물음에 답하라.

$$A = \begin{pmatrix} 0 & 2 \\ 5 & 1 \end{pmatrix}$$

(1) $2A + {}^tA$ (2) $A - 2\ {}^tA$

[풀이]

$$(1)\ 2A + {}^tA = 2\begin{pmatrix} 0 & 2 \\ 5 & 1 \end{pmatrix} + \begin{pmatrix} 0 & 5 \\ 2 & 1 \end{pmatrix} = \begin{pmatrix} 2\times0+0 & 2\times2+5 \\ 2\times5+2 & 2\times1+1 \end{pmatrix}$$

$$= \begin{pmatrix} 0 & 9 \\ 12 & 3 \end{pmatrix}$$

$$(2)\ A - 2\ {}^tA = \begin{pmatrix} 0 & 2 \\ 5 & 1 \end{pmatrix} -2\begin{pmatrix} 0 & 5 \\ 2 & 1 \end{pmatrix} = \begin{pmatrix} -2\times0+0 & -2\times5+2 \\ -2\times2+5 & -2\times1+1 \end{pmatrix}$$

$$= \begin{pmatrix} 0 & -8 \\ 1 & -1 \end{pmatrix}$$

2.4.3 행렬의 곱

1. 행렬의 곱

벡터 $\vec{a} = (a_1,\ a_2,\ a_3)$, $\vec{b} = (b_1,\ b_2,\ b_3)$의 내적은 그의 성분의 곱

$$\vec{a} \bullet \vec{b} = a_1b_1 + a_2b_2 + a_3b_3 \qquad \text{식 (2.31)}$$

가 된다. 이러한 행렬의 곱에 대해 일반화하기 위해 다음의 경우를 생각해보면, 3종류의 상품의 가격과 수량을 표시하여 가격을 각각 50, 70, 90이라하고 이것을 행벡터 (50, 70, 90)으로 표시하고 수량을 3, 5, 8이라고 하여 이것을 열벡터 $\begin{pmatrix} 3 \\ 5 \\ 8 \end{pmatrix}$으로 표시한다. 이 경우 전체 가격은 $50\times3+70\times5+90\times8 = 1220$ 이 된다. 이것을 식 (2.32)와 같이 내적의 방법을 표시하면 다음과 같이 된다.

$$(50,\ 70,\ 90)\begin{pmatrix} 3 \\ 5 \\ 8 \end{pmatrix} = 50\times3+70\times5+90\times8 = 1220$$

일반적으로 위의 모양의 계산법에서 행벡터와 열벡터의 곱을 정의한다. 행벡터와 열벡터의 곱을 이용해서 2개의 행렬의 곱을 정의하기 위해 간단히 2×3행렬 A와 3×2행렬 B를 고려해서 각각

$$A = \begin{pmatrix} a_1 & a_2 & a_3 \\ b_1 & b_2 & b_3 \end{pmatrix}, \quad B = \begin{pmatrix} c_1 & d_1 \\ c_2 & d_2 \\ c_3 & d_3 \end{pmatrix}$$

라 한다. A의 행벡터를 취하는 방법은 2개, B의 열벡터를 취하는 방법은 2개가 있기에 열벡터와 행벡터의 적은 2×2 = 4개 방법이 있어 적 AB는

$$\begin{aligned} AB &= \begin{pmatrix} a_1 & a_2 & a_3 \\ b_1 & b_2 & b_3 \end{pmatrix} \begin{pmatrix} c_1 & d_1 \\ c_2 & d_2 \\ c_3 & d_3 \end{pmatrix} \\ &= \begin{pmatrix} a_1c_1 + a_2c_2 + a_3c_3 & a_1d_1 + a_2d_2 + a_3d_3 \\ b_1c_1 + b_2c_2 + b_3c_3 & b_1d_1 + b_2d_2 + b_3d_3 \end{pmatrix} \end{aligned} \quad \text{식 (2.32)}$$

라고 정의한다. AB의 (1, 1)성분은 A의 제 1행벡터와 B의 제 1열벡터의 적이 된다. AB의 다른 성분도 같은 모양으로 만들어서 AB는 2×2행렬이 된다. 일반적으로 $m \times l$행렬 A와 $l \times n$행렬 B의 적 AB는 $m \times n$행렬이 된다. 이 경우 적 AB를 만드는 것은 A의 열의 개수와 B의 행의 개수가 같아야 한다.

$m \times l$행렬 A와 $l \times n$행렬 B의 곱 AB는 $m \times n$행렬이 된다. 곱 AB의 (i, j)성분은 A의 제 i행벡터와 B의 제 j열 벡터의 적이 된다.

아래와 같은 정방행렬이 있을 때

$$\begin{pmatrix} a_1 & b_1 & c_1 \\ a_2 & b_2 & c_2 \\ a_3 & b_3 & c_3 \end{pmatrix}$$

이 행렬의 왼쪽 위에서 오른쪽 아랫방향으로 대각선의 성분 a_1, b_2, c_3을 대각성분이라 하고 대각성분이외의 성분이 모두 0이 되는 정방행렬을 대각행렬이라 한다. 예를 들면

$$A = \begin{pmatrix} 2 & 0 & 0 \\ 0 & 7 & 0 \\ 0 & 0 & 3 \end{pmatrix}, \qquad E = \begin{pmatrix} 1 & 0 & 0 \\ 0 & 1 & 0 \\ 0 & 0 & 1 \end{pmatrix}$$

은 대각행렬이 된다. 이 행렬 E의 모양과 같이 대각성분이 모두 1이되는 대각행렬을 단위행렬이라

하고 단위행렬은 그의 다음수를 명시하지 않고 간단히 기호 E라고 표시하는 경우가 많다. 단위행렬 E는 곱의 연산에 대해 수의 1과 같은 역할을 하여 다음이 성립된다. 임의의 행렬 A에 대해서

$$EA = A, \quad AE = A \qquad \text{식 (2.33)}$$

행렬의 곱에 대해서 다음의 연산법칙이 성립된다.
임의의 수 m와 임의의 행렬 A, B, C에 대해서 다음과 같은 성질이 성립한다.

(1) $(mA)B = A(mB) = mAB$

(2) $(AB)C = A(BC)$ (결합법칙)

(3) $A(B+C) = AB+AC$ (분배법칙)

$(B+C)A = BA+CA$

(4) $EA = A, AE = A$

[예제 2.41] 다음 행렬의 곱을 구하라.

$$(1)\ \begin{pmatrix} 1 & 3 \\ -2 & 4 \end{pmatrix}\begin{pmatrix} 0 & 1 \\ 1 & 3 \end{pmatrix} \qquad (2)\ \begin{pmatrix} 4 \\ 1 \\ 2 \end{pmatrix}\begin{pmatrix} 2 & 5 & 3 \end{pmatrix}$$

[풀이]

행렬의 곱을 계산하면 다음과 같다.

$$(1)\ \begin{pmatrix} 1 & 3 \\ -2 & 4 \end{pmatrix}\begin{pmatrix} 0 & 1 \\ 1 & 3 \end{pmatrix} = \begin{pmatrix} 1\times0+3\times1 & 1\times1+3\times3 \\ -2\times0+4\times1 & -2\times1+4\times3 \end{pmatrix}$$

$$= \begin{pmatrix} 3 & 10 \\ 4 & 10 \end{pmatrix}$$

$$(2)\ \begin{pmatrix} 4 \\ 1 \\ 2 \end{pmatrix}\begin{pmatrix} 2 & 5 & 3 \end{pmatrix} = \begin{pmatrix} 4\times2 & 4\times5 & 4\times3 \\ 1\times2 & 1\times5 & 1\times3 \\ 2\times2 & 2\times5 & 2\times3 \end{pmatrix}$$

$$= \begin{pmatrix} 8 & 20 & 12 \\ 2 & 5 & 3 \\ 4 & 10 & 6 \end{pmatrix}$$

[예제 2.42] 다음 행렬 A, B, C가 주어질 때 결합법칙이 성립됨을 확인해라.

$$A = \begin{pmatrix} 1 & 2 \\ 4 & 3 \end{pmatrix},\ B = \begin{pmatrix} 3 & 0 \\ 2 & -1 \end{pmatrix},\ C = \begin{pmatrix} 1 & 4 \\ 0 & 2 \end{pmatrix}$$

[풀이]

결합법칙을 확인하기 위해서 다음 식을 만족해야 한다. 즉

$$(AB)C = A(BC)$$

여기서 좌변항을 알기 위해 먼저 AB를 구하면

$$AB = \begin{pmatrix} 1 & 2 \\ 4 & 3 \end{pmatrix}\begin{pmatrix} 3 & 0 \\ 2 & -1 \end{pmatrix} = \begin{pmatrix} 7 & -2 \\ 18 & -3 \end{pmatrix}$$

따라서 (AB)C는

$$(AB)C = \begin{pmatrix} 7 & -2 \\ 18 & -3 \end{pmatrix}\begin{pmatrix} 1 & 4 \\ 0 & 2 \end{pmatrix} = \begin{pmatrix} 7 & 24 \\ 18 & 66 \end{pmatrix}$$

다음에는 우변항울 알기위해 BC를 구하면

$$BC = \begin{pmatrix} 3 & 0 \\ 2 & -1 \end{pmatrix}\begin{pmatrix} 1 & 4 \\ 0 & 2 \end{pmatrix} = \begin{pmatrix} 3 & 12 \\ 2 & 6 \end{pmatrix}$$

따라서 A(BC)는

$$A(BC) = \begin{pmatrix} 1 & 2 \\ 4 & 3 \end{pmatrix}\begin{pmatrix} 3 & 12 \\ 2 & 6 \end{pmatrix} = \begin{pmatrix} 7 & 24 \\ 18 & 66 \end{pmatrix}$$

그러므로

$$(AB)C = A(BC)$$

가 성립하고 이렇게 하여 A(BC)와 A(BC)을 간단히 ABC라고 표시한다.

2. 정방행렬의 곱

2차의 정방행렬 A, B에 대하여 합, 차, 곱은 다음과 같이 표현되어 그의 결과는 2차 정방행렬이 된다.

$$A+B,\ A-B,\ AB,\ BA$$

이 경우는 일반적으로 2차 뿐만아니라 n차의 정방행렬에 대해서도 성립되고 n차 정방행렬 A, 단위행렬 E, 영행렬 O에 대해서 다음 식 (2.34)가 성립한다.

$$A + O = O + A = A, EA = AE = A \quad \text{식 (2.34)}$$

즉 O는 가법에 제로의 역할을 하고 E는 곱에 1의 역할을 하나 일반적으로 아래와 같이 정방행렬의 곱에 대해서는 교환법칙이 성립하지 않는다. 즉

$$AB \neq BA$$

이 된다. 특별한 경우에는 $AB = BA$가 성립되는 경우가 있어 두 개의 정방행렬 A, B에 대해 $AB = BA$가 성립되는 경우에는 A와 B는 교환가능으로 있다고 말한다. 예를들면 식 (2.34)의 두 번째 식 $EA = AE = A$에서 알 수 있듯이 n차의 단위행렬 E와 임의의 n차의 정방행렬 A는 교환가능이 된다. 그리고 정방행렬 A, B가 O이 아닌데도 $AB = O$가 되는 경우가 있다. 조건 $AB = O$가 성립되고 $A \neq O$, $B \neq O$로 되는 경우 정방행렬 A, B는 영인자가 있다고 한다. 그래서 행렬 A, B에 대해서

$$AB = O \text{ 인 경우 } A = O \text{ 또는 } B = O$$

라고 추론해서는 안 된다.

정방행렬 A를 어떤 횟수로 곱해지는 경우 A의 누승이라고 한다.

$$AA = A^2,\ AAA = A^3,\ AAAA = A^4, \quad \ldots.$$

의 모양에서 누승을 지수를 이용하여 표시하고 A^n는 와 같은 형태의 정방행렬이 된다.

[예제 2.43] 다음 행렬 A, B에서 $AB \neq BA$임을 보여라.

$$A = \begin{pmatrix} 2 & 1 \\ -1 & 3 \end{pmatrix}, \quad B = \begin{pmatrix} 1 & 2 \\ 3 & 4 \end{pmatrix}$$

[풀이]

먼저 AB를 구하면

$$\begin{pmatrix} 2 & 1 \\ -1 & 3 \end{pmatrix}\begin{pmatrix} 1 & 2 \\ 3 & 4 \end{pmatrix} = \begin{pmatrix} 5 & 7 \\ 8 & 10 \end{pmatrix}$$

다음에 BA를 계산하면

$$\begin{pmatrix} 1 & 2 \\ 3 & 4 \end{pmatrix}\begin{pmatrix} 2 & 1 \\ -1 & 3 \end{pmatrix} = \begin{pmatrix} 0 & 7 \\ 2 & 15 \end{pmatrix}$$

그러므로 $AB \neq BA$가 된다.

3. 행렬곱에 대한 전치행렬

행렬 A, B에 대해서 곱 AB의 전치행렬은 다음과 같이 된다.

$$^t(AB) = {}^tB\,{}^tA$$

[증명] 다음의 2차 정방행렬 A, B에 대해 설명하면

$$A = \begin{pmatrix} a_1 & a_2 \\ b_1 & b_2 \end{pmatrix}, \quad B = \begin{pmatrix} c_1 & d_1 \\ c_2 & d_2 \end{pmatrix}$$

$$AB = \begin{pmatrix} a_1 & a_2 \\ b_1 & b_2 \end{pmatrix}\begin{pmatrix} c_1 & d_1 \\ c_2 & d_2 \end{pmatrix} = \begin{pmatrix} a_1c_1 + a_2c_2 & a_1d_1 + a_2d_2 \\ b_1c_1 + b_2c_2 & b_1d_1 + b_2d_2 \end{pmatrix}$$

그러므로

$$^t(AB) = \begin{pmatrix} a_1c_1 + a_2c_2 & b_1c_1 + b_2c_2 \\ a_1d_1 + a_2d_2 & b_1d_1 + b_2d_2 \end{pmatrix}$$

그리고

$$^tB\,{}^tA = \begin{pmatrix} c_1 & c_2 \\ d_1 & d_2 \end{pmatrix}\begin{pmatrix} a_1 & b_1 \\ a_2 & b_2 \end{pmatrix} = \begin{pmatrix} a_1c_1 + a_2c_2 & b_1c_1 + b_2c_2 \\ a_1d_1 + a_2d_2 & b_1d_1 + b_2d_2 \end{pmatrix}$$

따라서

$$^t(AB) = {}^tB\,{}^tA$$

가 성립한다.

4. 행렬과 행렬식

정방행렬 A = (a_{ij})의 성분의 배열과 같은 배열을 가지는 행렬식을 행렬 A의 행렬식이라고 한다.
기호는

$$|a_{ij}|, \quad |A|, \quad \det A$$

등으로 표시된다. 예를들면

$$A = \begin{pmatrix} 1 & 0 \\ 2 & 3 \end{pmatrix} \text{의 행렬식은 } |A| = \begin{vmatrix} 1 & 0 \\ 2 & 3 \end{vmatrix} = 3$$

$$A = \begin{pmatrix} a_1 & b_1 & c_1 \\ a_2 & b_2 & c_2 \\ a_3 & b_2 & c_{31} \end{pmatrix} \text{의 행렬식은 } |A| = \begin{vmatrix} a_1 & b_1 & c_1 \\ a_2 & b_2 & c_2 \\ a_3 & b_3 & c_3 \end{vmatrix} \text{ 가 된다.}$$

그러면 O를 영벡터로 하면

$$A = O\text{가 되어 } |A| = 0$$

그러나

$$|A| = 0\text{가 되는 경우에도 } A = O\text{가 된다고 말할 수 없다.}$$

행렬 곱의 행렬식에 대해서 다음관계가 성립된다.
같은 행렬 A, B에 있어 행렬식의 곱의 크기 $|AB|$는 아래와 같은 성질이 있다.

$$|AB| = |A||B|$$

[증명] 아래 식으로 표현되는 2차 정방행렬 A, B에 대해서 설명하고 3차 이상의 경우에도 동일하게 성립된다.

$$A = \begin{pmatrix} a_1 & a_2 \\ b_1 & b_2 \end{pmatrix}, \quad B = \begin{pmatrix} c_1 & d_1 \\ c_2 & d_2 \end{pmatrix}$$

라고 하면

$$AB = \begin{pmatrix} a_1 & a_2 \\ b_1 & b_2 \end{pmatrix}\begin{pmatrix} c_1 & d_1 \\ c_2 & d_2 \end{pmatrix} = \begin{pmatrix} a_1c_1 + a_2c_2 & a_1d_1 + a_2d_2 \\ b_1c_1 + b_2c_2 & b_1d_1 + b_2d_2 \end{pmatrix}$$

그러므로

$$|AB| = \begin{vmatrix} a_1c_1 + a_2c_2 & a_1d_1 + a_2d_2 \\ b_1c_1 + b_2c_2 & b_1d_1 + b_2d_2 \end{vmatrix}$$

가 되고 이것의 우변항을 행렬식의 성질에 의해서 변형시키면

$$
\begin{aligned}
|AB| &= \begin{vmatrix} a_1c_1 & a_1d_1 \\ b_1c_1 & b_1d_1 \end{vmatrix} + \begin{vmatrix} a_1c_1 & a_2d_2 \\ b_1c_1 & b_2d_2 \end{vmatrix} + \begin{vmatrix} a_2c_2 & a_1d_1 \\ b_2c_2 & b_1d_1 \end{vmatrix} + \begin{vmatrix} a_2c_2 & a_2d_2 \\ b_2c_2 & b_2d_2 \end{vmatrix} \\
&= c_1d_1\begin{vmatrix} a_1 & a_1 \\ b_1 & b_1 \end{vmatrix} + c_1d_2\begin{vmatrix} a_1 & a_2 \\ b_1 & b_2 \end{vmatrix} + c_2d_1\begin{vmatrix} a_2 & a_1 \\ b_2 & b_1 \end{vmatrix} + c_2d_2\begin{vmatrix} a_2 & a_2 \\ b_2 & b_2 \end{vmatrix} \\
&= 0 + \ c_1d_2\begin{vmatrix} a_1 & a_2 \\ b_1 & b_2 \end{vmatrix} + c_2d_1\begin{vmatrix} a_2 & a_1 \\ b_2 & b_1 \end{vmatrix} + 0 \\
&= c_1d_2\begin{vmatrix} a_1 & a_2 \\ b_1 & b_2 \end{vmatrix} - c_2d_1\begin{vmatrix} a_1 & a_2 \\ b_1 & b_2 \end{vmatrix} \\
&= \begin{vmatrix} a_1 & a_2 \\ b_1 & b_2 \end{vmatrix}(c_1d_2 - c_2d_1) \\
&= \begin{vmatrix} a_1 & a_2 \\ b_1 & b_2 \end{vmatrix}\begin{vmatrix} c_1 & d_1 \\ c_2 & d_2 \end{vmatrix} \\
&= |A||B|
\end{aligned}
$$

그러므로

$|AB| = |A||B|$ 가 된다.

2.4.4 3차 정방행렬의 역행렬

수의 역수에 상당하는 것을 정방행렬 A에 대해서 생각해보기 위해 E를 단위행렬이라하면 정방행렬 A에 대해서

$$AB = E,\ BA = E$$

가 되는 행렬 B가 있는 경우 B를 A의 역행렬이라하고 B를 기호 A^{-1}라고 표기한다. 즉

$$AA^{-1} = E, \quad A^{-1}A = E \qquad \text{식 (2.35)}$$

가 된다. 이 식 (2.35)에서 $AA^{-1} = A^{-1}A$가 되므로 행렬 A와 그의 역행렬 A^{-1}는 가역이 된다. 또 식 (2.35)에서 다음 식이 된다는 것을 알 수 있다.

$$(A^{-1})^{-1} = A \qquad \text{식 (2.36)}$$

식 (2.35)의 양변의 행렬의 행렬식을 고려하면

$$|AA^{-1}| = |A||A^{-1}| = 1$$

이 되고 정방행렬 A가 역행렬 A^{-1}를 가지는 경우

$$|A| \neq 0,\ |A^{-1}| = \frac{1}{|A|}$$

가 된다.

3차의 정방행렬의 역행렬을 구하는 방법을 알아보기 위해
3차의 정방행렬

$$A = \begin{pmatrix} a_1 & b_1 & c_1 \\ a_2 & b_2 & c_2 \\ a_3 & b_3 & c_3 \end{pmatrix} \text{에 대해서 } X = \begin{pmatrix} x_1 & x_2 & x_3 \\ y_1 & y_2 & y_3 \\ z_1 & z_2 & z_3 \end{pmatrix}$$

가 A의 역행렬 A^{-1}가 되도록 x_1, y_1, z_1, … 를 정하는 경우를 생각해보자.
여기서 $|A| \neq 0$으로 가정하면 방정식은

$$AX = E \qquad \text{식 (2.37)}$$

즉

$$\begin{pmatrix} a_1 & b_1 & c_1 \\ a_2 & b_2 & c_2 \\ a_3 & b_3 & c_3 \end{pmatrix}\begin{pmatrix} x_1 & x_2 & x_3 \\ y_1 & y_2 & y_3 \\ z_1 & z_2 & z_3 \end{pmatrix} = \begin{pmatrix} 1 & 0 & 0 \\ 0 & 1 & 0 \\ 0 & 0 & 1 \end{pmatrix} \qquad \text{식 (2.38)}$$

으로 해서 행렬 X, 즉 x_1, y_1, z_1, …가 정해진다. 식 (2.38)의 좌변의 행렬의 적을 계산하면 다음의 3조의 연립방정식이 얻어진다.

$$\begin{cases} a_1x_1 + b_1y_1 + c_1z_1 = 1 \\ a_2x_1 + b_2y_1 + c_2z_1 = 0 \\ a_3x_1 + b_3y_1 + c_3z_1 = 0 \end{cases} \qquad \text{식 (2.39)}$$

$$\begin{cases} a_1x_2+b_1y_2+c_1z_2=0 \\ a_2x_2+b_2y_2+c_2z_2=1 \\ a_3x_2+b_3y_2+c_3z_2=0 \end{cases} \qquad \text{식 (2.40)}$$

$$\begin{cases} a_1x_3+b_1y_3+c_1z_3=0 \\ a_2x_3+b_2y_3+c_2z_3=0 \\ a_3x_3+b_3y_3+c_3z_3=1 \end{cases} \qquad \text{식 (2.41)}$$

여기서 $|A| \neq 0$이므로 Cramer공식에 의해서 식 (2.39)에서 x_1은 다음에 의해서 구할 수 있다.

$$x_1 = \frac{1}{|A|}\begin{vmatrix} 1 & b_1 & c_1 \\ 0 & b_2 & c_2 \\ 0 & b_3 & c_3 \end{vmatrix} = \frac{1}{|A|}\begin{vmatrix} b_2 & c_2 \\ b_3 & c_3 \end{vmatrix} \qquad \text{식 (2.42)}$$

같이하여 y_1, z_1을 구하면

$$y_1 = -\frac{1}{|A|}\begin{vmatrix} a_2 & c_2 \\ a_3 & c_3 \end{vmatrix}, \quad z_1 = \frac{1}{|A|}\begin{vmatrix} a_2 & b_2 \\ a_3 & b_3 \end{vmatrix} \qquad \text{식 (2.43)}$$

또한 $|A| = \begin{vmatrix} a_1 & b_1 & c_1 \\ a_2 & b_2 & c_2 \\ a_3 & b_3 & c_3 \end{vmatrix}$ 의 제 1행렬의 성분 a_1, b_1, c_1에 대한 소행렬식은 각각

$$A_1 = \begin{vmatrix} b_2 & c_2 \\ b_3 & c_3 \end{vmatrix}, \ B_1 = \begin{vmatrix} a_2 & c_2 \\ a_3 & c_3 \end{vmatrix}, \ C_1 = \begin{vmatrix} a_2 & b_2 \\ a_3 & b_3 \end{vmatrix}$$

가 되기 때문에 식 (2.42)과 식 (2.43)은 다음과 같이 쓸 수 있다.

$$x_1 = \frac{1}{|A|}A_1, \ y_1 = -\frac{1}{|A|}B_1, \ z_1 = \frac{1}{|A|}C_1 \qquad \text{식 (2.44)}$$

같은 모양으로 해서 연립방정식 (2.40)의 해는

$$x_2 = \frac{1}{|A|}A_2, \ y_2 = -\frac{1}{|A|}B_2, \ z_2 = \frac{1}{|A|}C_2 \qquad \text{식 (2.45)}$$

로 되고 연립1차방정식 (2.41)의 해는

$$x_3 = \frac{1}{|A|}A_3,\ y_3 = -\frac{1}{|A|}B_3,\ z_3 = \frac{1}{|A|}C_3 \qquad \text{식 (2.46)}$$

으로 된다. 여기서 A_2, B_2, C_2 와 A_3, B_3, C_3는 각각 행렬식 $|A|$의 제 2행렬성분 a_2, b_2, c_2과 제 3행렬성분 a_3, b_3, c_3에 대하여 소행렬식이 된다. 위에서 구한 식 (2.44), 식 (2.45) 및 식 (2.46)를 정리하면 행렬 X는

$$\mathrm{X} = \frac{1}{|A|}\begin{pmatrix} A_1 & -A_2 & A_3 \\ -B_1 & B_2 & -B_3 \\ C_1 & -C_2 & C_3 \end{pmatrix} \qquad \text{식 (2.47)}$$

가 되고 더욱이 이 행렬 A의 적 XA를 연산을 하면

$$\mathrm{XA} = \mathrm{E}$$

가 된다는 것이 확인되어서 식 (2.47)에서 고려된 행렬 X는 행렬 A의 역행렬이 되어 정리하면 다음의 모양으로 된다.

3차 정방행렬 A = $\begin{pmatrix} a_1 & b_1 & c_1 \\ a_2 & b_2 & c_2 \\ a_3 & b_3 & c_3 \end{pmatrix}$의 행렬식이 $|A| \neq 0$ 이 보여지는 경우 A의 역행렬 A^{-1}은

$$A^{-1} = \frac{1}{|A|}\begin{pmatrix} A_1 & -A_2 & A_3 \\ -B_1 & B_2 & -B_3 \\ C_1 & -C_2 & C_3 \end{pmatrix} \qquad \text{식 (2.48)}$$

가 된다.

단 A_i, B_i, C_i (i = 1, 2, 3)은 각각 행렬식 $|A|$의 성분 a_i, b_i, c_i에 대한 소행렬이 되고 행렬식을 구하는 식 (2.48)은 일반적으로 n차의 정방행렬에 대하여 확장해서 적용된다는 것을 알 수 있다.

[예제 2.44] 다음의 정방행렬의 역행렬을 구하라.

$$\mathrm{A} = \begin{pmatrix} 1 & 1 & 0 \\ 2 & 3 & 1 \\ 0 & 1 & 2 \end{pmatrix}$$

[풀이]
주어진 정방행렬 A의 역행렬을 구하면

$$|A| = \begin{vmatrix} 1 & 1 & 0 \\ 2 & 3 & 1 \\ 0 & 1 & 2 \end{vmatrix} = \begin{vmatrix} 1 & 0 & 0 \\ 2 & 1 & 1 \\ 0 & 1 & 2 \end{vmatrix} = 1, \quad A_1 = \begin{vmatrix} 1 & 1 \\ 1 & 2 \end{vmatrix} = 1, \quad A_2 = \begin{vmatrix} 0 & 0 \\ 1 & 2 \end{vmatrix} = 0,$$

$$A_3 = \begin{vmatrix} 0 & 0 \\ 1 & 1 \end{vmatrix} = 0, \; B_1 = \begin{vmatrix} 2 & 1 \\ 0 & 2 \end{vmatrix} = 4, \quad B_2 = \begin{vmatrix} 1 & 0 \\ 0 & 2 \end{vmatrix} = 2$$

$$B_3 = \begin{vmatrix} 1 & 0 \\ 2 & 1 \end{vmatrix} = 1, \; C_1 = \begin{vmatrix} 2 & 1 \\ 0 & 1 \end{vmatrix} = 2, \; C_2 = \begin{vmatrix} 1 & 0 \\ 0 & 1 \end{vmatrix} = 1$$

$$C_3 = \begin{vmatrix} 1 & 0 \\ 2 & 1 \end{vmatrix} = 1$$

그러므로

$$A^{-1} = \frac{1}{|A|}\begin{pmatrix} A_1 & -A_2 & A_3 \\ -B_1 & B_2 & -B_3 \\ C_1 & -C_2 & C_3 \end{pmatrix} = \begin{pmatrix} 1 & 0 & 0 \\ -4 & 2 & -1 \\ 2 & -1 & 1 \end{pmatrix}$$

2장 연습문제

1. 두 점 A(1, -1, 4)과 B(0, 2, -3)와 같은 거리에 있는 x축의 좌표를 구하라.

2. 다음 세 벡터 $\vec{x}$, $\vec{y}$, $\vec{z}$에서 벡터내적에 대한 연산법칙을 확인하라.

$$\vec{x} = (0, -4, 1), \quad \vec{y} = (3, 1, 2), \quad \vec{z} = (-2, 1, 0)$$

(1) $\vec{x} \cdot \vec{y} = \vec{y} \cdot \vec{x}$ (2) $(\vec{x}+\vec{y}) \cdot \vec{z} = \vec{x} \cdot \vec{z} + \vec{y} \cdot \vec{z}$ (3) $(5\vec{x}) \cdot \vec{y} = 5(\vec{x} \cdot \vec{y})$

3. 두 점 A(3, -2, 0), B(0, 1, 4)의 연결선분 AB를 2 : 1의 비로 내분하는 점 C의 위치벡터 $\vec{c}$를 구하라.

4. 다음 두 벡터가 이루는 각의 크기는 얼마인가?

$$\vec{a} = \vec{i} - \overrightarrow{3j} + \overrightarrow{2k}, \qquad \vec{b} = \overrightarrow{2i} - \vec{j} + \vec{k}$$

5. 다음 행렬식의 값을 소행렬식을 이용하여 구하라.

$$\begin{vmatrix} -1 & 3 & 2 \\ 6 & 1 & 2 \\ 3 & 1 & -1 \end{vmatrix}$$

6. 다음 행렬식의 값을 구하라.

$$D = \begin{vmatrix} 3 & -1 & 3 & -2 \\ 1 & -2 & 6 & 2 \\ -2 & 5 & 1 & 3 \\ 1 & -2 & 3 & -1 \end{vmatrix}$$

7. $\boldsymbol{a} = -\boldsymbol{i} + 4\boldsymbol{j} + 6\boldsymbol{k}$, $\boldsymbol{b} = \boldsymbol{i} + 3\boldsymbol{j} + \boldsymbol{k}$, $\boldsymbol{c} = 4\boldsymbol{i} + 2\boldsymbol{j} + 3\boldsymbol{k}$라고 할 때 다음과 같은 벡터의 삼중적을 구하라.

(1) $\boldsymbol{b} \times \boldsymbol{c}$ (2) $\boldsymbol{a} \cdot (\boldsymbol{b} \times \boldsymbol{c})$

33. 다음의 연립 1방정식의 해를 Cramer 공식을 이용하여 구하라.

$$\begin{cases} x - 3y = 1 \\ 2x + 4y = 5 \end{cases}$$

34. 다음 행렬 A는 역행렬 A^{-1}을 구하라.

$$A = \begin{pmatrix} 1 & 3 & 2 \\ 4 & 1 & 3 \\ 5 & 2 & 1 \end{pmatrix}$$

Chapter 3
미분과 적분

3.1 미분

3.2 적분

3.1 미분

3.1.1 미분계수와 도함수

어떤 $y = f(x)$라는 함수가 존재할 때 이 함수속에 포함되어있는 x는 독립변수, y는 종속변수라고 한다. 이때 독립변수 x가 구간내에 a에서 $a+h$로 변화한다고 하면 y는 $f(a)$에서 $f(a+h)$로 변화한다. 여기서 h를 x의 증분 Δx으로 표현하면 y의 증분(increment) Δy는 다음 식 (3.1)과 같이 나타낼 수 있다.

$$\Delta y = f(a+\Delta x) - f(a) \qquad \text{식 (3.1)}$$

여기서 x방향으로 단위증분당 y의 증분 $\frac{\Delta y}{\Delta x}$는 아래 식 (3.2)와 같이 표현되고 이것을 평균변화율(average rate of change)이라고 한다.

$$\frac{\Delta y}{\Delta x} = \frac{f(a+\Delta x) - f(a)}{\Delta x} \qquad \text{식 (3.2)}$$

이것은 아래 그림에서 A와 B를 잇는 직선의 기울기가 되고 A, B점의 좌표는 각각 $(a,\ f(a)), (a+h,\ f(a+h))$가 된다.

식 (3.2)로 표시되는 평균변화율의 극한값을 $f'(a)$로 표시하여 식 (3.3)과 같이 이것을 $x = a$에서의 $y = f(x)$의 미분계수(differential coefficient) 라고 한다.

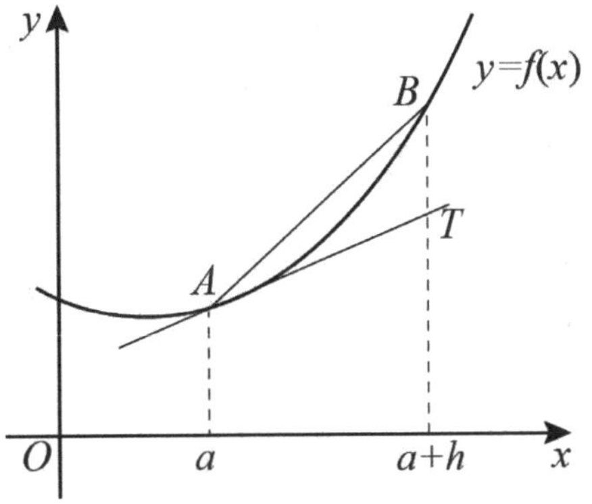

[그림 3.1]

$$f'(a)=\lim_{\Delta x \to 0}\frac{\Delta y}{\Delta x}=\lim_{\Delta x \to 0}\frac{f(a+\Delta x)-f(a)}{\Delta x}$$
$$=\lim_{h \to 0}\frac{f(a+h)-f(a)}{h} \qquad \text{식 (3.3)}$$

이러한 미분계수값은 a점에서의 접선의 기울기가 되고 이때 a점에서의 접선의 방정식 y는 점 (α,β)지나고 기울기가 $f'(a)$이므로 식 (3.4)와 같이 구할 수 있다.

$$y-\beta=f'(a)(x-\alpha)$$
$$\therefore\ y-f(a)=f'(a)(x-a) \qquad \text{식 (3.4)}$$

또한 법선의 방정식의 기울기는 접선의 기울기와 법선의 기울기의 곱이 -1이 되므로 다음 식 (3.5)와 같이 되고

$$\frac{-1}{f'(a)} \qquad \text{식 (3.5)}$$

그래서 점 $[a,f\ (a)]$에서의 법선방정식은 다음 식 (3.6)로 표현가능하다.

$$y-f(a)=-\frac{1}{f'(a)}(x-a) \qquad \text{식 (3.6)}$$

이렇게 하여 미분계수는 다시 x의 함수가 되어 이것이 함수 $y=f(x)$의 도함수(derivative) 라고 하여 우리가 미분한다(differentiate)라고 하는 것은 이러한 함수의 도함수를 구한다는 의미이고 도함수의 표현은 아래와 같이 다양하게 표시된다.

$$y',\ \frac{dy}{dx},\ f'(x),\ f',\ \frac{d}{dx}f(x),\ Df,\ Df(x)$$

여기서 D는 x에 대한 미분연산자로서 $D=\frac{d}{dx}$의 의미이다.

[예제 3.1] 다음 함수의 도함수를 정의에 의하여 구하라.

(1) $3x-2$　　　　　(2) $y=x^2$

[풀이]

(1) 식 (3.3)의 도함수의 정의에 의해서

$$f'(x)=\lim_{\Delta x\to 0}\frac{f(x+\Delta x)-f(x)}{\Delta x}=\lim_{h\to 0}\frac{f(x+h)-f(x)}{h}$$

여기서 우변의 항에서 주어진 문제를 대입하면

$$\lim_{h\to 0}\frac{3(x+h)-2-[3x-2]}{h}=\lim_{h\to 0}\frac{3h}{h}=3$$

(2) 식 (3.3)의 도함수 정의의 우변 항은

$$\lim_{h\to 0}\frac{(x+h)^2-x^2}{h}=\lim_{h\to 0}\frac{x^2+2xh+h^2-x^2}{h}=\lim_{h\to 0}(2x+h)=2x$$

가 되어 $y=x^2$의 도함수 $f'(x)$는 $2x$가 된다.

[예제 3.2] [예제 3-1]의 (2)번 문제에서 점 (1, 2)의 접선의 방정식과 법선의 방정식을 구하라.

[풀이]

식 (3.4)를 이용하면

$$y-f(a)=f'(a)(x-a)$$
$$\therefore\ y-2=2(1)(x-1)=2(x-1)$$

그러므로 접선의 방정식은 $y=2x$가 된다.

법선의 방정식을 구하기 위하여 우선 법선의 기울기를 구하면 식 (3.5)에서

$$\frac{-1}{f'(x)} \Rightarrow \frac{-1}{f'(1)} = -\frac{1}{2}$$

그러므로 접선의 방정식은 식 (3.6)에서

$$y-f(a) = -\frac{1}{f'(a)}(x-a) \qquad \therefore\ y-2 = -\frac{1}{2}(x-1)$$

가 되어 정리하면 아래 식으로 나타낼 수 있다.

$$y = -\frac{1}{2}x + \frac{5}{2}$$

[예제 3.3] 함수 $y=3x^2-2x+1$의 x=2에서의 미분계수 $f'(2)$를 정의에 의하여 구하라.

[풀이]

식 (3.3)에서

$$f'(x) = \lim_{\Delta x \to 0}\frac{f(x+\Delta x)-f(x)}{\Delta x} = \lim_{h \to 0}\frac{f(x+h)-f(x)}{h}$$ 가 되므로

분자 $f(2+h)-f(2)$ = $\{3(2+h)^2-2(2+h)+1\}$ - $\{3 \cdot 2^2 - 2 \cdot 2 + 1\}$

= $10h+3h^2$

$$\therefore\ f'(2) = \lim_{h \to 0}\frac{f(2+h)-f(2)}{h} = \lim_{h \to 0}(10+3h) = 10$$

3,1,2 미분법의 기본공식

미분법이란 미분을 행해가는 하나의 과정으로 함수의 도함수는 정의에 의하여 구할 수 있지만 대개의 경우는 극한으로 구하는 것이 쉽지 않다. 여기서는 증명은 가급적 생략하고 많이 사용되는 다양한 형태의 함수를 중심으로 이들의 미분법에 대해 알아본다.

1. 다음 다항식 형태의 미분

$$y = x^n (n\text{는 상수}) \quad : \quad \frac{d}{dx}(x^n) = nx^{n-1}$$

[예제 3.4] 다음 함수를 미분하시오.

(1) $y = x^4$ (2) $y = x^{-2}$ (3) $y = 30$ (4) $y = 4x^2$

[풀이]

(1) $y = x^4$인 경우에는 n = 4이므로

$$\frac{d}{dx}(x^4) = 4x^3$$

(2) n = -2이므로

$$\frac{d}{dx}(x^{-2}) = (-2)x^{-2-1} = -\frac{2}{x^3}$$

(3) 모든 상수 k의 미분은 0이 되므로

$$\frac{d}{dx}(30) = 0$$

(4) $y = kf(x)$형태의 미분은 $y' = kf'(x)$가 되므로

$y = 4x^2$의 미분은

$$y' = (4x^2)' = 4(x^2)' = 4 \cdot 2x = 8x$$

2. 함수가 서로 합차로 결합하여 $y = af(x) \pm bg(x)$(a, b는 상수)형태인 경우의 함수를 미분할 때 서로 교환법칙과 결합법칙이 성립한다.

$$\frac{d}{dx}[af(x) \pm bg(x)] = af'(x) \pm bg'(x)$$

[증명] $y = af(x) \pm bg(x)$이라고 두면 식 (3.3)의 정의에 의해

$$\begin{aligned} y' &= \lim_{h \to 0} \frac{[af(x+h) \pm bg(x+h)] - [af(x) \pm bg(x)]}{h} \\ &= \lim_{h \to 0} \frac{[af(x+h) - af(x)] \pm [bg(x+h) - bg(x)]}{h} \\ &= \lim_{h \to 0} \frac{a[f(x+h) - f(x)] \pm b[g(x+h) - g(x)]}{h} \\ &= af'(x) \pm bg'(x) \end{aligned}$$

가 성립된다.

[예제 3.5] 다음 함수를 미분하시오.

(1) $y = 2x^4 + 3x$ (2) $y = x^6 - 2x^3 + x - 1$

[풀이]

(1) $\frac{d}{dx}(2x^4 + 3x) = 2(4)x^3 + 3 = 8x^3 + 3$

(2) $y' = (x^6 - 2x^3 + x - 1)' = 6x^5 - 6x^2 + 1$

3. 함수의 곱 $f(x) \circ g(x)$형태를 미분할 때

$$\frac{d}{dx}[f(x) \circ g(x)] = f'(x) \circ g(x) + f(x) \circ g'(x)$$

[증명] $y = f(x) \circ g(x)$라고 하면

$$\begin{aligned} y' &= \lim_{h \to 0} \frac{[f(x+h) \circ g(x+h)] - [f(x) \circ g(x)]}{h} \\ &= \lim_{h \to 0} \frac{[f(x+h) \circ g(x+h) - f(x) \circ g(x+h)] + [f(x) \circ g(x+h) - f(x) \circ g(x)]}{h} \\ &= \lim_{h \to 0} \frac{[f(x+h) - f(x)]}{h} \circ g(x+h) + f(x) \circ \lim_{h \to 0} \frac{[g(x+h) - g(x)]}{h} \end{aligned}$$

$= f'(x) \circ g(x) + f(x) \circ g'(x)$

같이하여 함수의 곱 $f(x) \circ g(x) \circ h(x)$형태를 미분할 때

$$\frac{d}{dx}[f(x) \circ g(x) \circ h(x)]$$

$$= [f(x) \circ g(x)]' h(x) + [f(x) \circ g(x)] h(x)'$$

$$= [f(x)' \circ g(x) + f(x) g(x)'] h(x) + [f(x) \circ g(x)] h(x)'$$

$$= f'(x) \circ g(x) \circ h(x) + f(x) \circ g'(x) \circ h(x) + f(x) \circ g(x) \circ h'(x)$$

[예제 3.6] 다음 함수를 미분하시오.

(1) $y = x^2 \circ \sqrt{x}$ (2) $y = (x^2 + \sqrt{x}) \circ \sqrt{x+3}$ (3) $y = (x^2 + x + 3)(x-1)$

[풀이]

(1) $y = x^2 \circ \sqrt{x}$를 간단히 하면

$$y = x^2 \circ \sqrt{x} = x^2 \circ x^{\frac{1}{2}} = x^{\frac{5}{2}} \quad \therefore\ y' = \frac{5}{2} x^{(\frac{5}{2}-1)} = \frac{5}{2} x^{\frac{3}{2}}$$

이것을 함수의 곱의 미분을 이용하면

$$y' = 2xx^{\frac{1}{2}} + x^2 \circ \frac{1}{2} x^{(\frac{1}{2}-1)} = 2x^{\frac{3}{2}} + \frac{1}{2} x^{\frac{3}{2}} = \frac{5}{2} x^{\frac{3}{2}}$$

가 되어 앞의 결과와 일치한다.

(2) $y' = (x^2 + \sqrt{x})' \sqrt{x+3} + (x^2 + \sqrt{x})(\sqrt{x+3})'$

$$= (2x + \frac{1}{2\sqrt{x}}) \sqrt{x+3} + (x^2 + \sqrt{x}) \frac{1}{2\sqrt{x+3}}$$

(3) 곱의 형태의 미분하면

$$y' = (x^2 + x + 3)'(x-1) + (x^2 + x + 3)(x-1)'$$

$$= (2x+1)(x-1)+(x^2+x+3)(1)$$
$$= 2x^2-2x+x-1+x^2+x+3$$
$$= 3x^2+2$$

주어진 식을 전개하면

$$(x^2+x+3)(x-1) = x^3-x^2+x^2-x+3x-3$$

가 되므로 이 식을 미분하면

$$y' = 3x^2+2$$

가 되어 위 결과와 일치한다.

4. 분수함수형태일 때

4-1 분수의 함수 $\frac{f(x)}{g(x)}$ 형태를 미분할 때

$$\frac{d}{dx}[\frac{f(x)}{g(x)}] = \frac{f'(x)g(x)-f(x)g'(x)}{[g(x)]^2}$$

[증명] $\frac{f(x)}{g(x)} = f(x) \circ \frac{1}{g(x)}$의 곱으로 생각한다.

우선 $[\frac{1}{g(x)}]'$을 구해보면 정의에 의해서

$$[\frac{1}{g(x)}]' = \lim_{h-0}\frac{1}{h}[\frac{1}{g(x+h)}-\frac{1}{g(x)}]$$
$$= \lim_{h-0}\frac{1}{h}[\frac{g(x)-g(x+h)}{g(x)g(x+h)})]$$

$$= \lim_{h-0}[-\frac{1}{g(x)g(x+h)} \circ [\frac{g(x+h)-g(x)}{h}]]$$

$$= -\frac{1}{g(x)^2} \circ \lim_{h-0}[\frac{g(x+h)-g(x)}{h}]$$

$$= -\frac{g(x)'}{g(x)^2}$$

그러므로

$$\frac{d}{dx}[\frac{f(x)}{g(x)}] = [f(x) \circ \frac{1}{g(x)}]' = [f(x)' \circ \frac{1}{g(x)}] + f(x) \circ [\frac{1}{g(x)}]'$$

$$= [f(x)' \circ \frac{1}{g(x)}] + f(x) \circ [-\frac{g(x)'}{g(x)^2}]$$

$$= \frac{f'(x)g(x) - f(x)g'(x)}{[g(x)]^2}$$

4-2 분수의 함수 $\frac{1}{g(x)}$를 미분할 때, 윗 식에서 $f(x)=1$로 두면 $f'(x)=0$이므로

$$\frac{d}{dx}[\frac{1}{g(x)}] = \frac{-g'(x)}{[g(x)]^2}$$

[예제 3.7] 다음 함수를 미분하시오.

(1) $f(x) = \frac{x}{x+1}$ (2) $f(x) = \frac{2x+1}{2x^2+1}$ (3) $2x^5 + \frac{1}{x^5}$

[풀이]

(1) $y' = \frac{d}{dx}(\frac{x}{x+1}) = \frac{(x+1-x)}{(x+1)^2} = \frac{1}{(x+1)^2}$

(2) $y' = \frac{d}{dx}(\frac{2x+1}{2x^2+1}) = \frac{2(2x^2+1)-(2x+1)4x}{(2x^2+1)^2} = \frac{-4x^2-4x+2}{(2x^2+1)^2}$

(3) $\frac{d}{dx}[2x^5 + \frac{1}{x^5}] = 10x^4 - \frac{5x^4}{x^{10}} = 10x^4 - \frac{5}{x^6}$

5. 합성함수 $y = g[f(x)]$ 형태의 미분

$$y' = g'[f(x)]f'(x)$$

[증명] $y = g(u)$, $u = f(x)$가 미분가능하면 합성함수 $y = g[f(x)]$도 미분가능하고 다음 내용이 성립된다.

$$\frac{dy}{dx} = \frac{dy}{du} \circ \frac{du}{dx}$$

[예제 3.8] 다음 함수를 미분하시오.

(1) $y = (2x+1)^4$ (2) $y = \sqrt{x^3+x^2+x+1}$

[풀이]

(1) $y' = 4(2x+1)^3 \circ 2 = 8(2x+1)^3$

(2) $y' = \frac{1}{2\sqrt{x^3+x^2+x+1}}[3x^2+2x+1]$

[예제 3.9] $y = \frac{1}{u+1}$, $u = x^2+1$일 때 $\frac{dy}{dx}$를 구하라.

[풀이]

$\frac{dy}{du} = -\frac{1}{(u+1)^2}$, $\frac{du}{dx} = 2x$ 이므로

$$\frac{dy}{dx} = \frac{dy}{du} \circ \frac{du}{dx} = -\frac{2x}{(x^2+2)^2}$$

6. 삼각함수의 미분

함수	sinx	cosx	tanx	cotx	secx	cosecx
미분	cosx	-sinx	$\sec^2 x$	$-\mathrm{cosec}^2 x$	secx ◦ tanx	-cosecx ◦ cotx

[예제 3.10] 다음을 증명하라.

$$(\sin x)' = \cos x$$

[증명] $y = \sin x$라고 두고 y'를 구하기 위해 정의에 의해

$$y' = \lim_{\Delta x \to 0} \frac{f(x+\Delta x) - f(x)}{\Delta x} = \lim_{h \to 0} \frac{\sin(x+h) - \sin(x)}{h}$$

sinx와 cosx의 차의 공식에 의해

$$\sin A - \sin B = 2\cos\frac{A+B}{2}\sin\frac{A-B}{2}$$

이므로 위 식의 우변의 항은

$$\lim_{h \to 0} \frac{\sin(x+h) - \sin(x)}{h} = \lim_{h \to 0}[2\cos\frac{2x+h}{2}\sin\frac{h}{2}][\frac{1}{h}]$$

$$= \lim_{h \to 0}\cos[x + \frac{h}{2}] \circ \lim_{h \to 0}\frac{\sin\frac{h}{2}}{\frac{h}{2}}$$

여기서 $\lim_{h \to 0}\frac{\sin\frac{h}{2}}{\frac{h}{2}} = 1$ 이 되므로

$$\lim_{h\to 0}\cos[x+\frac{h}{2}] \circ \lim_{h\to 0}\frac{\sin\frac{h}{2}}{\frac{h}{2}} = \lim_{h\to 0}\cos[x+\frac{h}{2}]$$

$$= \cos x$$

따라서

$$(\sin x)' = \cos x$$

[예제 3.11] 다음을 증명하라.

$$(\cos x)' = -\sin x$$

[증명] [예제 3.10]의 결과와 미분성질 5 에 의해서

$$[\sin(\frac{\pi}{2}-x)]' = (-1) \circ \cos(\frac{\pi}{2}-x)$$

$\sin(\frac{\pi}{2}-x) = \cos x,\ \cos(\frac{\pi}{2}-x) = \sin x$이므로

$$(\cos x)' = -\sin x$$

[예제 3.12] 다음을 증명하라.

$$(\tan x)' = \sec^2 x$$

[증명] [예제 3.10], [예제 3.11]과 미분성질 (4)에 의해

$$(\tan x)' = (\frac{\sin x}{\cos x})' = \frac{\sin x' \circ \cos x - \sin x \circ \cos x'}{\cos^2 x}$$

$$= \frac{\cos^2 x + \sin^2 x}{\cos^2 x} = \frac{1}{\cos^2 x}$$

$$= \sec^2 x$$

[예제 3.13] 다음을 증명하라.

$$(\sec x)' = \tan x \circ \sec x$$

[증명] [예제 3.11]과 미분성질 (4)에 의해

$$(\sec x)' = (\frac{1}{\cos x})' = \frac{\sin x}{\cos^2 x}$$

$$= \frac{\sin x}{\cos x} \circ \frac{1}{\cos x} = \tan x \circ \sec x$$

cosec$x$와 cot$x$의 미분도 같은 방법으로 하면 된다.

[예제 3.14] 다음 함수를 미분하라.

(1) $\sin 4x$ (2) $\sin(3-2x)$ (3) $\cos\frac{1}{x+1}$

(4) $\tan 5x$ (5) $\tan(x^2+1)$ (6) $\mathrm{cosec}(2x-1)$

[풀이]

(1) $(\sin 4x)' = (4x)' \circ \cos 4x = 4\cos 4x$

(2) $[\sin(3-2x)]' = \cos(3-2x) \circ (3-2x)' = -2\cos(3-2x)$

(3) $[\cos\frac{1}{x+1}]' =-\sin\frac{1}{x+1}[\frac{1}{(x+1)}]' =-\sin\frac{1}{x+1}[-\frac{1}{(x+1)^2}]$

$$= \frac{1}{(x+1)^2}\sin\frac{1}{x+1}$$

(4) $(\tan 5x)' = (5x)' \circ \sec^2 5x = 5\sec^2 5x$

(5) $[\tan(x^2+1)]' = (x^2+1)' \circ \sec^2(x^2+1) = 2x \circ \sec^2(x^2+1)$

(6) $[\mathrm{cosec}(2x-1)]' =-(2x-1)' \circ \cot(2x-1)\mathrm{cosec}(2x-1)$

$$= -2\cot(2x-1)\mathrm{cosec}(2x-1)$$

[예제 3.15] 다음 함수를 미분하라.

$$y = \sqrt{\sin(2x^3+1)}$$

[풀이]

$$y' = \frac{1}{2\sqrt{\sin(2x^3+1)}} \circ [\sin(2x^3+1)]'$$

$$= \frac{1}{2\sqrt{\sin(2x^3+1)}} \circ [\cos(2x^3+1)](2x^3+1)'$$

$$= \frac{3x^2[\cos(2x^3+1)]}{\sqrt{\sin(2x^3+1)}}$$

[예제 3.16] 다음 함수를 미분하라.

$$y = \frac{\cos x}{1-\sin x}$$

[풀이]

$$y' = \frac{(\cos x)' \circ (1-\sin x) - \cos x \circ (1-\sin x)'}{(1-\sin x)^2}$$

$$= \frac{-\sin x \circ (1-\sin x) - \cos x \circ (-\cos x)}{(1-\sin x)^2}$$

$$= \frac{\sin^2 x - \sin x + \cos^2 x}{(1-\sin x)^2}$$

$$= \frac{1}{1-\sin x}$$

[예제 3.17] 다음 함수를 미분하라.

$$y = \frac{\sin 2x + \cos 2x}{x}$$

[풀이]

$$y' = \frac{(\sin 2x + \cos 2x)'x - (\sin 2x + \cos 2x)x'}{x^2}$$

$$= \frac{(2\cos 2x - 2\sin 2x)x - (\sin 2x + \cos 2x)}{x^2}$$

$$= \frac{\cos 2x(2x-1) - \sin 2x(2x+1)}{x^2}$$

7. 역함수와 역삼각함수의 미분

함수 $y=f(x)$가 존재할 때 x와 y를 자리바꿈한 함수로서 $y=x$에 대하여 대칭인 함수를 역함수라고 하고 다음과 같이 표현한다.

$$x=f(y) \qquad \therefore\ y=f^{-1}(x)$$

7-1 역함수의 미분

미분가능한 함수 $y=f(x)$에서 $f'(x)\neq 0$인 경우 이것의 역함수 $x=g(y)$은 미분가능하여 양변을 미분하면

$$1=g'(y)y' \qquad \therefore\ g'(y)=\frac{1}{f'(x)}$$

[예제 3.18] 다음 함수의 역함수와 그의 도함수를 구하라.

(1) $y=(x-4)^3$ (2) $y=\sqrt{1-x}$

[풀이]

(1) $y=(x-4)^3$에서 x와 y를 서로 교환하면

$$x=(y-4)^3$$

역함수와 그의 도함수는

$$y=\sqrt[3]{x}+4 \qquad \therefore\ y'=\frac{1}{3}x^{-\frac{2}{3}}$$

(2) $y=\sqrt{1-x}$ 에서 x와 y를 서로 교환하면

$$x=\sqrt{1-y}$$

역함수와 그의 도함수는

$$y=1-x^2 \qquad \therefore\ y'=-2x$$

7-2 역삼각함수의 미분
정현함수 $y=\sin x$의 역함수는 x와 y를 서로 교환하면

$$x=\sin y \qquad \therefore\ y=\sin^{-1}x$$

로 표시하고 이것을 역정현함수 또는 아크사인(arcsine)이라고 한다. 또한 여현함수 $y=\cos x$의 역함수를 역여현함수 또는 아크코사인(arccosine)이라하고 표시로는

$$y=\cos^{-1}x$$

이라고 표시하며 같이하여 아크탄젠트(arctangent)는

$$y=\tan^{-1}x$$

가 된다.
이러한 역 삼각함수의 도함수는 다음과 같다.

$$(\sin^{-1}x)'=\frac{1}{\sqrt{1-x^2}},\quad \text{단 } |x|<1\text{이다.}$$

$(\cos^{-1}x)' = -\dfrac{1}{\sqrt{1-x^2}}$, 단 $|x| < 1$이다.

$(\tan^{-1}x)' = \dfrac{1}{1+x^2}$, 단 $-\infty < x < \infty$이다.

$(\cot^{-1}x)' = -\dfrac{1}{1+x^2}$, 단 $-\infty < x < \infty$이다.

$(\sec^{-1}x)' = \dfrac{1}{x\sqrt{x^2-1}}$, 단 $|x| > 1$이다.

$(\mathrm{cosec}^{-1}x)' = -\dfrac{1}{x\sqrt{x^2-1}}$, 단 $|x| > 1$이다.

[예제 3.19] 위에 언급된 역삼각함수의 미분을 증명하라.

(1) $(\sin^{-1}x)' = \dfrac{1}{\sqrt{1-x^2}}$ (2) $(\cos^{-1}x)' = -\dfrac{1}{\sqrt{1-x^2}}$

(3) $(\tan^{-1}x)' = \dfrac{1}{1+x^2}$ (4) $(\sec^{-1}x)' = \dfrac{1}{x\sqrt{x^2-1}}$

[증명]

(1) $y=\sin^{-1}x$ 라고 두면 $x=\sin y$가 된다.

양변에 미분하면 $1=\cos y\ y'$가 되어서 $y' = \dfrac{1}{\cos y}$, 여기서 $\sin^2 y+\cos^2 y=1$ 이므로

$$\cos^2 y = 1-\sin^2 y = 1-x^2$$

따라서, $y' = (\sin^{-1}x)' = \dfrac{1}{\sqrt{1-x^2}}$ 가 된다.

(2) $y=\cos^{-1}x$ 라고 두면 $x=\cos y$가 된다. 양변에 미분을 하면,

$$1 = -\sin y \circ y', \quad \therefore y' = -\frac{1}{\sin y},$$

여기서 $\sin^2 y + \cos^2 y = 1$ 이므로 $\sin^2 y = 1 - \cos^2 y = 1 - x^2$
따라서

$$y' = (\cos^{-1} x)' = -\frac{1}{\sqrt{1-x^2}}$$

(3) $y = \tan^{-1} x$ 라고 두면 $x = \tan y$가 된다. 양변에 미분을 하면

$$1 = \sec^2 y \circ y', \quad \therefore y' = \frac{1}{\sec^2 y}$$

여기서 $\sec^2 y = \dfrac{1}{\cos^2 y} = \dfrac{\sin^2 y + \cos^2 y}{\cos^2 y} = 1 + \tan^2 y = 1 + x^2$

$$\therefore y' = \frac{1}{\sec^2 y} = \frac{1}{1+x^2}$$

(4) $y = \sec^{-1} x$ 라고 두면 $x = \sec y$가 된다. 양변에 미분을 하면

$$1 = \tan y \circ \sec y \circ y', \quad \therefore y' = \frac{1}{\tan y \circ \sec y}$$

여기서 $\sec^2 y = 1 + \tan^2 y \quad \therefore \tan y = \sqrt{\sec^2 y - 1} = \sqrt{x^2 - 1}$

$$y' = \frac{1}{\tan y \circ \sec y} = \frac{1}{x\sqrt{x^2-1}}$$

[예제 3.20] 위 공식을 이용하여 다음 함수에 대한 도함수를 구하라.

$$y=\frac{1}{a}\tan^{-1}\frac{x}{a}(a>0)$$

[풀이]

$$y'=\frac{1}{a}(\tan^{-1}\frac{x}{a})'=\frac{1}{a}\circ\frac{1}{1+(\frac{x}{a})^2}\circ(\frac{x}{a})'=\frac{1}{a}\circ\frac{1}{\frac{a^2+x^2}{a^2}}\circ\frac{1}{a}$$

$$=\frac{1}{a^2+x^2}$$

[예제 3.21] 다음 함수의 도함수를 구하라.

$$y=\sin^{-1}(1+2x)$$

[풀이]

위의 공식에서 $(\sin^{-1}x)'=\frac{1}{\sqrt{1-x^2}}$이므로

$$y'=\frac{1}{\sqrt{1-(1+2x)^2}}\circ(1+2x)'=\frac{2}{\sqrt{1-(1+2x)^2}}$$

[예제 3.22] 다음 함수의 도함수를 구하라.

$$y=\tan^{-1}\frac{x}{\sqrt{2}}$$

[풀이]

위의 공식에서 $(\tan^{-1}x)'=\frac{1}{1+x^2}$을 이용하면

$$\therefore\ y' = \frac{1}{1+(\frac{x}{\sqrt{2}})^2}(\frac{x}{\sqrt{2}})' = \frac{1}{1+\frac{x^2}{2}}(\frac{1}{\sqrt{2}}) = \frac{\sqrt{2}}{2+x^2}$$

8. 지수함수와 대수함수의 도함수

대수함수와 지수함수의 도함수는 다음과 같다.

① $y=e^x$함수의 도함수.

$$y' = e^x$$

② $y=a^x$함수의 도함수.

$$y' = a^x \ln a$$

③ $y=\log_a x$함수를 미분할 경우

$$y' = \frac{1}{x}\log_a e,\ \text{단}\ a>0, a\neq 1, x>0\text{이다.}$$

④ $y=\ln x$인 자연대수를 미분할 경우.

$$y' = \frac{1}{x},\ \text{단}\ x>0\text{이다.}$$

⑤ $y=\ln f(x)$의 미분할 경우.

$$\frac{d}{dx}\ln[f(x)] = \frac{f'(x)}{f(x)}$$

[예제 3.23] 위의 미분의 성질에 대해 증명하라.

[증명]

(1) 1번항인 함수 $y=e^x$의 도함수를 구하기 위해 $\Delta y = e^{x+\Delta x} - e^x = e^x(e^{\Delta x}-1)$이므로

$$\frac{dy}{dx} = \lim_{\Delta x \to 0}\frac{\Delta y}{\Delta x} = e^x \lim_{\Delta x \to 0}\frac{e^{\Delta x}-1}{\Delta x}$$

여기서

$$\lim_{\Delta x \to 0} \frac{e^{\Delta x} - 1}{\Delta x} = 1 \text{ 이므로 (증명생략)}$$

$$\frac{dy}{dx} = e^x$$

(2) 2번항인 함수 $y = a^x$의 도함수를 구하기 위해 지수성질에서

$$y = a^x = e^{xlna}, \quad \therefore \frac{dy}{dx} = e^{xlna}(xlna)'$$

$$= e^{xlna} \circ \ln a = a^x \ln a$$

(3) 3번항인 함수 $y - \log_a x$의 도함수를 구하면

$$\frac{dy}{dx} = \lim_{\Delta x \to 0} \frac{\Delta y}{\Delta x} = \lim_{\Delta x \to 0} [\frac{\log_a(x + \Delta x) - \log_a x}{\Delta x}]$$

$$= \lim_{\Delta x \to 0} \frac{\log_a(1 + \frac{\Delta x}{x})}{\Delta x} = \lim_{\Delta x \to 0} \frac{\log_a(1 + \frac{\Delta x}{x})}{\frac{\Delta x}{x}} \circ \frac{1}{x}$$

여기서 $\lim_{\Delta x \to 0} \frac{1 + \frac{\Delta x}{x}}{\frac{\Delta x}{x}} = \lim_{\Delta x \to 0} (1 + \frac{\Delta x}{x})^{\frac{x}{\Delta x}} = e$ 이므로(증명생략)

$$\frac{dy}{dx} = \frac{1}{x}\log_a e$$

(4) 4번항인 $y = \ln x$의 도함수를 구하면 3번항에서

$$a = e, \quad \therefore y' = \frac{1}{x}$$

[예제 3.24] 다음 함수를 미분하라.

(1) $y = \ln(2x+3)$ (2) $y = \ln\frac{2x+1}{x+1}$ (3) $y = \ln(1+\cos x)$

(4) $y = (\ln x)^4$ (5) $y = \log_3(x^2+1)$

[풀이]

(1) $y' = \frac{1}{2x+3} \circ (2x+3)' = \frac{2}{2x+3}$

(2) $y = \ln(2x+1) - \ln(x+1)$가 되므로

$$y' = \frac{1}{2x+1} \circ (2x+1)' - \frac{1}{x+1} = \frac{2}{2x+1} - \frac{1}{x+1}$$

(3) $y' = \frac{1}{1+\cos x}(1+\cos x)' = \frac{-\sin x}{1+\cos x}$

(4) $y' = 4(\ln x)^3(\ln x)' = \frac{4}{x}(\ln x)^3$

(5) $y' = \frac{1}{x^2+1} \circ \log_3 e \circ (x^2+1)' = \frac{2x log_3 e}{x^2+1}$

[예제 3.25] 다음 함수를 미분하라.

$$y = \frac{e^x \sin x}{1-\cos x}$$

[풀이]

$$y' = \frac{(e^x \sin x)'(1-\cos x) - e^x \sin x(1-\cos x)'}{(1-\cos x)^2}$$

$$= \frac{(e^x \sin x + e^x \cos x)(1-\cos x) - e^x \sin^2 x}{(1-\cos x)^2}$$

[예제 3.26] 위의 $y=a^x$의 도함수가 $y'=a^x\ln a$가 됨을 증명하라.

[증명]

양변에 로그 a를 취하면 $\log_a y=x$ 가 되어 이것을 자연로그로 표현하면

$$\frac{\ln y}{\ln a}=x, \quad \therefore \ \ln y=x\ln a$$

이것을 양변에 미분하면

$$\frac{y'}{y}=\ln a, \quad \therefore \ y'=a^x\ln a$$

[예제 3.27] $y=2^{2x-1}$를 미분하라.

[풀이]

양변에 밑수가 2로 하여 로그를 취하면

$$\log_2 y=2x-1, \ \therefore \ \frac{y'}{y}\log_2 e=2$$

가 되어 이 식을 정리하면

$$y'=2y \circ \ln 2=y \circ \ln 4=2^{2x-1} \circ \ln 4$$

[예제 3.28] $y=\dfrac{\cos x}{\ln x}$인 함수의 도함수를 구하라.

[풀이]

$$y' = \frac{(\cos x)'\ln x-\cos x \circ (\ln x)'}{(\ln x)^2}$$

$$= \frac{-\sin x \circ \ln x - \cos x \circ \dfrac{1}{x}}{(\ln x)^2}$$

[예제 3.29] 함수 $y = \ln(x^2 + \sin x)$에 대해 미분하라.

[풀이]

$$y' = \frac{1}{x^2 + \sin x} \circ (x^2 + \sin x)' = \frac{2x + \cos x}{x^2 + \sin x}$$

[예제 3.30] 다음 함수의 도함수를 구하라.

$$y = \frac{x^2(x-1)(x-2)^2}{(x-3)^3}$$

[풀이]

위 식의 양변에 자연로그를 취하면

$$\ln|y| = 2\ln|x| + \ln|x-1| + 2\ln|x-2| - 3\ln|x-3|$$

양변에 미분하면

$$\frac{y'}{y} = \frac{2}{x} + \frac{1}{x-1} + \frac{2}{x-2} - \frac{3}{x-3}$$

$$\therefore\ y' = y\left(\frac{2}{x} + \frac{1}{x-1} + \frac{2}{x-2} - \frac{3}{x-3}\right)$$

$$= \left[\frac{x^2(x-1)(x-2)^2}{(x-3)^3}\right]\left(\frac{2}{x} + \frac{1}{x-1} + \frac{2}{x-2} - \frac{3}{x-3}\right)$$

[예제 3.31] 다음 함수의 도함수를 구하라.

(1) $y=\dfrac{\sqrt{x+1}}{x+2}$ (2) $y=ax^x$

[풀이]

(1) 양변에 자연로그를 취하면

$$\ln|y|=\frac{1}{2}\ln|x+1|-\ln|x+2|,\quad \therefore\ \frac{y'}{y}=\frac{1}{2}\left(\frac{1}{x+1}\right)-\frac{1}{x+2}$$

$$\therefore\ y'=\frac{\sqrt{x+1}}{x+2}\left[\frac{1}{2}\left(\frac{1}{x+1}\right)-\frac{1}{x+2}\right]$$

(2) 양변에 자연로그를 취하면

$$\ln y=\ln a+x\ln x,\quad \therefore\ \frac{y'}{y}=\ln x+1$$

따라서

$$y'=y(\ln x+1)=ax^x(\ln x+1)$$

9. $f(x,y)=0$로 표시되는 음함수의 미분

[예제 3.32] 다음 음함수의 도함수를 구하라.

$$(x+y)^3=x$$

[풀이]

양변을 미분하면

$$3(x+y)^2(1+y')=1,\ \therefore\ y'=\frac{1}{3(x+y)^2}-1$$

[예제 3.33] 다음 음함수의 도함수를 구하라.

$$x^2 = \sqrt{y^3+2}$$

[풀이]

(1) 양변을 x에 대해 미분하면

$$2x = \frac{3y^2}{2\sqrt{y^3+2}}y', \quad \therefore\ y' = \frac{4x\sqrt{y^3+2}}{3y^2}$$

(2) 양변에 y에 대해 미분하면

$$2x\frac{dx}{dy} = \frac{3y^2}{2\sqrt{y^3+2}}, \quad \therefore\ y' = \frac{4x\sqrt{y^3+2}}{3y^2}$$

가 되어서 (방법1)의 결과와 동일하다.

[예제 3.34] 다음 음함수의 도함수를 구하라.

$$x^2 + xy - y^2 - 1 = 0$$

[풀이]

양변을 x에 대해 미분하면

$$2x + y + xy' - 2yy' = 0, \ \therefore\ y' = \frac{2x+y}{2y-x}$$

10. 고계도함수

$y = f(x)$함수의 n계 도함수는 다음과 같이 표시한다.

$$y^{n},\ \frac{d^n y}{dx^n},\ f^{n}(x),\ \frac{d^n}{dx^n}f(x),\ D^n f,\ D^n f(x)$$

[예제 3.35] $y=xsinx$함수의 1계, 2계, 3계 도함수를 구하라.

[풀이]

(1) 1계도함수는 $y^{'}=\sin x+xcosx$

(2) 2계도함수는 $y^{''}=\cos x+\cos x-xsinx=2\cos x-xsinx$

(3) 3계 도함수 $y^{'''}=-2\sin x-\sin x-xcosx$ = $-3\sin x-xcosx$

[예제 3.36] 함수 $y=e^{2x}$의 도함수를 구하라.

[풀이]

$y^{'}=2e^{2x}$, $y^{''}=4e^{2x}$, $y^{'''}=8e^{2x}$, ...

3.1.3 도함수의 응용

1. 함수 f(x)의 Maclaurin의 급수전개

$$f(x)=f(0)+\frac{f\ '(0)}{1!}x+\frac{f\ ''(0)}{2!}x^2+....=\sum_{n=0}^{\infty}\frac{f^{\ n}(0)}{n!}x^n$$

[예제 3.37] $y=e^x$함수의 Maclaurin의 급수전개하여라.

[풀이]

$y^{\ n}=e^x$이기 때문에 $y^{\ n}(0)=e^0=1$가 된다.

∴ $y=e^x$함수의 Maclaurin의 급수는

$$e^x=1+\frac{x}{1!}+\frac{x^2}{2!}+\frac{x^3}{3!}+.....$$

2. 함수의 극값과 최소/최대값

함수 $y=f(x)$에서 극값이 존재하는 곳에서는 1계 도함수가 0가 된다. 즉, a에서 $y=f(x)$가 극값을 가지면 $f'(a)=0$를 만족한다. 그리고 $f''(a)<0$이면 $f(a)$는 극대값이 되고 $f''(a)>0$인 경우에는 $f(a)$는 극소값이 된다. 또한 주어진 영역에서 극소값중에 제일 작은 값이 최소값이 되고 극대값중 제일 큰값이 최대값이 된다.

[예제 3.38] $f(x)=\frac{1}{4}x^4-x^3+x^2+1$인 함수의 $-1<x<3$인 범위에서 최대값과 최소값을 구하라.

[풀이] 먼저 함수의 1계 도함수가 0을 만족하는 조건을 구하면

$$x^3-3x^2+2x=x(x-1)(x-2)=0,\ \therefore\ x=0,\ 1,\ 2$$

2계 도함수 $y''=3x^2-6x+2$이므로

$$f''(0)=2>0,\ f''(1)=-1<0,\ f''(2)=2>0.$$

그러므로 x가 0와 2인 경우는 극소값, 1인 경우에는 극대값이 된다. 따라서 $f(0)=1$, $f(1)=\frac{5}{4}$, $f(2)=1$이 되어 최대값은 $\frac{5}{4}$, 최소값은 1이 된다.

3. L' Hospital의 정리

분수의 극한값이 $\frac{\infty}{\infty}, \frac{0}{0}$로 표시되는 분수의 극한값은 $\lim_{x\to a}\frac{f(x)}{g(x)}=\lim_{x\to a}\frac{f'(x)}{g'(x)}$가 되는 성질을 이용하여 구할 수 있다. 여기서 a대신 $\pm\infty$로 표시하여도 된다.

[예제 3.39] $\lim_{x\to\infty}\frac{x}{e^x}$의 극한값을 구하라.

[풀이]

분수의 값이 $\frac{\infty}{\infty}$가 되므로 분자 및 분모를 1계도함수로 만들면

$$\lim_{x\to\infty}\frac{1}{e^x} = 0$$

[예제 3.40] $\lim_{x\to1}\frac{e^x - e}{2x^2 - x - 1}$의 극한값을 구하라.

[풀이]

주어진 분수의 극한값은 $\frac{0}{0}$가 되므로 분자, 분모를 미분하면

$$\lim_{x\to1}\frac{e^x}{4x-1} = \frac{e}{3}$$

[예제 3.41] $\lim_{x\to0}\frac{1-\cos x}{x^2}$의 값을 구하라.

[풀이]

$$\lim_{x\to0}\frac{1-\cos x}{x^2} = \lim_{x\to0}\frac{\sin x}{2x} = \lim_{x\to0}\frac{\cos x}{2} = \frac{1}{2}$$

3.2 적분

3.2.1 부정적분

함수 $f(x)$는 함수 $F(x)$의 도함수라고 하면

$$\frac{dF(x)}{dx} = f(x) \qquad \text{식 (3.7)}$$

이 성립하고 이때 $F(x)$를 함수 $f(x)$의 원시함수 혹은 부정적분이라 하고 다음과 같이 표현된다.

$$\int f(x)dx = F(x) + C \qquad \text{식 (3.8)}$$

여기서 x를 적분변수, $f(x)$를 피적분함수, 그리고 C는 적분상수라고 한다. 이 식은 다시 다음과 같이 표현이 가능하다.

$$\frac{d}{dx}\left(\int f(x)dx\right) = f(x) \qquad \text{식 (3.9)}$$

1. 기본적인 적분공식

[정리 1] 적분의 선형성

(1) $\int cf(x)dx = c\int f(x)dx$. (c는 상수)

(2) $\int [f(x) \pm g(x)]dx = \int f(x)dx \pm \int g(x)dx$

(1) $\int x^n dx = \frac{x^{n+1}}{n+1} + C, \quad (n \neq 0)$: $\frac{d}{dx}\left(\frac{x^{n+1}}{n+1} + C\right) = x^n \quad (n \neq -1)$

(2) $\int e^x dx = e^x + C$: $\frac{d}{dx}(e^x + C) = e^x$

(3) $\int a^x dx = \frac{a^x}{\ln a} + C \ (a \neq 0, \ a > 1)$: $\frac{d}{dx}\left(\frac{a^x}{\ln a} + C\right) = a^x$

(4) $\int \frac{f'(x)}{f(x)}dx = \ln|f(x)| + C$: $\frac{d}{dx}\ln[f(x)+C] = \frac{f'(x)}{f(x)}$

(5) 삼각함수의 적분

(5-1) $\int \sin x dx = -\cos x + C$: $\frac{d}{dx}(-\cos x) = \sin x$

(5-2) $\int \cos x dx = \sin x + C$: $\frac{d}{dx}(\sin x) = \cos x$

(5-3) $\int \sec^2 x dx = \tan x + C$: $\frac{d}{dx}(\tan x) = \sec^2 x$

(5-4) $\int \csc^2 x dx = -\cot x + C$: $\frac{d}{dx}(-\cot x) = \csc^2 x$

(5-5) $\int \sec x \circ \tan x dx = \sec x + C$: $\frac{d}{dx}(\sec x) = \sec x \circ \tan x$

(5-6) $\int \mathrm{cosec}\, x \circ \cot x dx = -\mathrm{cosec}\, x + C$: $\frac{d}{dx}(-\mathrm{cosec}\, x) = \mathrm{cosec}\, x \circ \cot x$

(6) $\int \frac{1}{x}dx = \ln|x| + C$: $\frac{d}{dx}\int \ln|x| dx = \frac{1}{x}$

(7) 역 삼각함수로 표현되는 적분

(7-1) $\int \frac{1}{1+x^2}dx = \tan^{-1}x + C$: $\frac{d}{dx}\tan^{-1}x = \frac{1}{1+x^2}$

(7-2) $\int \frac{1}{\sqrt{1-x^2}}dx = \sin^{-1}x + C$: $\frac{d}{dx}\sin^{-1}x = \frac{1}{\sqrt{1-x^2}}$

[예제 3.42] 다음 적분을 구하라.

(1) $\int (x^4 + x^3 - 1)dx$ (2) $\int e^{4x}dx$ (3) $\int 4^{2x}dx$ (4) $\int \frac{4x}{x^2+1}dx$

(5) $\int \frac{2}{x-1}dx$ (6) $\int \frac{2+x^2}{x}dx$ (7) $\int (2\sin x + \tan^2 x)dx$

(8) $\int 2\cos^2 x dx$ (9) $\int (\cot x + \tan^2 x)dx$ (10) $\int \frac{3x^2-1}{x^2+1}dx$ (11) $\int \frac{x^4}{x^2+1}dx$

[풀이]

(1) 공식 1에 의해서

$$\int (x^4+x^3-1)dx = \frac{1}{5}x^5+\frac{1}{4}x^4-x+c$$

이 적분결과를 다시 미분하면 원시함수 x^4+x^3-1가 된다.

(2) 공식 2에 의해서

$$\int e^{4x}dx=\frac{1}{4}e^{4x}+C$$

이 적분결과를 다시 미분하면 원시함수가 된다.

(3) 공식 3에 의해서

$$\frac{d}{dx}4^{2x}=2\ln4 \circ 4^{2x}, \quad \therefore \int 4^{2x}dx=\frac{4^{2x}}{2\ln4}+C$$

(4) 공식 4에 의해서

$$\begin{aligned}\int \frac{4x}{x^2+1}dx &= \int (2\times\frac{2x}{x^2+1})dx \\ &= 2\times\int (\frac{2x}{x^2+1})dx \\ &= 2\ln(x^2+1)+C\end{aligned}$$

(5) 공식 4에 의해서

$$\int \frac{2}{x-1}dx = 2\times\int \frac{1}{x-1}dx = 2\ln|x-1|+C$$

(6) 분수를 정리하면

$$\int \frac{2+x^2}{x}dx = \int (\frac{2}{x}+x)dx = 2\ln|x|+\frac{1}{2}x^2+C$$

(7) 삼각함수에서 $\tan^2x = \sec^2x-1$이므로

$$\int (2\sin x + \tan^2 x)dx = \int (2\sin x + \sec^2 x - 1)dx$$
$$= -2\cos x + \tan x - x + C$$

(8) $\cos^2 x = \dfrac{1+\cos 2x}{2}$ 이므로

$$\int 2\cos^2 x dx = \int 2 \circ \frac{1+\cos 2x}{2} dx$$
$$= \int (1+\cos 2x)dx = x + \frac{1}{2}\sin 2x + C$$

(9) $\displaystyle\int (\cot x + \tan^2 x)dx = \int (\frac{\cos x}{\sin x} + \sec^2 x - 1)dx$

$$= \ln|\sin x| + \tan x - x + C$$

(10) 적분 속에 있는 분수를 정리하면

$$\frac{3x^2-1}{x^2+1} = \frac{3(x^2+1)-4}{x^2+1} = 3 - \frac{4}{x^2+1}$$
$$\therefore \int \frac{3x^2-1}{x^2+1}dx = \int (3 - \frac{4}{x^2+1})dx$$
$$= 3x - 4\tan^{-1}x + C$$

(11) 적분 속에 있는 분수를 정리하면

$$\frac{x^4}{x^2+1} = \frac{x^4-1+1}{x^2+1} = \frac{(x^2+1)(x^2-1)+1}{x^2+1}$$
$$= x^2 - 1 + \frac{1}{x^2+1}$$
$$\therefore \int \frac{x^4}{x^2+1}dx = \int (x^2 - 1 + \frac{1}{x^2+1})dx$$
$$= \frac{1}{3}x^3 - x + \tan^{-1}x + C$$

[예제 3.43] $F'(x)=x^2+3$이고 $F(0)=1$을 만족하는 함수 $F(x)$를 구하라.

[풀이]

$$F(x)=\int(x^2+3)dx$$
$$=\frac{1}{3}x^3+3x+C$$

이므로 $F(0)=1$조건을 대입하면 C = 1

$$\therefore\ F(x)=\frac{1}{3}x^3+3x+1$$

2. 치환적분

앞에서 함수 f(x)는 함수 F(x)의 도함수라고 했을 때

$$\int f(x)dx=F(x)+C,\qquad \therefore\ \frac{dF(x)}{dx}=f(x)$$

이 식을 정리하면

$$dF(x)=f(x)dx$$

양변에 dt를 나누고 x를 t의 함수로 바꿔 x=θ(t)라고 하면

$$\frac{dF(x)}{dt}=f(x)\frac{dx}{dt}=f[\theta(t)]\theta'(t)$$
$$\therefore\ dF(x)=f[\theta(t)]\theta'(t)dt$$

그러므로 양변을 적분하면

$$\int dF(x)=F(x)+C=\int f[\theta(t)]\theta'(t)dt.$$
$$\therefore\ F(x)=\int f[\theta(t)]\theta'(t)dt+C \qquad \text{식 (3.10)}$$

가 되고 식 (3.10)과 같이 구하는 방법을 치환적분법(substitution rule)이라 한다. 여기서 주의해야 할 것은 우변의 적분 후 치환된 t함수를 다시 본래의 x함수로 바꾸어야 한다는 것이다.

[예제 3.44] 다음 적분을 구하라.

(1) $\int (1+x)^{40} dx$ (2) $\int (x-1)^3 (2x+1) dx$ (3) $\int x^3 \sqrt{1+x^2}\, dx$

(4) $\int (\cos^5 x \circ \sin x) dx$ (5) $\int \frac{2-\sin x}{\cos^2 x} dx$ (6) $\int \sin(2x-1) dx$

(7) $\int \sqrt{1-2x^2}\, dx$ (8) $\int \frac{e^{3x}+e^x}{e^x+1} dx$ (9) $\int \frac{1}{x\sqrt{1+x}} dx$

[풀이]

(1) 치환적분법을 이용하면

$$1+x=t, \ \therefore \ dx=dt$$

$$\therefore \int (1+x)^{40} dx = \int t^{40} dt = \frac{1}{41} t^{41} + C$$

위 식에서 $t=x+1$을 대입하면

$$\therefore \int (1+x)^{40} dx = \frac{1}{41}(1+x)^{41} + C$$

(2) $x-1=t$라 두면

$$dx=dt, \ 2x+1=2(t+1)+1=2t+3$$

$$\therefore \int (x-1)^3 (2x+1) dx = \int t^3 (2t+3) dt$$

가 되어 이것을 다시 전개하여 적분을 구하면

$$\int (2t^4+3t^3) dt = \frac{2}{5} t^5 + \frac{3}{4} t^4 + C$$

가 되므로 다시 $t=x-1$을 대입하면

$$\therefore \int (x-1)^3(2x+1)dx = \frac{2}{5}(x-1)^5+\frac{3}{4}(x-1)^4+C$$

(3) $1+x^2=t$, $\therefore\ 2xdx=dt$
적분속의 함수를 정리하면

$$x^3\sqrt{1+x^2}\,dx = x^2\sqrt{1+x^2}\,(xdx) = (t-1)\sqrt{t}\,\frac{1}{2}dt$$
$$= \frac{1}{2}(t^{\frac{3}{2}}-t^{\frac{1}{2}})dt$$
$$\therefore \int x^3\sqrt{1+x^2}\,dx = \int \frac{1}{2}(t^{\frac{3}{2}}-t^{\frac{1}{2}})dt = \frac{1}{2}(\frac{2}{5}t^{\frac{5}{2}}-\frac{2}{3}t^{\frac{3}{2}})+C$$
$$= \frac{1}{5}t^{\frac{5}{2}}-\frac{1}{3}t^{\frac{3}{2}}+C$$

다시 $t=1+x^2$를 위 결과식에 대입하면

$$\therefore \int x^3\sqrt{1+x^2}\,dx = \frac{1}{5}(1+x^2)^{\frac{5}{2}}-\frac{1}{3}(1+x^2)^{\frac{3}{2}}+C$$

(4) $\cos x=t$, $\therefore\ -\sin x dx=dt$
적분내의 함수를 정리하면

$$\int (\cos^5 x \circ \sin x)dx = \int (\cos^5 x)\circ(\sin x dx)$$
$$= \int t^5(-dt) = -\frac{1}{6}t^6+C$$

다시 위 결과식에서 $t=\cos x$를 대입하면

$$\int (\cos^5 x \circ \sin x)dx = -\frac{1}{6}\cos^6 x + C$$

(5) 주어진 적분식을 각각의 항으로 표시하면

$$\int \frac{2-\sin x}{\cos^2 x}dx = 2\int \frac{1}{\cos^2 x}dx - \int \frac{\sin x}{\cos^2 x}dx$$

① 우변식의 첫째항은 삼각함수 공식에서

$$\int \frac{1}{\cos^2 x}dx = \int \sec^2 x dx = \tan x + C$$

② 우변식의 두 번째 항에서 치환적분을 적용하면

$$\cos x = t, \ \therefore \ -\sin x dx = dt$$

$$\therefore \ \int \frac{\sin x}{\cos^2 x}dx = \int \frac{1}{\cos^2 x}(\sin x dx) = -\int \frac{1}{t^2}dt$$

$$= -\int t^{-2}dt = \frac{1}{t} + C$$

다시 위 결과식에서 $t = \cos x$를 대입하면

$$\int \frac{\sin x}{\cos^2 x}dx = \frac{1}{\cos x} + C$$

$$\therefore \ \int \frac{2-\sin x}{\cos^2 x}dx = 2\tan x - \frac{1}{\cos x} + C$$

(6) $2x - 1 = t \quad \therefore \ 2dx = dt$

$$\therefore \ \int \sin(2x-1)dx = \frac{1}{2}\int \sin t dt = -\frac{1}{2}\cos t + C$$

결과식에서 $t = 2x - 1$을 대입하면

$$\int \sin(2x-1)dx = -\frac{1}{2}\cos(2x-1)+C$$

(7) 적분속 함수에 있는 루트항을 없애기 위해서 다음 성질을 이용한다.

$$\sin^2 t+\cos^2 t=1$$

따라서 $\sin^2 t=1-\cos^2 t$이므로

$$2x^2=\cos^2 t,\ \therefore\ \sqrt{1-2x^2}=\sin t,\ \sqrt{2}x=\cos t,\ \sqrt{2}dx=-\sin t dt$$

주어진 적분식은

$$\int\sqrt{1-2x^2}dx = -\int \sin t \circ \frac{1}{\sqrt{2}} \circ \sin t dt = -\frac{1}{\sqrt{2}}\int \sin^2 t dt$$

여기서 $\sin^2 t=\dfrac{1-\cos 2t}{2}$이므로

$$-\frac{1}{\sqrt{2}}\int \sin^2 t dt = -\int \frac{1-\cos 2t}{2\sqrt{2}}dt=-\frac{1}{2\sqrt{2}}(t-\frac{1}{2}\sin 2t)$$

위 적분결과에서

$$\sqrt{2}x=\cos t,\ \therefore\ t=\cos^{-1}(\sqrt{2}x)$$

$\sin 2t=2\sin t \circ \cos t = 2\times\sqrt{1-2x^2} \circ \sqrt{2}x$이므로

$$\therefore\ \int\sqrt{1-2x^2}dx = -\frac{1}{2\sqrt{2}}[\cos^{-1}(\sqrt{2}x)-\sqrt{1-2x^2} \circ \sqrt{2}x]+C$$

(8) $\int \frac{e^{3x}+e^x}{e^x+1}dx = \int (\frac{e^{2x}+1}{e^x+1})e^x dx$

$e^x = t$라고 하면 $e^x dx = dt$

$$\therefore \int (\frac{e^{2x}+1}{e^x+1})e^x dx = \int (\frac{t^2+1}{t+1})dt = \int (t-\frac{t-1}{t+1})dt$$

$$= \int (t-1+\frac{2}{t+1})dt = \frac{1}{2}t^2-t+2\ln|t+1|+C$$

위 적분결과에서 $t=e^x$을 대입하면

$$\int \frac{e^{3x}+e^x}{e^x+1}dx = \frac{1}{2}e^{2x}-e^x 2\ln(e^x+1)+C$$

(9) $\sqrt{1+x}=t$라 두면 $1+x=t^2$

$\therefore\ x=t^2-1,\ dx=2tdt$이므로

$$\int \frac{1}{x\sqrt{1+x}}dx = \int \frac{1}{(t^2-1)t} \circ 2tdt = \int \frac{2}{t^2-1}dt$$

위 적분을 구하기 위해서 $\frac{2}{t^2-1}$을 부분분수로 분해하면

$$\frac{2}{t^2-1} = \frac{2}{(t+1)(t-1)} = -(\frac{1}{t+1})+(\frac{1}{t-1})$$

이므로

$$\int \frac{1}{x\sqrt{1+x}}dx = \int [-(\frac{1}{t+1})+(\frac{1}{t-1})]dt = \ln|\frac{t-1}{t+1}|+C$$

여기서 $t=\sqrt{1+x}$을 대입하면

$$\int \frac{1}{x\sqrt{1+x}}dx = \ln\left|\frac{\sqrt{1+x}-1}{\sqrt{1+x}+1}\right|+C$$

치환적분중에서 다음과 같은 함수에 대한 적분을 삼각치환법(trigonometric substitution)이라 하여 삼각함수를 이용하여 적분한다.

(1) $\sqrt{a^2-x^2}$을 포함하는 식은 루트항을 없애기 위해 $x=a\sin\theta$으로 치환하면

$$a^2-x^2=a^2(1-\sin^2\theta)=a^2\cos^2\theta$$

가 되어 $\sqrt{a^2-x^2} = a\cos\theta,\ dx=a\cos\theta d\theta$를 이용하여 적분한다.

(2) $\sqrt{a^2+x^2}$을 포함하는 식은 루트항을 없애기 위해 $x=a\tan\theta$으로 치환하면

$$a^2+x^2=a^2(1+\tan^2\theta)=a^2\sec^2\theta$$

가 되어 $\sqrt{a^2+x^2} = a\sec\theta,\ dx=a\sec^2\theta d\theta$를 이용하여 적분한다.

(3) $\sqrt{x^2-a^2}$을 포함하는 식은 루트항을 없애기 위해 $x=asec\theta$으로 치환하면

$$x^2-a^2=a^2(\sec^2\theta-1)=a^2\tan^2\theta$$

가 되어 $\sqrt{x^2-a^2} = a\tan\theta,\ dx=a\tan\theta\sec\theta d\theta$를 이용하여 적분한다.

[예제 3.45] 다음 적분을 구하라.

(1) $\int\sqrt{16-x^2}\,dx$ (2) $\int\frac{2}{x^2\sqrt{1+x^2}}dx$ (3) $\int\frac{\sqrt{x^2-9}}{x}dx$

[풀이]

(1) 삼각치환법중 첫 번째 경우로서

$$x = 4\sin\theta,\ dx = 4\cos\theta d\theta,\ \sqrt{16-x^2} = 4\cos\theta$$

$$\therefore \int \sqrt{16-x^2}\,dx = \int 16\cos^2\theta d\theta$$

여기서 $\cos^2\theta = \dfrac{1+\cos2\theta}{2}$이므로

$$\int 16\cos^2\theta d\theta = \int 8(1+\cos2\theta)d\theta = 8(\theta + \frac{1}{2}\sin2\theta)$$

여기서 $x = 4\sin\theta$이므로 $\theta = \sin^{-1}\dfrac{x}{4}$

그리고 $\sqrt{16-x^2} = 4\cos\theta$이므로 $\cos\theta = \sqrt{1-(\dfrac{x}{4})^2}$

$$\sin2\theta = 2\sin\theta\cos\theta = 2\times\frac{x}{4}\times\sqrt{1-(\frac{x}{4})^2} = \frac{x}{2}\circ\sqrt{1-(\frac{x}{4})^2}$$

$$\therefore \int \sqrt{16-x^2}\,dx = 8(\sin^{-1}\frac{x}{4} + \frac{x}{4}\circ\sqrt{1-(\frac{x}{4})^2})$$

(2) $x = \tan\theta$로 두면

$$\sqrt{1+x^2} = \sqrt{1+\tan^2\theta} = \sec\theta,\ dx = \sec^2\theta d\theta$$

$$\therefore \int \frac{2}{x^2\sqrt{1+x^2}}dx = \int \frac{2}{\tan^2\theta\circ\sec\theta}\times\sec^2\theta d\theta$$

$$= \int \frac{2}{\tan^2\theta}\times\sec\theta d\theta = 2\int \frac{\cos\theta}{\sin^2\theta}d\theta$$

$\sin\theta = t$라고 하면 $\cos\theta d\theta = dt$

$$\therefore\ 2\int \frac{\cos\theta}{\sin^2\theta}d\theta = 2\int \frac{1}{t^2}dt = -\frac{2}{t}+C = -\frac{2}{\sin\theta}+C$$

$x=\tan\theta$이므로 $\sin\theta=\dfrac{x}{\sqrt{1+x^2}}$

$$\therefore\ \int \frac{2}{x^2\sqrt{1+x^2}}dx = -\frac{2\sqrt{1+x^2}}{x}+C$$

(3) $x=3\sec\theta$으로 치환하면

$$x^2-9=9(\sec^2\theta-1)=9\tan^2\theta,\ dx=3\tan\theta\sec\theta d\theta$$

$$\int \frac{\sqrt{x^2-9}}{x}dx = \int \left(\frac{3\tan\theta}{3\sec\theta}\right)\circ 3\tan\theta \circ \sec\theta d\theta$$

$$= 3\int \tan^2\theta d\theta$$

$\tan^2\theta=-1+\sec^2\theta$이므로

$$3\int \tan^2\theta d\theta = 3\int (-1+\sec^2\theta)d\theta = 3(-\theta+\tan\theta)+C$$

$x=3\sec\theta$이므로 $\cos\theta=\dfrac{3}{x}$ $\quad\therefore\ \tan\theta=\dfrac{\sqrt{x^2-9}}{3}$

$$\therefore\ \int \frac{\sqrt{x^2-9}}{x}dx = 3[-\sec^{-1}(\frac{x}{3})+\frac{\sqrt{x^2-9}}{3}]+C$$

3. 부분적분

함수 f(x), g(x)의 곱의 미분에서 이미 언급한 바와 같이 아래 내용이 성립된다.

$$\frac{d}{dx}[f(x) \circ g(x)] = f'(x) \circ g(x) + f(x) \circ g'(x)$$

윗 식을 정리하면

$$\frac{d}{dx}[f(x) \circ g(x)] - f(x)' \circ g(x) = f(x) \circ g'(x)$$

가 되어

$$\int f(x) \circ g'(x)dx = f(x) \circ g(x) - \int f(x)' \circ g(x)dx$$

로 표현할 수 있고 이렇게 해서 구하는 방법을 부분적분법(integration of parts)이라 한다.

또한 여기서 $g(x) = x$라고 하면

$$\int f(x)dx = f(x) \circ x - \int f(x)' \circ xdx$$

가 된다.

[예제 3.46] 다음 적분을 구하라.

(1) $\int xe^{3x}dx$ (2) $\int \ln xdx$ (3) $\int x\ln xdx$ (4) $\int \cos^3 xdx$ (5) $\int e^x \sin xdx$

[풀이]

(1) 먼저 치환적분을 통하여

$$3x = t,\ 3dx = dt$$

$$\int xe^{3x}dx = \int (\frac{t}{3} \circ e^t \circ \frac{1}{3})dt = \frac{1}{9}\int te^t dt$$

부분적분법을 적용하기 위해

$$f(t) = t,\ g(t) = e^t$$

$$\therefore \int te^t dt = te^t - \int e^t dt = te^t - e^t + C$$

여기서 $t = 3x$를 대입하면

$$\int xe^{3x} dx = \frac{1}{3}xe^{3x} - \frac{1}{9}e^{3x} + C$$

(2) 주어진 적분은

$$\int \ln x dx = \int 1 \circ \ln x dx$$

부분적분에서 $f(x) = \ln x,\ g(x) = 1$

$$\int \ln x dx = x\ln x - \int (x \circ \frac{1}{x}) dx = x\ln x - x + C$$

(3) 부분적분에서 $f(x) = \ln x,\ g(x) = x$

$$\int x\ln x dx = \frac{1}{2}x^2\ln x - \frac{1}{2}\int x^2 \circ \frac{1}{x} dx = \frac{1}{2}x^2\ln x - \frac{1}{4}x^2 + C$$

(4) 주어진 적분을 다시 표현하면

$$\int \cos^3 x dx = \int (\cos^2 x \circ \cos x) dx$$

여기서 $f(x) = \cos^2 x,\ g(x) = \cos x$

$$\begin{aligned}\int (\cos^2 x \circ \cos x) dx &= \cos^2 x \circ \sin x - \int \sin x \circ 2\cos x(-\sin x) dx \\ &= \cos^2 x \circ \sin x + 2\int (\sin^2 x \circ \cos x) dx\end{aligned}$$

우변의 적분항을 치환적분으로 풀기위해

$$\sin x = t,\ \cos x dx = dt$$

$$\therefore \int \sin^2 x \cos x dx = \int t^2 dt = \frac{1}{3}t^3 + C = \frac{1}{3}\sin^3 x + C$$

$$\therefore \int \cos^3 x dx = \cos^2 x \circ \sin x + \frac{2}{3}\sin^3 x + C$$

$$= (1 - \sin^2 x)\sin x + \frac{2}{3}\sin^3 x + C$$

$$= \sin x - \frac{1}{3}\sin^3 x + C$$

[참고] $\int \cos^3 x dx = \int (\cos^2 x \circ \cos x) dx$

$$= \int (1 - \sin^2 x) \circ \cos x dx$$

$$= \int \cos x dx - \int \sin^2 x \cos x dx$$

$$= \sin x - \frac{1}{3}\sin^3 x + C$$

가 되어 위의 결과와 일치한다.

(5) 주어진 적분을 I 라고 두면

$$\mathrm{I} = \int e^x \sin x dx$$

부분적분을 적용해서 $g(x) = e^x,\ f(x) = \sin x$

$$\int e^x \sin x dx = \sin x \circ e^x - \int e^x \cos x dx$$

다시 적분 $\int e^x \cos x dx$을 부분적분으로 구하면

$$g(x) = e^x,\ f(x) = \cos x$$

$$\therefore \int e^x \cos x dx = \cos x \circ e^x - \int e^x(-\sin x)dx = \cos x \circ e^x + I$$

식을 정리하면

$$\therefore \ \mathrm{I} = \int e^x \sin x dx = \sin x \circ e^x - (\cos x \circ e^x + I)$$

그러므로 $2\mathrm{I} = \sin x \circ e^x - \cos x \circ e^x$ 가 되어

$$\mathrm{I} = \frac{1}{2}e^x(\sin x - \cos x) \text{ 가 된다.}$$

[예제 3.47] 다음 적분을 구하라.

(1) $\int (x+1)\sin x dx$　(2) $\int \tan^{-1}(2x)dx$　(3) $\int \frac{\ln x}{x}dx$

[풀이]

(1) $f(x) = x+1,\ g(x) = \sin x$라고 하면

$$\int (x+1)\sin x dx = (x+1)(-\cos x) - \int (-\cos x)dx$$
$$= -(x+1)\cos x + \sin x + C$$

(2) $(\tan^{-1}x)' = \dfrac{1}{1+x^2}$이므로

$$\frac{d}{dx}[\tan^{-1}(2x)] = \frac{2}{1+(2x)^2}$$

부분적분에서 $g(x) = 1.\ f(x) = \tan^{-1}(2x)$라고 하면

$$\int \tan^{-1}(2x)dx = x tan^{-1}(2x) - \int x(\frac{2}{1+(2x)^2})dx$$

$$= x\tan^{-1}(2x) - \frac{1}{4}\int \left(\frac{8x}{1+(2x)^2}\right)dx$$

$$= x\tan^{-1}(2x) - \frac{1}{4}\ln[1+(2x)^2] + C$$

(3) 부분적분에서 $g(x) = \frac{1}{x}$. $f(x) = \ln x$라고 하면

$$\int \frac{\ln x}{x}dx = (\ln x)^2 - \int \ln x \circ \frac{1}{x}dx$$

$$\therefore \int \frac{\ln x}{x}dx = \frac{1}{2}(\ln x)^2 + C$$

4. 유리함수와 무리함수의 적분

(1) 유리함수의 적분

유리함수란 분수함수 $\frac{g(x)}{f(x)}$의 모양으로 표현되는 것을 말하고 이러한 분수함수의 적분은 분자 $g(x)$가 분모 $f(x)$보다 차수가 큰 경우와 작은 경우가 있으나 분자 $g(x)$가 분모 $f(x)$보다 차수가 클 경우에도 분자를 분모를 나누면 아래 식과 같이 최종 분자의 차수가 분모의 차수보다 작게 된다.

$$\frac{g(x)}{f(x)} = f_1(x) + \frac{f_2(x)}{f(x)} \qquad \text{식 (3.11)}$$

그러므로 분자의 차수가 분모의 차수보다 작은 경우에 대해서 적분법을 알면 되기에 이것을 예제를 통해 언급한다.

(1-1) 분수함수의 분모가 1차인 경우

[예제 3.48] 다음 적분을 구하라.

$$\int \frac{1}{5x+2}dx$$

[풀이]
구하고자 하는 적분을 변형시키면

$$\int \frac{1}{5x+2}dx = \frac{1}{5}\int \frac{5}{5x+2}dx$$

그러므로 분자는 분모의 미분항과 같으므로 주어진 적분은

$$\int \frac{1}{5x+2}dx = \frac{1}{5}\ln|5x+2|+C$$

(1-2) 분수함수의 분모가 2차인 경우
[예제 3.49] 다음 적분을 구하라.

$$\int \frac{1}{x^2+4}dx$$

[풀이]
치환적분을 이용하여 적분을 정리하면 $x=2\tan\theta,\ dx=2\sec^2\theta d\theta,\ 1+\tan^2 x=\sec^2 x$ 이므로

$$\int \frac{1}{x^2+4}dx = \int \frac{2\sec^2\theta}{4\sec^2\theta}d\theta = \int \frac{1}{2}d\theta$$
$$= \frac{1}{2}\theta + C = \frac{1}{2}\tan^{-1}\frac{x}{2} + C.$$

이것은 삼각함수 공식에 의한 결과와 같다.

(1-3) 분수함수의 분모가 2차이고 분자가 1차인 경우
[예제 3.50] 다음 적분을 구하라.

$$\int \frac{3x+1}{x^2+4}dx$$

[풀이]

구하고자 하는 적분을 각각의 항으로 정리하면

$$\int \frac{3x+1}{x^2+4}dx = \frac{3}{2}\int \frac{2x}{x^2+4} + \int \frac{1}{x^2+4}dx$$

가 되어 각각의 항의 적분은 적분의 성질에 의해

$$\therefore \int \frac{3x+1}{x^2+4}dx = \frac{3}{2}\ln(x^2+4) + \frac{1}{2}\tan^{-1}\frac{x}{2} + C$$

(1-4) 분수함수의 분모가 1차 인수곱인 경우

[예제 3.51] 다음 적분을 구하라.

$$\int \frac{1}{x^2-9}dx$$

[풀이]

분수함수를 부분분수로 분해하면

$$\frac{1}{x^2-9} = \frac{1}{(x+3)(x-3)} = \frac{A}{x+3} + \frac{B}{x-3}$$

여기서 상수 A, B를 구하기 위해서 미정계수법을 이용하면

$$\begin{cases} A+B=0 \\ -3A+3B=1 \end{cases} \qquad \therefore\ A=-\frac{1}{6},\ B=\frac{1}{6}$$

이렇게 하여 주어진 적분은

$$\int \frac{1}{x^2-9}dx = -\frac{1}{6}\int \frac{1}{x+3}dx + \frac{1}{6}\int \frac{1}{x-3}dx$$

$$= \frac{1}{6}(\ln|x-3| - \ln|x+3|) + C = \frac{1}{6}\ln\left|\frac{x-3}{x+3}\right| + C$$

(1-5) 분수함수의 분모가 2차 인수곱이 포함되어있는 경우

[예제 3.52] 다음 적분을 구하라.

$$\int \frac{x-2}{(x+1)(x^2+1)}dx$$

[풀이]

분수함수를 부분분수로 분해하면

$$\frac{x-2}{(x+1)(x^2+1)} = \frac{A}{x+1}+\frac{Bx+C}{x^2+1}$$

가 되어 상수 A, B, C를 미정계수법으로 구하면

$$\begin{cases} A+B=0 \\ C+B=1 \\ A+C=-2 \end{cases}$$

$$\therefore\ A=-\frac{3}{2},\ B=\frac{3}{2},\ C=-\frac{1}{2}$$

$$\therefore\ \frac{x-2}{(x+1)(x^2+1)} = -\frac{3}{2}\left(\frac{1}{x+1}\right)+\frac{1}{2}\left(\frac{3x-1}{x^2+1}\right)$$

$$= -\frac{3}{2}\left(\frac{1}{x+1}\right)+\frac{3}{2\times 2}\left(\frac{2x}{x^2+1}\right)-\frac{1}{2}\times\frac{1}{x^2+1}$$

$$\therefore\ \int \frac{x-2}{(x+1)(x^2+1)}dx = -\frac{3}{2}\ln|x+1|+\frac{3}{4}\ln(x^2+1)-\frac{1}{2}\tan^{-1}x+C$$

(1-6) 분수함수중 분자의 차수가 분모의 차수보다 높은 경우

[예제 3.53] 다음 적분을 구하라.

$$\int \frac{2x^3+2x+5}{x^2+1}dx$$

[풀이]

적분속 함수를 정리하면

$$\frac{2x^3+2x+5}{x^2+1}=2x+\frac{5}{x^2+1}$$

이므로

$$\int \frac{2x^3+2x+5}{x^2+1}dx = \int (2x+\frac{5}{x^2+1})dx$$
$$= x^2+5\tan^{-1}x+C$$

(2) 무리함수의 적분

무리함수의 적분은 치한적분을 통해 유리함수로 바꾸어서 적분한다.

[예제 3.54] 다음 적분을 구하라.

(1) $\int \sqrt{1-x}\,dx$ (2) $\int \frac{1}{x\sqrt{1+x}}dx$ (3) $\int \frac{1}{\sqrt{2+2x-x^2}}dx$

[풀이]

(1) 적분속 무리함수를 유리함수로 고치기 위해서 $\sqrt{1-x}=t$로 치환하면

$$\therefore\ 1-x=t^2,\ -dx=2tdt$$
$$\therefore\ \int \sqrt{1-x}\,dx = \int t(-2t)dt = -\frac{2}{3}t^3+C$$

여기서 $t=\sqrt{1-x}$을 대입하면

$$\int \sqrt{1-x}\,dx = -\frac{2}{3}(1-x)\sqrt{1-x}+C$$

(2) 무리함수를 유리함수로 고치기 위해서 $\sqrt{1+x}=t$로 치환하면

$$\therefore\ 1+x=t^2,\ dx=2tdt$$

$$\therefore\ \int\frac{1}{x\sqrt{1+x}}dx=\int\frac{2t}{(t^2-1)t}dt=\int\frac{2}{t^2-1}dt$$

적분속의 함수는 유리함수 [예제4]형태와 같으므로

$$\frac{2}{t^2-1}=\frac{A}{t+1}+\frac{B}{t-1}$$

$$\begin{cases}A+B=0\\B-A=2\end{cases}\qquad\therefore\ B=1,\ A=-1$$

$$\begin{aligned}\therefore\ \int\frac{1}{x\sqrt{1+x}}dx&=\int\left(\frac{1}{t-1}-\frac{1}{t+1}\right)dt\\&=\ln|t-1|-\ln|t+1|+C\\&=\ln\left|\frac{t-1}{t+1}\right|+C\end{aligned}$$

여기서 $t=\sqrt{1+x}$을 대입하면

$$\begin{aligned}\therefore\ \int\frac{1}{x\sqrt{1+x}}dx&=\ln\left|\frac{t-1}{t+1}\right|+C\\&=\ln\left|\frac{\sqrt{1+x}-1}{\sqrt{1+x}+1}\right|+C\end{aligned}$$

(3) 적분을 다시 정리하면

$$\begin{aligned}\therefore\ \int\frac{1}{\sqrt{2+2x-x^2}}dx&=\int\frac{1}{\sqrt{3-(x-1)^2}}dx\\&=\int\frac{1}{\sqrt{(\sqrt{3})^2-(x-1)^2}}dx\\&=\sin^{-1}\frac{x-1}{\sqrt{3}}+C\end{aligned}$$

3.2.2 정적분

1. 정의 및 성질

함수 $f(x)$의 곡선상에 구간 $a \leq x \leq b$에 구간 사이의 거리를 Δx_i, 이에 대응하는 함수값을 y_i가 되는 (n-1)개가 있다고 하면 밑변이 Δx_i, 높이가 y_i가 되는 구형면적 $A_i=y_i\Delta x_i$가 되므로 전체 면적 $A=\sum_{i=1}^{n} y_i\Delta x_i$가 된다. 이때 Δx_i를 0에 접근시키면 갯수는 무한대로 되고 각각의 구형면적은 0에 접근한다는 것을 알 수 있고 이때 구간 $a \leq x \leq b$에 면적 A는 이러한 극한값이 된다.

이렇게 하여 함수 $f(x)$에 대한 구간 $a \leq x \leq b$ 구간 사이의 면적을 A라고 하면 A는

$$
\begin{aligned}
A &= \lim_{\Delta x \to 0}(y_1\Delta x_1 + y_2\Delta x_2 + \dots + y_n\Delta x_n) \\
&= \lim_{n \to \infty}\sum_{i=1}^{n} y_i\Delta x_i \\
&= \int_a^b f(x)dx \qquad \text{식 (3.12)}
\end{aligned}
$$

와 같이 표현되고 이 면적 A를 함수 $f(x)$의 구간 $(a,\ b)$에서 정적분이라 한다. 이 정적분은 다시 $f(x)$의 원시함수를 $F(x)$라고 해서

$$\int_a^b f(x)dx = [F(x)]_a^b = F(b) - F(a)$$

에 의해 계산할 수 있으며 함수 $f(x)$가 $(a,\ b)$구간에서 연속적이고 적분 가능하면 다음과 같은 성질이 있다.

(1) 함수 $f(x)$가 $(a,\ b)$구간에서

(1-1) $b > a$인 경우 : $A = \int_a^b f(x)dx$

(1-2) $a > b$인 경우 : $\int_a^b f(x)dx = -\int_b^a f(x)dx$

(1-3) $a=b$ 인 경우 : $\int_a^a f(x)dx = 0$

[예제 3.55] 다음 등식을 정적분 정의에 의해서 설명하라.

$$\int_a^b k dx = k(b-a)$$

[설명]

$$\begin{aligned} S &= k(x_1 - x_0) + k(x_2 - x_1) + \ldots + k(x_n - x_{n-1}) \\ &= k(x_n - x_0) \\ &= k(b-a) \end{aligned}$$

(2) $b > a$인 경우에 $f(x)$가 구간에서 양이면 $\int_a^b f(x)dx$의 값도 양이고, 음이면 $\int_a^b f(x)dx$의 값도 음이다.

(3) (3-1) $\int_a^b kf(x)dx = k\int_a^b f(x)dx = k[F(b) - F(a)]$, k는 상수

(3-2) $\int_a^b [f(x) \pm g(x)]dx = \int_a^b f(x)dx \pm \int_a^b g(x)dx$

[예제 3.56] 다음 식을 증명하라.

$$\int_a^b [f(x) + g(x)]dx = \int_a^b f(x)dx + \int_a^b g(x)dx$$

[증명]

$$\begin{aligned} \int_a^b [f(x) + g(x)]dx &= \lim_{n\to\infty}\sum_{i=1}^{n} [f(x_i) + g(x_i)]\triangle x_i \\ &= \lim_{n\to\infty}\sum_{i=1}^{n} f(x_i)\triangle x_i + \lim_{n\to\infty}\sum_{i=1}^{n} g(x_i)\triangle x_i \\ &= \int_a^b f(x)dx + \int_a^b g(x)dx \end{aligned}$$

(4) $\int_a^b f(x)dx = \int_a^c f(x)dx + \int_c^b f(x)dx$ (단 $a < c < b$)

(5) (5-1) $f(x) \geq 0,\ b > a$: $\int_a^b f(x)dx \geq 0$

(5-2) $f(x) \geq g(x),\ b > a$: $\int_a^b f(x)dx \geq \int_a^b g(x)dx$

[예제 3.57] 구간 $(0,\ \frac{\pi}{2})$에서 다음 적분성질에 대해 증명하라.

$$0 \leq \int_0^{\frac{\pi}{2}} \sqrt{1-\sin x}\, dx \leq \frac{\pi}{2}$$

[증명]

삼각함수의 성질에서 $0 \leq \sqrt{1-\sin x} \leq 1$이 성립되므로 구간 $(0,\ \frac{\pi}{2})$에 대해 적분하면

$$0 \leq \int_0^{\frac{\pi}{2}} \sqrt{1-\sin x}\, dx \leq \int_0^{\frac{\pi}{2}} dx$$

따라서

$$0 \leq \int_0^{\frac{\pi}{2}} \sqrt{1-\sin x}\, dx \leq \frac{\pi}{2}$$

가 성립된다.

(6) 부분적분인 경우

$$\int_a^b f(x)g'(x)dx = [f(x)g(x)]_a^b - \int_a^b f'(x)g(x)dx$$

(7) $f(x)$가 $(a,\ b)$에서 연속적이면

(7-1) $\frac{d}{dx}\int_a^x f(t)dt = f(x)$

(7-2) $\frac{d}{dx}\int_x^a f(t)dt = -f(x)$

2. 정적분의 계산

(1) 기초적인 정적분

[예제 3.58] 다음 정적분을 계산하라.

(1) $\int_1^4 \frac{1}{x^2}dx$ (2) $\int_1^3 \frac{1}{3x+1}dx$ (3) $\int_{-1}^1 \sqrt{3-2x}\,dx$ (4) $\int_0^{\frac{\pi}{4}} \cos 2x dx$

(5) $\int_0^2 e^{5x}dx$ (6) $\int_4^6 \frac{1}{x^2+2x-3}dx$ (7) $\int_2^4 \frac{x}{x^2+1}dx$ (8) $\int_0^{\frac{1}{\sqrt{3}}} \frac{1}{1+x^2}dx$

(9) $\int_{-1}^{\frac{\sqrt{3}}{2}} \frac{1}{\sqrt{1-x^2}}dx$ (10) $\int_0^4 [-|x-2|]dx$

[풀이]

(1) $\int_1^4 \frac{1}{x^2}dx = [-\frac{1}{x}]_1^4 = -(\frac{1}{4}-1) = \frac{3}{4}$

(2) $\int_1^3 \frac{1}{3x+1}dx = \frac{1}{3}[\ln(3x+1)]_1^3 = \frac{1}{3}(\ln 10 - \ln 4)$

$$= \frac{1}{3}\ln\frac{5}{2}$$

(3) 주어진 적분을 구하기 위하여

$$\sqrt{3-2x} = t, \ \therefore \ x = \frac{3-t^2}{2}, \ dx = -tdt$$

$$\therefore \int \sqrt{3-2x}\,dx = \int [t\times(-t)]dt = -\frac{1}{3}t^3 + C$$

$t = \sqrt{3-2x}$ 을 대입하여 정적분을 구하면

$$\int_{-1}^1 \sqrt{3-2x}\,dx = [-\frac{1}{3}(3-2x)^{\frac{3}{2}}]_{-1}^1 = -\frac{1}{3}(1-5^{\frac{3}{2}})$$

(4) $\int_0^{\frac{\pi}{4}} \cos 2x dx = \frac{1}{2}[\sin 2x]_0^{\frac{\pi}{4}} = \frac{1}{2}$

(5) $\int_0^2 e^{5x}dx = \frac{1}{5}[e^{5x}]_0^2 = \frac{1}{5}(e^{10}-1)$

(6) $\int_4^6 \frac{1}{x^2+2x-3}dx = \int_4^6 \frac{1}{4}(\frac{1}{x-1}-\frac{1}{x+3})dx$

$= \frac{1}{4}[\ln|x-1|-\ln|x+3|]_4^6$

$= \frac{1}{4}[\ln|\frac{x-1}{x+3}|]_4^6$

$= \frac{1}{4}(\ln\frac{5}{9}-\ln\frac{3}{7})$

(7) $\int_2^4 \frac{x}{x^2+1}dx = \frac{1}{2}[\ln(x^2+1)]_2^4 = \frac{1}{2}(\ln 17-\ln 5)$

$= \frac{1}{2}\ln\frac{17}{5}$

(8) $\int_0^{\frac{1}{\sqrt{3}}} \frac{1}{1+x^2}dx = [\tan^{-1}x]_0^{\frac{1}{\sqrt{3}}} = \tan^{-1}\frac{1}{\sqrt{3}}-\tan^{-1}0$

$= \frac{\pi}{6}$

(9) $\int_{-1}^{\frac{\sqrt{3}}{2}} \frac{1}{\sqrt{1-x^2}}dx = [\sin^{-1}x]_{-1}^{\frac{\sqrt{3}}{2}} = \sin^{-1}\frac{\sqrt{3}}{2}-\sin^{-1}(-1)$

$= \frac{\pi}{3}+\frac{\pi}{2}=\frac{5}{6}\pi$

(10) $\int_0^4 [-|x-2|]dx$

여기서 $|x-2|$는 $x \geq 2,\ x-2$

$x < 2,\ -(x-2)=-x+2$

이므로

$= \int_0^2 (x-2)dx+\int_2^4 (-x+2)dx = [\frac{1}{2}x^2-2x]_0^2+[-\frac{1}{2}x^2+2x]_2^4$

$= 2-4-8+8+2-4 = -4$

(2) 정적분의 치환적분

[예제 3.59] 다음 정적분을 계산하라.

(1) $\int_0^1 x\sqrt{1-x}\,dx$ (2) $\int_0^1 \sqrt{1-x^2}\,dx$ (3) $\int_0^3 x(x^2+1)^5 dx$

(4) $\int_1^3 x^2 e^{x^3} dx$ (5) $\int_1^e \frac{\ln x}{x} dx$

[풀이]

(1) $\sqrt{1-x}=t,\ 1-x=t^2,\ -dx=2tdt$

x= 0일 때 t= 1,

x= 1일 때 t= 0

$$\therefore \int_0^1 x\sqrt{1-x}\,dx = \int_1^0 (1-t^2)t(-2tdt) = \int_1^0 (-2t^2+2t^4)dt$$

$$= [-\frac{2}{3}t^3+\frac{2}{5}t^5]_1^0 = \frac{2}{3}-\frac{2}{5} = \frac{4}{15}$$

(2) $x=\sin t,\ dx=\cos t dt,\ \sqrt{1-x^2}=\cos t,$

x = 1일 때 t = $\frac{\pi}{2}$,

x = 0일 때 t = 0

$$\therefore \int_0^1 \sqrt{1-x^2}\,dx = \int_0^{\frac{\pi}{2}} \cos^2 t dt = \int_0^{\frac{\pi}{2}} \frac{1}{2}(1+\cos 2t)dt$$

$$= \frac{1}{2}[t+\frac{1}{2}\sin 2t]_0^{\frac{\pi}{2}} = \frac{\pi}{4}$$

(3) $x^2+1=t,\ 2xdx=dt,$

x = 0일 때 t = 1,

x = 3일 때 t = 10

$$\therefore \int_0^3 x(x^2+1)^5 dx = \int_1^{10} \frac{1}{2} t^5 dt = \frac{1}{12}[t^6]_1^{10} = \frac{1}{12}(10^6-1)$$

(4) $x^3 = t,\ 3x^2 dx = dt,$

x = 1일 때 t = 1,
x = 3일 때 t = 27

$$\therefore \int_1^3 x^2 e^{x^3} dx = \frac{1}{3}\int_1^{27} e^t dt = \frac{1}{3}[e^t]_1^{27} = \frac{1}{3}(e^{27}-e)$$

(5) $\ln x = t,\ \frac{1}{x}dx = dt,$

x = 1일 때 t = 0,
x = e일 때 t = 1

$$\therefore \int_1^e \frac{\ln x}{x} dx = \int_0^1 t dt = \frac{1}{2}[t^2]_0^1 = \frac{1}{2}$$

(3) 정적분의 부분적분

$$\int_a^b f(x)g'(x)dx = [f(x)g(x)]_a^b - \int_a^b f'(x)g(x)dx$$

[예제 3.60] 다음 정적분을 계산하라.

(1) $\int_0^{\frac{\pi}{2}} (x \circ \sin x)dx$ (2) $\int_2^4 xe^x dx$ (3) $\int_0^1 \tan^{-1} x dx$

(4) $\int_1^e (x \circ \ln x)dx$ (5) $\int_0^1 x(x+1)^5 dx$

[풀이]

(1) $f(x) = x,\ g(x) = \sin x$라고 하면

$$\int_0^{\frac{\pi}{2}}(x \circ \sin x)dx = [x \circ (-\cos x)]_0^{\frac{\pi}{2}} - \int_0^{\frac{\pi}{2}}(-\cos x)dx = \int_0^{\frac{\pi}{2}}\cos x dx$$

$$= [\sin x]_0^{\frac{\pi}{2}} = 1$$

(2) $\int_2^4 xe^x dx = [xe^x]_2^4 - \int_2^4 e^x dx = 4e^4 - 2e^2 - [e^x]_2^4$

$= 3e^4 - e^2$

(3) $\int_0^1 \tan^{-1}x dx = [x tan^{-1}x]_0^1 - \int_0^1 \frac{x}{1+x^2}dx = \tan^{-1}1 - \frac{1}{2}[\ln(1+x^2)]_0^1$

$= \frac{\pi}{4} - \frac{1}{2}\ln 2$

(4) $\int_1^e x\ln x dx = [\frac{1}{2}x^2\ln x]_1^e - \int_1^e \frac{1}{2}x^2(\frac{1}{x})dx = \frac{1}{2}e^2 - [\frac{1}{4}x^2]_1^e$

$= \frac{e^2}{4} + \frac{1}{4} = \frac{1}{4}(e^2+1)$

(5) $f(x) = x,\ g(x) = (x+1)^5$라고 하면

$$\int x(x+1)^5 dx = \frac{1}{6}(x+1)^6 x - \frac{1}{6}\int (x+1)^6 dx$$

$$= \frac{1}{6}(x+1)^6 x - \frac{1}{6\times 7}(x+1)^7 + C$$

$$\int_0^1 x(x+1)^5 dx = [\frac{1}{6}(x+1)^6 x]_0^1 - [\frac{1}{6\times 7}(x+1)^7]_0^1$$

$$= \frac{2^6}{6} - \frac{1}{6}\times\frac{1}{7}[2^7-1]$$

(4) 면적

함수 $f(x)$가 폐구간 $(a,\ b)$에 대해 연속적이고 곡선 $y = f(x)$와 x축, 두 개의 직선 $x = a,\ x = b$로 둘러싸인 도형의 면적 S는

(4-1) $f(x) \geq 0$ 경우에는, $S = \int_a^b f(x)dx$

(4-2) $f(x) \le 0$ 경우에는, $S=-\int_a^b f(x)dx$

(4-3) $f(x)$의 부호가 변화할 때는, $S=\int_a^b |f(x)|dx$

[예제 3.61] 다음 도형의 면적을 계산하라.

(1) 곡선 $y=\frac{1}{x}$와 x축, 두 개의 직선 x=1과 x=5와 둘러싸인 면적을 구하라.

[풀이]

$y=\frac{1}{x}$은 구간 (1, 5)에서 0보다 큰 값이 되므로

$$S=\int_1^5 \frac{1}{x}dx = [\ln x]_1^5 = \ln 5$$

(2) 유한범위 내에서 포물선 $y=x^2-2x-3$과 x축 사이에 둘러싸인 면적을 구하라.

[풀이]

$y=x^2-2x-3 = 0$을 만족하는 x값은 x=-1, 3이 되고 $-1 \le x \le 3$에서는

$y \le 0$이므로

$$S=-\int_{-1}^3 (x^2-2x-3)dx = -[\frac{1}{3}x^3-x^2-3x]_{-1}^3$$

$$= 9+(-\frac{1}{3}-1+3) = 10\frac{2}{3}$$

(3) 유한범위 내에서 함수 $y=x^3-x^2-12x$과 x축 사이에 둘러싸인 면적을 구하라.

[풀이]

$x^3-x^2-12x = 0$을 만족하는 x값은 -3, 0, 4이고 이 점들은 x축을 통과하는 점이 된다.

① $-3 \le x \le 0$ 내의 임의의 점 x=-1을 함수에 대입

$$x^3-x^2-12x > 0$$

② $0 \leq x \leq 4$ 내의 임의의 점 x=1을 함수에 대입

$$x^3 - x^2 - 12x < 0$$

$$\therefore \quad S = \int_{-3}^{0} (x^3 - x^2 - 12x)dx - \int_{0}^{4} (x^3 - x^2 - 12x)dx$$

$$= [\frac{1}{4}x^4 - \frac{1}{3}x^3 - 6x^2]_{-3}^{0} - [\frac{1}{4}x^4 - \frac{1}{3}x^3 - 6x^2]_{0}^{4}$$

$$= -[\frac{1}{4}\times(-3)^4 - \frac{1}{3}\times(-3)^3 - 6\times(-3)^2] - [\frac{1}{4}\times4^4 - \frac{1}{3}\times4^3 - 6\times4^2]$$

$$= -\frac{3^5}{12} - \frac{4\times3^3}{12} + 54 - \frac{3\times4^4}{12} + \frac{4^4}{12} + 96$$

$$= 78\frac{1}{12}$$

3장 연습문제

1 다음의 극한값을 구하라.

(1) $\lim_{x \to 1} \frac{x^2+5x-6}{x-1}$ (2) $\lim_{x \to 0} \frac{1-\cos 3x}{x}$

2. 다음 함수의 도함수를 정의에 의하여 구하라.

$$y=5-2x$$

3. 다음 함수를 미분하라.

(1) $(x+2)^4$ (2) $(\frac{1}{2}x-1)^3$ (3) $\sqrt{\frac{2}{3}x-1}$

(4) $(3x+7)(x^2-2x)$ (5) $(x+\sqrt{x})((x^2+1)$ (6) $(x+1)((x+2)(3-x)$

4. 다음 함수를 미분하라.

(1) $y=\frac{2x^2+1}{x^2+x+1}$ (2) $y=(3x^2+4x+1)^2$

(3) $y=\frac{1}{(x^2+2x+3)^2}$ (4) $y=\sqrt{x^3-2x^2+1}$

5. 다음 함수를 미분하라.

(1) $y=\sin\frac{1}{4}x$ (2) $\cos^2 2x$ (3) $y=\tan(1-4x)$ (4) $y=\sec(3x+1)$

(5) $y=\sin 3x \circ \cos 2x$ (6) $y=x \circ \tan 2x+\mathrm{cosec}\, 2x$ (7) $y=\sin(\cos 2x)$

6. 다음 부정적분을 구하라.

(1) $\int (2x+3)^2 dx$ (2) $\int (4-x)^3 dx$ (3) $\int \frac{1}{x^4} dx$

(4) $\int \frac{1}{(4x+1)^2} dx$ (5) $\int \frac{1}{4-x} dx$ (6) $\int \sqrt{(x+1)^3}\, dx$

(7) $\int (2\cos x - e^{2x}) dx$ (8) $\int \sin(2x+4) dx$ (9) $\int \csc^2 4x dx$

(10) $\int \frac{x^2+1}{\sqrt{x}}dx$ (11) $\int \frac{x}{\sqrt{3+x^2}}dx$ (12) $\int \tan^2(x+1)dx$

(13) $\int 2x(x+4)^3dx$ (14) $\int x\sqrt{x+1}\,dx$ (15) $\int \frac{x^2+\ln x}{x}dx$

(16) $\int 3xe^{x^2}dx$ (17) $\int \frac{4}{e^x+e^{-x}}dx$ (18) $\int (4x+1)\sin x dx$

(19) $\int \frac{x}{\sqrt{x^2+2}}dx$ (20) $\int e^x(e^x+5)^6dx$

Chapter 4

1계 미분방정식

4.1 일반

우선 '미분방정식이란 무엇인가?'에 대해 간단히 설명하면 방정식에 포함되어있는 미지수 형태가 미분으로 되어있는 것을 말한다. 가령

$$2x+1=0$$

라고 표시되어 있는 방정식은 잘 알고 있는 미지수 x의 형태가 1차항으로 표현되어있기에 1차방정식이라 한다. 만약에 x의 2차항으로 표현되어 있으면 2차방정식이라 할 것이다. 그러므로 미지수 형태가 미분으로 되어있는 방정식은 **미분방정식**(differential equation)이라 언급하고 이것을 약칭하여 미방이라고도 한다. 1계 미분방정식이란 미분의 형태가 1차로 되어있을 때는 1계 미분방정식, 2차로 되어있을 때는 2계 미분방정식이라 한다. 예로

$$y^{'}=3\sin x+1$$

로 표현되어있으면 1계 미분방정식이고 아래와 같은 미분방정식은 2계 미분방정식이라 한다.

$$y^{''}+2y=4\cos x+2$$

상미분방정식 및 편미분방정식의 구분은 미분방정식에 있는 미분의 형태가 상미분형태이면 **상미분방정식**(ordinary differential equation), 편미분형태이면 **편미분방정식**(partial differential equation)이라 한다. 여기서 상미분은 독립변수가 하나인 함수를 미분하는 경우이고 보통 $y=f(x)$으로 나타내는 함수를 미분할 때에는 $y^{'}$, $\dfrac{dy}{dx}$, $f^{'}(x)$, $\dfrac{d}{dx}f(x)$등으로 나타내는 경우이다. 그래서 위에 언급되는 미분방정식은 상미분방정식이 되고 상미분과 반하여 편미분은 독립변수가 두 개 이상의 함수를 미분할 경우에는 편미분이라한다. 이 경우에는 예를들어 z함수가 x, y의 함수하고 하면 $z=f(x,y)$로 표현되고 z함수를 x, y로 각각 미분하면 $\dfrac{\partial z}{\partial x}$, $\dfrac{\partial z}{\partial y}$라고 나타낸다. 이때 $\dfrac{\partial z}{\partial x}$는 y를 상수로, x만 변수로 취급하는 것이고 $\dfrac{\partial z}{\partial y}$는 y만 변수로, x는 상수로 생각하는 것이다. 이러한 편미분방정식의 예는 다음으로 표현될 수 있다.

$$\frac{\partial z}{\partial x}+\frac{\partial z}{\partial y}=0$$

그러면 미분방정식을 푼다라는 뜻은 무슨 의미인지에 대해서는 위에 언급된 1차방정식의 예로 쉽게 생각할 수 있다. 일반적으로 1차방정식을 푼다라는 것은 1차방정식 내에 있는 미지수 x가 어떠한 값이 되어야 위의 방정식을 만족하느냐 그 값을 구하는 것이 1차방정식을 푼다라고 언급하고 이때 방정식을 만족하는 x의 값을 그 방정식의 근 또는 해라고 한다. 그러므로 미분방정식을 푼다라는 뜻은 미분방정식속에 포함되어있는 함수 y를 어떠한 형태로 나타내어야 주어진 미분방정식이 만족하느냐 그 함수 y를 구하는 것이 미분방정식을 푼다라고 한다. 이러한 미분방정식은 공학, 역학, 물리 및 설계등의 많은 영역에서 어떤 문제를 풀 때 해결하고자 하는 상황을 미분방정식으로 나타낼 수 있어 풀어야 되는 문제를 해결하기 위해서 표현된 미분방정식을 풀 수 있어야 된다는 것을 알 수 있다.

[예제 4.1] 100m의 높이에서 10kg의 물체를 낙하시켰다고 할 때 공기저항을 무시하고 이 물체가 지상에 도착할 때까지 걸리는 시간을 계산하라.

[풀이]

v, s를 각각 물체의 속도 및 거리라고 할 때 물체의 운동방정식에서 중력가속도g가 $9.8msec^{-2}$이므로 다음과 같이 표현할 수 있다.

$$\frac{dv}{dt} = g$$

이것을 풀면

$$v=gt+c_1$$

여기서 c_1는 임의의 상수로서 초기조건에서 $t=0$일 때 $v=0$가 되므로 상수 $c_1=0$가 되어 $v=gt$가 된다. 거리와 속도와의 관계에서

$$\frac{ds}{dt} = v=gt$$

가 되므로 이것을 적분하면

$$\int ds = \int gtdt + c_2$$

그러므로 $s = \frac{1}{2}gt^2 + c_2$가 되어 $t = 0$일 때 $s = 0$의 조건을 대입하면 상수 $c_2 = 0$가 되어 거리 s와 시간 t와의 관계는

$$s = \frac{1}{2}gt^2$$

가 되므로 거리와 시간과의 관계식에서 $100 = \frac{1}{2} \times 9.8 \times t^2$에서 $t = 4.5\text{sec}$가 된다. 이 결과를 검신하기 위해서 $\frac{1}{2}9.8 \times 4.5^2 \fallingdotseq 100$이 되어 초기조건을 만족한다. 이 풀이과정을 살펴보면

단계1 : 우선 구하고자 하는 문제와 관련되게 물리적이나 역학적 개념을 이용하여 미 분방정식을 세우고

단계2 : 다음에는 단계1에서 세운 미분방정식을 풀고

단계3 : 마지막에는 구한 해를 검산하는 단계를 거친다는 것을 알 수 있다.

[예제 4.2] 다음 물음에 답하라

(1) 함수 $y = \cos x$, $y = \cos x + 5$, $y = \cos x - 6$은 $y' = -\sin x$의 해임을 밝히고 주어진 미분방정식의 일반적인 임의의 해를 구하라.

(2) $y = 2e^{2x}$, $y = -4e^{2x}$등은 $y' = 2y$의 해임을 밝히고 주어진 미분방정식의 일반적인 임의의 해를 구하라.

[풀이]

(1) $(\cos x)' = (\cos x + 5)' = (\cos x - 6)' = -\sin x$가 되므로 이 함수들은 주어진 미분방정식의 해이고 이 미분방정식의 임의의 해는 $y = \cos x + c$로 표현될 수 있다.

(2) 함수 $y = 2e^{2x}$에서 $y' = (2e^{2x})' = 4e^{2x} = 2 \times 2e^{2x} = 2y$,

$y = -4e^{2x}$에서 $y' = (-4e^{2x})' = -8e^{2x} = 2 \times (-4e^{2x}) = 2y$가 되므로 이 함수들은 주어진 미분방정식의 해이고 임의의 해의 형태는 $y = ce^{2x}$가 된다.

[예제 4.3] 어떤 함수가 xy-평면상에서 점 (0, 0)를 지나가고 각 점에서의 기울기가 x^2인 함수는 어떠한 함수인가?

[풀이]

문제를 풀기 위해 단계별로 정리하면 다음과 같다.

[1단계] 주어진 문제를 미분방정식으로 표현하면

$$y' = x^2$$

[2단계] 위 미분방정식의 일반해는 $y = \frac{1}{3}x^3 + c$가 되어 초기조건을 대입하면 $c = 0$가 되어 주어진 문제의 해는 다음과 같다.

$$y = \frac{1}{3}x^3$$

[3단계] 풀이를 통해 구한 해에서 문제의 조건인 $y' = x^2$와 (0, 0)를 만족한다는 것을 알 수 있다.

이상 예제에서 알 수 있듯이 상수 c가 포함되지 않는 해를 특수해(particular solution), 상수 c를 포함하는 해를 일반해(general solution)라고 하고 특수해를 구하기 위해서 일반해에서 경계조건 혹은 초기조건을 대입하여 특수해를 구한다. 특수해를 구하는 미분방정식의 문제를 초기치문제(initial value problem)라하고 이때 조건을 초기치 조건이라 한다. 일반적으로 1계미분방정식의 초기조건은

$$y(x_0) = y_0 \ : \ x = x_0 \text{일 때 } y = y_0$$

4.2 변수분리형 미분방정식

이제부터는 미분방정식을 구체적으로 풀이하는 방법을 설명한다. 제일 간단한 형태로서 주어진 1계 미분방정식이 다음과 같이 표현되면 양함수로 나타낸 것이고

$$y' = f(x,\ y)$$

이것을 음함수를 이용하면 다음과 같이 나타낼 수 있다.

$$F(x,\ y,\ y') = 0$$

이러한 1계 미분방정식을 x만의 함수 $f(x)$, y만의 함수 $g(y)$로 분리가능하면 다음 식으로 표현할 수 있다.

$$g(y)y' = f(x) \qquad \text{식 (4.1)}$$

이러한 1계 미분방정식을 풀기 위해 $y' = \dfrac{dy}{dx}$을 식에 대입하면

$$g(y)\frac{dy}{dx} = f(x)$$

양변에 dx를 곱하면 다음과 같이 한쪽에 y만의 함수와 dy의 곱과 x만의 함수와 dx의 곱으로 나타낸다.

$$g(y)dy = f(x)dx$$

식 (4.1)을 **변수분리형 미분방정식**(separable differential equation)이라 하고 이것을 풀기 위해서는 양변에 다음과 같이 적분을 하면 된다.

$$\int g(y)dy = \int f(x)dx + C \qquad \text{식 (4.2)}$$

여기서 C는 적분상수이고 이것은 1계 미분방정식의 풀이중 가장 쉬운 방법이 된다. 결과적으로 미분방정식을 푼다는 것은 주어진 미분방정식에서 어떤 수학적인 마인드를 작용하여 미분을 없애는 과정으로 생각하면 된다. 또한 식 (4.2)에서 나타난 바와 같이 $g(y)$, $f(x)$의 함수형태에 따라 적분이 쉽게 혹은 어렵게 되고 이것을 해결하기 위해서는 앞에서 언급했지만, 기본적으로 함수의 미적분을 할 수 있어야 한다.

[예제 4.4] 다음 미분방정식의 일반해를 구하라.

$$y' = x^4 + x$$

[풀이]

$y' = \dfrac{dy}{dx}$이므로 주어진 미분방정식을 정리하면

$$\frac{dy}{dx} = x^4 + x, \quad \therefore \ dy = (x^4 + x)dx$$

가 되어 이 미분방정식은 변수분리형이 되어 일반해는 이 식의 양변에 적분하면 다음과 같이 된다.

$$y = \frac{1}{5}x^5 + \frac{1}{2}x^2 + c$$

여기서 $x = 0$일 때 $y = 5$라는 초기조건이 주어진다면 이 조건을 위 식에 대입하면 $c = 5$가 되어서 특수해는

$$y = \frac{1}{5}x^5 + \frac{1}{2}x^2 + 5$$

가 된다.

[예제 4.5] 다음 미분방정식의 일반해를 구하라.

$$y'y = (4x + 1)^4$$

[풀이]

주어진 미분방정식에서 $y' = \dfrac{dy}{dx}$를 대입하여 정리하여 적분하면

$$\int ydy = \int (4x+1)^4 dx$$

우변의 적분을 구하기 위해 치한적분을 이용하면 $4x+1=t$, $4dx=dt$가 되므로

$$\int (4x+1)^4 dx = \int (t^4 \circ \frac{1}{4})dt = \frac{1}{20}(4x+1)^5 + c$$

$$\therefore \frac{1}{2}y^2 = \frac{1}{20}(4x+1)^5 + c$$

다시 정리하면 일반해는

$$y^2 = \frac{1}{10}(4x+1)^5 + c$$

[예제 4.6] 다음 미분방정식의 초기치 문제를 풀어라.

$$y' - \cos x - \tan^2 x = 0,\ y(0) = 1$$

[풀이]

주어진 미분방정식에서 $y' = \dfrac{dy}{dx}$를 대입하면 주어진 미분방정식은

$\dfrac{dy}{dx} = \cos x + \tan^2 x$가 되고 $\tan' x = \sec^2 x - 1$이므로

$$\int dy = \int (\cos x + \tan^2 x)dx = \int (\cos x + \sec^2 x - 1)dx$$

가 되어 이 적분을 구하면 일반해는 아래와 같이 된다.

$$y = \sin x + \tan x - x + c$$

초기치 문제를 풀기위해서 $x=0$일 때 $y=1$의 조건을 대입하면

$$c=1$$

특수해 y는

$$y = \sin x + \tan x - x + 1$$

[예제 4.7] 다음 미분방정식의 일반해를 구하라.

$$y' = x\sqrt{1+x^2}$$

[풀이]
주어진 미분방정식을 정리하면

$$\frac{dy}{dx} = x\sqrt{1+x^2} \qquad \therefore\ dy = x\sqrt{1+x^2}\,dx$$

적분을 위해 치한적분을 사용하면 $1+x^2=t,\ 2xdx=dt$이므로

$$\int dy = y = \int x\sqrt{1+x^2}\,dx = \frac{1}{2}\int \sqrt{t}\,dt$$

$$= \frac{1}{3}t^{\frac{3}{2}} + C = \frac{1}{3}(1+x^2)^{\frac{3}{2}} + c$$

[예제 4.8] 다음 미분방정식의 일반해를 구하라.

$$y' = xe^{5x}$$

[풀이]

주어진 미분방정식에서 $y' = \dfrac{dy}{dx}$를 대입하여 정리하면

$$dy = xe^{5x}dx, \quad \therefore \int dy = \int xe^{5x}dx$$

우변의 적분을 구하기 위해 치환적분을 이용하면

$$5x = t,\ 5dx = dt$$
$$\int xe^{5x}dx = \int (\frac{t}{5} \circ e^t \circ \frac{1}{5})dt = \frac{1}{25}\int te^t dt$$

부분적분법을 적용하기 위해

$$f(t) = t,\ g(t) = e^t$$
$$\therefore \int te^t dt = te^t - \int e^t dt = te^t - e^t + C$$

여기서 $t = 5x$를 대입하면

$$\therefore \int xe^{5x}dx = \frac{1}{25}(te^t - e^t + C) = \frac{1}{5}xe^{5x} - \frac{1}{25}e^{5x} + C$$

주어진 미분방정식의 일반해는

$$y = \frac{1}{5}xe^{5x} - \frac{1}{25}e^{5x} + C$$

4.3 매개변수를 이용한 변수분리형으로 변형할 수 있는 미분방정식

처음 주어진 1계 미분방정식의 형태가 변수분리형이 아니나 적절한 매개변수를 이용하면 변수분리형으로 변형이 되는 경우가 있다. 예를 들면 $y' = f(x-y)$라는 함수가 주어져 있다고 하면 매개변수 u를 사용하여

$$u = x - y,\ u' = 1 - y'$$

가 되므로 아래와 같이 적분이 가능한 변수분리형으로 변형된다.

$$\therefore\ 1 - u' = f(u)$$

여기서 $u' = \dfrac{du}{dx}$를 대입하면

$$\frac{du}{dx} = 1 - f(u),\ \therefore\ \int \frac{du}{1-f(u)} = \int dx + c \qquad \text{식 (4.3)}$$

식 (4.3)으로 나타난 변형된 미분방정식을 풀이된 결과 $F(u) = g(x)$에서 다시 $u = x - y$를 대입하여 주어진 미분방정식의 해를 구할 수 있고 이러한 매개변수의 형태는 상황에 따라 여러 형태로 표현할 수 있다.

[예제 4.9] 다음 미분방정식의 일반해를 구하라.

$$y' = x^2 + 2x - 2xy - 2y + y^2$$

[풀이]

주어진 미분방정식을 정리하면

$$y' = (x-y)^2 + 2(x-y)$$

가 되고 여기서 매개변수 u를 사용하면 $u = x - y,\ u' = 1 - y'$가 되므로
위 식은

$$1 - u' = u^2 + 2u$$

이것을 다시 정리하면

$$\int \frac{du}{u^2+2u-1} = -\int dx = -x+c$$

여기서 좌변의 적분을 구하기 위해서 분수식을 정리하면

$$\int \frac{du}{u^2+2u-1} = \int \frac{du}{(u+1)^2-2}$$

우변의 적분을 구하기 위하여 치환적분에 의해 $u+1=t$, $du=dt$가 되므로 우변의 항은

$$\int \frac{dt}{t^2-2} = \int \frac{1}{(t-\sqrt{2})(t+\sqrt{2})}dt$$

우변 적분내에 있는 분수를 부분분수로 나타내면

$$\frac{1}{(t-\sqrt{2})(t+\sqrt{2})} = \frac{A}{t-\sqrt{2}} + \frac{B}{t+\sqrt{2}}$$

$$\therefore \begin{cases} A+B=0 \\ \sqrt{2}A-\sqrt{2}B=1 \end{cases}, \quad A=\frac{1}{2\sqrt{2}}, \ B=-\frac{1}{2\sqrt{2}}$$

$$\therefore \int \frac{1}{(t-\sqrt{2})(t+\sqrt{2})}dt = \frac{\sqrt{2}}{4}\ln\left|\frac{t-\sqrt{2}}{t+\sqrt{2}}\right|$$

$$= \frac{\sqrt{2}}{4}\ln\left|\frac{u+1-\sqrt{2}}{u+1+\sqrt{2}}\right| = \frac{\sqrt{2}}{4}\ln\left|\frac{x-y+1-\sqrt{2}}{x-y+1+\sqrt{2}}\right|$$

그러므로 일반해는

$$\frac{\sqrt{2}}{4}\ln\left|\frac{x-y+1-\sqrt{2}}{x-y+1+\sqrt{2}}\right| = -x+c$$

가 된다.

[예제 4.10] 다음 미분방정식의 일반해를 구하라.

$$x^2y' = x^2 + 3xy + y^2$$

[풀이]

먼저 주어진 미분방정식은 변수분리가 되지 않는다는 것을 확인할 수 있으므로 미분방정식을 x^2 항으로 나누면 주어진 미분방정식은 다음과 같이 된다.

$$y' = 1 + 3\frac{x}{y} + (\frac{y}{x})^2$$

여기서 매개변수 v를 이용하여 $\frac{y}{x} = v$라고 하면 $y = vx$, $y' = v + xv'$가 된다.

위 미분방정식은

$$v + xv' = 1 + 3v + v^2$$

가 되고 다시 정리하면 다음과 같이 된다.

$$\int \frac{dv}{(1+v)^2} = \int \frac{dx}{x} + c$$

좌변의 적분값을 구하기 위해서 치환적분을 이용하면 $1 + v = t$, $dv = dt$가 되므로 좌변 적분은

$$\int \frac{dt}{t^2} = -\frac{1}{t}$$

가 되고 t를 v항으로 표시하면 미분방정식은

$$-\frac{1}{1+v} = \ln x + c$$

가 되어서 $v = \frac{y}{x}$를 대입하면 일반해 y는

$$y = -\frac{x}{\ln x + c} - x$$

[예제 4.11] 다음 미분방정식의 일반해를 구하라.

$$y' = (x-y-1)^2$$

[풀이]

$x-y-1=t$라고 하면 $1-y'=t'$가 되어 주어진 식은

$$1-t'=t^2, \qquad \therefore \int \frac{1}{1-t^2}dt = \int dx$$

가 되어 이것을 부분분수로 정리하면

$$\int \frac{1}{2}\left(\frac{1}{1+t}+\frac{1}{1-t}\right)dt = \int dx$$

적분하면

$$\frac{1}{2}\ln\left|\frac{1+t}{t-1}\right| = x+c$$

가 되어 $t=x-y-1$을 대입하면 일반해는

$$\ln\left|\frac{x-y}{x-y-2}\right| = 2x+c$$

[예제 4.12] 다음 미분방정식의 일반해를 구하라.

$$xy' = y - x\sin^2\frac{y}{x}$$

[풀이]

양변에 x로 나누면 주어진 식은

$$y' = \frac{y}{x} - \sin^2\frac{y}{x}$$

$\frac{y}{x} = u$라는 매개변수를 사용하면 $y = xu$, $y' = u + xu'$가 되므로 식을 정리하면

$$u + xu' = u - \sin^2 u$$

$$\therefore \int \mathrm{cosec}^2 u\,du = -\int \frac{1}{x} dx$$

이 적분을 정리하면 $-\cot u = -\ln|x| + c$ 가 되어 일반해는

$$\cot\frac{y}{x} = \ln|x| + c$$

4.4 완전미분방정식 및 적분인자

4.4.1 완전미분방정식

함수 $u(x,y)$가 편도함수가 존재한다고 하면 $u(x,y)$의 완전미분(exact differential)(혹은 전미분)은 아래와 같이 표현할 수 있다.

$$du = \frac{\partial u}{\partial x}dx + \frac{\partial u}{\partial y}dy \qquad \text{식 (4.4)}$$

또한 1계 미분방정식을 다음과 같은 모양으로 나타낼 수 있다.

$$M(x,y)dx + N(x,y)dy = 0 \qquad \text{식 (4.5)}$$

식 (4.4)의 우변의 항이 식 (4.5)의 좌변의 항과 동일하다고 하면

$$du = 0$$

가 되고 이 식을 적분하면 일반해 $u(x,y)$는

$$u(x,\ y) = c \qquad \text{식 (4.6)}$$

가 된다. 여기서 식 (4.4)의 우변의 항이 식 (4.5)의 좌변의 항과 동일한 조건은

$$M(x,y) = \frac{\partial u}{\partial x} \qquad \text{식 (4.7a)}$$

$$N(x,y) = \frac{\partial u}{\partial y} \qquad \text{식 (4.7b)}$$

가 되고 식(4.7a)를 y에 대한 편미분하고 식(4.7b)를 x에 대해 편미분을 하면

$$\frac{\partial M}{\partial y} = \frac{\partial u^2}{\partial x \partial y} \qquad \text{식 (4.7a')}$$

$$\frac{\partial N}{\partial x} = \frac{\partial^2 u}{\partial y \partial x}$$ 식 (4.7b')

함수 $u(x, y)$ 연속적이고 미분가능한 함수이라면 식(4.7a') 와 식(4.7b')는 동일하게 된다.
그러므로

$$\frac{\partial M}{\partial y} = \frac{\partial N}{\partial x}$$ 식 (4.8)

가 된다.

식 (4.8)이 주어진 1계 미분방정식이 완전미분방정식으로 표현이 가능한가 여부를 결정짓는 주요한 판별식이 된다. 주어진 1계 미분방정식이 식 (4.8)의 조건을 만족한다면

$$du = 0, \quad \therefore \ u(x, \ y) = c$$

라는 일반해를 얻을 수 있고 다음에는 $u(x, y)$를 구하는 방법을 설명하고자 한다.
$u(x, y)$를 구하는 방법은 다음과 같이 두 가지 방법이 있다.

[방법 4.1] 식 (4.7a)에서 시작하여 식 (4.7b)를 활용하는 방법
식 (4.7a)에서 적분을 하면 x에 대해 편미분으로 나타나 있기에 적분상수는 C라고 표현하지 않고 일반적인 표현인 y만의 함수 $k(y)$가 되어 식 (4.9)로 나타내어진다.
즉 $\frac{\partial u}{\partial x} = M(x,y)$에서

$$\therefore \quad u = \int M(x,y)dx + k(y)$$ 식 (4.9)

여기서 적분상수가 y만의 함수 $k(y)$로 표시됨을 주의하고 식 (4.9)에서 우변의 첫째항 속에 있는 $M(x, \ y)$는 문제에서 주어지기 때문에 이 적분값은 구할 수 있고 $k(y)$만 결정하면 된다. 이와 같은 이유로 $k(y)$를 결정하기 위해서 식 (4.9)를 다시 y에 대해 편미분을 하면

$$\frac{\partial u}{\partial y} = N(x, \ y) = \frac{\partial}{\partial y}\int M(x,y)dx + \frac{dk(y)}{dy}$$ 식 (4.10)

식 (4.10)에서 $N(x,\ y)$는 문제에서 주어지는 함수이기에 $k(y)$는 다음과 같이 구해진다. 즉

$$\frac{dk(y)}{dy} = N(x,\ y) - \frac{\partial}{\partial y}\int M(x,y)dx \qquad \text{식 (4.11)}$$

여기서 구해진 $k(y)$를 식(4.9)에 대입하면 $u(x,y)$를 알 수 있고 일반해는

$$u(x,\ y) = c$$

이 된다.

[방법 4.2] 식 (4.7b')에서 시작하여 식 (4.7a')를 활용하는 방법

식 4.7b'에서 적분을 하면 y에 대해 편미분으로 나타나기에 적분상수가 x만의 함수 $l(x)$가 되어 식 (4.9')로 나타내어진다.

즉 $\dfrac{\partial u}{\partial y} = N(x,\ y)$

$$\therefore\ u = \int N(x,y)dy + l(x) \qquad \text{식 (4.9')}$$

식 (4.9')에서 우변의 첫째항 속에 있는 $N(x,\ y)$는 문제에서 주어지기 때문에 이것의 적분값은 구할 수 있고 $l(x)$만 결정하면 된다. 이와 같은 이유로 $l(x)$를 결정하기 위해서 식(4.9')를 x에 대해 편미분을 하면

$$\frac{\partial u}{\partial x} = M(x,\ y) = \frac{\partial}{\partial x}\int N(x,y)dy + \frac{dl(x)}{dx} \qquad \text{식 (4.10')}$$

식 (4.10')에서 M(x, y)는 문제에서 주어지는 함수이기에 $l(x)$는 다음과 같이 구해진다.

즉 $$\frac{dl(x)}{dx} = M(x,\ y) - \frac{\partial}{\partial x}\int N(x,y)dy \qquad \text{식 (4.11')}$$

여기서 구해진 $l(x)$를 식 (4.9')에 대입하면 $u(x,y)$를 알 수 있고 일반해는

$$u(x,\ y) = c$$

이 된다.

식 (4.5)로서 주어진 1계 미분방정식의 완전미분해법에 대해 간단히 정리하면 다음과 같다.

(1) 주어진 1계 미분방정식이 완전미분형태인가를 먼저 식 (4.8)로서 판별한다.

(1-1) 이 식을 만족하면 완전미분형태

(1-2) 이 식을 만족하지 못하면 완전미분형태가 아님

(2) 식 (4.8)를 만족하여 완전미분형태이면 위에서 설명된 [방법 1]혹은 [방법 2]에 의해서 $u(x,y)$를 구할 수 있고 일반해는 다음 식으로 표현된다.

$$u(x,\ y) = c$$

[예제 4.13] 다음 미분방정식의 일반해를 완전미분방정식해법으로 구하라.

$$2xdx + 3ydy = 0$$

[풀이]

주어진 미분방정식의 일반해는 변수분리법으로 간단히 구할 수 있으나 완전미분방정식 해법으로 구하기 위해 먼저 좌변의 항이 완전미분방정식이 되는지 살펴보면

$$M(x,y) = 2x,\ \ N(x,\ y) = 3y$$

이므로

$$\frac{\partial M}{\partial y} = 0,\ \frac{\partial N}{\partial x} = 0,\quad \therefore\ \frac{\partial M}{\partial y} = \frac{\partial N}{\partial x}$$

가 성립되어 일반해는 $u(x,\ y) = c$가 된다. 여기서 $u(x,y)$를 구하기 위하여 [방법1]을 적용하면

$$u = \int 2xdx + k(y) = x^2 + k(y)$$

우변항을 다시 y에 대해 편미분을 하면

$$\frac{\partial u}{\partial y} = k'(y) = N(x,\ y) = 3y$$

그러므로 $k(y) = \frac{3}{2}y^2 + c$ 가 되어 일반해는

$$u(x, y) = x^2 + k(y) = x^2 + \frac{3}{2}y^2 + c = \mathrm{C}$$

일반해는 다음과 같이 표현될 수 있다.

$$x^2 + \frac{3}{2}y^2 = C$$

동일한 문제를 [방법2]을 적용하면

$$u = \int 3y dy + l(x) = \frac{3}{2}y^2 + l(x)$$

우변항을 다시 x에 대해 편미분을 하면

$$\frac{\partial u}{\partial x} = l'(x) = M(x,\ y) = 2x$$

그러므로 $l(x) = x^2 + c$ 가 되어 일반해는

$$u(x, y) = \frac{3}{2}y^2 + l(x) = x^2 + \frac{3}{2}y^2 + c = \mathrm{C}$$

$$\therefore\ x^2 + \frac{3}{2}y^2 = C$$

이렇게 하여 [방법2]에 의한 결과는 [방법1]에 의한 결과와 일치하게 된다.

[예제 4.14] 다음 미분방정식의 일반해를 완전미분방정식해법으로 구하라.

$$(x+y+1)dx+(x+1)dy=0$$

[풀이]

완전미분방정식 해법을 적용하기 위하여 좌변의 항에서

$$M(x,\ y)=x+y+1,\ \ N(x,\ y)=x+1$$

이므로

$$\frac{\partial M}{\partial y}=1,\ \frac{\partial N}{\partial x}=1,\quad \therefore\ \frac{\partial M}{\partial y}=\frac{\partial N}{\partial x}$$

여기서 $u(x,y)$를 구하기 위해 [방법2]를 적용한다.

$$u=\int N(x,y)dy+l(x)=\int(x+1)dy+l(x)$$
$$=xy+y+l(x)$$

양변에 x에 대해 편미분하면

$$\frac{\partial u}{\partial x}=M(x,\ y)=x+y+1=y+l'(x)$$

여기서 $l'(x)=x+1$가 되어

$$\therefore\ l(x)=\frac{1}{2}x^2+x+c$$

그러므로 $u(x,y)$

$$u(x,y)=xy+y+\frac{1}{2}x^2+x+c$$

가 되어 일반해는

$$xy+y+\frac{1}{2}x^2+x+c = c^*$$

가 되어 정리하면

$$xy+y+\frac{1}{2}x^2+x = C \text{ 가 된다.}$$

[예제 4.15] 다음 미분방정식의 일반해를 구하라.

$$y' = -\frac{3x^3+2xy}{x^2+y^2}$$

[풀이]
이러한 미분방정식을 풀기 위해 앞에서 언급했던 변수분리형이나 매개변수법의 적용이 가능한지를 살펴보면 적용하기 어렵다는 것을 알 수 있다. 따라서 식 (4.5)와 같은 형태로 변형하면 다음과 같다.

$$(3x^3+2xy)dx+(x^2+y^2)dy = 0$$

여기서 $M(x,\ y) = 3x^3+2xy$, $N(x,\ y) = x^2+y^2$가 되고 완전미분방정식의 판별식을 이용하면

$$\frac{\partial M}{\partial y} = 2x, \qquad \frac{\partial N}{\partial x} = 2x$$

가 되어

$$\frac{\partial M}{\partial y} = \frac{\partial N}{\partial x}$$

를 만족한다.

따라서 완전미분방정식 해법 중 [방법1]을 적용하면

$$u = \int (3x^3 + 2xy)dx + k(y), \quad \therefore \ u = \frac{3}{4}x^4 + x^2y + k(y)$$

u를 y에 대해 편미분하면

$$\frac{\partial u}{\partial y} = N(x, y) = x^2 + \frac{dk(y)}{dy} = x^2 + y^2$$

에서

$$\frac{dk(y)}{dy} = y^2 \quad \therefore \ k(y) = \frac{1}{3}y^3 + c$$

그러므로 일반해는 아래와 같이 얻을 수 있다.

$$\frac{3}{4}x^4 + x^2y + \frac{1}{3}y^3 = C$$

[예제 4.16] 다음 미분방정식의 일반해를 구하라.

$$\frac{dy}{dx} = -\frac{\sin x + xy}{\frac{1}{2}x^2 + \cos y}$$

[풀이]

주어진 식을 식 (4.5)와 같은 형태로 나타내면 다음과 같다.

$$(\sin x + xy)dx + (\frac{1}{2}x^2 + \cos y)dy = 0$$

여기서 $M(x, y) = \sin x + xy$, $N(x, y) = \frac{1}{2}x^2 + \cos y$

$$\frac{\partial M}{\partial y} = x, \qquad \frac{\partial N}{\partial x} = x$$

이므로 주어진 미분방정식은 완전미방이 된다.
u를 구하기 위해 [방법 2]를 적용하면

$$u = \int (\frac{1}{2}x^2 + \cos y)dy + l(x) = \frac{1}{2}x^2 y + \sin y + l(x)$$

여기서 x에 대해 편미분하면

$$\frac{\partial u}{\partial x} = M(x,\ y) = \frac{\partial}{\partial x}(\frac{1}{2}x^2 y + \sin y) + \frac{dl(x)}{dx}$$
$$= xy + \frac{dl(x)}{dx} = \sin x + xy$$

$l(x)$를 구하면 $\frac{dl(x)}{dx} = \sin x$ 가 되어

$$l(x) = -\cos x + c$$

$l(x)$를 u에 대입하면 일반해는

$$\frac{1}{2}x^2 y + \sin y - \cos + c = c^*$$
$$\therefore \quad \frac{1}{2}x^2 y - \cos x + \sin y = C$$

[예제 4.17] 다음 미분방정식의 초기값 문제를 풀어라.

$$ye^x dx + (4y + e^x)dy = 0, \ \ y(0) = 2$$

[풀이]

주어진 미분방정식이 완전미분방정식인지를 먼저 확인하기 위해

$$M(x,\ y) = ye^x,\ N(x,\ y) = 4y + e^x$$

이므로 $\dfrac{\partial M}{\partial y} = e^x$, $\dfrac{\partial N}{\partial x} = e^x$ 가 되어 $\dfrac{\partial M}{\partial y} = \dfrac{\partial N}{\partial x}$를 만족하여 완전미분방정식이다.

이에 완전미분방정식 해법중 [방법1]을 적용하면

$$u = \int ye^x dx + k(y),\ \therefore\ u = ye^x + k(y)$$

u를 y에 대해 편미분하면

$$\frac{\partial u}{\partial y} = N(x,\ y) = e^x + \frac{dk(y)}{dy} = 4y + e^x$$

에서 $\dfrac{dk(y)}{dy} = 4y \qquad \therefore\ k(y) = 2y^2 + c$

그러므로 위에서 구한 $k(y)$를 u에 대입하면 일반해는 아래와 같이 얻을 수 있다.

$$ye^x + 2y^2 = C$$

$y(0) = 2$의 조건을 일반해에 대입하면 $C = 10$이므로 특수해는

$$ye^x + 2y^2 = 10$$

가 된다.

4.4.2 적분인자

주어진 1계 미분방정식이 식 (4.12)와 같이 되고 좌변의 항이 완전미분이 아닌 상태에서

$$M(x,y)dx + N(x,y)dy = 0 \qquad \text{식 (4.12)}$$

양변에 $F(x,\ y)$를 곱한 변형된 미분방정식이 완전미분방정식으로 된다고 할 때 이때 곱해진 $F(x,\ y)$를 적분인자(integrating factor)라고 한다. 따라서 미분방정식의 해를 구하기 위해 주어진 미분방정식이 완전미분방정식이 아니더라도 적분인자만 구할 수 있으면 미분방정식의 해를 구할 수 있게 된다.

(참고) 식 (4.12)이 $u(x,\ y) = c$라는 일반해가 존재한다고 하면 적어도 1개 이상의 적분인자가 존재한다.

[예제 4.18] 다음과 같은 미분방정식의 적분인자를 구하여 완전미분방정식 해법으로 일반해를 구하라.

$$xdy - ydx = 0$$

[풀이]

[1] 주어진 식이 완전미분방정식이 되는지 확인하기 위해서 $M = -y,\ N = x$가 되므로

$$\frac{\partial M}{\partial y} = -1, \quad \frac{\partial N}{\partial x} = 1 \qquad \therefore\ \frac{\partial M}{\partial y} \neq \frac{\partial N}{\partial x}$$

따라서 완전미분방정식이 아니므로 $F = \dfrac{1}{x^2}$를 선택하면 주어진 미분방정식은

$$\frac{xdy - ydx}{x^2} = \frac{1}{x}dy - \frac{y}{x^2}dx = 0$$

가 되어 변경된 미분방정식은 $M = -\dfrac{y}{x^2},\ N = \dfrac{1}{x}$이므로

$$\frac{\partial M}{\partial y} = -\frac{1}{x^2}, \quad \frac{\partial N}{\partial x} = -\frac{1}{x^2}$$

$$\therefore \quad \frac{\partial M}{\partial y} = \frac{\partial N}{\partial x}$$

이때 선택된 $F=\dfrac{1}{x^2}$를 이 미분방정식의 적분인자가 되고 주어진 미분방정식은

$$d(\frac{y}{x})=0$$

의 형태로 되어서 $y=cx$라는 일반해를 얻을 수 있다.

[2] $d(\dfrac{x}{y})=\dfrac{ydx-xdy}{y^2}$으로 되기 때문에 주어진 미분방정식에서 $F=\dfrac{1}{y^2}$을 선택하여 곱하면

$$\therefore \quad \frac{ydx-xdy}{y^2}=\frac{1}{y}dx-\frac{x}{y^2}dy = 0$$

가 되어 변경된 미분방정식은 $M=\dfrac{1}{y}$, $N=-\dfrac{x}{y^2}$이므로

$$\frac{\partial M}{\partial y} = -\frac{1}{y^2}, \quad \frac{\partial N}{\partial x} = -\frac{1}{y^2}$$

$$\therefore \quad \frac{\partial M}{\partial y} = \frac{\partial N}{\partial x}$$

이때 선택된 $F=\dfrac{1}{y^2}$를 이 미분방정식의 적분인자가 되고 주어진 미분방정식은

$$d(\frac{x}{y})=0$$

의 형태로 되어서 $\dfrac{x}{y}=c_1$, 즉 $y=cx$라는 일반해를 얻을 수 있다.

[3] $d(\ln\frac{y}{x})$를 구하게 되면

$$d(\ln\frac{y}{x})=\frac{(\frac{y}{x})'}{\frac{y}{x}}=\frac{\frac{xdy-ydx}{x^2}}{\frac{y}{x}}=\frac{xdy-ydx}{xy}$$

가 되므로

주어진 미분방정식에서 $F=\frac{1}{xy}$을 선택하여 곱하면

$$\therefore\ \frac{ydx-xdy}{xy}=\frac{1}{x}dx-\frac{1}{y}dy=0$$

가 되어 변경된 미분방정식은 $M=\frac{1}{x},\ N=-\frac{1}{y}$이므로

$$\therefore\ \frac{\partial M}{\partial y}=\frac{\partial N}{\partial x}=0$$

그러므로 $F=\frac{1}{xy}$를 선택하게 되면 주어진 미분방정식은

$$d(\ln\frac{y}{x})=0$$

가 되어 이 미분방정식을 풀면

$$\ln\frac{y}{x}=c_1,\qquad \therefore\ y=e^{c_1}x=cx \text{ 가 된다.}$$

[4] $\tan^{-1}\frac{y}{x}$를 미분하게 되면

$$d(\tan^{-1}\frac{y}{x})=\frac{(\frac{y}{x})'}{1+(\frac{y}{x})^2}=\frac{\frac{xdy-ydx}{x^2}}{\frac{x^2+y^2}{x^2}}=\frac{xdy-ydx}{x^2+y^2}$$

이므로 $F=\frac{1}{x^2+y^2}$를 선택하면 주어진 미분방정식은

$$\therefore\ \frac{ydx-xdy}{x^2+y^2}=\frac{y}{x^2+y^2}dx-\frac{x}{x^2+y^2}dy=0$$

가 되어 변경된 미분방정식은 $M=\frac{y}{x^2+y^2}$, $N=-\frac{x}{x^2+y^2}$이므로

$$\frac{\partial M}{\partial y}=\frac{x^2+y^2-y\times 2y}{(x^2+y^2)^2}=\frac{x^2-y^2}{(x^2+y^2)^2}$$

$$\frac{\partial N}{\partial x}=-\frac{(x^2+y^2)-x\times 2x}{(x^2+y^2)^2}=-\frac{-x^2+y^2}{(x^2+y^2)^2}=\frac{x^2-y^2}{(x^2+y^2)^2}$$

$$\therefore\ \frac{\partial M}{\partial y}=\frac{\partial N}{\partial x}$$

그러므로 $F=\frac{1}{x^2+y^2}$를 선택하게 되면 주어진 미분방정식은

$$d(\tan^{-1}\frac{y}{x})=0$$

가 되어

$$\tan^{-1}\frac{y}{x}=c_1 \qquad \therefore\ \frac{y}{x}=\tan c_1=c$$

이렇게 하여 일반해는 $y = cx$가 된다.

이상과 같이하여 주어진 미분방정식의 적분인자는 $\frac{1}{x^2}$, $\frac{1}{y^2}$, $\frac{1}{xy}$, $\frac{1}{x^2+y^2}$등이 되고 일반해는 동일하게 $y = cx$가 된다는 것을 알 수 있다.

이와 같은 적분인자를 구하기 위해서 식 (4.12)에 $F(x,\ y)$를 곱하면

$$M(x,y)F(x,y)dx + N(x,y)F(x,y)dy = 0 \qquad \text{식 (4.12')}$$

식 (4.12')은 완전미분방정식이 되므로 다음 조건을 만족해야한다.

$$\frac{\partial(MF)}{\partial y} = \frac{\partial(NF)}{\partial x} \qquad \text{식 (4.13)}$$

식 (4.13)를 정리하면

$$F\frac{\partial M}{\partial y} + M\frac{\partial F}{\partial y} = N\frac{\partial F}{\partial x} + F\frac{\partial N}{\partial x} \qquad \text{식 (4.14)}$$

여기서 적분인자 $F(x,\ y)$를 구하기 위해 다음과 같은 방법을 이용한다.

[**경우** 1] $F(x,\ y)$가 x만의 함수 $F(x)$가 되는 경우

이 경우는 $\frac{\partial F}{\partial y} = 0$이 되므로 식 (4.14)는 식 (4.15)로 정리된다.

$$N\frac{\partial F}{\partial x} = F\frac{\partial M}{\partial y} - F\frac{\partial N}{\partial x} = F(\frac{\partial M}{\partial y} - \frac{\partial N}{\partial x}) \qquad \text{식 (4.15)}$$

따라서

$$\int \frac{dF}{F} = \int \frac{1}{N}(\frac{\partial M}{\partial y} - \frac{\partial N}{\partial x})dx \qquad \text{식 (4.16)}$$

우변의 적분 속에 있는 항이 x만의 함수 $R(x)$이라면

$$\int \frac{dF}{F} = \ln F = \int R(x)dx$$

가 되므로

$$F = e^{\int R(x)dx} \qquad \text{식 (4.17)}$$

라는 적분인자를 얻고 여기서 $R(x) = \frac{1}{N}\left(\frac{\partial M}{\partial y} - \frac{\partial N}{\partial x}\right)$이다.

[경우 2] $F(x, y)$가 y만의 함수 $F(y)$가 되는 경우

이 경우는 $\frac{\partial F}{\partial x} = 0$이 되므로 식 (4.14)는

$$F\frac{\partial N}{\partial x} = F\frac{\partial M}{\partial y} + M\frac{\partial F}{\partial y}$$

이것은 다시

$$M\frac{\partial F}{\partial y} = F\left(\frac{\partial N}{\partial x} - \frac{\partial M}{\partial y}\right) \qquad \text{식 (4.15')}$$

따라서

$$\frac{dF}{F} = \frac{1}{M}\left(\frac{\partial N}{\partial x} - \frac{\partial M}{\partial y}\right)dy$$

$$\therefore \quad \int \frac{dF}{F} = \int \frac{1}{M}\left(\frac{\partial N}{\partial x} - \frac{\partial M}{\partial y}\right)dy \qquad \text{식 (4.16')}$$

우변의 적분 속에 있는 항이 y만의 함수 $R(y)$이라면

$$\int \frac{dF}{F} = \ln F = \int R(y)dy$$

가 되어

$$F = e^{\int R(y)dy} \qquad \text{식 (4.17')}$$

라는 적분인자를 얻고 여기서

$$R(y) = \frac{1}{M}\left(\frac{\partial N}{\partial x} - \frac{\partial M}{\partial y}\right)$$

이다.

[예제 4.19] 다음 미분방정식의 적분인자를 구하여 일반해를 구하라.

$$ydx + 5xdy = 0$$

[풀이]

문제에서 $M = y$, $N = 5x$가 되므로

$$\frac{\partial M}{\partial y} = 1, \quad \frac{\partial N}{\partial x} = 5 \quad \therefore \frac{\partial M}{\partial y} \neq \frac{\partial N}{\partial x}$$

먼저 $R(x)$항을 구해보면

$$R(x) = \frac{1}{N}\left(\frac{\partial M}{\partial y} - \frac{\partial N}{\partial x}\right) = \frac{1}{5x}(1-5) = -\frac{4}{5}\frac{1}{x}$$

가 되어 x만의 함수가 된다.

그러므로 적분인자 F는

$$F = e^{\int R(x)dx} = x^{-\frac{4}{5}}$$

가 된다.

확인해보기 위해서 양변에 F를 곱하면

$$x^{-\frac{4}{5}}ydx + 5xx^{-\frac{4}{5}}dy = 0$$

여기서 $M = x^{-\frac{4}{5}}y$, $N = 5xx^{-\frac{4}{5}} = 5x^{\frac{1}{5}}$ 이므로

$$\frac{\partial M}{\partial y} = x^{-\frac{4}{5}} = \frac{\partial N}{\partial x}$$

가 되어 완전미분방정식이 된다.

따라서 이 경우의 적분인자는 $x^{-\frac{4}{5}}$가 되고 일반해는 앞에서 언급된 [방법 1]을 통해 구하면 된다.

$$\therefore\ u = \int M(x,y)dx + k(y) = \int x^{-\frac{4}{5}}ydx + k(y) = 5x^{\frac{1}{5}}y + k(y)$$

$$\frac{\partial u}{\partial y} = N(x,\ y) = 5x^{\frac{1}{5}} + \frac{dk(y)}{dy} = 5x^{\frac{1}{5}}$$

$$\therefore\ \frac{dk(y)}{dy} = 0,\quad \therefore\ k(y) = \mathrm{c}$$

일반해는

$$5x^{\frac{1}{5}}y + c_1 = C,\quad \therefore\quad 5x^{\frac{1}{5}}y = C$$

가 된다.

[예제 4.20] 다음 미분방정식의 적분인자를 구하라.

$$y^3dx + (2 + xy^2)dy = 0$$

[풀이]

주어진 미분방정식에서 $M = y^3$, $N = 2 + xy^2$가 되므로

$$\frac{\partial M}{\partial y} = 3y^2,\quad \frac{\partial N}{\partial x} = y^2,\qquad \therefore\ \frac{\partial M}{\partial y} \neq \frac{\partial N}{\partial x}$$

$R(y)$항을 구해보면

$$\frac{1}{M}(\frac{\partial N}{\partial x}-\frac{\partial M}{\partial y}) = \frac{1}{y^3}(y^2-3y^2) = -\frac{2}{y}$$

가 되어 y만의 함수가 된다.

$$\therefore\ F=e^{\int R(y)dy} = e^{\int(\frac{-2}{y})dy} = \frac{1}{y^2}$$

주어진 미분방정식에서 양변에 $\frac{1}{y^2}$을 곱하면

$$ydx+(\frac{2}{y^2}+x)dy=0$$

$$\frac{\partial M}{\partial y} = 1,\quad \frac{\partial N}{\partial x} = 1 \qquad \therefore\ \frac{\partial M}{\partial y} = \frac{\partial N}{\partial x}$$

따라서 $\frac{1}{y^2}$이 적분인자가 되고 일반해는 앞에서 언급된 [방법 1]을 통해 구한다.

$$\therefore\ u=\int M(x,y)dx+k(y) = \int ydx+k(y) = xy+k(y)$$

$$\frac{\partial u}{\partial y} = N(x,\ y) = x + \frac{dk(y)}{dy} = \frac{2}{y^2}+x$$

$$\therefore\ \frac{dk(y)}{dy} = \frac{2}{y^2},\quad \therefore\ k(y) = -\frac{2}{y}+c$$

위에서 구한 $k(y)$를 일반해 $u(x,\ y)=c$에 적용하면

$$xy-\frac{2}{y}=C$$

[예제 4.21] 미분방정식 $y' = \dfrac{x^2+y^2}{xy}$, $y(1)=1$의 초기치문제를 풀어라.

[풀이]

해를 완전미분방정식 해법으로 구하기 위해 문제의 미분방정식의 형태를 정리하면

$$(x^2+y^2)dx - xydy = 0$$

가 되므로 $M=(x^2+y^2)$, $N=-xy$가 된다. 주어진 미분방정식이 완전미분방정식인지를 검토하기 위해

$$\frac{\partial M}{\partial y} = 2y, \quad \frac{\partial N}{\partial x} = -y$$

이므로

$$\frac{\partial M}{\partial y} \neq \frac{\partial N}{\partial x}$$

가 된다.

적분인자를 구하기 위하여

$$\frac{1}{N}\left(\frac{\partial M}{\partial y} - \frac{\partial N}{\partial x}\right) = \frac{1}{-xy}(2y+y) = -\frac{3}{x}$$

이 되어 x만의 함수 $R(x)$가 된다.

식 (4.17)에 의해 적분인자 $F(x)$는

$$F = e^{\int R(x)dx} = e^{\int -\frac{3}{x}dx} = e^{-3\ln x} = e^{\ln x^{-3}} = \frac{1}{x^3}$$

가 되어 주어진 미분방정식에 적분인자를 곱하면 다음과 같이 된다.

$$\left(\frac{x^2+y^2}{x^3}\right)dx - \frac{y}{x^2}dy = 0$$

여기서

$$M = \frac{x^2+y^2}{x^3}, \quad N = -\frac{y}{x^2}$$

이므로

$$\therefore \frac{\partial M}{\partial y} = \frac{\partial N}{\partial x} = \frac{2y}{x^3}$$

가 되어 완전미분방정식으로 바뀌어지기 때문에 [방법 1]을 적용하여 일반해를 구한다.

$$u = \int M(x,y)dx + k(y) = \int (\frac{x^2+y^2}{x^3})dx + k(y)$$

$$= \ln x + y^2(-\frac{1}{2x^2}) + k(y)$$

$k(y)$를 구하기 위해 u를 다시 y에 대해 미분하면

$$\frac{\partial u}{\partial y} = N(x,\ y) = -\frac{y}{x^2} + \frac{dk(y)}{dy} = -\frac{y}{x^2}$$

이렇게 하여 $\frac{dk(y)}{dy} = 0$ 가 되어 $k(y) = c$를 얻을 수 있다.

따라서 일반해는

$$\ln x + y^2(-\frac{1}{2x^2}) = C$$

여기서 초기치 문제를 풀기위해서 $y(1) = 1$을 대입하면 $C = -\frac{1}{2}$가 된다.

이렇게 하여 문제의 특수해는 $\ln x + y^2(-\frac{1}{2x^2}) = -\frac{1}{2}$가 된다.

[예제 4.22] 다음 미분방정식의 일반해를 완전미분방정식 해법으로 구하라.

$$dy - y\cos x dx = 0$$

[풀이]

여기서 $\frac{\partial M}{\partial y} = -\cos x$, $\frac{\partial N}{\partial x} = 0$이므로 완전미분방정식이 되지 않는다.

적분인자를 구하기 위해

$$\frac{1}{M}\left(\frac{\partial N}{\partial x}-\frac{\partial M}{\partial y}\right) = \frac{1}{-ycosx}(0+\cos x) = -\frac{1}{y}$$

이것은 y만의 함수 $R(y)$가 되므로 적분인자는

$$F=e^{\int R(y)dy} = e^{\int -\frac{1}{y}dy} = e^{-\ln y} = \frac{1}{y}$$

주어진 식에 적분인자를 곱하면

$$\frac{1}{y}dy-\cos x dx=0$$

으로 바뀌어져 이 식은

$$\frac{\partial M}{\partial y} = 0, \quad \frac{\partial N}{\partial x} = 0$$

이러한 미분방정식의 일반해를 구하기위해서 [방법2]를 이용하면

$$u=\int \frac{1}{y}dy+l(x) = \ln|y|+l(x)$$

$$\therefore \ \frac{\partial u}{\partial x} = \frac{dl(x)}{dx} = M(x,\ y) = -\cos x$$

$$\therefore \ \ l(x)=-\sin x+c$$

일반해는

$$\ln|y|-\sin x = \mathrm{C}$$

4.5 1계 선형미분방정식

주어진 1계 미분방정식중 식 (4.18)과 같이 표현될 때는 선형이고 그 이외는 비선형이라고 한다.

$$y' + p(x)y = r(x) \qquad \text{식 (4.18)}$$

여기서 $r(x)$가 0일때는 **제차**(homogeneous), $r(x)$가 0이 아닐 때는 **비제차**(nonhomogeneous)라고 한다. 가령 1계 미분방정식 중

$xy' + (x^2 + \sin x)y = 0$: 1계 선형제차미분방정식

$y' + y^2 = 2x$: 1계 비선형비제차미뷴방정식

이라 한다.

4.5.1 1계 제차 선형미분방정식

이것은 $r(x)$가 0인 경우로서 식 (4.18)은

$$y' + p(x)y = 0 \qquad \text{식 (4.19)}$$

이렇게 표현된 미분방정식은 다음과 같이 변수분리형으로 풀 수 있다. 즉 식 (4.19)를 정리하면

$$\frac{dy}{y} = -p(x)dx$$

이 미분방정식을 풀면 $\ln|y| = -\int p(x)dx + c$ 가 되어서 일반해는

$$y = e^{-\int p(x)dx + c} = Ce^{-\int p(x)dx} \qquad \text{식 (4.20)}$$

이 된다.

4.5.2 1계 비제차 선형미분방정식

이것은 $r(x)$가 0이 아닌 경우로서 식 (4.18)은

$$dy + (py - r)dx = 0 \qquad \text{식 (4.21)}$$

여기서 p와 r은 x만의 함수이다.

식 (4.21)에서 $M = py - r$, $N = 1$이 되므로 이 식을 풀기 위해서 우선 적분인자를 구하면

$$R(x) = \frac{1}{N}\left(\frac{\partial M}{\partial y} - \frac{\partial N}{\partial x}\right) = p(x)$$

가 되어 적분인자 F는

$$F(x) = e^{\int R(x)dx} = e^{\int pdx}$$

가 된다.

식 (4.18)에서 F를 곱하면

$$e^{\int pdx}y' + e^{\int pdx}p(x)y = e^{\int pdx}r(x)$$

이 식의 좌변을 정리하면 아래 식과 같이 된다.

$$(e^{\int pdx} \circ y)' = e^{\int pdx}r(x)$$

이 식을 간단히 표현하기 위해서 $\int p(x)dx = h(x)$라고 할때 위 식은 다음 식으로 되고

$$[e^{h(x)} \circ y]' = e^{h(x)}r(x)$$

일반해 y는 식 (4.22)와 같은 공식을 얻을 수 있다.

$$y = e^{-h(x)}\left[\int e^{h(x)} r(x)dx + c\right] \qquad \text{식 (4.22)}$$

[예제 4.23] 다음 1계 미분방정식의 일반해를 구하라.

$$y' + y = 2\sin x$$

[풀이]

식 (4.22)를 이용하여 일반해를 구하기 위해서 $p(x) = 1,\ r(x) = 2\sin x$가 되므로

$$\mathrm{h(x)} = \int p(x)dx = \int dx = x$$

여기서 적분상수 c는 최종 일반해 속에 포함되기 때문에 고려하지 않는다.
그러므로

$$y = e^{-h(x)}\left[2\int e^{h(x)} r(x)dx + c\right] = e^{-x}\left[2\int e^{x}\sin x dx + \mathrm{c}\right]$$

가 된다.
여기서 $\int e^{x}\sin x dx$를 부분적분으로 구하면

$$\int e^{x}\sin x dx = -\cos x e^{x} + \int e^{x}\cos x dx$$

여기서 다시

$$\int e^{x}\cos x dx = \sin x e^{x} - \int e^{x}\sin x dx$$

가 되므로
주어진 적분은

$$\int e^x \sin x dx = -\cos x e^x + [\sin x e^x - \int e^x \sin x dx]$$

따라서

$$\int e^x \sin x dx = \frac{1}{2} e^x [\sin x - \cos x]$$

이렇게 하여 일반해 y는

$$y = e^{-x} [2 \int e^x \sin x dx + c] = \sin x - \cos x + c e^{-x}$$

가 된다.

[예제 4.24] 1계 미분방정식의 특수해를 구하라.

$$y' + y = x \ , \ y(0)=0$$

[풀이]

식 (4.22)에서 p(x) = 1, r(x) = x이므로 h(x) = x
일반해 y는

$$y = e^{-h(x)} [\int e^{h(x)} r(x) dx + c] = e^{-x} [\int e^x x dx + c]$$

여기서 $\int e^x x dx$를 부분적분으로 구하면

$$\int e^x x dx = e^x x - \int e^x dx = e^x x - e^x$$

가 되므로

$$y = e^{-x}[e^{x}x - e^{x} + c]$$

그러므로 일반해 y는

$$y = x - 1 + ce^{-x}\text{가 되고}$$

여기서 초기조건 x = 0일 때 y = 0을 대입하면

$$c = 1$$

따라서 득수해는

$$y = x - 1 + e^{-x}$$

[예제 4.25] 1계 미분방정식의 일반해를 구하라.

$$y' + 3y = 5e^{x}$$

[풀이]

식 (4.22)에서 p = 3, r = $5e^{x}$이므로 h(x) = 3x

$$y = e^{-h(x)}\left[\int e^{h(x)}r(x)dx + c\right] = e^{-3x}\left[5\int e^{3x}e^{x}dx + c\right]$$

$$= e^{-3x}\left[5 \times \frac{1}{4}e^{4x} + c\right] = \frac{5}{4}e^{x} + ce^{-3x}$$

[예제 4.26] 1계 미분방정식의 일반해를 구하라.

$$xy' - 5y = x^{6}e^{x}$$

[풀이]
주어진 미분방정식을 정리하면

$$y' - \frac{5}{x}y = x^5 e^x$$

여기서 $p = -\frac{5}{x}$, $r = x^5 e^x$가 되고

$$h(x) = \int p(x)dx = \int (-\frac{5}{x})dx$$
$$= -5\ln x$$

일반해 y는

$$y = e^{-h(x)}[\int e^{h(x)} r(x)dx + c] = e^{5\ln x}[\int e^{-5\ln x} x^5 e^x dx + c]$$

여기서

$$e^{5\ln x} = x^5, \; e^{-5\ln x} = x^{-5}$$
$$\therefore \; y = x^5(e^x + c) = x^5 e^x + cx^5$$

가 된다.

4.6 1계 선형미분방정식의 응용

[그림 4.1(a)]와 같은 RL회로에서 전류 I(t)가 흐른다고 하면 이때 기전력 E(t)는 Kirchhoff의 전압 법칙에 의해 다음과 같은 관계가 성립한다.

$$L\frac{dI}{dt}+RI=E(t) \qquad \text{식 (4.23)}$$

이때 L은 리액턴스, R은 레지스턴스로서 상수값이다.

식 (4.23)에 주어진 방정식을 정리하기 위해 L로 나누면

$$\frac{dI}{dt}+\frac{R}{L}I=\frac{E(t)}{L} \qquad \text{식 (4.23')}$$

식 (4.23')은 1계 선형미분방정식에서 y가 전류 I, x가 시간 t인 형태이므로 식 (4.23')에서 주어진 1계선형미분방정식의 일반해 I는 다음과 같이 구할 수 있다.

$$I=e^{-h(t)}[\int e^{h(t)}\frac{E(t)}{L}dt+c] \qquad \text{식 (4.24)}$$

여기서 $h(t)=\int\frac{R}{L}dt$이다.

가령 RL회로에서 리액턴스 L은 0.2헨리, 리액턴스 R은 4옴 그리고 기전력이 E(t) = 2sint로 주어지고 회로속에 흐르는 전류를 구해야 할 때

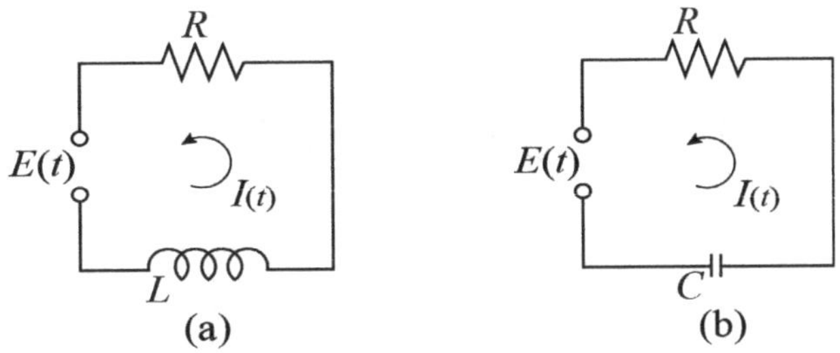

[그림 4.1]

$$h(t) = \int \frac{4}{0.2} dt = 20t \text{ 가 되므로 } I = e^{-20t}\left[\int e^{20t} \frac{2\sin t}{0.2} dt + c\right] \qquad \text{식 (4.25)}$$

식 (4.25)를 풀기 위해 적분의 결과를 이용하면

$$\int e^{20t} \sin t dt = \frac{1}{2} e^{20t} [\sin t - \cos t] \text{이므로 } I = 5[\sin t - \cos t] + ce^{-20t}$$

가 된다.

이와 유사하게 [그림 4.1(b)]과 같은 RC 회로에서 전류 I(t)가 흐른다고 하면 이때 기전력 E(t)는 C는 상수라 할 때

$$\frac{1}{C}\int I dt + RI = E(t) \qquad \text{식 (4.26)}$$

가 되고 이때 적분기호를 없애기 위해 양변에 미분하면 식 (4.26)은 다음과 같이 된다.

$$R\frac{dI}{dt} + \frac{1}{C}I = \frac{dE}{dt} \qquad \text{식 (4.27)}$$

여기서 R은 상수이므로 나누어 정리하면,

$$\frac{dI}{dt} + \frac{1}{RC}I = \frac{1}{R} \circ \frac{dE}{dt}$$

윗 식에서 일반해를 구하면

$$I(t) = e^{-\frac{t}{RC}}\left(\frac{1}{R}\int e^{\frac{t}{RC}} \circ \frac{dE}{dt} dt + c\right) \qquad \text{식 (4.28)}$$

가 된다.

4.7 비선형미분방정식(Bernoulli 방정식)

베르누이 방정식은 실제적인 문제에서 많이 나타나는 것으로 아래와 같이 표현된다.

$$y' + p(x)y = g(x)y^a \qquad \text{식 (4.29)}$$

여기서 a는 임의의 상수이다.

(경우1) a = 0인 경우: 주어진 미분방정식은 다음과 같이 되어 선형 비제차미분방정식이 된다.

$$y' + p(x)y = g(x)$$

(경우2) a = 1인 경우: 식 (4.29)는 아래와 같이 쓸 수 있다.

$$y' + [p(x) - g(x)]y = 0$$

여기서 $p(x) - g(x)$는 x만의 함수 $q(x)$가 되어 다음과 같이 선형 제차미분방정식이 된다.

$$\therefore\ y' + q(x)y = 0$$

(경우3) $a \neq 0, 1$인 경우: 다음과 같이 비선형 미분방정식이 된다.

$$y' + p(x)y = g(x)y^a$$

경우 (1)과 경우 (2)에는 선형미분방정식으로 앞에서 언급한 바와 같이 풀이할 수 있고 경우 (3)에는 비선형 미분방정식으로서 이러한 비선형 미분방정식의 해를 구하는 방법에 관해 설명한다.

이를 위해 매개변수 $u = y^{1-a}$ 라고 하면

$$\begin{aligned} u' = (1-a)y^{-a}y' &= (1-a)y^{-a}[gy^a - py] \\ &= (1-a)[g - py^{1-a}] = (1-a)[g - pu] \end{aligned}$$

가 되므로 식 (4.29)는 다음과 같이 변형된다.

$$u' + (1-a)pu = (1-a)g \qquad \text{식 (4.30)}$$

식 (4.30)은 1계 선형비제차 미분방정식이 되어 일반해 u는 4.5.2절의 식 (4.22)에 의해

$$u(x) = y^{1-a} = e^{-h(x)}\left[\int e^{h(x)}(1-a)g\,dx + c\right]$$

여기서 $h(x)=\int(1-a)pdx$이다.

[예제 4.27] 다음 미분방정식의 일반해를 구하라.

$$y'-y=y^3$$

[풀이]

주어진 미분방정식은 식 (4.29)에서 $a=3,\ p=-1,\ g=1$이므로

$$h(x)=\int(1-a)pdx = 2x$$

가 된다. 매개변수 u에 대해 정리하면 $u(x)=y^{1-a}=e^{-h(x)}[\int e^{h(x)}(1-a)gdx+c]$에서

$$y^{-2}=e^{-2x}[\int e^{2x}(-2)dx+c] = e^{-2x}[-e^{2x}+c]$$

$$= ce^{-2x}-1$$

$$\therefore\ y^2=\frac{1}{ce^{-2x}-1}$$

[예제 4.28] 다음 미분방정식의 일반해를 구하라.

$$y'+x^2y=x^2y^2$$

[풀이]

주어진 미분방정식은 식 (4.29)에서 $a = 2$, p(x) = x^2, g(x) = x^2인 경우로서 매개변수 u항으로 변형하면

$$h(x)=\int(1-a)pdx = \int(-x^2)dx = -\frac{1}{3}x^3$$

가 되어 주어진 식은

$$u(x) = y^{-1} = e^{\frac{1}{3}x^3}\left[\int [e^{-\frac{1}{3}x^3} \circ (-x^2)]dx + c\right]$$
$$= -e^{\frac{1}{3}x^3}\left[\int (e^{-\frac{1}{3}x^3} \circ x^2)dx + c\right]$$

가 된다.

식 속에 있는 적분 $\int (e^{-\frac{1}{3}x^3} \circ x^2)dx$을 먼저 구하기 위해 치환적분을 적용하면

$$-\frac{1}{3}x^3 = t, \ -x^2 dx = dt$$

이므로

$$\int (e^{-\frac{1}{3}x^3} \circ x^2)dx = -\int e^t dt = -e^{-\frac{1}{3}x^3}$$

가 되어 미분방정식의 해는 다음과 같이 된다.

$$y^{-1} = 1 + ce^{\frac{1}{3}x^3}, \ \therefore \ y = \frac{1}{1 + ce^{\frac{1}{3}x^3}}$$

[예제 4.29] 미분방정식의 일반해를 구하라.

$$y' + y \circ \sin x = y^2 \sin x$$

[풀이]

주어진 식에서 $a = 2$, $p = \sin x$, $g = \sin x$가 되므로

$$h(x) = \int (1-a)pdx = -\int \sin x dx = \cos x$$

$$u(x) = y^{-1} = -e^{-\cos x}\left[\int e^{\cos x}\sin x dx + c\right]$$

여기서 $\int e^{\cos x}\sin x dx = -e^{\cos x}$가 되므로 일반해는

$$y^{-1} = e^{-\cos x}[e^{\cos x} + c] = ce^{-\cos x} + 1$$

$$\therefore\ y = \frac{1}{ce^{-\cos x} + 1}$$

4장 연습문제

1. 다음 주어진 함수가 미분방정식의 해임을 설명하라.

(1) $y' = -2y,\ y = ce^{-2x}$

(2) $y'' = 4,\ y = 2x^2 + ax + b$

(3) $y'' + y = 0,\ y = c_1 \sin x + c_2 \cos x$

2. 다음 미분방정식의 일반해를 구하시오.(초기조건이 부여되어 있을 때는 특수해)

(1) $x^2 y' = y$

(2) $y' = \csc^2 x$

(3) $y' = -y^3 \cot x$

(4) $(x^2+1)y' = (y+1)x,\ y(0) = 1$

(5) $y' = e^x y^2,\ y(0) = 5$

3. 다음 미분방정식의 해를 구하시오.

(1) $x^2 y' = x^2 + y^2$

(2) $y' = (y+x)^2$

(3) $y' = \dfrac{y+x+2}{y+x-1}$

(4) $y' = \tan(x-y) + 1$

4. 다음 미분방정식이 완전미분방정식 여부를 밝혀 해를 구하고 만약 완전미분방정식이 아니면 적분인자를 구하라.

(1) $(3+y^2)dx + 2xydy = 0$

(2) $(x - 2e^y)dx + (1 - 2xe^y)dy = 0$

(3) $(2y+3)dx + (4x-1)dy = 0$

(4) $xdy + (x^2 + 2y)dx = 0$

5. 다음 미분방정식의 일반해를 구하라.

(1) $xy' - 2y + 6 = 0$

(2) $y' + y = x - x^2$

(3) $y' - 2y = y^2$

(4) $y' + xy = 2xy^2$

Chapter 5

2계 및 고계 제차 선형미분방정식

5.1 2계 제차 선형미분방정식의 일반해 및 1차 독립성

앞에서 언급했듯이 1계 선형미분방정식은 아래와 같이 표현된다고 언급하였다.

$$y' + p(x)y = r(x)$$

이것을 바탕으로 확장하여 2계 선형미분방정식은 식 (5.1)과 같이 표현할 수 있다.

$$y'' + p(x)y' + q(x)y = r(x) \qquad \text{식 (5.1)}$$

즉 2계미분방정식이 식 (5.1)과 같은 형태이면 선형(linear), 그렇지 않으면 비선형(nonlinear)이라 하고 또한 여기서 r(x)가 1계와 동일하게 0이면 제차(homogeneous), 0이 아니면 비제차(nonhomogeneous)라고 하여 2계 제차선형미분방정식은 식 (5.2')으로 쓸 수 있다.

$$y'' + p(x)y' + q(x)y = 0 \qquad \text{식 (5.2')}$$

가령,

$x^2y'' + \sin xy' + y = \cos x$; 2계 선형비제차미분방정식
$y'' + y^2y' + xy = 0$; 2계 비선형제차미분방정식
$y'' + y' + x^3y = 0$; 2계 선형제차미분방정식

으로 설명된다.

식 (5.1)에 주어진 미분방정식의 일반해를 구하기 위해서 일반해 속에 포함되어있는 많은 해 사이의 성질중 중첩성과 선형성의 개념이 아주 중요하다.

[예제 5.1] 다음 미분방정식의 해를 구하고 이를 통하여 해의 특징을 설명하라.

$$y'' - 4y = 0$$

[풀이]

(1) 먼저 $y_1 = e^{2x}$를 방정식의 해가 되는지를 살펴보기 위해 $y' = 2e^{2x}$, $y'' = 4e^{2x}$가 되므로 주어진 방정식에 대입하면

$$4e^{2x} - 4 \circ e^{2x} = 0$$

가 되어 e^{2x}은 주어진 미분방정식의 해가 된다.

(2) 다음에는 y_1의 상수 배인 $2y_1 = 2e^{2x}$가 해가 되는지를 살펴보면 $y' = 4e^{2x}$, $y'' = 8e^{2x}$가 되므로 이것을 주어진 방정식에 대입하면

$$8e^{2x} - 4 \times 2 \circ e^{2x} = 0$$

가 되므로 $2e^{2x}$는 해가 된다는 것을 알 수 있다.

(3) 같이하여 y_1과 다른 함수 $y_2 = e^{-2x}$가 이 방정식의 해가 되는지 대입해 보면 $y' = -2e^{-2x}$, $y'' = 4e^{-2x}$ 가 되므로

$$4e^{-2x} - 4e^{-2x} = 0$$

그러므로 y_2는 미분방정식의 해가 되고 y_2의 상수배인 $3y_2$도 y_1의 경우와 같이하여 해가 된다는 것을 알 수 있다. 이처럼 어떤 함수가 미분방정식의 해가 될 때 이러한 해의 상수배도 해가 된다는 것을 선형성의 원리(linearity principle)라고 한다.

(4) e^{2x}가 해가 되고 e^{-2x}가 해가 될 때 각각의 해를 합한 $y_3 = e^{2x} + e^{-2x}$는 해가 되는지 살펴보면 $y' = 2e^{2x} - 2e^{-2x}$, $y'' = 4e^{2x} + 4e^{-2x}$가 되므로

$$(4e^{2x} + 4e^{-2x}) - 4 \times (e^{2x} + e^{-2x}) = 0$$

가 되어 y_3도 이러한 미분방정식의 해가 된다는 것을 알 수 있다. 이와 같이 어떤 함수가 해가 되고 또 다른 함수가 해가 될 때 각각의 해의 합도 해가 된다는 성질을 중첩성 원리(superposition priniciple)라고 한다. 이러한 중첩성과 선형성 원리는 미분방정식의 형태가 선형이고 제차인 경우에만 성립되고 비선형 또는 비제차 미분방정식에는 성립되지 않는다.

[예제 5.2] 함수 y_1과 y_2는 다음 비제차 미분방정식의 해가 되는지 확인하고 해의 중첩성과 선형성이 성립되는지 살펴보아라.

$$y'' - 9y = 1 \ : \ y_1 = e^{3x} - \frac{1}{9}, \ y_2 = e^{-3x} - \frac{1}{9}$$

[풀이]

함수 y_1이 해가 되는지를 검토하기 위해서 $y' = 3e^{3x}$, $y'' = 9e^{3x}$ 가 되므로 주어진 미분방정식에 대입하면

$$9e^{3x} - 9 \times (e^{3x} - \frac{1}{9}) = 1$$

이 되므로 y_1은 이 미분방정식의 해가 된다. 해의 선형성을 살펴보기위해서 y_1에 대한 상수배, 가령 $y_3 = 2y_1$을 식에 대입하면

$$y_3 = 2(e^{3x} - \frac{1}{9}) = 2e^{3x} - \frac{2}{9}, \ y_3' = 6e^{3x}, \ y_3'' = 18e^{3x}$$

이므로 식에 대입하면

$$\therefore \ 18e^{3x} - 9 \times (2e^{3x} - \frac{2}{9}) = 2 \neq 1$$

그러므로 y_3는 미분방정식의 해가 아니므로 비제차 미분방정식의 경우에는 해의 선형의 정리가 성립되지 않는다는 것을 알 수 있다. 같이하여 y_2가 이 미분방정식의 해가 되는지 확인해보면

$$y_2 = e^{-3x} - \frac{1}{9}$$

이므로 $y' = -3e^{-3x}$, $y'' = 9e^{-3x}$ 가 되고 이것을 식에 대입하면

$$9e^{-3x} - 9\times(e^{-3x} - \frac{1}{9}) = 1$$

그러므로 y_2는 미분방정식의 해가 되고 $y_4 = y_1 + y_2$라고 하여 y_4가 주어진 미분방정식의 해가 되는지 확인하기 위해서

$$y_4 = (e^{3x} - \frac{1}{9}) + (e^{-3x} - \frac{1}{9}),\ y' = 3e^{3x} - 3e^{-3x},\ y'' = 9e^{3x} + 9e^{-3x}$$

$$\therefore\ 9e^{3x} + 9e^{-3x} - 9\times(e^{3x} - \frac{1}{9} + e^{-3x} - \frac{1}{9}) = 2 \neq 1$$

가 되어 각각의 해를 합한 $y_1 + y_2$는 이 미분방정식의 해가 되지 않아 이 경우 중첩의 정리가 성립되지 않는다.

[예제 5.3] y_1과 y_2는 다음 비선형 미분방정식의 해가 됨을 보이고 이러한 해의 중첩성과 선형성이 성립되는지를 살펴보아라.

$$x^3y'' - yy' = 0\ :\ y_1 = 4,\ y_2 = x^2$$

[풀이]

y_1과 y_2를 식에 대입하면, 먼저 $y_1 = 4,\ y_1' = 0,\ y_1'' = 0$이므로 y_1은 주어진 식의 해가 되고 다음에 $y_2 = x^2$ 를 고려하면 $y_2' = 2x,\ y_2'' = 2$이므로 y_2 역시 식의 해가 된다.

첫째, 해의 중첩의 원리가 성립되는지를 살펴보기 위해서 두 함수의 합 $y_3 = x^2 + 4$는 해가 되는지를 살펴보면

$$y_3' = 2x,\ y_3'' = 2,\qquad \therefore\ 2\times x^3 - (x^2+4)\times(2x) = -8x$$

가 되어 y_3는 해가 되지않아 이 경우 중첩의 정리를 만족하지 않는다.

다음에는 선형의 정리를 만족하는지를 알아보기 위하여 $y_4 = 2y_2 = 2x^2$을 주어진 미분방정식에 대입하게 되면

$$y_4' = 4x,\ y_3'' = 4, \quad \therefore\ 4 \times x^3 - 2x^2 \times (4x) = -4x^3 \neq 0$$

이 되므로 y_4는 해가 되지 않는다는 것을 알 수 있다.

이렇게 하여 미분방정식의 형태가 선형제차 미분방정식일때는 선형의 정리와 중첩의 정리를 만족하고 비제차이거나 비선형미분방정식일때는 선형의 정리와 중첩의 정리를 만족하지 않는다는 것을 알 수 있다.

위의 내용으로 2계 선형제차미분방정식에서 y_1, y_2가 해라고 하면 c_1y_1, c_2y_2는 선형정리에 의해 해가 되고 $c_1y_1 + c_2y_2$도 중첩의 정리에 의해 해가 되어서 일반해 y는

$$y = c_1y_1 + c_2y_2 \qquad \text{식 (5.2)}$$

가 된다. 여기서 y_1, y_2는 이 미분방정식의 기본계(fundamental system) 혹은 기저(basis)라고 하고 이러한 일반해 속에 포함되어있는 기본계는 미분방정식의 계수대로 표시되어 2계미분방정식은 2개로 나타난다. 특수해는 일반해를 구하여 2개의 초기조건 또는 경계조건을 대입하여 일반해 속에 포함되어있는 c_1, c_2를 결정한다. 보통 초기치문제의 조건은 다음과 같이 주어진다.

$$y(x_0) = y_{0,} \quad y'(x_1) = y_1$$

다음에 주요한 성질이 두 함수의 관계가 1차종속(linearly dependent) 혹은 1차독립(linearly independent)이다. 이것은 함수 y_1, y_2가 서로 상수배수를 갖을 때, 즉 식 (3)과 같은 관계에 있을 때 함수와의 관계는 1차종속이라 하고 그렇지 못할 때는 1차독립이라 한다.

$$\frac{y_1}{y_2} = k \ \text{ 혹은 } \ \frac{y_2}{y_1} = l \quad (k,\ l\ ;\ \text{상수}) \qquad \text{식 (5.3)}$$

만약 함수 y_1, y_2관계가 1차 종속인 경우에는 식 (5.2)는

$$y = c_1y_1 + c_2y_2 = c_1y_1 + c_2ly_1 = (c_1 + c_2l)y_1$$
$$= c_3y_1$$

으로 정리되므로 이 식은 기본계가 1개가 포함되고 있어 이것은 일반해가 될 수 없고 별도로 한 개 더 기본계를 구해야 한다.

[예제 5.4] 다음 함수 y_1, y_2사이의 관계가 1차종속인지 1차독립인지를 설명하라.

$$y_1 = x,\ y_2 = x^2 + 1$$

[풀이]

y_1, y_2사이의 관계를 구하기 위하여 이들의 비 값을 표시하면

$$\frac{y_1}{y_2} = \frac{x}{x^2+1}$$

은 상수가 아니므로 y_1, y_2사이의 관계는 1차독립이라한다.

[예제 5.5] 다음 함수 y_1, y_2사이의 관계가 1차종속인지 1차독립인지를 설명하라.

$$y_1 = 2x,\ y_2 = 9x$$

[풀이]

y_1, y_2사이의 관계를 구하기 위하여 이들의 비 값을 표시하면

$$\frac{y_1}{y_2} = \frac{2x}{9x} = \frac{2}{9}$$

는 상수이므로 y_1, y_2사이의 관계는 1차 종속이라한다.

5.2 상수계수를 갖는 2계 제차 선형미분방정식

식 (5.1)의 제일 간단한 형태인 p(x)와 q(x)가 각각 상수계수 a, b가 되고 r(x)가 0인 경우에 대해 고찰해보면 식 (5.1)에서

$$p(x)=a,\ \ q(x)=b,\ \ r(x)=0$$

가 되므로 식 (5.1)은 식 (5.4)로 변형될 수 있다.

$$y'' + ay' + by = 0 \qquad \text{식 (5.4)}$$

이렇게 표현된 식 (5.4)의 해의 특성을 예측하기 위해 이전단계인 1계 선형미분방정식을 고려하면

$$y' + \alpha y = 0 \ (\alpha \ : \text{상수})$$

의 형태가 되고 이러한 1계 미분방정식의 일반해는 앞의 2장에서 언급했듯이

$$y = ce^{-\alpha x}$$

가 되어 식 (5.4)의 해의 모습도 λ를 상수로 하여 $e^{\lambda x}$모양으로 될 것으로 추측할 수 있어 이러한 함수가 식 (5.4)의 해가 되게 적절한 λ를 결정한다. 이에 y=$e^{\lambda x}$가 해가 될려면 식 (5.4)에 대입하여 양변이 서로 만족하면 되므로 다음과 같이 정리된다.

$$\text{즉} \qquad y = e^{\lambda x},\ y' = \lambda e^{\lambda x},\ y'' = \lambda^2 e^{\lambda x} \ : \ (\lambda^2 + a\lambda + b)e^{\lambda x} = 0$$

그러므로 다음과 같은 조건을 얻을 수 있다.

$$\lambda^2 + a\lambda + b = 0 \qquad \text{식 (5.5)}$$

이러한 의미는 식 (5.5)를 만족하는 λ값을 y=$e^{\lambda x}$에 대입한 y함수는 식 (5.4)의 해가 된다는 것을 알 수 있고 식 (5.5)를 λ에 대한 특성방정식(characteristic equation) 혹은 보조방정식(auxiliary equation) 이라 한다.

식 (5.4)에 언급되는 λ에 대한 2차 방정식을 풀면 아래 식을 만족하는 $\lambda=\lambda_1$, λ_2라는 2개의 근을 얻을 수 있고

$$\lambda_{1,2}=\frac{-a\pm\sqrt{a^2-4b}}{2}\ :\ \lambda_1=\frac{-a+\sqrt{a^2-4b}}{2},\ \lambda_2=\frac{-a-\sqrt{a^2-4b}}{2}$$

이것을 $y=e^{\lambda x}$속에 있는 λ에 대입하면 다음 식 (5.6)과 같이 된다.

$$y_1=e^{\lambda_1 x},\ y_2=e^{\lambda_2 x} \qquad \text{식 (5.6)}$$

여기서 식 (5.6)에서 나타나는 λ_1, λ_2의 형태에 따라서 특성방정식의 해의 표현이 달라지고 λ_1, λ_2 사이의 관계는 다음 3가지 경우가 발생한다. 즉

[경우 1] 두 개의 다른 실근
[경우 2] 중복근
[경우 3] 두 개의 다른 허근

으로 나타난다.

[예제 5.6] 다음 미분방정식의 기본계를 구하라.

$$y''-5y'-6y=0$$

[풀이]

위 미분방정식의 특성방정식은

$$\lambda^2-5\lambda-6=0\ :\ \lambda=6,\ -1$$

그러므로

$$y_1=e^{6x},\ y_2=e^{-x}$$

[예제 5.7] 다음 미분방정식의 기본계를 구하라.

$$y'' - 10y' + 25y = 0$$

[풀이]

위 미분방정식의 특성방정식은

$$\lambda^2 - 10\lambda + 25 = 0 \quad : \quad \lambda = 5, \text{ 중근}$$

그러므로

$$y_1 = e^{5x}, \text{ 중복근}$$

[예제 5.8] 다음 미분방정식의 기본계를 구하라.

$$y'' + 7y' + 30y = 0$$

[풀이]

위 미분방정식의 특성방정식과 λ값은

$$\lambda^2 + 7\lambda + 30 = 0 \quad : \quad \lambda_1 = \frac{-7 + \sqrt{7^2 - 4 \times 30}}{2}, \ \lambda_2 = \frac{-7 - \sqrt{7^2 - 4 \times 30}}{2}$$

그러므로 기본계 y_1, y_2는

$$y_1 = e^{\lambda_1 x}, \ y_2 = e^{\lambda_2 x}$$

여기서 $\lambda_1 = \dfrac{-7 + i\sqrt{71}}{2}$, $\lambda_2 = \dfrac{-7 - i\sqrt{71}}{2}$이다.

다음에는 미분방정식의 특성방정식에서 구한 λ_1, λ_2의 3가지 경우에 대해 구체적인 일반해를 구하는 방법을 설명한다.

[경우 1] $\lambda_1 \neq \lambda_2$, 두 개의 다른 실근인 경우

이 경우에는 판별식 $a^2-4b>0$이 만족하고 $y_1=e^{\lambda_1 x}$, $y_2=e^{\lambda_2 x}$에서

$$\frac{y_1}{y_2}=e^{(\lambda_1-\lambda_2)x}$$

여기서 λ_1, λ_2는 서로 다른 실근이므로 우변의 값은 상수가 아니다. 그러므로 y_1, y_2의 관계는 1차독립이 되어 y_1, y_2 는 각각 일반해의 기본계를 나타내고 일반해는 식 (5.7)로 표시된다.

$$y=c_1y_1+c_2y_2 = c_1e^{\lambda_1 x}+c_2e^{\lambda_2 x} \qquad \text{식 (5.7)}$$

[예제 5.9] 다음 미분방정식의 일반해를 구하라.

$$y''-y'-6y=0$$

[풀이]

주어진 미분방정식의 λ에 대한 특성방정식을 구하면

$$\lambda^2-\lambda-6=0$$

$$\therefore\ (\lambda-3)(\lambda+2)=0 \quad : \lambda=3,\ -2\ ;\ \text{두 개의 다른 실근}$$

그러므로 일반해는 $y=c_1e^{3x}+c_2e^{-2x}$ 가 된다.

[예제 5.10] 다음 미분방정식의 특수해를 구하라.

$$y''-2y'-3y=0,\ y(0)=1,\ y'(0)=0$$

[풀이]

주어진 미분방정식의 λ에 대한 특성방정식을 구하면

$$\lambda^2 - 2\lambda - 3 = 0$$

$$\therefore \ (\lambda - 3)(\lambda + 1) = 0 \quad : \lambda = 3, \ -1 \ ; \text{ 두 개의 다른 실근}$$

그러므로 일반해는 $y = c_1 e^{3x} + c_2 e^{-x}$ 가 된다.

특수해를 구하기 위하여 y'를 구하면

$$y' = 3c_1 e^{3x} - c_2 e^{-x}$$

가 되어 주어진 초기조건을 대입하면 $c_1 + c_2 = 1$, $3c_1 - c_2 = 0$에서

$$c_1 = \frac{1}{4}, \ c_2 = \frac{3}{4}$$

를 얻어 특수해는

$$y = \frac{1}{4} e^{3x} + \frac{3}{4} e^{-x}$$

[경우 2] $\lambda_1 = \lambda_2$, 중복근인 경우

이 경우에는 근의 공식에서 $a^2 - 4b = 0$가 만족하므로 아래 식과 같이 y_1, y_2의 관계는 비값이 상수가 되므로 1차종속이 된다.

$$\frac{y_1}{y_2} = e^{(\lambda_1 - \lambda_2)x} = 1$$

따라서 y_1, y_2 중 하나인 y_1은 일반해의 기본계가 되지만 다른 하나의 기본계 y_2는 별도로 구해야 한다. 이와 같이 y_2를 구하기 위해 매개변수 u(x)를 이용하여 y_1, y_2의 관계가 1차 독립이 되게

$$y_2 = u(x)y_1$$

으로 표시할 수 있고 매개변수 u(x)만 알면 다른 기본계인 y_2도 결정된다. 그래서 매개변수를 구하기 위해 이렇게 표현된 y_2도 역시 미분방정식의 해가 되어야 하므로 식 (5.4)에 대입하여 만족해야 한다는 조건을 사용할 수 있다.

$$\text{즉, } y_2 = u(x)y_1,\ y' = u'y_1 + uy_1',\ y'' = u''y_1 + u'y_1' + u'y_1' + uy_1''$$

가 되고 이것을 식 (5.4)에 대입하여 정리하면

$$u''(x)y_1 + (ay_1 + 2y_1')u'(x) + (y_1'' + ay_1' + by_1)u(x) = 0$$

가 된다.

이 식에서 좌변의 세 번째 항의 괄호속 식은 식 (5.4)에서 y대신 기본계 y_1을 대입한 것이므로

$$y_1'' + ay_1' + by_1 = 0$$

이 되고 두 번째 항 역시

$$ay_1 + 2y_1' = ay^{-\frac{1}{2}ax} + 2(-\frac{1}{2}a)y^{-\frac{1}{2}ax} = 0$$

이 되므로 위 식은

$$u''(x)y_1 = 0$$

여기서 y_1은 0가 아니므로

$$u''(x)=0,\ \therefore\ u = c_3x + c_4$$

일반해는

$$y = c_1 y_1 + c_2 y_2 = c_1 y_1 + c_2 u(x) y_1 = [c_1 + c_2(c_3 x + c_4)] y_1$$
$$= (c_5 + c_6 x) y_1 \qquad \text{식 (5.8)}$$

로 나타내어지고 기본계는 y_1과 xy_1이 된다.

[예제 5.11] 다음 미분방정식의 해를 구하라.

$$y'' - 6y' + 9y = 0$$

[풀이]

λ에 대한 특성방정식을 구하면

$$\lambda^2 - 6\lambda + 9 = 0, \ : \ \lambda=3\text{에서 중복근}$$

그러므로 일반해는

$$y = (c_1 + c_2 x) e^{3x}$$

가 된다.

[예제 5.12] 다음 미분방정식의 초기치 문제를 풀어라.

$$y'' - 10y' + 25y = 0, \ \ y(0) = 0, \ \ y'(0) = 1$$

[풀이]

λ에 대한 특성방정식을 구하면

$$\lambda^2 - 10\lambda + 25 = 0 \quad : \ \lambda=3\text{에서 중복근}$$

그러므로 일반해는

$$y=(c_1+c_2x)e^{5x}$$

가 된다.

초기치 문제를 풀기 위해서 위에서 구한 일반해 y를 미분하면

$$y'=c_2e^{5x}+5(c_1+c_2x)e^{5x}$$

초기치 조건을 대입하면

$$c_1=0,\ c_2=1$$

그러므로 특수해는

$$y=xe^{5x}$$

가 된다.

[경우 3] $\lambda_1\neq\lambda_2$, 서로 다른 허근인 경우

이 경우에는 $a^2-4b<0$가 만족하고 y_1, y_2의 비값은

$$\frac{y_1}{y_2}=e^{(\lambda_1-\lambda_2)x}\neq \text{상수}$$

그러므로 y_1, y_2의 관계는 1차독립이 되어 이 경우는 y_1, y_2는 각각 일반해의 기본계를 나타내어 일반해는

$$y=c_1y_1+c_2y_2=c_1e^{\lambda_1x}+c_2e^{\lambda_2x}$$

로 표시되나 λ_1, λ_2가 허근이기에

$$\lambda_1=-\frac{a}{2}+\frac{\sqrt{4b-a^2}\,i}{2},\ \lambda_2=-\frac{a}{2}-\frac{\sqrt{4b-a^2}\,i}{2}$$

가 되므로 실수부(α)와 허수부(β)를 나누어서

$$\lambda_1 = \alpha + \beta i,\ \ \lambda_2 = \alpha - \beta i$$

으로 표현되고 여기서 $\alpha = -\frac{a}{2}$, $\beta = \sqrt{b - \frac{a^2}{4}}$ 이다.

그러므로 일반해 y는

$$\begin{aligned} y &= c_1 e^{\lambda_1 x} + c_2 e^{\lambda_2 x} = c_1 e^{(\alpha + \beta i)x} + c_2 e^{(\alpha - \beta i)x} \\ &= e^{\alpha x}(c_1 e^{\beta x\ i} + c_2 e^{-\beta x\ i}) \end{aligned}$$

위 식 우측의 $e^{\beta x\ i}$와 $e^{-\beta x\ i}$는 오일러 공식에 의해 간단히 될 수 있다.
오일러 공식은

$$\begin{aligned} e^{i\theta} &= \cos\theta + i sin\theta \\ e^{-i\theta} &= \cos\theta - i sin\theta \end{aligned}$$

이므로 이 식에서 $\theta = \beta x$라고하면 일반해의 괄호항은

$$\begin{aligned} c_1 e^{\beta x\ i} + c_2 e^{-\beta x\ i} &= c_1(\cos\beta x + i sin\beta x) + c_2(\cos\beta x - i sin\beta x) \\ &= (c_1 + c_2)\cos\beta x + (c_1 i - c_2 i)\sin\beta x \\ &= A cos\beta x + B sin\beta x \end{aligned}$$

여기서 A= $c_1 + c_2$ B=$c_1 i - c_2 i$이다.
따라서 일반해는

$$y = e^{\alpha x}(A cos\beta x + B sin\beta x)\ (\alpha;\ \text{실수부},\ \beta;\ \text{허수부}) \qquad \text{식 (5.9)}$$

가 된다.

[예제 5.13] 다음 미분방정식의 해를 구하라.

$$y'' - 4y' + 20y = 0$$

[풀이]

λ에 대한 특성방정식은

$$\lambda^2 - 4\lambda + 20 = 0 \ : \ \lambda = 2 \pm 4i,\ \alpha = 2,\ \beta = 4$$

가 되어 일반해는

$$y = e^{2x}(Acos4x + Bsin4x)$$

가 된다.

[예제 5.14] 다음 미분방정식의 특수해를 구하라.

$$y'' + y = 0,\ y(0) = 0,\ y'(0) = 2$$

[풀이]

λ에 대한 특성방정식은

$$\lambda^2 + 1 = 0 \ : \ \lambda = \pm i,\ \alpha = 0,\ \beta = 1$$

가 되어 일반해는

$$y = Acosx + Bsinx$$

가 되고 초기조건을 대입하기 위하여 y의 도함수를 구하면

$$y' = -Asinx + Bcosx$$

따라서

$$A=0,\ \ B=2$$

가 되므로 구하고자 하는 특수해는

$$y = 2\sin x$$

가 된다.

이상과 같이 3가지 경우의 일반해를 정리하면 다음과 같이 요약할 수 있다.

경우	λ의 근의 종류	기본계	일반해
1	두 개의 다른 실근($\lambda_1 \neq \lambda_2$)	$y_1 = e^{\lambda_1 x},\ y_2 = e^{\lambda_2 x}$	$y = c_1 e^{\lambda_1 x} + c_2 e^{\lambda_2 x}$
2	중복근($\lambda_1 = \lambda_2 = \lambda$)	$y_1 = e^{\lambda x},\ y_2 = xe^{\lambda x}$	$y = (c_1 + c_2 x)e^{\lambda x}$
3	두 개의 다른 허근 ($\lambda_1 = \alpha + \beta i,\ \lambda_2 = \alpha - \beta i$)	$y_1 = e^{\alpha x}\cos\beta x,\ y_2 = e^{\alpha x}\sin\beta x$	$y = e^{\alpha x}(A\cos\beta x + B\sin\beta x)$
λ에 대한 특성방정식 : $\lambda^2 + a\lambda + b = 0$			

5.3 2계 제차 선형미분방정식의 응용예

물체의 자유진동에서 비감쇠계의 운동방정식은 [그림 5.1]과 같이 표현할 수 있다.

$$my'' + ky = 0 \qquad \text{식 (5.10)}$$

이 경우 가속도는 $y'' = d^2y/dt^2$, m는 물체의 질량 그리고 k는 스프링상수를 의미하고 이 미분방정식은

$$y'' + \frac{k}{m}y = 0$$

으로 표현되어 이 미분방정식의 해는 5.2절에서 언급된 방법으로 아래와 같이 λ에 대한 특성방정식에서 구할 수 있다.

$$\lambda^2 + \frac{k}{m} = 0 \quad : \quad \lambda = \pm\sqrt{\frac{k}{m}}\,i$$

이것은 λ가 다음 조건을 만족하는 두 개의 다른 허근을 갖는 경우이고

$$\alpha = 0,\ \ \beta = \sqrt{\frac{k}{m}}$$

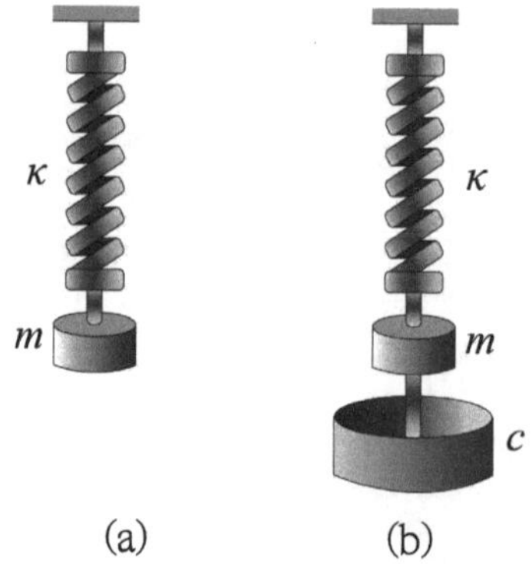

[그림 5.1]

일반해 y는

$$y(t) = Acosw_0t + Bsinw_0t$$

가 되고 여기서 $w_0 = \sqrt{\frac{k}{m}}$ 이다.

만약 감쇠계에 있어서의 물체의 운동방정식은 힘의 평형방정식에 의해 아래와 같은 식으로 쓸 수 있다.

$$my'' + cy' + ky = 0$$

여기서 c는 댐핑계수이고 주어진 운동방정식을 m로 나누면

$$y'' + \frac{c}{m}y' + \frac{k}{m}y = 0$$

가 되어 이 방정식의 해를 구하기 위해서 λ에 대한 특성방정식을 세워 $\lambda_{1,2}$를 구하면

$$\lambda^2 + \frac{c}{m}\lambda + \frac{k}{m} = 0 \quad : \quad \lambda_{1,2} = \frac{-\frac{c}{m} \pm \sqrt{(\frac{c}{m})^2 - 4\frac{k}{m}}}{2}$$

따라서 일반해는 5.2절에서 언급하였던 λ에 대한 특성방정식의 근 $\lambda_{1,2}$의 값에 따라 다른 모습이므로 루트인의 항인 $(\frac{c}{m})^2 - 4\frac{k}{m}$ 의 값에 따라 진동특성이 달라진다. 이것은 진동학에서 자세히 언급되므로 여기서는 생략한다.

5.4 오일러-코시 방정식

오일러-코시방정식(Euler-Cauchy equation)은 간혹 문제에서 나타나는 방정식으로 상수계수를 갖는 2계 제차미분방정식 5.2절의 식 (5.4)에서 좌변의 첫째항에 x^2, 두 번째항에 x^1 그리고 세 번째항에 x^0을 곱한 것으로 식 (5.11)과 같이 된다. 즉,

$$x^2y'' + axy' + by = 0 \qquad \text{식 (5.11)}$$

이 식을 오일러-코시방정식이라 하고 이 식을 풀기위해서 함수 $y = x^m$가 이 미분방정식의 해라고 가정했을 때 이것이 식(5.11)의 해가 되게 m를 결정한다.

$y' = mx^{m-1}$, $y'' = m(m-1)x^{m-2}$를 식 (5.11)에 대입하면

$$x^2m(m-1)x^{m-2} + axmx^{m-1} + bx^m = 0$$

이 식을 정리하면

$$[m(m-1) + am + b]x^m = 0$$

여기서 $x^m \neq 0$이므로

$$m^2 + (a-1)m + b = 0 \qquad \text{식 (5.12)}$$

가 만족하고 이것을 오일러-코시방정식의 m에 대한 특성방정식이라 한다.

식 (5.12)의 근인 $m_{1,2}$값은

$$m_{1,2} = \frac{(1-a) \pm \sqrt{(a-1)^2 - 4b}}{2}$$

가 되고 λ에 대한 특성방정식에서 언급된 바와 같이 이들 값의 3가지 경우에 대해 일반해를 살펴보기로 한다.

[경우 1] $m_1 \neq m_2$, 실근인 경우

이 경우는 $y_1 = x^{m_1}$, $y_2 = x^{m_2}$가 해가 되고 y_1, y_2의 비 값은

$$\frac{y_1}{y_2} = x^{m_1 - m_2}$$

$m_1 \neq m_2$경우 상수가 아니므로 y_1, y_2는 서로 1차 독립이 되어서 일반해의 기본계가 된다. 따라서 이 경우의 일반해는

$$y = c_1 x^{m_1} + c_2 x^{m_2} \qquad \text{식 (5.13)}$$

가 된다.

[예제 5.15] 다음 미분방정식의 일반해를 구하라.

$$x^2 y'' + 2xy' - 12y = 0$$

[풀이]

주어진 미분방정식은 오일러-코시방정식이므로 m에 대한 특성방정식을 구하면

$$m^2 + m - 12 = 0$$

가 되어서

$$m = 4 \text{ 혹은 } -3$$

가 된다. 이것은 서로 다른 실근이므로 일반해는

$$y = c_1 x^4 + c_2 x^{-3}$$

가 된다.

[예제 5.16] 다음 미분방정식의 특수해를 구하라.

$$x^2y'' + 4xy' - 4y = 0,\ y(1) = 0,\ y'(1) = 1$$

[풀이]
주어진 미분방정식은 오일러-코시방정식이므로 m에 대한 특성방정식을 구하면

$$m^2 + 3m - 4 = 0$$

가 되어서

$$m=1 \text{ 혹은 } -4$$

가 된다. 이것은 서로 다른 실근이므로 일반해는

$$y = c_1 x + c_2 x^{-4}$$

가 된다.
초기치 문제의 특수해를 구하기 위해서 미분을 하면

$$y' = c_1 - 4c_2 x^{-5}$$

이므로 초기조건을 대입하면

$$c_1 + c_2 = 0,\ c_1 - 4c_2 = 1$$

이므로

$$c_1 = \frac{1}{5},\ c_2 = -\frac{1}{5}$$

이 되어서 특수해는

$$y = \frac{1}{5}x - \frac{1}{5}x^{-4}$$

가 된다.

[경우 2] $m_1 = m_2$, 중복근인 경우
이 경우 기본계 사이의 비 값는

$$\frac{y_1}{y_2} = x^{m_1 - m_2} = 1$$

이 되므로 y_1, y_2의 관계는 서로 1차 종속이 된다. 따라서 일반해를 구하기 위해서 $y_1 = x^{m_1}$하나는 기본계가 되나 y_2는 기본계가 되지 않아 별도로 다른 하나의 기본계인 y_2를 구해야 한다. 이를 위해 5-2절에서 언급했던 매개변수법을 이용하여 $y_2 = v(x)y_1$이라하여 매개변수 $v(x)$만 구해지면 y_2는 결정된다. 이것은 λ에 대한 특성방정식에서 구하는 방법과 동일하기에 중간과정은 생략하고 결과만 이용하고자 한다. 결론적으로 $v(x) = \ln x$가 되어 $y_2 = y_1 \ln x$가 되고 일반해는

$$y = c_1 x^{m_1} + c_2 \ln x \circ x^{m_2} = (c_1 + c_2 \ln x)x^m \qquad \text{식 (5.14)}$$

가 된다.

[예제 5.17] 다음 미분방정식의 일반해를 구하라.

$$x^2 y'' + 7xy' + 9y = 0$$

[풀이]
주어진 미분방정식은 오일러-코시방정식이 되고 m에 대한 특성방정식은

$$m^2 + 6m + 9 = 0$$

이 되어

m = -3, 중복근

을 갖는다. 그러므로 일반해 y는

$$y = (c_1 + c_2 \ln x)x^{-3}$$

[예제 5.18] 다음 미분방정식의 특수해를 구하라.

$$x^2y'' + 11xy' + 25y = 0,\ y(1) = 2,\ y'(1) = 1$$

[풀이]

주어진 미분방정식은 오일러-코시방정식이 되고 m에 대한 특성방정식은

$$m^2 + 10m + 25 = 0$$

이 되어

m = -5, 중복근

을 갖는다. 그러므로 일반해 y는

$$y = (c_1 + c_2 \ln x)x^{-5}$$

초기조건을 대입하기 위하여 윗 식을 미분하면

$$y' = \frac{c_2}{x} \times x^{-5} - 5(c_1 + c_2 \ln x)x^{-6}$$

따라서

$$c_1 = 2,\ c_2 - 5c_1 = 1 \qquad \therefore\ c_1 = 2,\ c_2 = 11$$

그러므로 특수해는

$$y = (2 + 11\ln x)x^{-5}$$

[경우 3] $m_1 \neq m_2$, 허근인 경우

이 경우 y_1, y_2는 서로 1차 독립이므로

$$y = c_1 x^{m_1} + c_2 x^{m_2}$$

가 일반해가 된다. 그러나 m_1, m_2는 허근이므로 이것을 정리할 필요가 있어 이것을 실수부(α)와 허수부(β)를 나누어서 $m_1 = \alpha + \beta i$, $m_2 = \alpha - \beta i$으로 나타내진다. 그래서 일반해 y는

$$y = c_1 x^{\alpha + \beta i} + c_2 x^{\alpha - \beta i} = x^{\alpha}(c_1 x^{\beta i} + c_2 x^{-\beta i})$$

가 된다.

여기서 $x^{\beta i}$와 $x^{-\beta i}$를 간단히 하기 위해서

$$x = e^{\ln x},\ x^{-1} = e^{-\ln x}$$

가 되므로 각각 $e^{\ln x \circ \beta i}$와 $e^{-\ln x \circ \beta i}$로 바꾸어 $\theta = \ln x \circ \beta$라 하면 다음과 같이 오일러 공식을 사용하여 코사인과 사인으로 변화시킬 수 있다. 즉,

$$x^{\beta i} = e^{\ln x \circ \beta i} = \cos(\ln x \circ \beta) + i\sin(\ln x \circ \beta),$$
$$x^{-\beta i} = e^{-\ln x \circ \beta i} = \cos(\ln x \circ \beta) - i\sin(\ln x \circ \beta)$$

가 되므로 일반해는

$$\begin{aligned} y &= x^{\alpha}(c_1 x^{\beta i} + c_2 x^{-\beta i}) = x^{\alpha}[c_1(\cos(\ln x \circ \beta) + i\sin(\ln x \circ \beta)) \\ &\qquad\qquad + c_2(\cos(\ln x \circ \beta) - i\sin(\ln x \circ \beta))] \\ &= x^{\alpha}[(c_1 + c_2)\cos(\beta \ln x) + (c_1 i - i c_2)\sin(\beta \ln x)] \\ &= x^{\alpha}[A\cos(\beta \ln x) + B\sin(\beta \ln x)] \ \ (A = c_1 + c_2,\ \ B = c_1 i - c_2 i) \end{aligned}$$

가 된다. 여기서 α는 특성방정식의 근의 실수부이고 β는 허수부이다.

[예제 5.19] 다음 미분방정식의 일반해를 구하라.

$$x^2 y'' + 2xy' + 2y = 0$$

[풀이]

주어진 미분방정식은 오일러-코시방정식이므로 m에 대한 특성방정식과 m_1, m_2값은

$$m^2 + m + 2 = 0 \ \ : \ \ m_1,\ m_2 = \frac{-1 \pm \sqrt{7}i}{2}$$

여기서 실수부 α는 $-\frac{1}{2}$, 허수부 β는 $\frac{\sqrt{7}}{2}$이므로 일반해는

$$y = x^{-\frac{1}{2}}[A\cos(\frac{\sqrt{7}}{2}\ln x) + B\sin(\frac{\sqrt{7}}{2}\ln x)]$$

가 된다.

[예제 5.20] 다음 미분방정식의 특수해를 구하라.

$$x^2 y'' - xy' + 10y = 0,\ \ y(1) = 1,\ \ y'(1) = 2$$

[풀이]

주어진 미분방정식은 오일러-코시방정식이므로 m에 대한 특성방정식과 m_1, m_2값은

$$m^2-2m+10=0 \ : \ m_1, \ m_2 = 1\pm 3i$$

여기서 실수부 α는 1, 허수부 β는 3이므로 일반해는

$$y = x[A\cos(3\ln x)+B\sin(3\ln x)]$$

가 된다.

위의 y를 미분하면

$$y' = [A\cos(3\ln x)+B\sin(3\ln x)] + x[-A\sin(3\ln x)\circ\frac{3}{x}+B\cos(3\ln x)\circ\frac{3}{x}]$$

초기조건을 대입하면

$$A=1, \ A+3B=2 \ : \ A=1, \ B=\frac{1}{3}$$

그러므로 특수해는

$$y = x[\cos(3\ln x)+\frac{1}{3}\circ \sin(3\ln x)]$$

가 된다.

이상과 같이 오일러 방정식의 3가지 경우에 대해 일반해를 정리하면 다음과 같이 요약할 수 있다.

경우	m의 근의 종류	기본계	일반해
I	두 개의 다른 실근($m_1 \neq m_2$)	$y_1 = x^{m_1}$, $y_2 = x^{m_2}$	$c_1x^{m_1}+c_2x^{m_2}$
II	중복근($m_1 = m_2$)	$y_1 = x^m$, $y_2 = x^m\ln x$	$(c_1+c_2\ln x)x^m$
III	두 개의 다른 허근 ($m_1=\alpha+\beta i$, $m_2=\alpha-\beta i$)	$y_1 = x^\alpha\cos(\beta\ln x)$, $y_2 = x^\alpha\sin(\beta\ln x)$	$x^\alpha[A\cos(\beta\ln x)+B\sin(\beta\ln x)]$
m에 대한 특성방정식 : $m^2+(a-1)m+b=0$			

5.5 미분연산자

미분연산자란 미분을 통하여 어떤 함수를 다른 함수로 변환하는 것을 말하고 일반적으로 D를 x에 대한 미분연산자로 하면 아래와 같이 표시할 수 있다.

$$D = \frac{d}{dx}$$

그렇게 되면 아래 표현도 가능하게 된다.

$$Dy = y',\ D(x^3) = 3x^2,\ D(\cos x) = -\sin x$$

D를 다수 적용되는 표현을 사용하게 되면

$$D^2 y = D(Dy) = Dy' = y'',\ D^3 y = y''',\ ....$$

가 된다는 것을 알 수 있다. 이렇게 하여 상수계수를 갖는 2계 제차미분방정식을 미분연산자로서 표현하면

$$y'' + ay' + by = (D^2 + aD + b)y = P(D)y = 0$$

가 되고 여기서 $P(D) = D^2 + aD + b$이다.

가령,

$$(D^2 - 3D - 4)y = y'' - 3y' - 4y = 0$$

의 표현이 가능하고 이 문제는

$$P(D) = D^2 - 3D - 4 = (D-4)(D+1) = 0$$

에 의하여 풀 수 있고 이것은 또한 D대신 λ로 바꾼 다음 식으로 언급될 수 있다.

$$(\lambda-4)(\lambda+1) = 0$$

정의에 의하여 $(D+9)y=y'+9y$가 되므로

$$\begin{aligned}(D-1)(D+9)y &= (D-1)(y'+9y)\\ &= y''-y'+9y'-9y\\ &= y''+8y'-9y\end{aligned}$$

가 된다.

같이하여 $(D-6)y=0$의 해는 $y=e^{6x}$가 되고 $(D+1)y=0$의 해는 $y=e^{-x}$로 표현할 수 있다.

[예제 5.21] 다음 함수에서 주어진 연산자를 적용하라.

(1) $D^2-D : e^{2x}+1$　　(2) $D+4 : x^2-4x+3$

[풀이]

(1) 위 문제를 정리하면

$$\begin{aligned}(D^2-D)(e^{2x}+1) &= D(D-1)(e^{2x}+1)\\ &= D(2e^{2x}-e^{2x}-1)\\ &= 4e^{2x}-2e^{2x}\\ &= 2e^{2x}\end{aligned}$$

(2) 위 문제를 정리하면

$$\begin{aligned}(D+4)(x^2-4x+3) &= D(x^2-4x+3)+4(x^2-4x+3)\\ &= 2x-4+4x^2-16x+12\\ &= 4x^2-14x+8\end{aligned}$$

[예제 5.22] 다음 미분방정식을 풀어라. (단 여기서 D는 미분연산자이다)

(1) $(D^2-D-12)y=0$　　(2) $x(D^2-2D)y=0$

[풀이]

(1) D에 대해 풀면

$$D^2 - D - 12 = (D+3)(D-4) = 0 \quad : \quad D = -3,\ 4$$

그러므로 일반해는

$$y = c_1 e^{-3x} + c_2 e^{4x}$$

(2) 이 방정식은 오일러-코시방정식이므로 m의 특성방정식은

$$m^2 - 3m = m(m-3) = 0 \quad : \quad m = 0,\ 3$$

그러므로 일반해는

$$y = c_1 x^0 + c_2 x^3 = c_1 + c_2 x^3$$

5.6 한 개의 해(y_1)를 알고 있고 다른 해(y_2)를 구하는 방법

식 (5.15)와 같은 2계 선형미분방정식에서 한 개의 해(y_1)를 이미 알고 있고 다른 해(y_2)를 알고 싶을 때 다음과 같이 차수를 축소하여 구할 수 있다.

$$y'' + p(x)y' + q(x)y = 0 \qquad \text{식 (5.15)}$$

먼저 y_2를 구하기 위하여 이미 알고있는 해 y_1에서 매개변수 u(x)를 곱한 $y_2 = u(x)y_1$가 주어진 미분방정식의 해라고 하면 y_2는 식 (5.15)를 만족해야 하므로

$$y_2' = u'y_1 + uy_1', \quad y_2'' = u''y_1 + u'y_1' + u'y_1' + uy_1''$$

가 되어서 대입하면

$$u''(x)y_1 + (py_1 + 2y_1')u'(x) + (y_1'' + py_1' + qy_1)u(x) = 0$$

여기서 좌변의 세 번째 항은

$$y_1'' + py_1' + qy_1 = 0$$

이므로 윗 식은

$$u''(x)y_1 + (py_1 + 2y_1')u'(x) = 0 : u'' + \frac{py_1 + 2y_1'}{y_1}u'(x) = 0$$

로 정리되고 이 미분방정식을 풀기위해 $U = u'$라고 두면

$$U' + \frac{py_1 + 2y_1'}{y_1}U = 0$$

가 된다.

그러므로 $-(\frac{py_1+2y_1'}{y_1})$항은 x만의 함수이므로 U와 x를 변수로하여 적분하기 위해 변수분리형을 이용하면

$$\frac{dU}{U}=-(\frac{py_1+2y_1'}{y_1})dx$$

가 된다.

이 식의 양변을 적분하면

$$\ln U=-\int pdx-2\ln|y_1| = \ln e^{-\int pdx}+\ln\frac{1}{y_1^2}$$

$$= \ln\frac{e^{-\int pdx}}{y_1^2}$$

그러므로 U는

$$U = \frac{e^{-\int pdx}}{y_1^2} \qquad \text{식 (5.16)}$$

가 되어서 매개변수 u는 $u=\int Udx$에 의해 구할 수 있고 해 y_2는

$$y_2=uy_1=y_1\int Udx \qquad \text{식 (5.17)}$$

가 된다.

[예제 5.23] 다음 괄호속에 있는 함수가 주어진 미분방정식의 해가 됨을 보이고 식 (5.17)을 이용하여 다른 기본계를 구하라.

$$x^2y''+xy'-y=0,\ (x)$$

[풀이]

$y_1 = x$를 미분방정식에 대입하면 $y_1' = 1$, $y_1'' = 0$이므로 방정식의 해가 됨을 알 수 있다.
윗 식을 정리하면

$$y'' + \frac{1}{x}y' - \frac{1}{x^2} = 0$$

가 되어 $p(x) = \frac{1}{x}$가 된다. 식 (5.16)에 있는 적분값을 구하기 위하여

$$-\int pdx = -\int \frac{1}{x}dx = -\ln|x|$$

가 된다. U는 식 (5.16)에서

$$U = \frac{e^{-\int pdx}}{y_1^2} = \frac{e^{-\ln|x|}}{x^2} = \frac{1}{x^3}$$

매개변수 u는 $u = \int Udx = -\frac{1}{2}x^{-2}$가 되므로 다른 기본계 y_2는

$$y_2 = uy_1 = -\frac{1}{2}x^{-1}$$

가 되어 상수를 제외한 y_2의 형태는 x^{-1}이 된다.
이것을 오일러-코시방정식으로 풀면 m에 대한 특성방정식이

$$m^2 - 1 = 0 \quad : \quad m = \pm 1$$

이므로 기본계가 $y_1 = x$, $y_2 = x^{-1}$이 되어 같은 결과가 됨을 알 수 있다.

5.7 고계 제차 선형미분방정식

앞에서 1계 선형미분방정식은

$$y' + p(x)y = r(x)$$

으로, 2계 선형미분방정식은

$$y'' + p(x)y' + q(x)y = r(x)$$

라고 언급하였다. 이것을 일반화하기 위해 n차 고계선형미분방정식으로 확장시키면 아래와 같이 표현할 수 있다.

$$y^n + p_{n-1}(x)y^{n-1} + p_{n-2}(x)y^{n-2} + \dots\dots\dots + p_2(x)y'' + p_1(x)y' + p_0(x)y = r(x) \qquad \text{식 (5.18)}$$

여기서 r(x)가 0이면 제차, 0이 아니면 비제차라고 하는 것은 앞의 1계와 2계에서 언급한 것과 같이 동일하여 n계 고계제차미분방정식의 형태는 식 (5.18')와 같이 된다.

$$y^n + p_{n-1}(x)y^{n-1} + p_{n-2}(x)y^{n-2} + \dots\dots\dots + p_2(x)y'' + p_1(x)y' + p_0(x)y = 0 \qquad \text{식 (5.18')}$$

식 (5.18')에서 계수가 상수인 경우에는 식 (5.19)와 같이 표현할 수 있고

$$y^n + a_{n-1}y^{n-1} + a_{n-2}y^{n-2} + \dots\dots\dots + a_2y'' + a_1y' + ay = 0 \qquad \text{식 (5.19)}$$

이것의 λ에 대한 특성방정식을 쓰면 식 (5.19')로 가능하다.

$$\lambda^n + a_{n-1}\lambda^{n-1} + a_{n-2}\lambda^{n-2} + \dots\dots\dots + a_2\lambda^2 + a_1\lambda + a_0 = 0 \qquad \text{식 (5.19')}$$

여기서 λ의 해를 $\lambda_1, \lambda_2, \dots, \lambda_n$라고 한다면 미분방정식의 기본계는 $y_1 = e^{\lambda_1 x}$, $y_2 = e^{\lambda_2 x}$, ..., $y_{n-1} = e^{\lambda_{n-1} x}$, $y_n = e^{\lambda_n x}$로 나열할 수 있다.

일반해를 구하기 위하여 이들 함수사이의 1차종속 혹은 1차 독립성을 알아야하는데 함수 y_1, $y_2,\cdots,y_n$사이의 1차독립과 1차종속성을 알기위해서는 이들 사이의 Wronskian값을 구하여 이 값이 0이 되면 1차종속이고 0이 아니면 1차 독립이라고 한다(증명생략). 여기서 함수 y_1, $y_2,\cdots,y_n$사이의 Wronskian은 첫 번째 행은 함수 y_1, $y_2,\cdots,y_n$가 되고 두 번째 행은 한번 미분한 함수인 $y_1',y_2',..y_n'$가, 세 번째 행은 $y_1'',y_2'',..y_n''$, 마지막 행은 $y_1^{n-1},y_2^{n-1},..y_n^{n-1}$으로 표현되는 정방행렬식의 값을 이들 함수의 Wronskian이라고 한다.

[예제 5.24] 앞에서 두 개의 다른 실근 $y_1=e^x$, $y_2=e^{2x}$이 주어질 때 이들 함수는 1차종속 혹은 1차 독립성을 Wronskian으로서 설명하라.

[풀이]

이들 함수의 Wronskian을 구하면

$$W = \begin{vmatrix} e^x & e^{2x} \\ e^x & 2e^{2x} \end{vmatrix} = 2e^{3x}-e^{3x}=e^{3x}\neq 0$$

따라서 $y_1=e^x$, $y_2=e^{2x}$사이에는 서로 1차 독립이다.

[예제 5.25] 두 개의 중복근인 $y_1=e^{3x}$, $y_2=e^{3x}$이 주어질 때와 $y_1=e^{3x}$, $y_2=xe^{3x}$인 경우에 대해서 1차종속 혹은 1차 독립성을 Wronskian으로서 설명하라.

[풀이]

(1) $y_1=e^{3x}$, $y_2=e^{3x}$함수의 Wronskian을 구하면

$$W = \begin{vmatrix} e^{3x} & e^{3x} \\ 3e^{3x} & 3e^{3x} \end{vmatrix} = 3e^{6x}-3e^{6x}=0$$

따라서 $y_1=e^{3x}$, $y_2=e^{3x}$사이에는 서로 1차 종속이다.

(2) $y_1 = e^{3x}$, $y_2 = xe^{3x}$함수의 Wronskian은

$$W = \begin{vmatrix} e^{3x} & xe^{3x} \\ 3e^{3x} & e^{3x} + 3xe^{3x} \end{vmatrix} = e^{6x} + 3xe^{6x} - 3xe^{6x} = e^{6x}$$

$$\neq 0$$

따라서 $y_1 = e^{3x}$, $y_2 = xe^{3x}$사이에는 서로 1차 독립이 되어 각각 기본계가 된다.

[예제 5.26] 함수 $y_1 = e^{x}$, $y_2 = e^{2x}$, $y_3 = e^{3x}$는 1차종속 혹은 1차 독립성을 설명하라.

[풀이]
1차종속 혹은 1차 독립성을 파악하기 위하여 이들 함수의 Wronskian을 구하면

$$W = \begin{vmatrix} e^{x} & e^{2x} & e^{3x} \\ e^{x} & 2e^{2x} & 3e^{3x} \\ e^{x} & 4e^{2x} & 9e^{3x} \end{vmatrix} = 18e^{6x} + 4e^{6x} + 3e^{6x} - 2e^{6x} - 9e^{6x} - 12e^{6x}$$

$$= 2e^{6x} \neq 0$$

그러므로 $y_1 = e^{x}$, $y_2 = e^{2x}$, $y_3 = e^{-x}$는 서로 1차 독립이다.

[예제 5.27] 함수 $y_1 = e^{x}$, $y_2 = e^{x}$, $y_3 = e^{-x}$는 1차종속 혹은 1차 독립성을 구하라.

[풀이]
이들 함수의 Wronskian을 구하면

$$W = \begin{vmatrix} e^{x} & e^{x} & e^{-x} \\ e^{x} & e^{x} & -e^{-x} \\ e^{x} & e^{x} & e^{-x} \end{vmatrix} = e^{x} + e^{x} - e^{x} + e^{x} - e^{x} - e^{x}$$

$$= 0$$

그러므로 $y_1 = e^x$, $y_2 = e^x$, $y_3 = e^{-x}$는 서로 1차 종속이다.

식 (5.19')의 λ의 해가 $\lambda_1, \lambda_2, ..., \lambda_n$인 경우 λ의 값에 따라 일반해는 2계 제차선형미분방정식의 일반해의 특성을 확장하여 다음과 같이 구할 수 있다.

[경우 1] $\lambda_1 \neq \lambda_2 \neq, .., \neq \lambda_n$; λ가 서로 다른 실근일 때

함수 $y_1 = e^{\lambda_1 x}$, $y_2 = e^{\lambda_2 x}$, ..., $y_{n-1} = e^{\lambda_{n-1} x}$, $y_n = e^{\lambda_n x}$는 서로 1차 독립이기에 미분방정식의 기본계가 되어 일반해는 다음과 같이 표현된다.

$$y = c_1 y_1 + c_2 y_2 + \dots + c_n y_n = c_1 e^{\lambda_1 x} + c_2 e^{\lambda_2 x} + \dots + c_n e^{\lambda_n x} \quad \text{식 (5.20)}$$

[예제 5.28] 다음 미분방정식의 일반해를 구하라.

$$y''' - y'' - 4y' + 4y = 0$$

[풀이]

주어진 미분방정식의 λ에 대한 특성방정식은

$$\lambda^3 - \lambda^2 - 4\lambda + 4 = 0$$

$$\therefore \ \lambda^2(\lambda - 1) - 4(\lambda - 1) = (\lambda - 1)(\lambda - 2)(\lambda + 2) = 0 \ : \ \lambda = 1, \pm 2$$

λ가 서로 다른 실근이기 때문에 일반해는

$$y = c_1 e^x + c_2 e^{2x} + c_3 e^{-2x}$$

가 된다.

[예제 5.29] 다음 미분방정식의 일반해를 구하라.

$$y'''' - y = 0$$

[풀이]
λ에 대한 특성방정식은

$$\lambda^4-1=0,\ \lambda=\pm 1,\ \pm i$$

즉 λ는 두 개의 다른 실근과 두 개의 다른 허근을 가지므로 각각을 표현하여 서로 결합하면 되므로 일반해는 다음과 같이 쓸 수 있다.

$$y=c_1e^x+c_2e^{-x}+c_3\cos x+c_4\sin x$$

[예제 5.30] 다음 미분방정식의 일반해를 구하라.

$$y''''-6y''+9y=0$$

[풀이]
λ에 대한 특성방정식은

$$\lambda^4-6\lambda^2+9=0$$

여기서 $\lambda^2=\pm 3$, $\therefore \lambda=\pm\sqrt{3}$, $\pm\sqrt{3}i$이므로 즉 λ는 두 개의 다른 실근과 두 개의 다른 허근을 가지므로 각각을 표현하여 서로 결합하면 일반해는 다음과 같이 쓸 수 있다.

$$y=c_1e^{\sqrt{3}x}+c_2e^{-\sqrt{3}x}+c_3\cos\sqrt{3}x+c_4\sin\sqrt{3}x$$

[경우 2] $\lambda_1=\lambda_2\neq,..,\neq\lambda_n$; λ가 두 개만 중복근이고 나머지는 서로 다른 실근일 때
중복인 해를 갖는 경우에는 2계 재차선형미분방정식에서의 중복인 경우와 같이 표현하고 나머지는 [경우 1]와 같이 처리한다.

즉, 기본계는 함수 $y_1=e^{\lambda_1 x}$, $y_2=xe^{\lambda_1 x}$, ..., $y_{n-1}=e^{\lambda_{n-1}x}$, $y_n=e^{\lambda_n x}$으로 나타나고 일반해는 다음과 같이 표현된다.

$$y = c_1 y_1 + c_2 x y_1 + \dots + c_n y_n = c_1 e^{\lambda_1 x} + c_2 x e^{\lambda_1 x} + \dots + c_n e^{\lambda_n x} \qquad \text{식 (5.21)}$$

[예제 5.31] 다음 미분방정식의 일반해를 구하라.

$$y''' - 4y'' + 5y' - 2y = 0$$

[풀이]

주어진 미분방정식의 λ에 대한 특성방정식은

$$\lambda^3 - 4\lambda^2 + 5\lambda - 2 = 0$$

여기서 λ=1을 대입하면 등식이 만족하므로 $\lambda^3 - 4\lambda^2 + 5\lambda - 2 = (\lambda - 1)Q(\lambda)$로 된다.
그러므로 $Q(\lambda) = (\lambda - 1)(\lambda - 2)$로 되어 해는 $\lambda = 1$(중복근), $\lambda = 2$가 된다.
따라서 일반해는

$$y = c_1 e^x + c_2 x e^x + c_3 e^{2x}$$

[예제 5.32] 다음 미분방정식의 일반해를 구하라.

$$y'''' - 2y''' + y'' = 0$$

[풀이]

주어진 미분방정식의 λ에 대한 특성방정식은

$$\lambda'''' - 2\lambda''' + \lambda'' = 0 \quad : \quad \lambda = 0(\text{중근}),\ 1(\text{중근})$$

그러므로 일반해는

$$y = (c_1 + x c_2) e^{0x} + (c_3 + x c_4) e^x = c_1 + x c_2 + (c_3 + x c_4) e^x$$

[경우 3] λ가 세 개가 중복근인 경우와 m근이 중복인 경우

세 개가 중복인 경우는 두 개가 중복인 경우를 확장하고 나머지는 [경우 1]와 같이 처리한다. 즉, 세 개가 중복인 경우의 기본계는 함수 $y_1 = e^{\lambda_1 x}$, $y_2 = xe^{\lambda_1 x}$, $y_3 = x^2 e^{\lambda x}$,, ..., $y_{n-1} = e^{\lambda_{n-1} x}$, $y_n = e^{\lambda_n x}$으로 나타나고 일반해는 다음과 같이 표현된다.

$$y = c_1 y_1 + c_2 x y_1 + \ldots + c_n y_n = c_1 e^{\lambda_1 x} + c_2 x e^{\lambda_1 x} + c_3 x^2 e^{\lambda x} + \ldots + c_n e^{\lambda_n x} \qquad \text{식 (5.21)}$$

m근이 중복인 경우의 기본계는 $y_1 = e^{\lambda_1 x}$, $y_2 = xe^{\lambda_1 x}$, $y_3 = x^2 e^{\lambda_1 x}$, ... , $y_m = c_m x^{m-1} e^{\lambda_m x}$이다.

[예제 5.33] 다음 미분방정식의 일반해를 구하라.

$$y'''' - y''' = 0$$

[풀이]

주어진 미분방정식의 λ에 대한 특성방정식은

$$\lambda'''' - \lambda''' = 0 \quad : \quad \lambda = 0(3\text{중근}),\ 1$$

그러므로 일반해는

$$y = (c_1 + xc_2 + x^2 c_3)e^{0x} + c_4 e^x = c_1 + xc_2 + x^2 c_3 + c_4 e^x$$

[경우 4] λ가 중복인 형태가 서로 다른 경우

기본계는 경우 1, 2, 3의 복합형태로서 경우 2, 3과 같이 나타나는 중복의 형태를 서로 더하면 된다.

[예제 5.34] 미분방정식의 일반해를 구하라.

$$y''''' - 4y'''' + 4y''' = 0$$

[풀이]

λ에 대한 특성방정식에서

$$\lambda^5 - 4\lambda^4 + 4\lambda^3 = 0$$

$$\therefore \ \lambda^3(\lambda^2 - 4\lambda + 4) = 0 \ : \ \lambda^3(\lambda - 2)^2 = 0$$

해는 λ=0(삼중근), 2(중근)가 된다.

따라서 일반해는

$$y = (c_1 + c_2 x + c_3 x^2)e^{0x} + (c_4 + c_5 x)e^{2x}$$

$$= c_1 + c_2 x + c_3 x^2 + (c_4 + c_5 x)e^{2x}$$

가 된다.

5.8 3계 오일러-코시방정식

앞의 5.4절에서 설명되었던 2계 오일러-코시방정식을 3계로 확장하면

$$x^3y'' + ax^2y'' + bxy' + cy = 0 \qquad \text{식 (5.22)}$$

의 모양으로 되고 이러한 3계 오일러-코시미분방정식의 풀이를 위해 해의 형태가 $y = x^m$가 된다고 하면

$$y' = mx^{m-1},\ y'' = m(m-1)x^{m-2},\ y''' = m(m-1)(m-2)x^{m-3}$$

가 된다. 이것을 식 (5.22)에 대입하여 정리하면

$$[m(m-1)(m-2) + am(m-1) + mb + c]x^m = 0$$

$x^m \neq 0$이므로

$$m(m-1)(m-2) + am(m-1) + mb + c = 0$$

가 되어 이 결과를 정리하면 다음과 같은 m에 대한 특성방정식을 구할 수 있다.

$$m^3 + (a-3)m^2 + (b-a+2)m + c = 0 \qquad \text{식 (5.23)}$$

[예제 5.35] 미분방정식의 일반해를 구하라.

$$x^3y''' + x^2y'' - 4xy' = 0$$

[풀이]

m에 대한 특성방정식의 식 (5.23)에서 a=1. b=-4, c=0이므로

$$m^3 + (1-3)m^2 + (-4-1+2)m + 0 = 0$$
$$\therefore\ m^3 - 2m^2 - 3m = 0$$

그러므로 m = 0, 3, -1이 되어서 일반해는

$$y = c_1 x^0 + c_2 x^1 + c_3 x^2 = c_1 + c_2 x + c_3 x^2$$

가 된다.

[예제 5.36] 미분방정식의 일반해를 구하라.

$$x^3 y''' - x^2 y'' + 2xy' - 2y = 0$$

[풀이]

m에 대한 특성방정식의 식 (5.23)에서 a=-1. b=2, c=-2이므로

$$m^3 - 4m^2 + 5m - 2 = 0$$

$$\therefore\ (m-1)^2(m-2) = 0,\ m = 1(\text{중근}),\ 2$$

그러므로 일반해는

$$y = (c_1 + c_2 \ln x)x^1 + c_3 x^2 = (c_1 + c_2 \ln x)x + c_3 x^2$$

[예제 5.37] 미분방정식의 일반해를 구하라.

$$x^3 y''' + 4x^2 y'' + 3xy' + y = 0$$

[풀이] m에 대한 특성방정식의 식 (5.23)에서 a=4. b=3, c=1이므로

$$m^3 + m^2 + m + 1 = 0 \quad : \quad (m^2+1)(m+1) = 0$$

여기서 $m = \pm i,\ -1$ 이므로 일반해는

$$y = c_1 \cos(\ln x) + c_2 \sin(\ln x) + c_3 x^{-1}$$

5장 연습문제

1. 다음 함수 y_1, y_2사이의 관계는 1차독립인지, 1차종속인지를 구별하라.

(1) $y_1 = \ln x,\ y_2 = x\ln x$ (2) $y_1 = 2x^2,\ y_2 = x^2$

(3) $y_1 = 8\sin x,\ y_2 = 2\sin x$ (4) $y_1 = 2e^x,\ y_2 = e^{2x}$

2. 다음 미분방정식의 일반해를 구하라.

(1) $y'' - 2y' - 15y = 0$ (2) $y'' + 8y' + 16y = 0$

(3) $y'' - 2y' + 37y = 0$

3. 다음 미분방정식의 일반해를 구하라.

(1) $x^2y'' + 4xy' - 54y = 0$ (2) $x^2y'' - xy' + 14y = 0$

(3) $x^2y'' - 2y = 0$ (4) $x^2y'' - xy' + y = 0$

4. 다음 미분방정식을 풀어라. 여기서 D는 미분연산자이다.

(1) $(D^2 - D - 6)y = 0$ (2) $(2D^2 - 7)y = 0$

(3) $(x^2D^2 - 4xD - 6)y = 0$

Chapter 6
비제차 선형미분방정식

6.1 2계 비제차 선형미분방정식과 미정계수법
6.2 n계 비제차 선형미분방정식
6.3 강제진동
6.4 매개변수법에 따른 방법
6.5 매개변수법을 이용한 고계비제차 미분방정식

6.1 2계 비제차 선형미분방정식과 미정계수법

2계 비제차선형방정식은 식 (6.1)과 같이 표현되는 2계 선형미분방정식중 우변의 항 $r(x)$가 0이 아닌 경우를 말한다.

$$y'' + p(x)y' + q(x)y = r(x) \qquad \text{식 (6.1)}$$

이와 같이 표현되는 식의 일반해는

$$y(x) = y_h(x) + y_p(x) \qquad \text{식 (6.2)}$$

로 나타낸다. 여기서 (1) $y_h(x)$는 식 (6.1')의 제차미분방정식의 해인 $y = c_1y_1 + c_2y_2$이고

$$y'' + p(x)y' + q(x)y = 0 \qquad \text{식 (6.1')}$$

(2) $y_p(x)$는 임의의 특수해를 말한다.

그러므로 앞의 4장에서 구한 해는 $y_h(x)$이므로 이것은 4장에서 언급했던 방법과 같이 구할 수 있고 여기서는 $y_p(x)$를 어떻게 구하느냐에 대해 설명한다.

우선 $y_p(x)$를 결정하는 방법중 일반적으로 많이 사용하는 미정계수법이 있다. 미정계수법은 $y_p(x)$항을 미지수를 포함하는 약속된 항으로 표현한 후 식 속에 포함되어있는 미지수를 방정식으로부터 결정하여 구하는 방법이다. 여기서 미정계수법을 적용하기 위해 3가지 법칙, 즉 (A)기본법칙(basic rule). (B)합법칙(sum rule) 그리고 (C)수정법칙(modification rule)이 있다.

(A) 기본법칙

3가지 법칙 중 기본법칙은 우변의 항 $r(x)$의 형태에 따라 [표 6.1]과 같이 일반적 형태로 $y_p(x)$로 표현한다.

[표 6.1] 미정계수법의 기본법칙

r(x)	$y_p(x)$	수정법칙	비고
ke^{px}	ce^{px}	p	지수함수
ax^n(n=0, 1,2, ...)	$k_nx^n+k_{n-1}x^{n-1}+...+k_1x+k_0$, 혹은 $k_0+k_1x+...+k_{n-1}x^{n-1}+k_nx^n$	0	다항식
a cos αx	k cos αx + m sin αx	iα	코사인함수
a sin αx	k cos αx + m sin αx	iα	사인함수
$ke^{\alpha x}\cos\beta x$	$e^{\alpha x}(l\cos\beta x+m\sin\beta x)$	α+iβ	지수-코사인
$ke^{\alpha x}\sin\beta x$	$e^{\alpha x}(l\cos\beta x+m\sin\beta x)$	α+iβ	지수-사인

(1) $r(x)$의 항이 ke^{px}일 때

지수 p를 같게 두어 이것의 일반형태인 ce^{px}으로 표현한다. 가령 $r(x)$가 $3e^{2x}$라고 하면$y_p(x)$는 ce^{2x}라고 표현한다.

(2) $r(x)$의 항이 다항식 ax^n일 때

다항식의 일반형태인 다음과 같은 내림차순이나 올림차순으로 표현한다.

가. $k_nx^n+k_{n-1}x^{n-1}+...+k_1x+k_0$ (내림차순)

나. $k_0+k_1x+...+k_{n-1}x^{n-1}+k_nx^n$ (올림차순)

으로 표현한다. 가령 $r(x)$의 항이 $5x^2$이라고 하면 $y_p(x)$를 ax^2+bx+c로 둔다.

(3) $r(x)$의 항이 코사인함수나 사인함수인 경우에는

이것의 일반형태인 사인함수와 코사인함수의 합으로 나타내고 예를 들면 $r(x)$의 항이 $4\cos 2x$나 $-3\sin 2x$로 되어있으면 $y_p(x)$를 $Acos2x+Bsin2x$로 표현한다.

(4) $r(x)$의 항이 지수함수와 사인함수 혹은 코사인함수의 곱으로 표현되어있을 때

지수함수와 사인함수와 코사인함수의 합과의 곱으로 표현한다. 예를들면 $r(x)$의 항이 $2e^{3x}\cos 4x$나 혹은 $e^{3x}\sin 4x$로 되어있으면 $y_p(x)$를 $e^{3x}(Acos4x+Bsin4x)$의 형태로 두어서 $y_p(x)$를 결정한다.

[예제 6.1] 다음 미분방정식의 일반해를 구하라.

$$y'' - y' - 2y = 2e^{3x}$$

[풀이]

먼저 이 방정식의 일반해는 2계 선형 비제차미분방정식의 형태이므로

$$y(x) = y_h(x) + y_p(x)$$

가 되고 여기서 $y_h(x)$는 이것의 제차미분방정식의 해로서

$$y_h(x) = c_1 e^{2x} + c_2 e^{-x}$$

가 됨을 쉽게 알 수 있고 $y_p(x)$만 결정하면 된다.

이 경우는 [표 6.1]의 첫 번째 열에 해당하는 경우로서 $y_p(x)$를 미정계수가 포함되게

$$y_p(x) = ke^{3x}$$

로 표현하고 이것이 주어진 방정식의 해가 되어야 하므로 주어진 식에 대입하여 식이 만족해야 한다. 식에 대입하기 위하여

$$y' = 3ke^{3x}, \quad y'' = 9ke^{3x}$$

으로 구한다음 준 식에 대입하면

$$9ke^{3x} - 3ke^{3x} - 2ke^{3x} = 2e^{3x}, \quad \therefore \ 4ke^{3x} = 2e^{3x}$$

이렇게 하여 양변의 계수를 비교하면 미정계수 k는 $k = \frac{1}{2}$ 를 얻을 수 있다.

그러므로 $y_p(x) = \frac{1}{2}e^{3x}$가 되어 일반해는

$$y(x) = y_h(x) + y_p(x) = c_1 e^{2x} + c_2 e^{-x} + \frac{1}{2}e^{3x}$$

가 된다.

[예제 6.2] 앞의 [예제 1]의 문제에서 y(0)=0, $y'(0)=0$인 조건을 가지는 초기치문제를 풀어라.

[풀이]

여기서 주의해야 할 것은 비제차미분방정식의 초기치문제의 특수해와 일반해속에 포함되어있는 임의의 특수해 $y_p(x)$와 잘 구별해야 한다. 초기치문제의 특수해를 구하기 위해서는 일단 일반해를 먼저 구하여 구해진 일반해에서 초기조건을 대입하여 알반해속에 포함되어있는 미지상수를 결정하는 것으로 임의의 특수해인 $y_p(x)$과는 다른 개념이다.

문제에서 일반해에서 초기조건을 대입하기 위해 $y'(x)$를 구하면

$$y'(x)=2c_1e^{2x}-c_2e^{-x}+\frac{3}{2}e^{3x}$$

가 되어 초기조건을 대입하면

$$c_1+c_2+\frac{1}{2}=0,\ 2c_1-c_2+\frac{3}{2}=0$$

$$c_1=-\frac{2}{3},\ c_2=\frac{1}{6}$$

가 된다.

이렇게 하여 초기치문제의 특수해는 구해진 상수값을 일반해에 대입하면

$$y=-\frac{2}{3}e^{2x}+\frac{1}{6}e^{-x}+\frac{1}{2}e^{3x}$$

[예제 6.3] 다음 미분방정식의 일반해를 구하라.

$$y''+y=x^2$$

[풀이]

일반해는

$$y(x)=y_h(x)+y_p(x)$$

로 표시할 수 있고 $y_h(x)$는 이것의 제차미분방정식의 해로서

$$\lambda^2+1=0 \quad : \quad \lambda=\pm i$$

$$y_h(x)=c_1\cos x+c_2\sin x$$

가 되고 임의의 특수해 $y_p(x)$의 형태는 $r(x)$의 항이 x의 이차항이므로 아래와 같이 나타낼 수 있다.

$$y_p(x)=ax^2+bx+c$$

$y_p(x)$가 주어진 미분방정식의 해가 되어야 하므로 $y'=2ax+b$, $y''=2a$를 주어진 식에 대입하면

$$2a+ax^2+bx+c=x^2$$

그러므로 양변의 계수를 비교하면

$$2a+c=0,\ b=0,\ a=1 \quad \therefore\ a=1,\ b=0,\ c=-2$$

가 되므로

$$y_p(x)=x^2-2$$

이므로 일반해는

$$y(x)\ =\ c_1\cos x+c_2\sin x+x^2-2$$

가 된다.

여기서 y(0)=0, $y'(0)=0$인 조건을 가지는 초기치 문제라고 한다면 위의 일반해에서 초기조건을 적용하기 위해 $y'(x)$를 구하면

$$y'(x)=-c_1\sin x+c_2\cos x+2x$$

따라서 $c_1=2,\ c_2=0$를 얻어 초기치문제의 특수해는

$$y(x)=2\cos x+x^2-2$$

가 된다.

[예제 6.4] 다음 미분방정식의 일반해를 구하라.

$$y'' - y' = 2\cos x$$

[풀이]

제차미분방정식의 해 $y_h(x)$는

$$\lambda^2 - \lambda = 0 \quad : \quad \lambda = 0,\ 1$$

$$\therefore \quad y_h(x) = c_1 e^{0x} + c_2 e^x = c_1 + c_2 e^x$$

여기서 임의의 특수해 $y_p(x)$를 구하기 위해서

$$y_p(x) = a\cos x + b\sin x$$

라 하고 이것을 주어진 미분방정식에 대입하기 위해

$$y' = -a\sin x + b\cos x,\ y'' = -a\cos x - b\sin x$$

이므로 주어진 식은

$$-a\cos x - b\sin x - (-a\sin x + b\cos x) = (-a-b)\cos x + (a-b)\sin x = 2\cos x$$

가되어 양변의 계수를 비교하면

$$-a-b = 2,\ a-b = 0 \qquad \therefore\ a = b = -1$$

가 되므로

$$y_p(x) = -\cos x - \sin x$$

이렇게 하여 일반해 y(x)는

$$y(x) = c_1 + c_2 e^x - \cos x - \sin x$$

[예제 6.5] 다음 미분방정식의 일반해를 구하라.

$$y'' + 2y' + y = \sin 2x$$

[풀이]

제차미분방정식의 해 $y_h(x)$는 λ = -1에서 중복근을 가지므로

$$y_h(x) = (c_1 + c_2 x)e^{-x}$$

$y_p(x)$는 [표 6.1]에 의하여 $A\sin 2x + B\cos 2x$로 둘 수 있고 주어진 미분방정식에 대입하기 위하여 $y_p(x)$의 1계 도함수와 2계 도함수는

$$y_p' = 2A\cos 2x - 2B\sin 2x,\ y_p''(x) = -4A\sin 2x - 4B\cos 2x$$

이것을 주어진 식에 대입하면

$$-4A\sin 2x - 4B\cos 2x + 2(2A\cos 2x - 2B\sin 2x) + A\sin 2x + B\cos 2x = \sin 2x$$

정리하면

$$(-3A - 4B)\sin 2x + (4A - 3B)\cos 2x = \sin 2x$$

가 되어 양변의 계수를 비교하면

$$-3A - 4B = 1,\ 4A - 3B = 0 \quad \therefore\ A = -\frac{3}{25},\ B = -\frac{4}{25}$$

따라서

$$y_p(x) = -\frac{3}{25}\sin 2x - \frac{4}{25}\cos 2x$$

그러므로 일반해는

$$y(x) = (c_1 + c_2 x)e^{-x} - \frac{3}{25}\sin 2x - \frac{4}{25}\cos 2x$$

[예제 6.6] 다음 미분방정식의 일반해를 구하라.

$$y'' - y = 2e^{x}\cos x$$

[풀이]
제차미분방정식에서

$$\lambda^2 - 1 = 0 \quad : \quad \lambda = -1,\ 1$$

그러므로 $y_h(x) = c_1 e^{-x} + c_2 e^{x}$

임의의 특수해 $y_p(x)$는

$$y_p(x) = e^{x}(a\cos x + b\sin x)$$

라고 표현하여 준 식에 대입하기 위해 $y_p(x)$를 미분하면

$$y' = e^{x}(a\cos x + b\sin x) + e^{x}(-a\sin x + b\cos x),\quad y'' = e^{x}(a\cos x + b\sin x) + e^{x}(-a\sin x + b\cos x)$$
$$+ e^{x}(-a\sin x + b\cos x) + e^{x}(-a\cos x - b\sin x)$$

위 미분식을 방정식에 대입하여 정리하면

$$e^{x}(a\cos x + b\sin x) + e^{x}(-a\sin x + b\cos x) + e^{x}(-a\sin x + b\cos x) + e^{x}(-a\cos x - b\sin x)$$
$$- e^{x}(a\cos x + b\sin x)$$

$$= (a + b + b - a - a)e^{x}\cos x + (b - a - a - b - b)e^{x}\sin x$$
$$= (2b - a)e^{x}\cos x + (-2a - b)e^{x}\sin x$$
$$= 2e^{x}\cos x$$

가 되어 미정계수법으로 상수를 구하기 위해 양변의 계수를 비교하면

$$2b - a = 2,\quad -2a - b = 0 \qquad \therefore\ a = -\frac{2}{5},\ b = \frac{4}{5}$$

그러므로

$$y_p(x) = e^x(-\frac{2}{5} \circ \cos x + \frac{4}{5} \circ \sin x)$$

그러므로 일반해는

$$y(x) = c_1 e^{-x} + c_2 e^x + e^x(-\frac{2}{5} \circ \cos x + \frac{4}{5} \circ \sin x)$$

가 된다.

[예제 6.7] 다음 미분방정식의 일반해를 구하라.

$$y'' - 2y' - 3y = e^x \sin x$$

[풀이]

제차미분방정식에서

$$\lambda^2 - 2\lambda - 3 = 0 \quad : \quad \lambda = 3.\ -1$$

그러므로 $y_h(x) = c_1 e^{-x} + c_2 e^{3x}$

임의의 특수해 $y_p(x)$는

$$y_p(x) = e^x(A\cos x + B\sin x)$$

$y_p(x)$의 1계 도함수와 2계 도함수를 구하면

$$y' = e^x(A\cos x + B\sin x) + e^x(-A\sin x + B\cos x) = (A+B)e^x\cos x + (B-A)e^x\sin x$$
$$y'' = (A+B)(e^x\cos x - e^x\sin x) + (B-A)(e^x\sin x + e^x\cos x) = 2Be^x\cos x - 2Ae^x\sin x$$

y', y''를 주어진 식에 대입하면

$$2Be^x\cos x - 2Ae^x\sin x - 2(A+B)e^x\cos x + (B-A)e^x\sin x - 3e^x(A\cos x + B\sin x)$$
$$= (2B - 2A - 2B - 3A)e^x\cos x + (-2A + B - A - 3B)e^x\sin x$$
$$= e^x\sin x$$

양변의 계수를 비교하면

$$-5A=0,\ -3A-2B=1 \qquad \therefore\ A=0,\ B=-\frac{1}{2}\text{이 되어}$$

$$y_p(x) = -\frac{1}{2}e^{z}\sin x$$

가 되고 일반해는

$$y(x)=c_1e^{-x}+c_2e^{3x}-\frac{1}{2}e^{z}\sin x$$

가 된다.

(B) 합법칙

이것은 [표 6.1]의 $r(x)$의 형태가 합으로 되어있을 때는 표에 있는 $y_p(x)$의 형태의 합으로 결합한다. 예를 들어, $r(x)$가 아래와 같은 형태로 되어있으면

$$r(x) = 2e^{x}+x^2$$

$y_p(x)$는 첫 번째항 지수함수의 일반형태인 Ae^{x}와 두 번째 항인 2차 다항식의 일반적인 형태의 Kx^2+Mx+N으로 표현하여 이것의 합으로 아래와 같이 표현한다.

$$y_p(x) = Ae^{x}+Kx^2+Mx+N$$

[예제 6.8] 다음 미분방정식의 임의의 특수해 $y_p(x)$를 구하라.

$$y''+2y=x^2+\cos x$$

[풀이]

임의의 특수해 $y_p(x) = ax^2+bx+c + k\cos x+m\sin x$로 표현하면

$$y' = 2ax + b - k\sin x + m\cos x,\ y'' = 2a - k\cos x - m\sin x$$

가 된다. 이것을 식에 대입하여 좌변항을 정리하면

$$2a - k\cos x - m\sin x + 2(ax^2 + bx + c + k\cos x + m\sin x)$$

$$= 2ax^2 + 2bx + (2a + 2c) + (-k + 2k)\cos x + (-m + 2m)\sin x$$

$$= x^2 + \cos x$$

양변의 계수를 비교하면

$$2a = 1,\ 2b = 0,\ 2a + 2c = 0,\ -k + 2k = 1,\ -m + 2m = 0$$
$$\therefore\ a = \frac{1}{2},\ b = 0,\ c = -\frac{1}{2},\ k = 1,\ m = 0$$

가 되므로 임의의 특수해 $y_p(x)$는

$$y_p(x) = \frac{1}{2}x^2 - \frac{1}{2} + \cos x$$

가 된다.

[예제 6.9] 다음 미분방정식의 임의의 특수해 $y_p(x)$를 구하라.

$$y'' - 5y' + 4y = e^{2x} - \sin 2x$$

[풀이]
임의의 특수해 $y_p(x)$는

$$y_p(x) = ke^{2x} + A\cos 2x + B\sin 2x$$

가 되므로

$$y_p'(x) = 2ke^{2x} - 2Asin2x + 2Bcos2x,\ y_p''(x) = 4ke^{2x} - 4Acos2x - 4Bsin2x$$

이 식을 주어진 미분방정식에 대입하면

$$\begin{aligned}4ke^{2x} - 4Acos2x - 4Bsin2x - 5(2ke^{2x} - 2Asin2x + 2Bcos2x) + 4(ke^{2x} + Acos2x + Bsin2x)\\ = -2ke^{2x} - 10Bcos2x + 10Asin2x\\ = e^{2x} - \sin 2x\end{aligned}$$

양변의 계수를 비교하면

$$-2k = 1,\ -10B = 0,\ 10A = -1 \quad \therefore\ k = -\frac{1}{2},\ A = -\frac{1}{10},\ B = 0$$

그래서 임의의 특수해 $y_p(x)$는

$$y_p(x) = -\frac{1}{2}e^{2x} - \frac{1}{10}\cos 2x$$

가 된다.

[예제 6.10] 위 [예제 8]과 [예제 9]에서 다음 초기조건을 만족하는 초기치 해를 구하라.

$$y(0) = 0,\ y'(0) = 0$$

[풀이]

(1) [예제 8]에서 일반해를 구하기 위해서

$$\lambda^2 + 2 = 0 \quad \therefore\ \lambda = \pm\sqrt{2}i$$

따라서

$$y_h = Acos\sqrt{2}x + Bsin\sqrt{2}x$$

가 되므로 일반해 y는

$$y = A\cos\sqrt{2}x + B\sin\sqrt{2}x + \frac{1}{2}x^2 - \frac{1}{2} + \cos x$$

초기치 문제를 풀기 위해서 y'를 구하면

$$y' = -\sqrt{2}A\sin\sqrt{2}x + \sqrt{2}B\cos\sqrt{2}x + x - \sin x$$

초기조건을 대입하면

$$A - \frac{1}{2} + 1 = 0, \quad \sqrt{2}B = 0 \qquad \therefore \; A = -\frac{1}{2}, \; B = 0$$

그러므로 초기치 해는

$$y = -\frac{1}{2} \times \cos\sqrt{2}x + \frac{1}{2}x^2 - \frac{1}{2} + \cos x$$

(2) [예제 9]에서 일반해를 구하기 위해서

$$\lambda^2 - 5\lambda + 4 = 0 \qquad \therefore \; \lambda = 1, \; 4$$

따라서

$$y_h = c_1 e^x + c_2 e^{4x}$$

가 되므로 일반해 y는

$$y = c_1 e^x + c_2 e^{4x} - \frac{1}{2}e^{2x} - \frac{1}{10}\cos 2x$$

초기치 문제를 풀기위해서 y'를 구하면

$$y' = c_1 e^x + 4c_2 e^{4x} - e^{2x} + \frac{1}{5}\sin 2x$$

초기조건을 대입하면

$$c_1 + c_2 - \frac{1}{2} - \frac{1}{10} = 0, \quad c_1 + 4c_2 - 1 = 0$$

$$\therefore\ c_1 = \frac{7}{15},\ c_2 = \frac{2}{15}$$

그러므로 초기치 해는

$$y = \frac{7}{15} \circ e^{x} + \frac{2}{15} \circ e^{4x} - \frac{1}{2}e^{2x} - \frac{1}{10}\cos 2x$$

이다.

(C) 수정법칙

이것은 변형법칙이라고도 하며 [표 6.1]의 세 번째 열에 관한 내용으로 임의의 특수해 $y_p(x)$를 결정할 때 제차미분방정식의 해가 세 번째 열에 해당되고 중복 갯수에 따라 $r(x)$의 기본법칙의 표현에서 x, 혹은 x^2을 곱한다. 이것은 만약 기본법칙으로 $y_p(x)$를 표현한다면 $y_h(x)$속에 $y_p(x)$가 들어가 있어 별도로 표시된 것이 $y_h(x)$속에 흡수되기 때문에 고유의 $y_p(x)$가 나타나지 않기 때문이다. 이것을 행 별로 좀 더 상세히 설명하면 다음과 같다.

(1) 첫 번째 행으로서 $r(x)$의 항이 지수함수 e^{px}로 되어있을 때

이때 p가 제차미분방정식의 특성방정식 λ값과 동일한 경우에는 단근인지 중근인지에 따라 $y_p(x)$를 e^{px}에서 x나 x^2을 곱하여 표현한다. 예를 들면 제차미분방정식의 특성방정식 λ값과 $r(x)$가 각각 다음과 같을 때 즉

$$\lambda = 1,\ 2 \quad : r(x) = 4e^{x}$$

$y_p(x)$는 다음과 같이 표현된다.

$$y_p(x) = kxe^{x}$$

만약 $r(x)$가 동일한 상태에서 λ값이 $\lambda = 1$에서 중근이 될 때는

$$y_p(x) = kx^2e^{x}$$

으로 나타낸다.

[참고] 상수계수를 갖는 제차미분방정식 $y'' + ay' + by = 0$의 특성방정식 $\lambda^2 + a\lambda + b = 0$ 에서 해 $\lambda = \lambda_1$, λ_2와 $r(x)$의 항의 e^{px}의 p와 사이의 관계에 따라 일반해 y의 모양은 다음과 같다.

경우Ⅰ : $\lambda_1 \neq \lambda_2 \neq p$: $y = c_1 e^{\lambda_1 x} + c_2 e^{\lambda_2 x} + Ae^{px}$

경우Ⅱ : $\lambda_1 \neq \lambda_2 = p$: $y = c_1 e^{\lambda_1 x} + c_2 e^{\lambda_2 x} + Axe^{px}$ (수정법칙)

경우Ⅲ : $\lambda_1 = \lambda_2 = \lambda \neq p$: $y = c_1 e^{\lambda_1 x} + c_2 x e^{\lambda_2 x} + Ae^{px}$

경우Ⅳ : $\lambda_1 = \lambda_2 = \lambda = p$: $y = c_1 e^{\lambda_1 x} + c_2 x e^{\lambda_2 x} + Ax^2 e^{px}$ (수정법칙)

(2) 두 번째 행으로서 λ_1, λ_2이 0이고 $r(x)$의 항이 ax^n으로 표현되어 있으면

$y_p(x)$는 기본법칙에서 사용되는 $y_p(x)$에서 단근이나 중근이냐에 따라 x나 x^2을 곱하여 표현한다. 가령 $r(x)$의 항이 $2x^2 + 1$이고 제차미분방정식의 λ값이 0이 단근 혹은 중근일때 $y_p(x)$는 아래와 같이 둔다.

$$y_p(x) = x(ax^2 + bx + c) \quad : \text{ 단근일 때}$$

$$y_p(x) = x^2(ax^2 + bx + c) \quad : \text{ 중근일 때}$$

(3) 세 번째 행(네번째 행과와 동일)으로서 $r(x)$의 항이 'a cos αx'이고 제차미분방정식의 λ값이 'iα'일 때 단근 혹은 중근일때 $y_p(x)$는 아래와 같이 둔다.

$$y_p(x) = x(A\cos\alpha x + B\sin\alpha x) \quad : \text{ 단근일 때}$$

$$y_p(x) = x^2(A\cos\alpha x + B\sin\alpha x) : \text{ 중근일 때}$$

예로 r(x)의 항이 '2cos3x'이고 제차미분방정식의 λ값이 '$i3$'일 때

$$y_p(x) = x(A\cos 3x + B\sin 3x) \quad : \text{ 단근일 때}$$

$$y_p(x) = x^2(A\cos 3x + B\sin 3x) : \text{ 중근일 때}$$

[예제 6.11] 다음 미분방정식의 일반해를 구하라.

$$y'' - 2y' = e^{2x}$$

[풀이]

일반해를 구하기 위하여 제차방정식의 λ에 대한 특성방정식에서

$$\lambda^2 - 2\lambda = 0 \ : \ \lambda = 0, \ 2$$

그러므로

$$y_h(x) = c_1 + c_2 e^{2x}$$

$y_p(x)$를 결정하기 위하여 $r(x)$의 지수가 제차미분방정식의 근과 1개가 일치하므로 수정법칙으로 $y_p(x) = xke^{2x}$으로 표현하여 1계 미분과 2계 미분을 구하면

$$y' = ke^{2x} + 2xke^{2x}, \ y'' = 4ke^{2x} + 4xke^{2x}$$

이것을 준 식에 대입하면

$$4ke^{2x} + 4xke^{2x} - 2ke^{2x} - 4xke^{2x} = e^{2x}$$

가 되어 계수값을 비교하면 $k = \dfrac{1}{2}$이 되고

$$y_p(x) = \frac{1}{2} xe^{2x}$$

가 된다.

따라서 일반해는

$$y(x) = c_1 + c_2 e^{2x} + \frac{1}{2} xe^{2x}$$

만약 이 문제에서 $y(0) = 0, \ y'(0) = 0$라는 초기치 문제일 때 초기치 문제의 특수해를 구하기 위해 먼저 1계미분 y'항을 구하면

$$y' = 2c_2e^{2x} + \frac{1}{2}e^{2x} + xe^{2x}$$

초기조건을 y, y'에 대입하면

$$c_1 + c_2 = 0,\ 2c_2 + \frac{1}{2} = 0 \ \ : \ \ c_1 = \frac{1}{4},\ c_2 = -\frac{1}{4}$$

따라서 일반해는

$$y(x) = \frac{1}{4} - \frac{1}{4}e^{2x} + \frac{1}{2}xe^{2x}$$

가 된다.

〈참고〉

1. 만약에 $y_p(x)$를 x를 뺀 ke^{2x}으로 하면 어떤 경우라도 k값을 구할 수 없다.
2. 미분방정식의 형태가 $y'' - 4y' + 4y = e^{2x}$ 로 표현되어 제차방정식의 근이 λ=2(중근)이 될 때는 $y_p(x)$ = x^2ke^{2x} 으로 해서 k값을 결정해야 한다.

[예제 6.12] 다음 미분방정식의 임의의 특수해 $y_p(x)$를 구하라.

$$y'' - 4y' = x^2$$

[풀이]

제차방정식의 해가 한 개의 0이 포함된 λ = 0, 4이므로

$$y_p(x) = x(ax^2 + bx + c)$$

로 하여 상수 a, b, c를 구하기 위해 $y_p(x)$를 미분하면

$$y' = 3ax^2 + 2bx + c,\ y'' = 6ax + 2b$$

이므로 방정식은 다음과 같이 정리된다.

$$6ax+2b-4(3ax^2+2bx+c) = -12ax^2+(6a-8b)x+(2b-4c)$$

$$= x^2$$

$$\therefore\ -12a=1,\ 6a-8b=0,\ 2b-4c=0$$

$$\therefore\ a=-\frac{1}{12},\ b=-\frac{1}{16},\ c=-\frac{1}{32}$$ 로 되어

$$y_p(x) = -\frac{1}{12}x^3-\frac{1}{16}x^2-\frac{1}{32}x$$

가 된다.

[예제 6.13] 다음 미분방정식의 임의의 특수해 $y_p(x)$를 구하라.

$$y''+4y=\cos 2x$$

[풀이]

제차방정식의 해

$$\lambda^2+4=0\ :\ \lambda=\pm 2i$$

가 되므로 임의의 특수해 $y_p(x)$는

$$y_p(x)= x(A\cos 2x+B\sin 2x)$$

$$y' = A\cos 2x+B\sin 2x+x(-2A\sin 2x+2B\cos 2x),\ y'' =-2A\sin 2x+2B\cos 2x\ +$$

$$-2A\sin 2x+2B\cos 2x+x(-4A\cos 2x-4B\sin 2x)$$

위 결과를 주어진 식에 대입하면

$-2A\sin 2x + 2B\cos 2x - 2A\sin 2x + 2B\cos 2x + x(-4A\cos 2x - 4B\sin 2x)$

$+\ 4[x(A\cos 2x + B\sin 2x)]\ =$

$(-2A-2A)\sin 2x + (2B+2B)\cos 2x + (-4A+4A)x cos 2x + (-4B+4B)x sin 2x$

$=\ \cos 2x$

$$\therefore\ -4A=0,\ 4B=1\ :\ A=0,\ B=\frac{1}{4}$$

가 되어

$$y_p(x)\ =\ \frac{1}{4}x\sin 2x$$

6.2 n계 비제차 선형미분방정식

앞 절에서는 2계 비제차 선형미분방정식 풀이에 미정계수법을 적용하는 방법에 대해 설명하였고 이번 절에서는 일반적인 n계 비제차 선형미분방정식풀이에 미정계수법을 활용하는 방법을 설명한다.

일반적으로 n차 비제차 고계선형미분방정식은 아래와 같이 표현할 수 있다.(여기서 $r(x)$는 0이 아니다)

$$y^n + p_{n-1}(x)y^{n-1} + p_{n-2}(x)y^{n-2} + \dots\dots\dots + p_2(x)y'' + p_1(x)y' + p_0(x)y = r(x) \qquad \text{식 (6.3)}$$

일반해는

$$y(x) = y_h(x) + y_p(x) \qquad \text{식 (6.4)}$$

로 나타낸다. 여기서

(1) $y_h(x)$는 식 (6.3')으로 표현되는 제차미분방정식의 해인 $y = c_1y_1 + c_2y_2 + \dots + c_ny_n$이고

$$y^n + p_{n-1}(x)y^{n-1} + p_{n-2}(x)y^{n-2} + \dots\dots\dots + p_2(x)y'' + p_1(x)y' + p_0(x)y = 0 \qquad \text{식 (6.3')}$$

(2) $y_p(x)$는 임의의 특수해를 말한다.

임의의 특수해인 $y_p(x)$를 미정계수법을 적용하기 위해 [6.1]절의 2계에서 언급했던 3가지 법칙, 즉 (A)기본법칙. (B)합법칙 그리고 (C)수정법칙이 n계 비제차 고계선형미분방정식에도 그대로 적용된다.

[예제 6.14] 다음 미분방정식의 일반해를 구하라.

$$y''' - y'' - 6y' = e^x + 2x^2$$

[풀이]

먼저 이 방정식의 일반해는

$$y(x) = y_h(x) + y_p(x)$$

로 표현할 수 있고 여기서 $y_h(x)$는 이것의 제차미분방정식의 해로서

$$\lambda^3-\lambda^2-6\lambda=0 \quad : \quad \lambda=0,\ -2,\ 3$$
$$y_h(x)=c_1+c_2e^{-2x}+c_3e^{3x}$$

임의의 특수해 $y_p(x)$는

$$y_p(x) = ke^x+x(ax^2+bx+c) = ke^x+ax^3+bx^2+cx$$

$y_p(x)$에 표시되어있는 상수를 결정하기 위해서 y_p', y_p'', y_p'''를 구하면

$$y_p'= ke^x+3ax^2+2bx+c,\ y_p''= ke^x+6ax+2b,\ y_p'''= ke^x+6a,$$

따라서 이것을 주어진 미분방정식에 대입하면

$$\begin{aligned} &ke^x+6a\text{-}(ke^x+6ax+2b)\text{-}6(ke^x+3ax^2+2bx+c) \\ &= 6ke^x-18ax^2-(6a+12b)x+6a-2b-6c \\ &= e^x+2x^2 \end{aligned}$$

그러므로 양변의 계수를 비교하면

$$6k=1,\ \ -18a=2,\ \ -6a-12b=0.\ \ 6a-2b-6c=0$$

를 만족해야하므로

$$\therefore\ k=\frac{1}{6},\ a=-\frac{1}{9},\ b=-\frac{1}{2}a=\frac{1}{18},\ c=a-\frac{1}{3}b=-\frac{1}{9}-\frac{1}{54}=-\frac{7}{54}$$

따라서

$$y_p(x) = \frac{1}{6}e^x-\frac{1}{9}x^3+\frac{1}{18}x^2-\frac{7}{54}x$$

가 되고 일반해는

$$y = c_1+c_2e^{-2x}+c_3e^{3x} + \frac{1}{6}e^x-\frac{1}{9}x^3+\frac{1}{18}x^2-\frac{7}{54}x$$

[예제 6.15] 미분방정식 의 임의의 특수해 $y_p(x)$를 구하라.

$$y'''' - 2y''' + y'' = x^2 + e^x$$

[풀이]

제차방정식에서

$$\lambda^4 - 2\lambda^3 + \lambda^2 = 0 \quad : \quad \lambda^2(\lambda - 1)^2 = 0$$

$$\lambda = 0(\text{중근}),\ \lambda = 1(\text{중근})$$

그러므로 임의의 특수해 $y_p(x)$는 아래와 같이 표현할 수 있다.

$$y_p(x) = x^2(ax^2 + bx + c) + x^2ke^x = ax^4 + bx^3 + cx^2 + x^2ke^x$$

이것을 식에 대입하기 위해

$$y' = 4ax^3 + 3bx^2 + 2cx + 2xke^x + x^2ke^x,\ y'' = 12ax^2 + 6bx + 2c + 2ke^x + 4xke^x + x^2ke^x$$

$$y''' = 24ax + 6b + 6ke^x + 6xke^x + x^2ke^x,\quad y'''' = 24a + 12ke^x + 8xke^x + x^2ke^x$$

가 되어 이것을 식에 대입하면

$$y'''' - 2y''' + y'' = (24a + 12ke^x + 8xke^x + x^2ke^x) - 2(24ax + 6b + 6ke^x + 6xke^x + x^2ke^x)$$
$$+ (12ax^2 + 6bx + 2c + 2ke^x + 4xke^x + x^2ke^x) = x^2 + e^x$$

위의 항을 정리하면

$$(24a - 12b + 2c) + (12k - 12k + 2k)e^x + (8k - 12k + 4k)xe^x$$
$$+ (k - 2k + k)x^2e^x + (-48a + 6b)x + 12ax^2$$
$$= x^2 + e^x$$

양변의 계수를 비교하면

$$\begin{cases} 24a-12b+2c=0 \\ 2k=1 \\ -48a+6b=0 \\ 12a=1 \end{cases}$$

$$\therefore \quad a=\frac{1}{12},\ b=\frac{2}{3},\ c=3,\ k=\frac{1}{2}$$

가 되므로

$$y_p(x) = \frac{1}{12}x^4+\frac{2}{3}x^3+3x+\frac{1}{2}x^2e^x$$

가 된다.

[예제 6.16] 다음 미분방정식의 임의의 특수해 $y_p(x)$를 구하라.

$$y^{'''}+y^{''}+4y^{'}+4y=\sin 2x$$

[풀이]

이 방정식의 일반해는

$$y(x)=y_h(x)+y_p(x)$$

$y_h(x)$를 구하기 위해 λ에 대한 특성방정식을 구하면

$$\lambda^3+\lambda^2+4\lambda+4=0\ :\ \lambda=\pm 2i,\ -1$$

따라서 $y_h(x)$는

$$y_h(x)= c_1\cos 2x+c_2\sin 2x+ce^{-x}$$

임의의 특수해 $y_p(x)$는

$$y_p(x)= x(A\sin 2x+B\cos 2x)$$

$y_p(x)$의 $y_p^{'}$, $y_p^{''}$, $y_p^{'''}$를 구하면

$$y_p^{'}=Asin2x+Bcos2x+x(2Acos2x-2Bsin2x)$$

$$y_p^{''}=2Acos2x-2Bsin2x+2Acos2x-2Bsin2x+x(-4Asin2x-4Bcos2x)$$

$$=4Acos2x-4Bsin2x+x(-4Asin2x-4Bcos2x)$$

$$y_p^{'''}=-8Asin2x-8Bcos2x-4Asin2x-4Bcos2x+x(-8Acos2x+8Bsin2x)$$

$$=-12Asin2x-12Bcos2x-8Axcos2x+8Bxsin2x$$

여기서 구한 $y_p^{'}$, $y_p^{''}$, $y_p^{'''}$를 주어진 미분방정식에 대입하면

$-12Asin2x-12Bcos2x+8Bxsin2x-8Axcos2x+\ 4Acos2x-4Bsin2x+x(-4Asin2x-4Bcos2x)+\ 4$
$[Asin2x+Bcos2x+x(2Acos2x-2Bsin2x)]+4x(Asin2x+Bcos2x)\ =$

$(-12A-4B+4A)\sin 2x+(-12B+4A+4B)\cos 2x+(8B-4A-8B+4A)xsin2x+(-8A-4B+8A+4B)xcos2$

$=\ (-8A-4B)\sin 2x+(-8B+4A)\cos 2x$

$=\ \sin 2x$

따라서

$$-8A-4B=1,\ -8B+4A=0\ \ :\ \ B=-\frac{1}{20},\ A=-\frac{1}{10}$$

그러므로

$$y_p(x)\ =\ x(-\frac{1}{10}\sin 2x-\frac{1}{20}\cos 2x)$$

가 된다.

[예제 6.17] 다음 미분방정식의 일반해를 구하라.

$$y^{''''}-2y^{'''}=x+e^{2x}+1$$

[풀이]

주어진 미분방정식의 λ에 대한 특성방정식은

$$\lambda^{''''}-2\lambda^{'''}=0\ \ :\ \ \lambda=\ 0(3중근),\ 2$$

그러므로 제차미분방정식의 해 $y_h(x)$는

$$y_h = (c_1 + xc_2 + x^2c_3)e^{0x} + c_4e^{2x} = c_1 + xc_2 + x^2c_3 + c_4e^{2x}$$

임의의 특수해 $y_p(x)$는

$$y_p(x) = x^3(ax+b) + cxe^{2x} = ax^4 + bx^3 + cxe^{2x}$$

$y_p(x)$의 y_p', y_p'', y_p''', y_p''''를 구하면

$$\begin{aligned}
y_p' &= 4ax^3 + 3bx^2 + ce^{2x} + 2cxe^{2x}, \\
y_p'' &= 12ax^2 + 6bx + 2ce^{2x} + 2ce^{2x} + 4cxe^{2x} = 12ax^2 + 6bx + 4ce^{2x} + 4cxe^{2x}, \\
y_p''' &= 24ax + 6b + 8ce^{2x} + 4ce^{2x} + 8cxe^{2x} = 24ax + 6b + 12ce^{2x} + 8cxe^{2x}, \\
y_p'''' &= 24a + 24ce^{2x} + 8ce^{2x} + 16cxe^{2x} = 24a + 32ce^{2x} + 16cxe^{2x}
\end{aligned}$$

주어진 미분방정식에 대입하면

$$\begin{aligned}
24a + 32ce^{2x} + 16cxe^{2x} - 2(24ax + 6b + 12ce^{2x} + 8cxe^{2x}) &= 24a - 12b - 48ax + 8ce^{2x} \\
&= x + e^{2x} + 1
\end{aligned}$$

각항의 계수를 비교하면

$$24a - 12b = 1,\ \ -48a = 1,\ \ 8c = 1 \ \ : \ \ a = -\frac{1}{48},\ b = -\frac{1}{8},\ c = \frac{1}{8}$$

따라서

$$y_p(x) = -\frac{1}{48}x^4 - \frac{1}{8}x^3 + \frac{1}{8}xe^{2x}$$

6.3 강제진동

[5.3절]에서는 물체의 질량이 m, 감쇠상수를 c, 스프링 상수를 k라고 할 때 자유진동에 대해 물체의 운동방정식은 뉴턴의 제 2법칙에 의해

$$my'' + cy' + ky = 0 \qquad \text{식 (6.5)}$$

라고 표현하였다.

만약 이 경우 물체에 외력 r(t)가 작용한다고 하면 식(6.5)에서 r(t)항이 고려되어

$$my'' + cy' + ky = r(t)$$

의 비제차 미분방정식이 되고 이때 r(t)는 일반적으로 입력을 의미하며 이 비제차 미분방정식의 해를 입력에 대한 출력 혹은 진동계의 반응이라고 하여 이 운동을 강제운동이라고 한다.

가령 입력이 정현함수로 표시되는 주기함수일 때

$$r(t) = F_0 \cos wt, \qquad (F_0,\ w > 0)$$

라고 표시할 수 있고, 미분방정식은

$$my'' + cy' + ky = F_0 \cos wt \qquad \text{식 (6.6)}$$

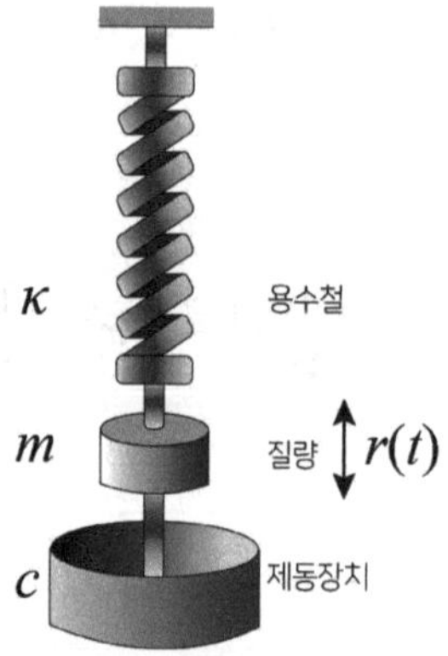

[그림 6.1]

의 형태가 되어 다음 식으로 정리된다.

$$y'' + \frac{c}{m}y' + \frac{k}{m}y = \frac{F_0}{m}\cos wt \qquad \text{식 (6.6')}$$

이 미분방정식의 풀이는 [6.1절]에서 언급된바와 같이 미정계수법으로 풀면 어렵지 않게 구할 수 있다.

임의의 특수해 $y_p(x)$는 [표 6.1]에 의하여

$$y_p(x) = A\cos wt + B\sin wt$$

$y_p(x)$의 y_p', y_p''를 구하면

$$y_p' = -Aw\sin wt + Bw\cos wt, \quad y_p'' = -Aw^2\cos wt - Bw^2\sin wt$$

이것을 식 (6.6')에 대입하면

$$-Aw^2\cos wt - Bw^2\sin wt + \frac{c}{m}(-Aw\sin wt + Bw\cos wt) + \frac{k}{m}(A\cos wt + B\sin wt)$$

$$= \frac{F_0}{m}\cos wt$$

coswt와 sinwt항으로 정리하면

$$\left(-Aw^2 + \frac{cwB}{m} + \frac{kA}{m}\right)\cos wt + \left(-Bw^2 - \frac{cwA}{m} + \frac{kB}{m}\right)\sin wt = \frac{F_0}{m}\cos wt$$

따라서

$$-Aw^2 + \frac{cwB}{m} + \frac{kA}{m} = \frac{F_0}{m}, \quad -Bw^2 - \frac{cwA}{m} + \frac{kB}{m} = 0$$

상수 A와 B를 구하면

$$A = F_0 \frac{k - mw^2}{(k - mw^2)^2 + w^2c^2}, \quad B = F_0 \frac{wc}{(k - mw^2)^2 + w^2c^2},$$

즉 일반해는

$$y(x) = y_h(x) + y_p(x)$$

이고 여기서 $y_h(x)$는 [5.3절]에서 구한 제차미분방정식의 해이고 여기서 구한 해에 대해서 역학적으로 해석하는 문제는 진동학에서 다룰 내용이므로 여기서는 생략한다.

6.4 매개변수법에 의한 방법

앞의 절에서 비제차 미분방정식의 풀이는 $r(x)$의 항이 지수함수, 다항식, 사인 및 코사인함수 등의 함수로 표현되어있으면 미정계수법을 이용하여 임의의 특수해를 구하여 일반해를 구하는 방법에 대해 설명하였다. 그러나 만약 $r(x)$의 항이 미정계수법에 의하여 풀 수 없게 주어질 경우, 가령 $\sec x$, $\frac{1}{x+1}$, 혹은 $\ln x$등은 미정계수으로는 풀 수가 없어 다른 방법으로 풀어야 하기에 일반적인 비제차방정식의 풀이에 대해 언급한다.

즉, 식 (6.7)과 같이 주어지는 2계 비제차선형방정식에서 $r(x)$가 0이 아닌 경우인 일반적인 비제차방정식의 임의의 특수해 $y_p(x)$를 구해보기로 한다.

$$y'' + p(x)y' + q(x)y = r(x) \qquad \text{식 (6.7)}$$

우선 이와같이 표현되는 식의 일반해는

$$y(x) = y_h(x) + y_p(x) \qquad \text{식 (6.8)}$$

과 같이 나타내어 $y_p(x)$는 제차방정식의 해인 $y_h = c_1y_1 + c_2y_2$와 깊은 관련이 있다고 생각할 수 있다. 따라서 y_h에 있는 c_1을 u(x), c_2를 v(x)의 매개변수로 바꾸면 $y_p = u(x)y_1 + v(x)y_2$라고 쓸 수 있어 u(x), v(x)만 구하면 된다. 여기서 u, v는 $y_p = u(x)y_1 + v(x)y_2$로 표현되는 (1) $y_p(x)$가 주어진 식의 해가 되고 (2) 다음 식(6.9)을 만족하는 특성이 있다.

$$u'y_1 + v'y_2 = 0 \qquad \text{식 (6.9)}$$

그래서 $y_p(x)$가 주어진 식 (6.7)의 특수해라고 했으므로 주어진 식에 대입하여 만족해야 한다. 이렇게 하여

$$y' = u'y_1 + uy_1' + v'y_2 + vy_2',\ y'' = u''y_1 + u'y_1' + u'y_1' + uy_1'' + v'y_2' + v''y_2 + v'y_2' + vy_2''$$

를 식에 대입하여 정리하면

$$u(y_1'' + py_1' + qy_1) + v(y_2'' + py_2 + qy_2) + u'y_1' + v'y_2' = r$$

가 된다.

여기서 y_1, y_2는 제차방정식의 기본계이므로 괄호속의 항은 0이 되므로 위의 식은 아래 식 (6.10)과 같이 간단히 정리된다.

$$u'y_1' + v'y_2' = r \qquad \text{식 (6.10)}$$

따라서 식 (6.9)와 (6.10)에서 y_1, y_2, y_1', y_2', r은 알고 있은 항이고 u', v'는 미지수이므로 2원 1차 연립방정식으로 구할 수 있다.

행렬식의 Cramer공식에 의하여

$$u' = \frac{\begin{vmatrix} 0 & y_2 \\ r & y_2' \end{vmatrix}}{\begin{vmatrix} y_1 & y_2 \\ y_1' & y_2' \end{vmatrix}} = \frac{-ry_2}{W(y_1,y_2)} = \frac{r\begin{vmatrix} 0 & y_2 \\ 1 & y_2' \end{vmatrix}}{W(y_1,y_2)} = \frac{rW_1}{W(y_1,y_2)}$$

여기서 W_1은 1열에서 단위크기를 가지는 행렬로서 $W_1 = \begin{vmatrix} 0 & y_2 \\ 1 & y_2' \end{vmatrix}$으로 나타낸다.

$$v' = \frac{\begin{vmatrix} y_1 & 0 \\ y_1' & r \end{vmatrix}}{\begin{vmatrix} y_1 & y_2 \\ y_1' & y_2' \end{vmatrix}} = \frac{ry_1}{W(y_1,y_2)} = \frac{r\begin{vmatrix} y_1 & 0 \\ y_1' & 1 \end{vmatrix}}{W(y_1,y_2)} = \frac{rW_2}{W(y_1,y_2)}$$

여기서 W_2은 2열에서 단위크기를 가지는 행렬로서 $W_2 = \begin{vmatrix} y_1 & 0 \\ y_1' & 1 \end{vmatrix}$으로 나타낸다.

그러므로 u, v는

$$u = \int \frac{-ry_2}{W} dx = \int \frac{rW_1}{W} dx,$$

$$v = \int \frac{ry_1}{W} dx = \int \frac{rW_2}{W} dx$$

가 되어 임의의 특수해 $y_p(x)$는

$$y_p(x) = -y_1\int \frac{ry_2}{W}dx + y_2\int \frac{ry_1}{W}dx,$$

혹은

$$y_p(x) = y_1\int \frac{W_1}{W}rdx + y_2\int \frac{W_2}{W}rdx \qquad 식\ (6.11)$$

가 된다.

[예제 6.18] 다음 미분방정식의 임의의 특수해 $y_p(x)$를 결정하라.

$$y'' + y = \mathrm{cosec}x$$

[풀이]

y_1, y_2를 구하기 위하여 재차미분방정식에서

$$\lambda^2 + 1 = 0 \quad : \quad \lambda = \pm i$$

$y_h = c_1\cos x + c_2\sin x$ 이므로 $y_1 = \sin x$, $y_2 = \cos x$가 된다.

따라서 $W = \begin{vmatrix} \sin x & \cos x \\ \cos x & -\sin x \end{vmatrix} = -1$가 되고

$$y_p(x) = -y_1\int \frac{ry_2}{W}dx + y_2\int \frac{ry_1}{W}dx = \sin x\int (\cos x \circ \frac{1}{\sin x})dx$$

$$- \cos x\int (\sin x \circ \frac{1}{\sin x})dx$$

$$= \sin x \circ \ln x - x\cos x$$

[예제 6.19] 다음 미분방정식의 임의의 특수해 $y_p(x)$를 결정하라.

$$y'' - y = \frac{1}{e^x + 1}$$

[풀이]

y_1, y_2를 구하기 위하여 제차미분방정식에서

$$\lambda^2 - 1 = 0 \quad : \quad \lambda = \pm 1$$

$y_h = c_1 e^x + c_2 e^{-x}$ 이므로 $y_1 = e^x$, $y_2 = e^{-x}$가 된다.

여기서 $W = \begin{vmatrix} e^x & e^{-x} \\ e^x & -e^{-x} \end{vmatrix} = -2$가 되므로

$$\begin{aligned} y_p(x) &= -y_1 \int \frac{r y_2}{W} dx + y_2 \int \frac{r y_1}{W} dx \\ &= e^x \int \frac{1}{2}(e^{-x} \circ \frac{1}{e^x + 1}) dx + e^{-x} \int (-\frac{1}{2} e^x \circ \frac{1}{e^x + 1}) dx \\ &= \frac{1}{2} e^x \int \frac{e^{-x}}{e^x + 1} dx - \frac{1}{2} e^{-x} \int \frac{e^x}{e^x + 1} dx \end{aligned}$$

식 속에 표현되는 적분값을 구하면

(1) $\int \frac{e^{-x}}{e^x + 1} dx$: e^x = t로 치환하면 $e^x dx = dt$

그러므로 $\int \frac{e^{-x}}{e^x + 1} dx = \int \frac{1}{t^2 (t+1)} dt.$

적분을 구하기 위하여 부분분수로 분해하면

$$\frac{1}{t^2(t+1)} = \frac{a}{t} + \frac{b}{t^2} + \frac{ct+d}{t+1} = \frac{a(t^2+t)+b(t+1)+(ct+d)t^2}{t^2(t+1)}$$

$$= \frac{ct^3+(a+d)t^2+(a+b)t+b}{t^2(t+1)}$$

$$= -\frac{1}{t} + \frac{1}{t^2} + \frac{1}{t+1}$$

(여기서 c=0, b=1, a=-1, d=1)

이렇게 하여

$$\int \frac{1}{t^2(t+1)}dt = \int \left(-\frac{1}{t} + \frac{1}{t^2} + \frac{1}{t+1}\right)dt = -\ln t - \frac{1}{t} + \ln(t+1)$$

$$= =-\frac{1}{t} + \ln\left(\frac{t+1}{t}\right) = -e^{-x} + \ln\left(\frac{e^x+1}{e^x}\right)$$

(2) $\int \frac{e^x}{e^x+1}dx$: e^x=t로 치환하면 $e^x dx = dt$

따라서 $\int \frac{e^x}{e^x+1}dx = \int \left(\frac{1}{t+1}\right)dt = \ln|t+1| = \ln|e^x+1|$

그러므로

$$y_p(x) = \frac{1}{2}e^x\left[-e^{-x} + \ln\left(\frac{e^x+1}{e^x}\right)\right] - \frac{1}{2}e^{-x}(\ln|e^x+1|)$$

6.5 매개변수법을 이용한 고계 비제차 미분방정식

매개변수법을 이용하여 고계비제차방정식 풀이의 해법도 2계 비제차방정식의 해법을 그대로 확장해서 적용한다. 가령 2계비제차방정식에서도 언급했지만 (A)기본법칙. (B)합법칙 그리고 (C)수정법칙이 고계에서도 적용되고 매개변수법에 의한 $y_p(x)$를 구하는 문제도 식 (6.11)을 그대로 확장하여

$$y_p(x) = y_1\int \frac{W_1}{W}rdx + y_2\int \frac{W_2}{W}rdx + \ldots\ldots + y_n\int \frac{W_n}{W}rdx \qquad \text{식 (6.11')}$$

으로 표현이 가능하다.

[예제 6.19] 다음 미분방정식의 임의의 특수해 $y_p(x)$를 매개변수법을 이용하여 구하라.

$$y''' - 2y'' + y' = e^x$$

[풀이]

임의의 특수해 $y_p(x) = y_1\int \frac{W_1}{W}rdx + y_2\int \frac{W_2}{W}rdx + y_3\int \frac{W_3}{W}rdx$ 가 되므로 y_1, y_2, y_3을 구하기 위해 제차방정식의 해를 구해야 한다.

제차방정식의 λ에 대한 특성방정식을 세우면

$$\lambda^3 - 2\lambda^2 + \lambda = 0 \quad : \lambda = 0,\ 1(\text{중근})$$

$$y_1 = e^{0x},\ y_2 = e^x,\ y_3 = xe^x$$

$$W = \begin{vmatrix} 1 & e^x & xe^x \\ 0 & e^x & e^x + xe^x \\ 0 & e^x & 2e^x + xe^x \end{vmatrix} = e^{2x},\ W_1 = \begin{vmatrix} 0 & e^x & xe^x \\ 0 & e^x & e^x + xe^x \\ 1 & e^x & 2e^x + xe^x \end{vmatrix} = e^{2x},\ W_2 = \begin{vmatrix} 1 & 0 & xe^x \\ 0 & 0 & e^x + xe^x \\ 0 & 1 & 2e^x + xe^x \end{vmatrix} = -e^x - xe^x$$

$$W_3 = \begin{vmatrix} 1 & e^x & 0 \\ 0 & e^x & 0 \\ 0 & e^x & 1 \end{vmatrix} = e^x \text{ 이므로}$$

임의의 특수해 $y_p(x) = \int \frac{e^{2x}}{e^{2x}} \circ e^x dx + e^x \int \frac{-e^x - xe^x}{e^{2x}} \circ e^x dx + xe^x \int \frac{e^x}{e^{2x}} \circ e^x dx$

$= e^x + [e^x(-x - \frac{1}{2}x^2) + xe^x \circ x] = e^x(1 - x + \frac{1}{2}x^2)$ 가 된다.

[참고] 동일한 문제를 미정계수법으로 풀어서 같은 결과가 같은지 검토해보는 것이 필요하다.

[예제 6.20] 다음 미분방정식의 임의의 특수해 $y_p(x)$를 매개변수법을 이용하여 구하라.

$$y''' - y'' - 2y' = xe^x$$

[풀이]

임의의 특수해 $y_p(x) = y_1 \int \frac{W_1}{W} r dx + y_2 \int \frac{W_2}{W} r dx + y_3 \int \frac{W_3}{W} r dx$ 가 되므로

y_1, y_2, y_3를 구하기 위해 제차방정식의 해를 구해야 한다.
제차방정식의 λ에 대한 특성방정식을 세우면

$$\lambda^3 - \lambda^2 - 2\lambda = 0 \quad : \quad \lambda=0,\ -1,\ 2$$

그러므로 $y_1 = e^{0x}$, $y_2 = e^{-x}$, $y_3 = e^{2x}$

$$W = \begin{vmatrix} 1 & e^{-x} & e^{2x} \\ 0 & -e^{-x} & 2e^{2x} \\ 0 & e^{-x} & 4e^{2x} \end{vmatrix} = -4e^x - 2e^x = -6e^x, \quad W_1 = \begin{vmatrix} 0 & e^{-x} & e^{2x} \\ 0 & -e^{-x} & 2e^{2x} \\ 1 & e^{-x} & 4e^{2x} \end{vmatrix} = 2e^x + e^x = 3e^x$$

$$W_2 = \begin{vmatrix} 1 & 0 & e^{2x} \\ 0 & 0 & 2e^{2x} \\ 0 & 1 & 4e^{2x} \end{vmatrix} = -2e^{2x}, \quad W_3 = \begin{vmatrix} 1 & e^{-x} & 0 \\ 0 & -e^{-x} & 0 \\ 0 & e^{-x} & 1 \end{vmatrix} = -e^{-x}$$

따라서 $y_p(x) = \int \frac{3e^x}{-6e^x} \circ xe^x dx + e^{-x} \int \frac{-2e^{2x}}{-6e^x} \circ xe^x dx + e^{2x} \int \frac{-e^{-x}}{-6e^x} \circ xe^x dx$

$$= -\frac{1}{2}\int xe^x dx + \frac{1}{3}e^{-x}\int xe^{2x} dx + \frac{1}{6}e^{2x}\int xe^{-x} dx$$

위 식을 구하기 위해 다음 각각 항을 부분적분으로 구하면

(1) $\int xe^x dx = e^x x - \int e^x dx = xe^x - e^x$

(2) $\int xe^{2x} dx = \frac{1}{2}e^{2x}x - \frac{1}{2}\int e^{2x} dx = \frac{1}{2}xe^{2x} - \frac{1}{4}e^{2x}$

(3) $\int xe^{-x} dx = -e^{-x}x + \int e^{-x} dx = -e^{-x}x - e^{-x}$

그러므로

$$
\begin{aligned}
y_p(x) &= -\frac{1}{2}(xe^x - e^x) + \frac{1}{3}e^{-x}(\frac{1}{2}xe^{2x} - \frac{1}{4}e^{2x}) + \frac{1}{6}e^{2x}(-e^{-x}x - e^{-x}) \\
&= (-\frac{1}{2} + \frac{1}{6} + \frac{1}{6})xe^x + (\frac{1}{2} - \frac{1}{12} - \frac{1}{6})e^{-x} \\
&= -\frac{1}{6}xe^x + \frac{1}{4}e^{-x}
\end{aligned}
$$

[예제 6.21] 다음 미분방정식의 임의의 특수해 $y_p(x)$를 매개변수법을 이용하여 구하라.

$$y''' + y' = xsinx$$

[풀이]

제차미분방정식의 λ에 대한 해는

$$\lambda = 1,\ \cos x,\ \sin x$$

따라서

$$
W = \begin{vmatrix} 1 & \cos x & \sin x \\ 0 & -\sin x & \cos x \\ 0 & -\cos x & -\sin x \end{vmatrix} = 1,\quad W_1 = \begin{vmatrix} 0 & \cos x & \sin x \\ 0 & -\sin x & \cos x \\ 1 & -\cos x & -\sin x \end{vmatrix} = 1,\quad W_2 = \begin{vmatrix} 1 & 0 & \sin x \\ 0 & 0 & \cos x \\ 0 & 1 & -\sin x \end{vmatrix} = -\cos x
$$

$$
W_3 = \begin{vmatrix} 1 & \cos x & 0 \\ 0 & -\sin x & 0 \\ 0 & -\cos x & 1 \end{vmatrix} = -\sin x
$$

$y_p(x)$는

$$y_p(x) = y_1\int \frac{W_1}{W}rdx + y_2\int \frac{W_2}{W}rdx + y_3\int \frac{W_3}{W}rdx$$

$$= \int xsinxdx - \cos x\int xcosxsinxdx - \sin x\int xsin^2xdx$$

각 항의 적분을 구하면

(1) $\int xsinxdx = -xcosx + \int \cos xdx = -xcosx + \sin x$

(2) $\int xcosxsinxdx = \int xsin2xdx = -\frac{1}{2}\cos 2x + \frac{1}{2}\int \cos 2xdx$

$$= -\frac{1}{2}\cos 2x + \frac{1}{4}\sin 2x$$

(3) $\int xsin^2xdx = \frac{1}{2}\int x(1-\cos 2x)dx = \frac{1}{4}x^2 - \frac{1}{2}\int xcos2xdx$

여기서 $\int xcos2xdx = \frac{1}{2}xsin2x - \frac{1}{2}\int \sin 2xdx = \frac{1}{2}xsin2x + \frac{1}{4}\cos 2x$

따라서 $\int xsin^2xdx = \frac{1}{4}x^2 - \frac{1}{2}(\frac{1}{2}xsin2x + \frac{1}{4}\cos 2x)$

그러므로

$$y_p(x) = -xcosx + \sin x \text{ -cosx}(-\frac{1}{2}\cos 2x + \frac{1}{4}\sin 2x)\text{-sinx}[\frac{1}{4}x^2 - \frac{1}{2}(\frac{1}{2}xsin2x + \frac{1}{4}\cos 2x)]$$

6장 연습문제

1. 다음 미분방정식의 일반해를 구하라.

(1) $y'' - 5y' - 6y = 4e^x$ (2) $y'' + 9y = 2x$ (3) $y'' - y' - 12y = \sin x$

2. 위 문제중 (1), (2)번 문제에서 다음 초기조건을 만족하는 특수해를 구하라.

$$y(0) = 0,\ y'(0) = 0$$

3. 다음 미분방정식의 임의의 특수해 $y_p(x)$를 구하라.

(1) $y'' + 2y = e^x + 3\sin x$ (2) $y'' - 2y' = x^3 + 2x$

(3) $y'' + 6y' + 9y = e^{-3x}$ (4) $y'' + 16y = \sin 4x + 2$

4. 다음 미분방정식의 일반해를 구하라.

(1) $y''' - y'' - 12y' = e^{4x} + x^3 + 1$ (2) $y'''' - y''' = x^2 + \sin x$

5. 다음 미분방정식의 임의의 특수해 $y_p(x)$를 매개변수법을 이용하여 구하라.

(1) $y'' + 4y = 2x$ (2) $y''' - 2y'' - 3y' = 4e^{2x}$

Chapter 7
거듭제곱 급수해법

7.1 거듭제곱급수

6장까지는 상수계수를 갖는 선형미분방정식의 해법에 대해 알아보았다. 그러나 물리학이나 공학분야에서 많이 활용될 수 있는 상수계수가 아닌 변수계수를 갖는 선형미분방정식의 급수해법중 거듭제곱 급수에 대해 알아보고자 한다.

$$y'' + p(x)y' + q(x)y = r(x) \qquad \text{식 (7.1)}$$

우선 $x = x_0$에서 거듭제곱 급수(power series) 혹은 멱급수는 다음과 같이 $x - x_0$의 거듭제곱 급수로 표시할 수 있다.

$$\sum_{m=0}^{\infty} c_m (x - x_0)^m = c_0 + c_1(x - x_0) + c_2(x - x_0)^2 + \dots \qquad \text{식 (7.2)}$$

여기서 x는 급수의 변수, x_0는 급수의 중심, c_0, c_1, c_2, 는 급수의 계수(coefficient)라 한다.

만약 x_0 = 0이라면 식 (7.2)는 다음과 같이 x에 대한 거듭제곱급수가 된다.

$$\sum_{m=0}^{\infty} c_m x = c_0 + c_1 x + c_2 x^2 + \dots \qquad \text{식 (7.3)}$$

함수 $f(x)$를 x에 대해 거듭제곱 급수로 전개할 수 있다면

$$\begin{aligned}
f(x) &= c_0 + c_1 x + c_2 x^2 + c_3 x^3 + \dots + c_n x^n + \dots. \\
f'(x) &= \quad c_1 + 2c_2 x + 3c_3 x^2 + \dots + nc_n x^{n-1} + \dots. \\
f''(x) &= \quad + 2c_2 + 3 \cdot 2c_3 x + \dots + n(n-1)c_n x^{n-2} + \dots. \\
f'''(x) &= \quad + 3 \cdot 2 \cdot 1c_3 + \dots + n(n-1)(n-2)c_n x^{n-3} + \dots. \\
& \dots\dots\dots\dots\dots\dots\dots\dots\dots\dots \\
f^n(x) &= \quad n!c_n + \dots\dots\dots\dots
\end{aligned}$$

위 식에서 x = 0을 대입하면

$$c_0 = f(0),\ c_1 = \frac{f'(0)}{1!},\ c_2 = \frac{f''(0)}{2!},\ \ldots\ldots,\ c_n = \frac{f^n(0)}{n!}$$

가 되어 함수 f(x)는

$$f(x) = f(0) + \frac{f'(0)}{1!}x + \frac{f''(0)}{2!}x^2 + \ \ldots\ldots\ + \frac{f^n(0)}{n!}x + \ ..$$
$$= \sum_{m=0}^{\infty} \frac{f^m(0)}{m!}x^m \qquad \text{식 (7.4)}$$

으로 표현할 수 있어 이것을 Maclaurin의 정리라고 한다.

가령 sinx, cosx, e^x를 Maclaurin의 정리에 의해 전개하면

(1) sinx

$$y = \sin x,\ y' = \cos x,\ y'' = -\sin x,\ y''' = -\cos x,\ \ \ldots\ldots\ldots$$
$$\therefore\ y(0) = 0,\ y'(0) = 1,\ y''(0) = 0,\ y'''(0) = -1,\ \ \ldots. \ \text{이기에}$$
$$\sin x = x - \frac{x^3}{3!} + \frac{x^5}{5!} - \frac{x^7}{7!} + \ \ldots\ldots\ = \sum_{m=0}^{\infty} \frac{(-1)^m x^{2m+1}}{(2m+1)!}$$

가 된다.

(2) cosx

$$y = \cos x,\ y' = -\sin x,\ y'' = -\cos x,\ y''' = \sin x,\ \ \ldots\ldots\ldots$$
$$\therefore\ y(0) = 1,\ y'(0) = 0,\ y''(0) = -1,\ y'''(0) = 0,\ \ \ldots. \ \text{이므로}$$
$$\cos x = 1 - \frac{x^2}{2!} + \frac{x^4}{4!} - \frac{x^6}{6!} + \ \ldots\ = \sum_{m=0}^{\infty} \frac{(-1)^m x^{2m}}{(2m)!}$$

(3) e^x

$$y = e^x,\ y' = e^x,\ y'' = e^x,\ y''' = e^x,\ \ \ldots$$
$$\text{따라서}\ y(0) = 1,\ y'(0) = 1,\ y''(0) = 1,\ \ \ldots. \ \text{이므로}$$
$$e^x = 1 + \frac{1}{1!}x + \frac{1}{2!}x^2 + \frac{1}{3!}x^3 + \ \ldots\ = \sum_{m=0}^{\infty} \frac{x^m}{m!}$$

(4) $\frac{1}{1-x}$

$$y=\frac{1}{1-x},\ y^{'}=\frac{1}{(1-x)^2},\ y^{''}=\frac{2(1-x)}{(1-x)^4}=\frac{2}{(1-x)^3},$$

$$y^{'''}=\frac{3\cdot 2(1-x)^2}{(1-x)^6}=\frac{3\cdot 2}{(1-x)^4},\quad .....$$

$$y(0)=1,\ y^{'}(0)=1,\ y^{''}(0)=\frac{2!}{1},\ y^{'''}(0)=\frac{3!}{1},\quad ....$$

그러므로

$$\frac{1}{1-x}=1+x+x^2+x^3+\ \dots\ =\sum_{m=0}^{\infty}x^m$$

가 된다.
같은 방식으로

(5) $\sinh x=x+\frac{x^3}{3!}+\frac{x^5}{5!}+\ \dots\ =\sum_{m=0}^{\diamond}\frac{x^{2m+1}}{(2m+1)!}$

(6) $\cosh x=1+\frac{x^2}{2!}+\frac{x^4}{4!}+\ \dots\ =\sum_{m=0}^{\diamond}\frac{x^{2m}}{(2m)!}$

(7) $\ln(1+x)=x-\frac{x^2}{2}+\frac{x^3}{3}-\frac{x^4}{4}+....=\sum_{m=1}^{\infty}\frac{(-1)^{m+1}x^m}{m}$

가 된다.

[참고] 식 (7.4)와 유사하게 아래와 같이 표현되는 급수를 $x=x_0$에서 함수 $f(x)$의 테일러 급수 (Taylor series)라고 한다.

$$f(x)=f(x_0)+\frac{f^{'}(x_0)}{1!}(x-x_0)+\frac{f^{''}(x_0)}{2!}(x-x_0)^2+\ ......\ +\frac{f^n(x_0)}{n!}(x-x_0)^n+\ ..$$

$$=\sum_{m=0}^{\infty}\frac{f^m(x_0)}{m!}(x-x_0)^m \qquad \text{식 (7.5)}$$

이것은 식 (7.4)의 Maclaurin의 정리에서 x대신에 x+h로 대치시켜 구할 수도 있다. 즉

$$f(x+h)=F(h)$$

여기서 $F(0)=f(x)$, $F^{n}(0)=f^{n}(x)$, (n=1, 2, ..)
F(h)를 h의 멱 급수로 전개하면

$$F(h)=F(0)+\frac{F'(0)}{1!}h+\frac{F''(0)}{2!}h^2+\ \dots\ +\frac{F^{(n-1)}(0)}{(n-1)!}h^{n-1}+R_n$$

F(h)를 f(x+h)함수로 바꾸면

$$f(x+h)=f(x)+\frac{f'(x)}{1!}h+\frac{f''(x)}{2!}h^2+\ \dots\ +\frac{f^{(n-1)}(x)}{(n-1)!}h^{n-1}+R_n$$

이렇게 표현되는 식을 Taylor의 정리하고 하고 $n\to\infty$인 경우에는 Taylor 급수라고 한다.

7.2 급수 해법

다음과 같은 변수계수를 갖는 2계 제차 선형미분방정식에서 p(x)와 q(x)가 x의 거듭제곱급수로 표현된다고 하면

$$y'' + p(x)y' + q(x)y = 0 \qquad \text{식 (7.6)}$$

해는 거듭제곱급수로 나타낼 수 있고 주어진 2계미분방정식의 풀이를 위해 y, y', y''를 거듭제곱 모습으로 표현하면

$$y = \sum_{m=0}^{\infty} c_m x^m = c_0 + c_1 x + c_2 x^2 + \dots \qquad \text{식 (7.7a)}$$

$$y' = \sum_{m=1}^{\infty} m c_m x^{m-1} = c_1 + 2c_2 x + 3c_3 x^2 + 4c_4 x^3 + \dots \qquad \text{식 (7.7b)}$$

$$y'' = \sum_{m=2}^{\infty} m(m-1) c_m x^{m-2} = 2c_2 + 3 \cdot 2c_3 x + 4 \cdot 3c_4 x^2 + \dots \qquad \text{식 (7.7c)}$$

가 된다.

식 (7.7b)와 식 (7.7c)에서 보는바와 같이 각각 m가 1, 2에서 시그마가 시작하는 것을 주의하고 이러한 성질을 이용하여 간단한 미분방정식에 적용하여 거듭제곱 해법의 유용성을 살펴보기로 한다.

[예제 7.1] 다음 미분방정식을 거듭제곱 해법으로 풀어라.

$$y' + y = 0$$

[풀이]

주어진 미분방정식을 거듭제곱 해법으로 풀기위하여 식 (7.7a)와 식 (7.7b)를 방정식에 대입하면

$$(c_1 + 2c_2 x + 3c_3 x^2 + 4c_4 x^3 + \dots) + (c_0 + c_1 x + c_2 x^2 + \dots) = 0$$

이것을 동류항끼리 정리하면

$$(c_0 + c_1) + (2c_2 + c_1)x + (3c_3 + c_2)x^2 + \dots = 0$$

그러므로 각 항의 계수가 0이면 위 방정식이 만족하므로

$$c_0 + c_1 = 0 \ : \ c_0 = -c_1$$

$$2c_2 + c_1 = 0 \ : \ c_2 = -\frac{c_1}{2!} = \frac{c_0}{2!}$$

$$3c_3 + c_2 = 0 \ : \ c_3 = -\frac{c_2}{3} = -\frac{c_0}{3!}$$

따라서 일반해 y는

$$y = \sum_{m=0}^{\infty} c_m x^m = c_0 + c_1 x + c_2 x^2 + \ldots = c_0 (1 - x + \frac{1}{2!} x^2 - \frac{1}{3!} x^3 + \ ..)$$

$$= c_0 e^{-x}$$

가 되어 이것은 1장에서의 풀이와 일치하게 된다.

[예제 7.2] 다음 미분방정식을 거듭제곱 해법으로 풀어라.

$$y' - 2y = 0$$

[풀이]

역시 주어진 미분방정식을 거듭제곱 해법으로 풀기위하여 식 (7.7a)와 식 (7.7b)를 방정식에 대입하면

$$(c_1 + 2c_2 x + 3c_3 x^2 + 4c_4 x^3 + \ldots) - 2(c_0 + c_1 x + c_2 x^2 + \ldots) = 0$$

이것을 동류항끼리 정리하면

$$(2c_0 - c_1) + (2c_2 - 2c_1)x + (3c_3 - 2c_2)x^2 + \ \ldots = 0$$

그러므로 각 항의 계수가 0이면 위 방정식이 만족하므로

$$2c_0 - c_1 = 0 \ : \ c_1 = 2c_0$$

$$2c_2 - 2c_1 = 0 \ : \quad c_2 = \frac{2c_1}{2!} = 2c_0$$

$$3c_3 - 2c_2 = 0 \ : \ c_3 = \frac{2c_2}{3} = \frac{2 \cdot 2c_0}{3}$$

따라서 주어진 미분방정식의 해는

$$y = c_0 + c_1 x + c_2 x^2 + \ldots \ = c_0 + 2c_0 x + 2c_0 x^2 + \frac{2 \cdot 2c_0}{3} x^3 + \ \ ,,,,,$$

$$= c_0 [1 + \frac{1}{1!}(2x) + \frac{1}{2!}(2x)^2 + \frac{1}{3!}(2x)^3 + \ \ldots]$$

$$= c_0 e^{2x}$$

[예제 7.3] 다음 미분방정식을 거듭제곱 해법으로 풀어라.

$$y'' + y = 0$$

[풀이]
식 (7.7a)와 식 (7.7b)을 방정식에 대입하면

$$2c_2 + 3 \cdot 2c_3 x + 4 \cdot 3c_4 x^2 + \ldots \ + (c_0 + c_1 x + c_2 x^2 + \ldots) = 0$$

같은 항을 모아 정리하면

$$(2c_2 + c_0) + (3 \cdot 2c_3 + c_1)x + (4 \cdot 3c_4 + c_2)x^2 + \ \ldots = 0$$

각 항의 계수가 0이면 방정식이 만족하므로

$$2c_2 + c_0 = 0 \ : \ c_2 = -\frac{c_0}{2!}$$

$$3 \cdot 2c_3 + c_1 = 0 \ : \ c_3 = -\frac{c_1}{3!}$$

$$4 \cdot 3c_4 + c_2 = 0 \ : \ c_4 = -\frac{c_2}{4 \cdot 3} = \frac{c_0}{4!}$$

여기서 자세히 살펴보면 c_0, c_1사이의 연관성은 없음을 알 수 있고 모든 계수는 c_0, c_1항으로 아래와 같이 표현할 수 있다. 즉

$$\begin{aligned} y &= \sum_{m=0}^{\infty} c_m x^m = c_0 + c_1 x + c_2 x^2 + \ldots \\ &= c_0\left(1 - \frac{x^2}{2!} + \frac{x^4}{4!} - \frac{x^6}{6!} + \ \ldots\right) + c_1\left(x - \frac{x^3}{3!} + \frac{x^5}{5!} - \frac{x^7}{7!} + \ \ldots\ldots\right) \\ &= c_0 \cos x + c_1 \sin x \end{aligned}$$

가 되어 2장에서 행하였던 풀이와 일치한다.

[예제 7.4] 다음 미분방정식을 거듭제곱 해법으로 풀어라.

$$y'' + xy = 0$$

[풀이] 주어진 미분방정식을 거듭제곱 해법으로 풀기위하여 식 (7.7a)와 식 (7.7b)을 방정식에 대입하면

$$\sum_{m=2}^{\infty} m(m-1)c_m x^{m-2} + \sum_{m=0}^{\infty} c_m x^{m+1} = 0$$

두 급수항에서 x의 차수를 동일하게 하기 위하여 차수 이동을 시켜 우선 첫 번째 항은

$$\sum_{m=2}^{\infty} m(m-1)c_m x^{m-2} = \sum_{m=0}^{\infty} (m+2)(m+1)c_{m+2} x^m$$

두 번째 항은

$$\sum_{m=0}^{\infty} c_m x^{m+1} = \sum_{m=1}^{\infty} c_{m-1} x^m$$

이렇게 하여 주어진 미분방정식은 아래와 같이 표현할 수 있다.

$$\sum_{m=0}^{\infty}(m+2)(m+1)c_{m+2}x^m + \sum_{m=1}^{\infty}c_{m-1}x^m = 0$$

여기서 다음과 같이 첫째식의 첫째항을 별도로 표기하고 첫째항을 제외한 $m \geq 1$부터는 식을 합할 수 있다.

$$2c_2+\sum_{m=1}^{\infty}[(m+2)(m+1)c_{m+2}+c_{m-1}]x^m=0$$

이 식에서

$$c_2=0$$

$$(m+2)(m+1)c_{m+2}+c_{m-1}=0 \quad : \quad c_{m+2}=-\frac{c_{m-1}}{(m+2)(m+1)} \ \text{(m=1, 2, 3, ...)}$$

$$c_3=-\frac{c_0}{3\times 2}, \qquad c_4=-\frac{c_1}{4\times 3}$$

$$c_5=-\frac{c_2}{5\times 4}=0$$

$$c_6=-\frac{c_3}{6\times 5}=\frac{4c_0}{6!}$$

$$c_7=-\frac{c_4}{7\times 6}=\frac{5c_1}{7!}$$

$$c_8=-\frac{c_5}{8\times 7}=0$$

그러므로

$$y=\sum_{m=0}^{\infty}c_m x^m=c_0+c_1x+c_2x^2+\dots$$

$$= c_0+c_1x+0\times x^2-\frac{c_0}{3\times 2}x^3-\frac{c_1}{4\times 3}x^4+0\times x^5+\frac{4c_0}{6!}x^6+\frac{5c_1}{7!}x^7+0\times x^8+ \ ,,,,,$$

$$= c_0(1-\frac{1}{3\times 2}x^3+\frac{4}{6!}x^6+ \ \dots)+c_1(x-\frac{1}{4\times 3}x^4+\frac{5}{7!}x^7+ \ \dots)$$

[참고] 해석적 함수, 정칙점, 특이점

해석적함수, 정착점, 특이점의 개념을 간략히 살펴보면 먼저 해석점 함수란 함수 $f(x)$가 수렴반지름 R >0내에서 아래와 같이 $x-x_0$에 관한 거듭제곱급수 형태로 표현되면 함수 $f(x)$는 점 $x=x_0$에서 해석적(analytic)이라 한다.

$$\sum_{m=0}^{\infty} c_m (x-x_0)^m = c_0 + c_1(x-x_0) + c_2(x-x_0)^2 + \ldots$$

여기서 c_m는 임의의 상수이고 수렴반지름은 다음과 같이 구할 수 있다.

급수 $\sum_{m=0}^{\infty} c_m (x-x_0)^m$의 계수가 $\lim_{n\to\infty}\left|\frac{c_{m+1}}{c_m}\right| = \rho$를 만족하면 수렴반지름 R은

(1) $0 < \rho < \infty$ 인 경우는 $R = \frac{1}{\rho}$이다.

(2) ρ = 0 일 때 $R = \infty$이다.

(3) $\rho = \infty$이면 R=0이다.

식 (7.6)에서 p(x)와 q(x) 모두 $x=x_0$에서 해석적이면 점 $x=x_0$를 식 (7.6)의 정칙점(regular point)이라 하고 점 $x=x_0$에서 정칙점이 아니면 특이점(singular point)이라 한다.(정칙점을 보통점, 정상점(ordinary point)이라 하기도 함) 또한 특이점 $x=x_0$에서 $(x-x_0)p(x)$와 $(x-x_0)^2q(x)$ 모두 $x=x_0$에서 해석적이면 점 $x=x_0$를 식 (7.6)의 정칙특이점(regular singular point)이라 하고 정칙특이점이 아닌 특이점을 비정칙특이점(irregular singular point)이라 한다.

[예제 7.5] 다음 미분방정식에서 정칙점, 특이점을 판별하라.

$$x^2(x-3)^3y'' + x(x-3)y' + y = 0$$

[풀이]

주어진 미분방정식을 표준형으로 즉 y''의 계수를 1로 만들어 정리하면

$$y'' + \frac{1}{x(x-3)^2}y' + \frac{1}{x^2(x-3)^3}y = 0$$

여기서 $p(x) = \frac{1}{x(x-3)}$, $q(x) = \frac{1}{x^2(x-3)^2}$가 되므로

x = 0, 3은 특이점이 되고 이 점을 제외한 나머지 모든 점은 정칙점이다. 또한 $xp(x)$와 $x^2q(x)$는 x = 0에서 해석적이기에 x = 0는 정칙특이점이 되고 $(x-3)p(x)$와 $(x-3)^2q(x)$는 x=3에서 해석적이 아니므로 x=3은 비정칙특이점이 된다.

[정리] 식 (7.6)에서 p(x)와 q(x) 모두 $x = x_0$에서 해석적이면 식 (7.6)의 모든 해도 $x = x_0$에서 해석적이므로 수렴반지름 R이 $R > 0$인 $x = x_0$의 거듭제곱 급수로서 표현될 수 있다.
이렇게 하여 미분방정식의 일반해는 아래 식으로 나타낼 수 있다. 즉

$$y = \sum_{m=0}^{\infty} c_m (x - x_0)^m = c_0 y_1 + c_1 y_2 \qquad \text{식 (7.8)}$$

여기서 y_1과 y_2는 $x = x_0$에서 해석적이고 서로 일차독립인 관계가 된다.

[예제 7.6] 다음 미분방정식에서 x=0 근방에서의 급수해를 구하라.

$$(1-x^2)y'' + xy' + 2y = 0$$

[풀이] 주어진 미분방정식을 정리하면

$$y'' + \frac{x}{1-x^2}y' + \frac{2}{1-x^2}y = 0$$

에서 $p(x) = \frac{x}{1-x^2}$, $q(x) = \frac{2}{1-x^2}$으로 x=0에서 p(x)와 q(x)는 해석적이 되므로 주어진 미분방정식은 급수해가 존재한다.

그러므로 해는 $y = \sum_{m=0}^{\infty} c_m x^m$라고 하면

$$y' = \sum_{m=1}^{\infty} mc_m x^{m-1}, \quad y'' = \sum_{m=2}^{\infty} m(m-1)c_m x^{m-2}$$

으로 표현할 수 있고 이것을 주어진 미분방정식에 대입하면

$$(1-x^2)\sum_{m=2}^{\infty} m(m-1)c_m x^{m-2} + x\sum_{m=1}^{\infty} mc_m x^{m-1} + 2\sum_{m=0}^{\infty} c_m x^m = 0$$

이 식을 전개하면

$$\sum_{m=2}^{\infty} m(m-1)c_m x^{m-2} - \sum_{m=2}^{\infty} m(m-1)c_m x^m + \sum_{m=1}^{\infty} mc_m x^m + 2\sum_{m=0}^{\infty} c_m x^m = 0$$

x의 차수를 x^m으로 맞추면

$$\sum_{m=0}^{\infty} (m+2)(m+1)c_{m+2} x^m - \sum_{m=2}^{\infty} m(m-1)c_m x^m + \sum_{m=1}^{\infty} mc_m x^m + 2\sum_{m=0}^{\infty} c_m x^m = 0$$

$$\text{m=0}, \quad 2c_2 + 2c_0 = 0 \quad : \quad c_2 = -c_0$$

$$\text{m=1}, \quad 3\times 2c_3 + c_1 + 2c_1 = 0 \quad : \quad c_3 = -\frac{1}{2}c_1$$

$m \geq 2$인 경우에는 네개항 전체 합의 형태로 나타나므로

$$(m+2)(m+1)c_{m+2} - m(m-1)c_m + mc_m + 2c_m = 0$$

다시 정리하면

$$(m+2)(m+1)c_{m+2} + (-m^2 + 2m + 2)c_m = 0$$

따라서 순환계수는

$$c_{m+2} = \frac{m^2 - 2m - 2}{(m+2)(m+1)}c_m \quad (m \geq 2)$$

이것을 이용하여 계수를 구하면

$$c_4 = \frac{4-4-2}{4\times3}c_2 = -\frac{1}{6}c_2 = \frac{1}{6}c_0,$$

$$c_5 = \frac{9-6-2}{5\times4}c_3 = \frac{1}{20}(-\frac{1}{2})c_1 = -\frac{1}{40}c_1$$

그러므로 일반해는

$$y = c_0 + c_1x - c_0x^2 - \frac{1}{2}c_1x^3 + \frac{1}{6}c_0x^4 - \frac{1}{40}c_1x^4 + \dots$$

$$= c_0(1 - x^2 + \frac{1}{6}x^4 + ..) + c_1(x - \frac{1}{2}x^3 + \dots)$$

[정리] 비제차 변수계수를 갖는 2계 선형미분방정식

$$y'' + p(x)y' + q(x)y = r(x) \qquad \text{식 (7.9)}$$

의 경우에는 $p(x)$, $q(x)$, $r(x)$ 모두 $x = x_0$에서 해석적이라면 식 (7.8)의 모든 해도 $x = x_0$에서 해석적이라고 할 수 있어 수렴반지름 R이 $R > 0$인 $x = x_0$의 거듭제곱 급수로서 표현될 수 있다. 이렇게 하여 식 (7.9)의 일반해는 다음과 같이 쓸 수 있다.

$$y = c_0y_1 + c_1y_2 + y_p \qquad \text{식 (7.10)}$$

여기서 c_0, c_1은 상수, y_1과 y_2는 $x = x_0$에서 해석적이며 서로 일차독립인 식 (7.6)의 제차미분방정식의 급수해가 되고 y_p는 $x = x_0$에서 해석적인 비제차 미분방정식의 임의의 특수해가 된다.

[예제 7.7] 다음 비제차 미분방정식을 거듭제곱 해법으로 풀어라.

$$y'' + x^2y' + y = x + 1$$

[풀이] 주어진 미분방정식을 거듭제곱 해법으로 풀기위하여 식 (7.7a), (7.7b), (7.7c)을 방정식에 대입하면

$$\sum_{m=2}^{\infty} m(m-1)c_mx^{m-2} + x^2\sum_{m=1}^{\infty} mc_mx^{m-1} + \sum_{m=0}^{\infty} c_mx^m = x + 1$$

다시 정리하면

$$\sum_{m=2}^{\infty} m(m-1)c_m x^{m-2} + \sum_{m=1}^{\infty} mc_m x^{m+1} + \sum_{m=0}^{\infty} c_m x^m = x+1$$

x의 차수를 m으로 맞추기 위해 첫째항은

$$\sum_{m=2}^{\infty} m(m-1)c_m x^{m-2} = \sum_{m=0}^{\infty} (m+2)(m+1)c_{m+2}x^m$$

두 번째 항은

$$\sum_{m=1}^{\infty} mc_m x^{m+1} = \sum_{m=2}^{\infty} (m-1)c_{m-1}x^m$$

따라서 정리하면

$$\sum_{m=0}^{\infty} (m+2)(m+1)c_{m+2}x^m + \sum_{m=2}^{\infty} (m-1)c_{m-1}x^m + \sum_{m=0}^{\infty} c_m x^m = x+1$$

좌변항의 첫 번째와 세 번째항의 m=0,1인 경우를 별도로 정리하고 $m \geq 2$일때는 세 개항 전체 묶을 수 있다. 즉

$$2c_2 + c_0 + 3\times 2c_3 x + c_1 x + [\sum_{m=2}^{\infty} (m+2)(m+1)c_{m+2} + \sum_{m=2}^{\infty} (m-1)c_{m-1} + \sum_{m=2}^{\infty} c_m]x^m = x+1$$

양변에 x^0, x^1의 계수를 비교하면

$$2c_2 + c_0 = 1,\ 6c_3 + c_1 = 1 \ : \ c_2 = \frac{1-c_0}{2},\ c_3 = \frac{1-c_1}{6}$$

x^m의 계수에서 $(m+2)(m+1)c_{m+2} + (m-1)c_{m-1} + c_m = 0 \quad (m \geq 2)$
따라서 순환계수는

$$c_{m+2} = \frac{-(m-1)c_{m-1} - c_m}{(m+2)(m+1)} \quad (m \geq 2)$$

$$m=2, \quad c_4 = \frac{-c_1 - c_2}{4\times 3} = \frac{-c_1 - \frac{1-c_0}{2}}{12} = \frac{-1-2c_1+c_0}{24}$$

$$m=3, \quad c_5 = \frac{-2c_2 - c_3}{5\times 4} = \frac{c_0 - 1 - \frac{1-c_1}{6}}{20} = \frac{-7+6c_0+c_1}{120}$$

일반해는

$$y = c_0 + c_1 x + (\frac{1-c_0}{2})x^2 + (\frac{1-c_1}{6})x^3 + (\frac{-1-2c_1+c_0}{24})x^4 + \ ....$$

[예제 7.8] 다음 비제차 미분방정식을 거듭제곱 해법으로 풀어라.

$$y'' + xy' + y = e^x$$

[풀이]

y와 e^x의 급수로 표현하면

$$y = \sum_{m=0}^{\infty} c_m x^m, \ e^x = \sum_{m=0}^{\infty} \frac{x^m}{m!}$$

과 같이 되고 이것을 주어진 미분방정식에 대입하면

$$\sum_{m=2}^{\infty} m(m-1)c_m x^{m-2} + x\sum_{m=1}^{\infty} mc_m x^{m-1} + \sum_{m=0}^{\infty} c_m x^m = \sum_{m=0}^{\infty} \frac{x^m}{m!}$$

이 식을 다시 정리하면

$$\sum_{m=2}^{\infty} m(m-1)c_m x^{m-2} + \sum_{m=1}^{\infty} mc_m x^m + \sum_{m=0}^{\infty} c_m x^m - \sum_{m=0}^{\infty} \frac{x^m}{m!} = 0$$

다시 x의 차수를 맞추면

$$\sum_{m=0}^{\infty}(m+2)(m+1)c_{m+2}x^m + \sum_{m=1}^{\infty} mc_m x^m + \sum_{m=0}^{\infty} c_m x^m - \sum_{m=0}^{\infty}\frac{x^m}{m!} = 0$$

m=0인 경우가 제일 낮은 차수가 되고 m=1부터는 4개항 모두 한 묶음으로 생각할 수 있으므로

$$2c_2 + c_0 - 1 + \sum_{m=1}^{\diamond}[(m+2)(m+1)c_{m+2} + mc_m + c_m - \frac{1}{m!}]x^m = 0$$

그러므로 계수를 구하면

$$2c_2 + c_0 - 1 = 0 \quad : \quad c_2 = \frac{1-c_0}{2}$$

$$\text{m=1,} \quad 3\times 2c_3 + 2c_1 - 1 = 0 \quad : \quad c_3 = \frac{1-2c_1}{6}$$

$$\text{m=2,} \quad 4\times 3c_4 + 3c_2 - \frac{1}{2!} = 0 : c_4 = \frac{\frac{1}{2!} - 3c_2}{12} = \frac{\frac{1}{2!} - 3(\frac{1-c_0}{2})}{12} = \frac{\frac{-2+3c_0}{2}}{12} = \frac{3c_0-2}{24}$$

일반해는

$$y = c_0 + c_1 x + (\frac{1-c_0}{2})x^2 + (\frac{1-2c_1}{6})x^3 + (\frac{3c_0-2}{24})x^4 + \ .....$$

[예제 7.9] 다음 비제차 미분방정식의 x=0 근방에서의 급수해를 구하라.

$$y'' + (\sin x)y = e^x$$

[풀이] x=0은 정칙점이므로 급수해를 갖고 급수해의 형태는 식 (7.10)과 같은 형태가 된다. 급수해를 구하기 위해 y, y''와 함께 $\sin x$와 e^x의 급수로 표현하면

$$y = \sum_{m=0}^{\infty} c_m x^m = c_0 + c_1 x + c_2 x^2 + \ldots$$

$$y'' = \sum_{m=2}^{\infty} m(m-1)c_m x^{m-2} = 2c_2 + 3 \cdot 2c_3 x + 4 \cdot 3c_4 x^2 + \ldots$$

$$\sin x = x - \frac{x^3}{3!} + \frac{x^5}{5!} - \frac{x^7}{7!} + \ \ldots\ldots \ = \sum_{m=0}^{\infty} \frac{(-1)^m x^{2m+1}}{(2m+1)!}$$

$$e^x = 1 + \frac{1}{1!}x + \frac{1}{2!}x^2 + \frac{1}{3!}x^3 + \ \ldots \ = \sum_{m=0}^{\infty} \frac{x^m}{m!}$$

가 되므로 이 식들을 주어진 미분방정식에 대입하면

$$(2c_2 + 3 \cdot 2c_3 x + 4 \cdot 3c_4 x^2 + \ldots) + (x - \frac{x^3}{3!} + \frac{x^5}{5!} - \frac{x^7}{7!} + \ \ldots\ldots\ )(c_0 + c_1 x + c_2 x^2 + \ldots)$$

$$= 1 + \frac{1}{1!}x + \frac{1}{2!}x^2 + \frac{1}{3!}x^3 + \ \ldots$$

좌변과 우변의 급수전개된 항의 계수를 비교하면

x^0의 계수, $2c_2 = 1$: $\quad c_2 = \frac{1}{2}$

x^1의 계수, $6c_3 + c_0 = 1$: $\quad c_3 = \frac{1 - c_0}{6}$

x^2의 계수. $12c_4 + c_1 = \frac{1}{2}$: $c_4 = \frac{\frac{1}{2} - c_1}{12} = \frac{1 - 2c_1}{24}$

x^3의 계수, $20c_5 + c_2 - \frac{c_0}{3!} = \frac{1}{3!}$: $c_5 = \frac{1}{20}(\frac{1}{3!} + \frac{c_0}{3!} - \frac{1}{2})$

$$= \frac{1}{120}c_0 - \frac{1}{3}$$

따라서 일반해는

$$y = c_0 + c_1 x + c_2 x^2 + \ldots$$

$$= c_0 + c_1 x + \frac{1}{2}x^2 + (\frac{1-c_0}{6})x^3 + (\frac{1-2c_1}{24})x^4 + (\frac{1}{120}c_0 - \frac{1}{3})x^5 + ...$$

$$= c_0(1 - \frac{1}{6}x^3 + \frac{1}{120}x^5 + ...) + c_1(x - \frac{1}{12}x^4 + ...) + \frac{1}{2}x^2 + \frac{1}{6}x^3 + \frac{1}{24}x^4 - \frac{1}{3}x^5 + ...$$

여기서 기본계 y_1, y_2와 임의 특수해 y_p는

$$y_1 = 1 - \frac{1}{6}x^3 + \frac{1}{120}x^5 + ..., \quad y_2 = (x - \frac{1}{12}x^4 + ...$$

$$y_p = \frac{1}{2}x^2 + \frac{1}{6}x^3 + \frac{1}{24}x^4 - \frac{1}{3}x^5 + ...$$

가 된다.

7.3 르장드르(Legendre)방정식

7.3.1 르장드르 방정식

보통 물리학에서 다음과 같은 미분방정식으로 표현되는 경우가 있는데 이것을 차수가 n인 르장드르방정식(Legendre's equation of order n)이라 한다.

$$(1-x^2)y'' - 2xy' + n(n+1)y = 0,\ n \ge 0 \qquad \text{식 (7.11)}$$

$$[(1-x^2)y']' + n(n+1)y = 0,\ n \ge 0 \qquad \text{식 (7.12)}$$

주어진 미분방정식을 다시 간단히 표현하면

$$y'' - \frac{2x}{1-x^2}y' + \frac{n(n+1)}{1-x^2}y = 0$$

여기서 n는 실수를 나타내고 $p(x) = -\dfrac{2x}{1-x^2}$, $q(x) = \dfrac{n(n+1)}{1-x^2}$이므로 $x=0$에서 식 (7.11)의 정칙점이 된다. 따라서 이 방정식에 대한 해는 아래와 같이 표시되고

$$y = \sum_{m=0}^{\infty} c_m x^m$$

이것을 주어진 방정식에 대입하면

$$(1-x^2)\sum_{m=1}^{\infty} m(m-1)c_m x^{m-2} - 2x\sum_{m=1}^{\infty} mc_m x^{m-1} + n(n+1)\sum_{m=0}^{\infty} c_m x^m = 0$$

가 되어 이것을 전개하면

$$\sum_{m=1}^{\infty} m(m-1)c_m x^{m-2} - \sum_{m=1}^{\infty} m(m-1)c_m x^m - 2\sum_{m=1}^{\infty} mc_m x^m + n(n+1)\sum_{m=0}^{\infty} c_m x^m = 0 \qquad \text{식 (7.13)}$$

이것을 상세히 항목별 나타내면
첫째항

$$\sum_{m=1}^{\infty} m(m-1)c_m x^{m-2} = 2 \cdot 1c_2 + 3 \cdot 2c_3 x + \text{.........} + (c+2)(s+1)c_{s+2}x^s + \text{......}$$

여기서 x^s의 계수를 구하기 위해 m-2=s 이므로 m=s+2가 된다.

둘째항

$$-\sum_{m=1}^{\infty} m(m-1)c_m x^m = -2c_2 x^2 - \ \ldots \ -s(s-1)c_s x^s - \ \ldots$$

셋째항

$$-2\sum_{m=1}^{\infty} mc_m x^m = -2c_1 x - \ \ldots \ -2sc_s x^s - \ \ldots$$

넷째항

$$n(n+1)\sum_{m=0}^{\infty} c_m x^m = k\sum_{m=0}^{\infty} c_m x^m = kc_0 + \ \ldots. \ + kc_s x^s + \ \ldots$$

여기서 둘째항, 셋째항과 넷째항의 x^s의 계수를 구하기 위해 m=s가 된다.
이렇게 하여 식(7.13)의 전개항중 제일 적은 x의 차수(x^0)의 계수에서

$$2c_2 + n(n+1)c_0 = 0 \rightarrow c_2 = -\frac{n(n+1)c_0}{2}$$

가 된다.
x의 계수;

$$3 \cdot 2c_3 - 2c_1 + n(n+1)c_1 = 0 \quad \therefore \ c_3 = \frac{2-n(n+1)}{6}c_1$$

x^2이상의 차수에서는 네 개항 다 나타나므로 x^s의 계수를 구해보면

$$(c+2)(s+1)c_{s+2} - s(s-1)c_s - 2sc_s + n(n+1)c_s = 0$$

c_s의 계수를 정리하면

$$-s(s-1)-2s+n(n+1)=n^2+n-s(s+1)=(n-s)(n+s+1)$$

따라서

$$c_{s+2}=-\frac{(n-s)(n+s+1)}{(s+2)(s+1)}c_s \qquad \text{식 (7.14)}$$

가 되어 이것을 점화관계 혹은 점화식이라 하고 이것을 이용하여 계수를 구하면

$$c_4=-\frac{(n-2)(n+3)}{4\cdot 3}c_2 = \frac{(n-2)(n+3)}{4\cdot 3}\left[\frac{n(n+1)c_0}{2}\right] = \frac{(n-2)(n+3)n(n+1)}{4!}c_0$$

$$c_5=-\frac{(n-3)(n+4)}{5\cdot 4}c_3=-\frac{(n-3)(n+4)}{5\cdot 4}\left[\frac{2-n(n+1)}{6}\right]c_1=\frac{(n-3)(n-1)(n+4)(n+2)}{5!}c_0$$

가 된다.

이것의 일반해는

$$y=c_0y_1+c_1y_2$$

가 되므로 기본계 y_1, y_2는

$$y_1=1-\frac{n(n+1)}{2}x^2+\frac{(n-2)(n+3)n(n+1)}{4!}x^4+\ \dots$$

$$y_2=x+\frac{2-n(n+1)}{6}x^3+\frac{(n-3)(n-1)(n+4)(n+2)}{5!}x^5+\ \dots$$

여기서 $y_1(x)$는 우함수이고 $y_2(x)$는 기함수이기에 $y_1(x)$과 $y_2(x)$는 일차독립관계이다.

7.3.2 르장드르 다항식($P_n(x)$)

식 (7.11)에서 n = 0, 1, 2, 3,... 일 때 $y_1(x)$과 $y_2(x)$ 중에서 하나는 반드시 n차 다항식으로 되고 나머지 하나는 무한급수가 된다. 즉

첫째, n=0, 2, 4, .. 일때는 $y_1(x)$이 일차다항식이 되고 $y_2(x)$는 $-1<x<1$에서 수렴하는 무한급수가 되고

둘째, n=1, 3, 5, .. 일때는 $y_2(x)$이 일차다항식이 되고 $y_1(x)$는 $-1 < x < 1$에서 수렴하는 무한급수가 된다.

이때 n차 다항식이 되는 급수해를 $x=1$일 때 1의 값을 갖도록 조정하여 얻은 다항식을 n차 르장드르 다항식이라 하고 $P_n(x)$으로 표기한다. 이러한 $P_n(x)$는 식 (7.11)에서 다음과 같이 정의된다.

(A) n=0, 2, 4, .. 일 때 : $P_n(x) = \dfrac{y_1(x)}{y_1(1)}$

(B) n=1, 3, 5, .. 일 때 : $P_n(x) = \dfrac{y_2(x)}{y_2(1)}$

이것을 이용하면 르장드르 다항식은 다음과 같이 구할 수 있다.

$$P_0(x) = \frac{y_1(x)}{y_1(1)} = \frac{1}{1} = 1,\ P_1(x) = \frac{y_2(x)}{y_2(1)} = \frac{x}{1} = x,\ P_2(x) = \frac{y_1(x)}{y_1(1)} = \frac{1-3x^2}{-2} = \frac{1}{2}(3x^2-1)$$

$$P_3(x) = \frac{y_2(x)}{y_2(1)} = \frac{x+(\frac{2-3\times 4}{6})x^3}{1+(\frac{2-3\times 4}{6})1^3} = \frac{1}{2}(5x^3-3x)$$

7.3.3 르장드르 함수($Q_n(x)$)

식 (7.11)에서 n = 0, 1, 2, 3,... 일 때 무한급수가 되는 해에 적당한 상수를 곱하여 조정한 해를 제 2종의 르장드르 함수($Q_n(x)$)라고 하고 다음과 같이 정의된다.

(A) n=0, 2, 4, .. 일 때 : $Q_n(x) = y_1(1)y_2(x) \qquad (-1 < x < 1)$

(B) n=1, 3, 5, .. 일 때 : $Q_n(x) = -y_2(1)y_1(x) \qquad (-1 < x < 1)$

이렇게 하여 n = 0, 1, 2, 3,... 일 때 르장드르의 방정식의 일반해는 다음식으로 표현될 수 있다.

$$y = c_1P_n(x) + c_2Q_n(x)$$

[예제 7.10] 다음 미분방정식을 풀어라.

$$(1-x^2)y'' - 2xy' + 2y = 0$$

[풀이]

주어진 미분방정식은 르장드르 방정식이므로 n값을 구하기 위해

$$n(n+1) = 2 \quad : \quad n=1,\ -2$$

여기서 $n \geq 0$을 취하면 $n=1$인 르장드르 방정식이 되어 일반해를 구하기 위해 기본계 y_1, y_2는 다음과 같다.

$$y_1 = 1 - \frac{n(n+1)}{2}x^2 + \frac{(n-2)(n+3)n(n+1)}{4!}x^4 + \ \dots = 1 - x^2 + \frac{(-1)\times 4\times 1\times 2}{4!}x^4 + \dots$$

$$= 1 - x^2 - \frac{1}{3}x^4 + \dots$$

$$y_2 = x + \frac{2-n(n+1)}{6}x^3 + \frac{(n-3)(n-1)(n+4)(n+2)}{5!}x^5 + \ \dots = x$$

따라서 일반해는 다음과 같이 표현될 수 있다.

$$y = c_0y_1 + c_1y_2 = c_0(1 - x^2 - \frac{1}{3}x^4 + \dots) + c_1x$$

[예제 7.11] 다음 미분방정식을 풀어라.

$$(1-x^2)y'' - 2xy' + 6y = 0$$

[풀이]

르장드르 방정식의 n값을 구하기 위해

$$n(n+1) = 6 \quad : \quad n=2,\ -3$$

역시 $n \geq 0$을 취하면 $n=2$인 르장드르 방정식이 되어 기본계 y_1, y_2는 다음과 같이 구할 수 있다.

$$y_1 = 1 - \frac{2\times3}{2}x^2 = 1 - 3x^2$$

$$y_2 = x + \frac{2-2(2+1)}{6}x^3 + \frac{(2-3)(2-1)(2+4)(2+2)}{5!}x^5 + \ ... = x - \frac{2}{3}x^2 - \frac{1}{5}x^5 - ...$$

따라서 일반해는

$$y = c_0 y_1 + c_1 y_2 = c_0(1-3x^2) + c_1(x - \frac{2}{3}x^2 - \frac{1}{5}x^5 - ...)$$

[**예제** 7.12] 다음 미분방정식을 풀어라.

$$(1-x^2)y'' - 2xy' + 12y = 0$$

[**풀이**]

르장드르 방정식의 n값을 구하기 위해

$$n(n+1) = 12$$

n의 해 중 $n \geq 0$을 취하면 $n=3$인 르장드르 방정식이 된다.

$$y_1 = 1 - \frac{3(3+1)}{2}x^2 + \frac{(3-2)(3+3)\times3\times(3+1)}{4!}x^4 + \ ... = 1 - 6x^2 + 3x^4 - ...$$

$$y_2 = x + \frac{2-3(3+1)}{6}x^3 + \frac{(3-3)(3-1)(3+4)(3+2)}{5!}x^5 + \ ... = x - \frac{5}{3}x^3$$

일반해는

$$y = c_0 y_1 + c_1 y_2 = c_0(1 - 6x^2 + 3x^4 - ...) + c_1(x - \frac{5}{3}x^3)$$

7.4 프로베니우스(Frobenius) 해법

앞서 7.2절에서는 다음과 같은 미분방정식에서 정칙점의 경우에 대해 급수해법을 설명하였고 이 장에서는 특이점에 대해 언급한다.

$$y'' + p(x)y' + q(x)y = 0 \qquad \text{식 (7.15)}$$

우선 $x = x_0$가 정칙특이점의 경우에는 $(x-x_0)p(x)$와 $(x-x_0)^2q(x)$ 모두 $x = x_0$에서 해석적이 되므로 다음의 관계가 성립된다.

$$(x-x_0)p(x) = \sum_{m=0}^{\infty} p_m (x-x_0)^m \quad (\ 0 < |x-x_0| < R_1\ )$$

$$(x-x_0)^2q(x) = \sum_{m=0}^{\infty} q_m (x-x_0)^m \quad (\ 0 < |x-x_0| < R_2\ )$$

여기서 R_1과 R_2중 작은 값을 R이라고 하면 식 (7.16)과 같은 상수 r을 포함하는 프로베니우스형 급수 해를 갖게 되고 $x = x_0$가 비정칙특이점인 경우에는 프로베니우스형 급수해는 없거나 두 개의 일차독립인 프로베니우스 급수해를 가질 수 없다고 알려져있어 비정칙특이점 근방에서는 급수해법으로 일반해를 구할 수 없다.

$$y = (x-x_0)^r \sum_{m=0}^{\infty} c_m (x-x_0)^m \quad (\ 0 < |x-x_0| < R\ ) \qquad \text{식 (7.16)}$$

이렇게 하여 **프로베니우스 정리**로서 다음과 같이 설명할 수 있다.

(A) $x = x_0$가 식 (7.15)의 정칙특이점이라고 한다면 $x = x_0$근방에서 식 (7.16)로 표현되는 적어도 한 개의 프로베니우스 급수해를 갖는다. 여기서 $c_0 \neq 0$ 이고 r이 0이거나 양의 정수이면 식 (7.16)은 $x = x_0$에서 해석적이 되고 7-2절의 식 (7.8)과 같게 된다.

(B) $x = x_0$가 식 (7.15)의 비정칙특이점이라고 한다면 식 (7.15)는 $x = x_0$근방에서 많아야 한 개의 프로베니우스 급수해를 갖는다.

[예제 7.13] 다음 미분방정식을 풀어라.

$$2xy'' + (1-x)y' + y = 0$$

[풀이]
주어진 미분방정식을 정리하면

$$y'' + \left(\frac{1-x}{2x}\right)y' + \frac{1}{2x}y = 0$$

가 되고 여기서

$$p(x) = \frac{1-x}{2x},\ q(x) = \frac{1}{2x}$$

가 된다.

또한 $xp(x) = \dfrac{1-x}{2}$, $x^2q(x) = \dfrac{x}{2}$가 되고 $x=0$에서 해석적이므로 $x=0$는 정칙특이점이 된다. 그러므로 프로베니우스 정리로 주어진 미분방정식은 적어도 한 개 이상의 다음과 같은 형태의 급수해를 갖는다.

$$y = x^r \sum_{m=0}^{\infty} c_m x^m = \sum_{m=0}^{\infty} c_m x^{m+r}$$

위의 급수형태를 주어진 미분방정식에 대입하기 위해

$$y' = \sum_{m=0}^{\infty} c_m (m+r)x^{m+r-1},\quad y'' = \sum_{m=0}^{\infty} c_m (m+r)(m+r-1)x^{m+r-2}$$

가 되고 이것을 주어진 미분방정식에 대입하면

$$2x\sum_{m=0}^{\infty} c_m (m+r)(m+r-1)x^{m+r-2} + (1-x)\sum_{m=0}^{\infty} c_m (m+r)x^{m+r-1}$$
$$+ \sum_{m=0}^{\infty} c_m x^{m+r} = 0$$

이 식을 정리하면

$$2\sum_{m=0}^{\infty} c_m(m+r)(m+r-1)x^{m+r-1} + \sum_{m=0}^{\infty} c_m(m+r)x^{m+r-1}$$
$$- \sum_{m=0}^{\infty} c_m(m+r)x^{m+r} + \sum_{m=0}^{\infty} c_m x^{m+r} = 0$$

x의 차수를 m+r로 일치시키면

$$2\sum_{m=-1}^{\infty} c_{m+1}(m+r+1)(m+r)x^{m+r} + \sum_{m=-1}^{\infty} c_{m+1}(m+r+1)x^{m+r}$$
$$- \sum_{m=0}^{\infty} c_m(m+r)x^{m+r} + \sum_{m=0}^{\infty} c_m x^{m+r} = 0 \qquad \text{식 (7.17)}$$

위 급수에서 첫째항과 둘째항에서 m=-1로 x의 제일 작은 차수가 되고 m=0부터는 첫째항, 둘째항, 셋째항, 넷째항 모두 같은 차수가 되므로 x의 제일 작은 차수(m=-1)의 계수에서

$$2c_0 r(r-1) + c_0 r = 0 \qquad \text{식 (7.18)}$$

식 (7.18)을 주어진 미분방정식의 r에 대한 **결정방정식**(indicial equation)이라 하고 이것은 x의 거듭제곱에서 차수가 제일 낮은 항의 계수를 0으로 되게 하는 r에 대한 방정식으로 이 방정식에서 r값은 c_0가 0이 아니므로

$$r = 0,\ \frac{1}{2} \quad : \quad r_1 = 0,\ r_2 = \frac{1}{2}$$

가 된다.

(A) $r_1 = 0$인 경우

순환계수를 구하기 위해 $m \geq 0$에서

$$2c_{m+1}(m+1)m + c_{m+1}(m+1) - c_m m + c_m = 0$$

따라서

$$c_{m+1} = \frac{m-1}{3(m+1)} c_m \quad (m \ge 0)$$

계수를 구하면

$$c_1 = -\frac{1}{3}c_0,\ c_2 = 0,\ c_3 = \frac{1}{9}c_2 = 0,\ c_4 = 0, \dots$$

따라서 해는

$$y_1 = \sum_{m=0}^{\infty} c_m x^m = c_0 - \frac{1}{3}c_0 x = (1 - \frac{1}{3}x)c_0$$

(B) $r_2 = \frac{1}{2}$인 경우

식 (5.4.3)에서 $r = \frac{1}{2}$을 대입하면

$$2x^{\frac{1}{2}}[\sum_{m=-1}^{\infty} c_{m+1}(m+\frac{3}{2})(m+\frac{1}{2})x^m + \sum_{m=-1}^{\infty} c_{m+1}(m+\frac{3}{2})x^m - \sum_{m=0}^{\infty} c_m(m+\frac{1}{2})x^m + \sum_{m=0}^{\infty} c_m x^m] = 0$$

$m \ge 0$에서

$$c_{m+1}(m+\frac{3}{2})(m+\frac{1}{2}) + c_{m+1}(m+\frac{3}{2}) - c_m(m+\frac{1}{2}) + c_m = 0$$

순환계수는

$$c_{m+1} = \frac{m-\frac{1}{2}}{(m+\frac{3}{2})^2} c_m \quad (m \ge 0)$$

가 되고 각각의 계수를 구하면

$$c_1 = \frac{-\frac{1}{2}}{(\frac{3}{2})^2} c_0 = -\frac{2}{9} c_0, \quad c_2 = \frac{\frac{1}{2}}{(\frac{5}{2})^2} c_1 = \frac{\frac{1}{2}}{(\frac{5}{2})^2} (-\frac{2}{9}) c_0 = -\frac{4}{225} c_0, \ \ldots$$

그러므로 y_2는

$$y_2 = c_0 - \frac{2}{9} c_0 x - \frac{4}{225} c_0 x^2 + \ldots \ = c_0 (1 - \frac{2}{9} x - \frac{4}{225} x^2 + \ldots)$$

가 된다.
따라서 주어진 미분방정식의 일반해는 다음과 같이 표현할 수 있다.

$$y = c_1 y_1 + c_2 y_2 = c_1 (1 - \frac{1}{3} x) + c_2 (1 - \frac{2}{9} x - \frac{4}{225} x^2 + \ldots)$$

앞에서 방정식의 형태가 다음 식 (7.19)와 같이 표현될 때 $x = 0$는 정칙특이점이 되므로

$$y'' + \frac{a(x)}{x} y' + \frac{b(x)}{x^2} y = 0 \qquad \text{식 (7.19)}$$

이것은 적어도 다음 식 (7.20)으로 표현되는 해를 적어도 1개를 갖고 이러한 해법을 Frobenius 해법이라 언급했다.

$$y = x^r \sum_{m=0}^{\infty} c_m x^m = \sum_{m=0}^{\infty} c_m x^{m+r} = x^r (c_0 + c_1 x + \ \ldots.) \qquad \text{식 (7.20)}$$

식 (7.19)를 양변에 x^2을 곱하여 다시 정리하면

$$x^2 y'' + a(x) x y' + b(x) y = 0 \qquad \text{식 (7.21)}$$

가 된다. 이것은 이전의 오일러-코시방정식에서 $a \to a(x)$, $b \to b(x)$인 형태가 되고 이 방정식을 풀기위해서

$$a(x) = \sum_{m=0}^{\infty} a_m x^m = a_0 + a_1 x + a_2 x^2 + \ \ldots$$

$$b(x) = \sum_{m=0}^{\infty} b_m x^m = b_0 + b_1 x + b_2 x^2 + \ ...$$

로 표현하여 이것과 y, y', y''항을 식 (7.21)에 대입하기 위해 식 (7.20)에서

$$y' = \sum_{m=0}^{\infty} c_m (m+r) x^{m+r-1} = x^{r-1}[rc_0 + (r+1)c_1 x + \ ....]$$

$$y'' = \sum_{m=0}^{\infty} c_m (m+r)(m+r-1) x^{m+r-2} = x^{r-2}[r(r-1)c_0 + (r+1)rc_1 x + \ ....]$$

그러므로 식 (7.21)은

$$x^r[r(r-1)c_0 + (r+1)rc_1 x + \ ....] + (a_0 + a_1 x + a_2 x^2 + \ ...) \cdot x^r[rc_0 + (r+1)c_1 x + \ ....] +$$

$$(\ b_0 + b_1 x + b_2 x^2 + \ ...\ ) \cdot x^r(c_0 + c_1 x + \ ....) = 0 \qquad \text{식 (7.22)}$$

이 성립한다.

여기서 제일 낮은 차수(x^r)의 계수는 0을 만족하므로

$$r(r-1)c_0 + a_0 r c_0 + b_0 c_0 = 0$$

이 된다. 여기서 c_0는 0이 아니므로

$$r^2 + (a_0 - 1)r + b_0 = 0 \qquad \text{식 (7.23)}$$

가 되어 이것을 미분 방정식 (7.21)의 **결정방정식**이라 하고 이전 2장에서 언급되었던 오일러-코시방정식에서 $a \rightarrow a_0$, $b \rightarrow b_0$한 것과 동일하게 된다.

[정리] 프로베니우스 해법에 의한 해의 기본계

식 (7.19)에서 $x=0$에서 정칙특이점을 갖는다고 하면 식 (7.23)으로 표현되는 r에 대한 결정방정식의 근이 $r = r_1$, r_2일 때 기본계의 형태는 다음과 같은 세 가지 형태로 나타난다.

[경우 1] 두근의 차가 정수가 아닌 서로 다른 실근인 경우

$$y_1(x) = x^{r_1}(c_0 + c_1x + c_2x^2 \; ....)$$

$$y_2(x) = x^{r_2}(c_0 + c_1x + c_2x^2 \; ....)$$

[경우 2] 이중근인 경우

$$y_1(x) = x^r(c_0 + c_1x + c_2x^2 \; ....)$$

$$y_2(x) = y_1 \ln x + x^r(a_0 + a_1x + a_2x^2 \; ....)$$

[경우 3] 두근의 차가 정수인 서로 다른 경우

$$y_1(x) = x^{r_1}(c_0 + c_1x + c_2x^2 \; ....)$$

$$y_2(x) = Ay_1 \ln x + x^{r_2}(a_0 + a_1x + a_2x^2 \; ....)$$

여기서 $r_1 > r_2$, $A \neq 0$를 만족한다.

[예제 7.14] 다음 미분방정식을 거듭제곱 해법으로 풀어라.

$$x^2y'' + (x + \frac{3}{16})y = 0$$

[풀이]

주어진 미분 방정식을 정리하면

$$y'' + \frac{(x + \frac{3}{16})}{x^2}y = 0$$

으로 되기에 식 (5)에서 $a(x) = 0$, $b(x) = x + \frac{3}{16}$ 인 경우로서 $xa(x)$, $x^2b(x)$는 $x = 0$에서 해석적이므로 $x = 0$에서 정칙특이점이 된다.

따라서 주어진 미분방정식의 해를 구하기 위하여 프로베니우스 해법을 적용하면

$$y = x^r \sum_{m=0}^{\infty} c_m x^m = \sum_{m=0}^{\infty} c_m x^{m+r}$$

$$y'' = \sum_{m=0}^{\infty} c_m (m+r)(m+r-1) x^{m+r-2}$$

이므로 윗 식은

$$\sum_{m=0}^{\infty} c_m (m+r)(m+r-1) x^{m+r} + (x + \frac{3}{16}) \sum_{m=0}^{\infty} c_m x^{m+r} = 0$$

$$\sum_{m=0}^{\infty} c_m (m+r)(m+r-1) x^{m+r} + \sum_{m=0}^{\infty} c_m x^{m+r+1} + \frac{3}{16} \sum_{m=0}^{\infty} c_m x^{m+r} = 0$$

여기서 제일 적은 차수(x^r)의 결정방정식이 나타나므로

$$c_0 r(r-1) + \frac{3}{16} c_0 = c_0 [r(r-1) + \frac{3}{16}] = 0$$

c_0가 0이 아니므로

$$r^2 - r + \frac{3}{16} = 0 \quad : \quad r = \frac{1}{4},\ \frac{3}{4}$$; 두근의 차가 정수가 아닌 두 개의 다른 실근

[참고] r값을 결정하는데 있어서 식(4)에서 $a_0 = 0,\ b_0 = \frac{3}{16}$을 대입하면 같은 결과를 얻을 수 있다.

x^{r+s}의 계수를 고려하면

$$c_s (s+r)(s+r-1) + c_{s-1} + \frac{3}{16} c_s = 0$$

첫째 $r = \frac{3}{4}$인 경우 점화관계는 아래와 같이 된다.

$$c_s = -\frac{c_{s-1}}{(s+\frac{3}{4})(s-\frac{1}{4})+\frac{3}{16}},\ s=1,\ 2,\ \ldots$$

$$c_1 = -\frac{2}{3}c_0,\ c_2 = -\frac{c_1}{\frac{11}{4}\times\frac{7}{4}+\frac{3}{16}} = -\frac{1}{5}c_1 = \frac{2}{15}c_0,\ \ldots.$$

그러므로

$$y_1 = x^r\sum_{m=0}^{\infty}c_m x^m = x^r(c_0+c_1x+\ \ldots.) = x^{\frac{3}{4}}(c_0-\frac{2}{3}c_0x+\frac{2}{15}c_0x^2+\ \ldots)$$

$$= c_0(x^{\frac{3}{4}}-\frac{2}{3}x^{\frac{7}{4}}+\frac{2}{15}x^{\frac{11}{4}}+\ \ldots)$$

같이하여 두 번째 $r=\frac{1}{4}$에 대해서도 같은 방법을 적용하면 먼저 점화관계에서

$$c_s = -\frac{c_{s-1}}{(s+\frac{1}{4})(s-\frac{3}{4})+\frac{3}{16}},\ s=1,\ 2,\ \ldots$$

$$c_1 = -\frac{1}{\frac{5}{4}\times\frac{1}{4}+\frac{3}{16}}c_0 = -2c_0$$

$$c_2 = -\frac{c_1}{\frac{9}{4}\times\frac{5}{4}+\frac{3}{16}} = -\frac{1}{3}c_1 = \frac{2}{3}c_0,\ \ldots.$$

그러므로

$$y = x^r(c_0+c_1x+\ \ldots.) = x^{\frac{1}{4}}(c_0-2c_0x+\frac{2}{3}c_0x^2+\ \ldots)$$

$$= c_0(x^{\frac{1}{4}}-2x^{\frac{5}{4}}+\frac{2}{3}x^{\frac{9}{4}}+\ \ldots)$$

일반해 y는

$$y = c_0(x^{\frac{3}{4}} - \frac{2}{3}x^{\frac{7}{4}} + \frac{2}{15}x^{\frac{11}{4}} + ...) + c_1(x^{\frac{1}{4}} - 2x^{\frac{5}{4}} + \frac{2}{3}x^{\frac{9}{4}} + \ ...)$$

가 된다.

[예제 7.15] 다음 미분방정식의 일반해를 거듭제곱 해법으로 구하라.

$$xy'' + (2x+1)y' + (x+1)y = 0$$

[풀이]

주어진 방정식을 정리하면

$$y'' + \frac{2x+1}{x}y' + \frac{x+1}{x}y = 0$$

주어진 미분방정식이 $xp(x) = 2x+1,\ x^2q(x) = x(x+1)$이 되므로 $x=0$에서 해석적이므로 $x=0$에서 정칙특이점이 된다.

이 방정식의 해를 구하기 위하여 프로베니우스 해법을 적용하면

$$y = x^r \sum_{m=0}^{\infty} c_m x^m = \sum_{m=0}^{\infty} c_m x^{m+r}$$

$$y' = \sum_{m=0}^{\infty} c_m (m+r) x^{m+r-1}$$

$$y'' = \sum_{m=0}^{\infty} c_m (m+r)(m+r-1) x^{m+r-2}$$

이므로 윗 식은

$$\sum_{m=0}^{\infty} c_m (m+r)(m+r-1) x^{m+r-1} + 2\sum_{m=0}^{\infty} c_m (m+r) x^{m+r} + \sum_{m=0}^{\infty} c_m (m+r) x^{m+r-1} + \sum_{m=0}^{\infty} c_m x^{m+r+1} + \sum_{m=0}^{\infty} c_m x^{m+r} = 0$$

제일 작은 차수(x^{r-1})의 계수에서 결정방정식은

$$c_0 r(r-1) + c_0 r = 0$$

c_0는 0이 아니기에 r=0(중근)이 된다.
다음으로 작은 차수(x)의 계수는

$$c_1 + c_0 = 0 \ : \ c_1 = -c_0$$

x^{r+s}의 계수

$$;\ c_{s+1}(s+1+r)(s+r) + 2c_s(s+r) + c_{s+1}(s+r+1) + c_{s-1} + c_s = 0$$

여기서 r=0을 대입하여 정리하면

$$c_{s+1}(s+1)^2 + c_s(2s+1) + c_{s-1} = 0$$

그러므로

$$c_{s+1} = -\left[\frac{c_s(2s+1) + c_{s-1}}{(s+1)^2}\right]$$

$$c_2 = -\frac{3c_1 + c_0}{4} = \frac{1}{2}c_0,\ c_3 = -\frac{5c_2 + c_1}{9} = -\frac{1}{6}c_0,$$

$$c_4 = -\left[\frac{7c_3 + c_2}{16}\right] = -\left[\frac{-\frac{7}{6}c_0 + \frac{1}{2}c_0}{16}\right] = \frac{1}{24}c_0. \ \ldots\ldots$$

그러므로

$$y_1 = c_0 - c_0 x + \frac{1}{2}c_0 x^2 - \frac{1}{6}c_0 x^3 + \frac{1}{24}c_0 x^4 + \ldots = c_0 e^{-x}$$

가 된다.
한 개의 해를 알고 있을 때 다른 해 y_2를 구하기 위하여

$$U = \frac{e^{-\int p dx}}{y_1^2}$$

에서

$$-\int pdx = -\int \frac{2x+1}{x}dx = -(2x+\ln x)$$

이므로

$$U = \frac{e^{-(2x+\ln x)}}{e^{-2x}} = \frac{1}{x}$$

따라서

$$u = \int Udx = \ln x$$

이렇게 하여 $y_2 = uy_1 = e^{-x}\ln|x|$가 된다.
그러므로 일반해 y는

$$y = c_1y_1 + c_2y_2 = c_1e^{-x} + c_2e^{-x}\ln|x|$$

가 된다.

[예제 7.16] 다음 미분방정식의 일반해를 거듭제곱 해법으로 구하라.

$$xy'' + (2-2x)y' + (x-2)y = 0$$

[풀이]
주어진 방정식을 정리하면

$$y'' + \frac{2-2x}{x}y' + \frac{x-2}{x}y = 0$$

위 식은 $x=0$에서 해석적이므로 $x=0$에서 정칙특이점이 되어 이 방정식의 해를 구하기 위하여 프로베니우스 해법을 적용하면

$$y = x^r\sum_{m=0}^{\infty} c_m x^m = \sum_{m=0}^{\infty} c_m x^{m+r}$$

$$y' = \sum_{m=0}^{\infty} c_m(m+r)x^{m+r-1}$$

$$y'' = \sum_{m=0}^{\infty} c_m (m+r)(m+r-1)x^{m+r-2}$$

이므로 윗 식은

$$\sum_{m=0}^{\infty} c_m (m+r)(m+r-1)x^{m+r-1} + 2\sum_{m=0}^{\infty} c_m (m+r)x^{m+r-1} - 2\sum_{m=0}^{\infty} c_m (m+r)x^{m+r} + $$
$$+ \sum_{m=0}^{\infty} c_m x^{m+r+1} - 2\sum_{m=0}^{\infty} c_m x^{m+r} = 0$$

제일 작은 차수(x^{r-1})의 계수에서 결정방정식은

$$c_0 r(r-1) + 2c_0 r = 0$$

c_0는 0이 아니기에 r=0, -1 이다.

r=0인 경우의 기저에 대해서 고려하면

x^{r-1}항 다음으로 작은 차수(x)의 계수는

$$2c_1 - 2c_0 = 0 \ : \ c_1 = c_0$$

x^s의 계수

$$; \ c_{s+1}(s+1)s + 2c_{s+1}(s+1) - 2c_s s + c_{s-1} - 2c_s = 0$$

이 식을 정리하면

$$c_{s+1}(s+1)(s+2) - 2c_s(s+1) + c_{s-1} = 0$$

순환계수는

$$c_{s+1} = \frac{2c_s(s+1) - c_{s-1}}{(s+1)(s+2)}$$

가 되고 이것을 이용하여 계수를 구하면

$$c_2 = \frac{4c_1 - c_0}{6} = \frac{1}{2!}c_0,\ c_3 = \frac{6c_2 - c_1}{12} = \frac{1}{6}c_0 = \frac{1}{3!}c_0,$$

$$c_4 = \frac{8c_3 - c_2}{20} = \frac{\frac{8}{6}c_0 - \frac{1}{2}c_0}{20} = \frac{1}{24}c_0 = \frac{1}{4!}c_0. \ \cdots\cdots$$

따라서 해는

$$y_1 = c_0 + c_0x + \frac{1}{2}c_0x^2 + \frac{1}{6}c_0x^3 + \frac{1}{24}c_0x^4 + \ldots = c_0e^x$$

가 된다.

다른 해 y_2를 구하기 위하여

$$\mathrm{U} = \frac{e^{-\int pdx}}{y_1^2} \text{에서} \quad -\int pdx = -\int \frac{2-2x}{x}dx = 2x - 2\ln x$$

이므로

$$\mathrm{U} = \frac{e^{(2x-2\ln x)}}{e^{2x}} = \frac{1}{x^2}$$

가 된다.

이렇게 하여 매개변수 u는

$$u = \int Udx = -\frac{1}{x} \quad : \quad y_2 = uy_1 = -\frac{e^x}{x}$$

로 표시 가능하다.

7.5 Bessel 방정식

Bessel방정식은 진동, 열전도 및 전기장등과 관련된 문제에 많이 나타나는 방정식으로 다음 식 (7.24)와 같이 표현된다.

$$x^2y'' + xy' + (x^2 - \nu^2)y = 0, \quad \nu \geq 0 \qquad \text{식 (7.24)}$$

식 (7.24)를 x^2으로 나누면

$$y'' + \frac{1}{x}y' + \frac{x^2 - \nu^2}{x^2}y = 0$$

가 되어 이 식은 7.2절의 식 (7.6)에서 $xp(x) = 1$, $x^2q(x) = x^2 - \nu^2$이므로 $x = 0$에서 정칙특이점을 가져 프로베니우스방법으로 풀이할 수 있다.

따라서 해를 구하기 위해

$$y = x^r \sum_{m=0}^{\infty} c_m x^m = \sum_{m=0}^{\infty} c_m x^{m+r}$$

$$y' = \sum_{m=0}^{\infty} c_m (m+r) x^{m+r-1}$$

$$y'' = \sum_{m=0}^{\infty} c_m (m+r)(m+r-1) x^{m+r-2}$$

을 식 (7.24)에 대입하면

$$\sum_{m=0}^{\infty} c_m (m+r)(m+r-1) x^{m+r} + \sum_{m=0}^{\infty} c_m (m+r) x^{m+r} + \sum_{m=0}^{\infty} c_m x^{m+r+2}$$
$$-\nu^2 \sum_{m=0}^{\infty} c_m x^{m+r} = 0 \qquad \text{식 (7.25)}$$

식 (7.25)에서 x에 대한 제일 낮은 차수의 계수는 x^r의 계수가 되므로 첫 번째 항, 두 번째 항, 네 번째 항의 계수의 합이 0이 되어 아래 관계가 성립된다.

$$c_0 r(r-1) + c_0 r - \nu^2 c_0 = 0 \ : \ c_0(r+\nu)(r-\nu) = 0 \qquad \text{식 (7.26)}$$

식 (7.26)의 결정방정식에서 c_0는 0이 아니므로 근은 $r=\pm\nu$가 된다.

두 번째 낮은 차수의 계수는 x^{r+1}의 계수가 되므로 이것도 역시 세 번째 항이 제외된 첫 번째 항, 두 번째 항, 네 번째 항의 계수가 m=1일 때의 합이 아래 식과 같이 0이 되어 $c_1=0$이 된다.

$$c_1 r(r+1)+c_1(r+1)-\nu^2 c_1=0$$

세 번째 항 이상에서는 첫 번째 항, 두 번째 항, 세 번째 항, 네 번째 항이 합산되므로 x^{s+r}항의 계수를 구하기 위해 첫 번째 항, 두 번째 항, 네 번째 항에서는 m=s, 세 번째 항에서는 m=s-2를 대입하면

$$c_s(s+r)(s+r-1)+c_s(s+r)+c_{s-2}-\nu^2 c_s=0 \qquad \text{식 (7.27)}$$

이 식은 다시 아래 식으로 정리된다.

$$c_s(s+r+\nu)(s+r-\nu)+c_{s-2}=0$$

따라서

$$c_s=-\frac{1}{(s+r+\nu)(s+r-\nu)}c_{s-2} \quad (s \ \geq 2) \qquad \text{식 (7.28)}$$

(A) $r=r_1=\nu$인 경우

식 (7.28)에서 순환계수 $c_s=-\frac{1}{(s+2\nu)s}c_{s-2}$(s=2, 3, ..)으로 표시할 수 있어 각 항의 계수는 $c_1=0$ 이므로

(1) s=2, $c_2=-\frac{1}{(2+2\nu)2}c_0 = -\frac{1}{2^2(1+\nu)}c_0$

(2) s=3, $c_3=-\frac{1}{(3+2\nu)3}c_1 = 0$

(3) s=4, $c_4=-\frac{1}{(4+2\nu)4}[-\frac{1}{2^2(1+\nu)}c_0] = \frac{1}{2(1+\nu)(2+\nu)2^4}c_0$

(4) s=5, $c_5=-\frac{1}{(5+2\nu)5}c_3 = 0$

여기서 순환계수로부터 홀수번째 계수 $c_3 = c_5 = c_7 = \ldots = 0$ 가 되므로

$$c_{2m-1} = 0 \ \ (m \geq 1)$$

짝수번째 계수를 s=2m(m=1, 2, ..)이라고 하여 m를 2, 3, 4, ..를 대입하여 계수경향을 살펴보면

$$c_{2m} = -\frac{1}{(2m+2\nu)2m} c_{2m-2} = (-1)^m \frac{1}{2^{2m} m!(\nu+1)(\nu+2)\ldots} c_0$$

그러므로 $r = r_1 = \nu$인 경우에 대해 급수해 y_1은

$$y_1 = x^r \sum_{m=0}^{\infty} c_m x^m = x^\nu [c_0 + c_1 x + \sum_{m=1}^{\infty} c_{2m} x^{2m} + \sum_{m=1}^{\infty} c_{2m+1} x^{2m+1}]$$

이 식에서 $c_{2m+1} = 0$이고 c_{2m}를 대입하면

$$y_1 = x^\nu [c_0 + \sum_{m=1}^{\infty} (-1)^m \frac{c_0}{2^{2m} m!(\nu+1)(\nu+2)\ldots} x^{2m}] \qquad \text{식 (7.29)}$$

괄호속에 있는 c_0를 일반적으로 특정한 값 $c_0 = \dfrac{1}{2^\nu \Gamma(1+\nu)}$을 대입하면 식 (5)는 다음과 같은 $J_v(x)$로 나타낼 수 있고 여기서 Γ는 감마함수이다.

$$J_v(x) = x^\nu \sum_{m=0}^{\infty} \frac{(-1)^m x^{2m}}{2^{2m+\nu} m! \Gamma(\nu+m+1)} \qquad \text{식 (7.29')}$$

식 (7.29')으로 표현되는 해를 ν차 제1종 Bessel 함수라고 한다.

(B) $r = r_1 = -\nu$인 경우

이 경우에도 식 (7.28)을 이용하면 순환계수 $c_s = -\dfrac{1}{(s-2\nu)s} c_{s-2}$ (s=2, 3, ..)로 역시 표시할 수 있다. 급수해 y_2는 $r = r_1 = \nu$인 경우의 급수해 y_1에서 ν대신 $-\nu$로 대입하면 얻을 수 있다. 이렇게 하여

$$y_2 = x^{-\nu}[c_0 + \sum_{m=1}^{\infty}(-1)^m \frac{c_0}{2^{2m}m!(-\nu+1)(-\nu+2)\ldots}x^{2m}] \qquad \text{식 (7.30)}$$

가 되고 아래 식을 $-\nu$차 제1종 Bessel 함수하고 한다.

$$J_{-v}(x) = x^{-\nu}\sum_{m=0}^{\infty}\frac{(-1)^m x^{2m}}{2^{2m-\nu}m!\Gamma(-\nu+m+1)}$$

(C) 제 1종의 베셀함수 $J_n(x)$: $\nu=n,\ n\geq 0$인 경우

ν차 제1종 베셀함수인 식 (7.29′)에서 $\nu=n$와 $\Gamma(\nu+m+1)=(\nu+m)!$을 대입하면 n차 제1종 베셀함수는 다음 식 (7.30′)과 같이 표현할 수 있다.

$$J_n(x) = x^n\sum_{m=0}^{\infty}\frac{(-1)^m x^{2m}}{2^{2m+n}m!(n+m)!} = \sum_{m=0}^{\infty}\frac{(-1)^m}{m!(n+m)!}(\frac{x}{2})^{2m+n} \qquad \text{식 (7.30′)}$$

여기서 n는 음이 아닌 정수이다.

[참고] 베셀방정식의 급수해

(A) 베셀방정식의 해를 프로베니우스 해법으로 구하면 ν차 및 $-\nu$차 제1종 Bessel 함수($J_v(x)$와 $J_{-\nu}$)를 구할 수 있다.

(B) $\nu=0$인 경우에는 $J_v(x)$와 $J_{-\nu}$는 다음 식으로 동일하게 되어 y_1과 y_2사이의 관계는 일차종속이 되어 일차독립인 다른 해를 구해야 한다.

$$x^0\sum_{m=0}^{\infty}\frac{(-1)^m x^{2m}}{2^{2m+0}m!\Gamma(0+m+1)} = \sum_{m=0}^{\infty}\frac{(-1)^m x^{2m}}{2^{2m}(m!)^2} \quad (\text{여기서 } \Gamma(m+1)=m!)$$

(C) ν가 양의 정수이면 y_1과 y_2사이의 관계는 일차종속이 되어 일차독립인 다른 해를 구해야 한다.

(D) ν가 정수가 아닌 경우에는 y_1과 y_2사이의 관계는 일차독립이어서 일반해는 다음과 같이 된다.

$$y = c_1y_1 + c_2y_2$$

여기서 c_1, c_2는 임의의 정수이고 급수의 수렴반지름은 $0 < |x| < \infty$이다.
이렇게 하여 다음과 같은 정리를 얻을 수 있다.

[정리 1] 베셀방정식의 일반해는 ν가 양의 정수가 아니면 J_ν와 $J_{-\nu}$사이의 관계는 일차독립이기에 다음 식 (7)식과 같이 된다.

$$y(x) = c_1 J_\nu(x) + c_2 J_{-\nu}(x) \qquad \text{식 (7.31)}$$

[정리 2] ν=n가 양의 정수이면 J_ν와 $J_{-\nu}$사이의 관계는 다음 식 (8)으로 일차종속이므로 y_1에 일차독립인 해 y_2를 별도로 구해야 한다.(ν=0이면 J_ν와 $J_{-\nu}$는 같게 되어 역시 별도로 y_2를 구해야 함)

$$J_{-n}(x) = (-1)^n J_n(x) \qquad \text{식 (7.32)}$$

이 경우 두 번째의 해를 Y_n으로 표시하고 이것을 제2종 Bessel함수라고 한다.

(A) ν=0인 경우

베셀방정식은 아래와 같이 된다.

$$xy'' + y' + xy = 0 \qquad \text{식 (7.33)}$$

이 식을 x로 나누면

$$y'' + \frac{1}{x}y' + y = 0$$

따라서 7-4절의 식 (7.19)에서 $a(x) = 1$, $b(x) = x^2$이므로 $a_0 = 1$, $b_0 = 0$가 되어 결정방정식은 중근 r=0를 얻는다.

먼저 기본계 y_1은 $J_0(x)$가 되고 y_2는 프로베니우스해법에 의해 다음과 같은 형태의 식을 갖는다.

$$y_2(x) = J_0(x)\ln x + \sum_{m=1}^{\infty} A_m x^m \qquad \text{식 (7.34)}$$

식 (7-34)는 주어진 미분방정식 (7-33)의 해이므로 y_2', y_2''를 구하면

$$y_2' = J_0'(x)\ln x + \frac{J_0(x)}{x} + \sum_{m=1}^{\infty} mA_m x^{m-1}$$

$$y_2'' = J_0''(x)\ln x + \frac{2J_0'(x)}{x} - \frac{J_0(x)}{x^2} + \sum_{m=2}^{\infty} m(m-1)A_m x^{m-2}$$

이 식속에 포함되어 있는 $J_0(x)$, $J_0'(x)$를 구하면

$$J_0(x) = \sum_{m=0}^{\infty} \frac{(-1)^m x^{2m}}{2^{2m}(m!)^2}$$

$$J_0'(x) = \sum_{m=1}^{\infty} \frac{(-1)^m (2m) x^{2m-1}}{2^{2m}(m!)^2} = \sum_{m=1}^{\infty} \frac{(-1)^m x^{2m-1}}{2^{2m-1} m!(m-1)!}$$

이 결과를 식 (7.33)에 대입하면

$$xy'' + y' + xy = x\left(J_0''(x)\ln x + \frac{2J_0'(x)}{x} - \frac{J_0(x)}{x^2} + \sum_{m=2}^{\infty} m(m-1)A_m x^{m-2}\right)$$

$$+ J_0'(x)\ln x + \frac{J_0(x)}{x} + \sum_{m=1}^{\infty} mA_m x^{m-1} + x\left(J_0(x)\ln x + \sum_{m=1}^{\infty} A_m x^m\right) = 0$$

가 되고 이 식에서 $J_0(x)$가 식 (7.33)의 해 이고 m=1일 때 $m(m-1)A_m x^{m-1} = 0$ 임을 고려하면 다음 관계식과 같이 된다.

$$xy'' + y' + xy = 2J_0'(x) + \sum_{m=2}^{\infty} m(m-1)A_m x^{m-1} + \sum_{m=1}^{\infty} mA_m x^{m-1} + \sum_{m=1}^{\infty} A_m x^{m+1}$$

$$= \sum_{m=1}^{\infty} \frac{(-1)^m x^{2m-1}}{2^{2m-2} m!(m-1)!} + \sum_{m=1}^{\infty} m^2 A_m x^{m-1} + \sum_{m=1}^{\infty} A_m x^{m+1} = 0$$

(1) m=1일 때 제일 낮은 차수는 x^0인 두 번째 항에서 발생하여

$$A_1 = 0$$

(2) 짝수 차수의 항 x^{2s}은 두 번째 항과 세 번째 항에서 나오므로 두 번째 항은 m-1=2s에서 m=2s+1이 되고 세 번째항은 m+1=2s에서 m=2s-1이 된다. 따라서 짝수항의 계수를 고려하면

$$(2s+1)^2 A_{2s+1} + A_{2s-1} = 0$$

순환계수는

$$A_{2s+1} = -\frac{A_{2s-1}}{(2s+1)^2} \quad (s = 1, 2, 3 ,...)$$

$A_1 = 0$이므로 위 순환계수에서 홀수번째항 $A_3 = A_5 = ... = 0$ 가 된다.

(3) 홀수 차수의 항 x^{2s+1}의 계수를 살펴보기 위해 우선 s=0일 때

$$-1 + 4A_2 = 0 \ : \ A_2 = \frac{1}{4}$$

첫 번째 항에서는 2m-1=2s+1 : m=s+1, 두 번째 항에서는 m-1=2s+1 : m=2s+2, 세 번째 항에서는 m+1=2s+1 : m=2s 이므로 다음 관계식이 성립된다.

$$\frac{(-1)^{s+1}}{2^{2s}(s+1)!(s)!} + (2s+2)^2 A_{2s+2} + A_{2s} = 0$$

s =1일 때

$$\frac{(-1)^{1+1}}{2^2(1+1)!(1)!} + (2+2)^2 A_{2+2} + A_2 = 0$$

따라서

$$\frac{1}{8} + 16A_4 + A_2 = 0 \ : \ A_4 = \frac{1}{16}\left(-\frac{1}{8} - \frac{1}{4}\right) = -\frac{3}{128}$$

이것을 일반항으로 정리하면

$$A_{2m} = \frac{(-1)^{m-1}}{2^{2m}(m!)^2}\left(1 + \frac{1}{2} + \frac{1}{3} + ... + \frac{1}{m}\right) \ (m=1,\ 2,\ 3,\ ...) \qquad \text{식 (7.35)}$$

식 (7.35)에서 괄호항을 h_m라고 한다면

$$h_m = 1 + \frac{1}{2} + \frac{1}{3} + \dots + \frac{1}{m} \quad (m = 1, 2, 3, \ \dots)$$

위 식에서 $h_1 = 1$이 되고 A_{2m}은 다음과 같이 쓸 수 있다.

$$A_{2m} = \frac{(-1)^{m-1} h_m}{2^{2m}(m!)^2}$$

이렇게 하여 $A_1 = A_3 = A_5 = \dots\dots = 0$ 와 식 (7.35)을 y_2의 식 (7.34)에 대입하면

$$y_2(x) = J_0(x)\ln x + \sum_{m=1}^{\infty} A_m x^m = J_0(x)\ln x + \sum_{m=1}^{\infty} \frac{(-1)^{m-1} h_m}{2^{2m}(m!)^2} x^{2m}$$

$$= J_0(x)\ln x + \frac{1}{4}x^2 - \frac{3}{128}x^4 + \ \dots\dots \qquad \text{식 (7.36)}$$

를 얻을 수 있다.

J_0와 $y_2(x)$는 일차독립이므로 이것은 식 (9)의 기저가 되나 보통 관습적으로 $y_2(x)$대신 오일러 상수 γ로서 표현되는 식 (7.37)과 같이 다른 형태의 J_0와 일차독립인 해를 사용하고 이것을 차수가 0인 제 2종 베셀함수(Bessel function of the 2nd kind of order zero) 또는 차수가 0인 노이만 함수(Neumann's function of order zero)라고 하고 $Y_0(x)$로 나타낸다.

$$Y_0(x) = \frac{2}{\pi}[J_0(x)(\ln\frac{x}{2} + \gamma) + \sum_{m=1}^{\infty} \frac{(-1)^{m-1} h_m}{2^{2m}(m!)^2} x^{2m} \qquad \text{식 (7.37)}$$

여기서 γ는 0.57721566490...의 값인 오일러 상수로서 아래 식과 같이 된다.

$$\gamma = \lim_{s \to \infty}(1 + \frac{1}{2} + \dots + \frac{1}{s} - \ln s)$$

(B) ν=n=1, 2, .. 인 경우

이러한 경우는 ν=0인 경우와 유사하게 y_2를 구할 수 있고 이것은 ν차 제2종 Bessel함수(Bessel function of the 2nd kind of order ν) 또는 차수가 ν인 노이만 함수(Neumann's function of order ν)로서 다음과 같이 표현할 수 있다.

$$Y_\nu(x) = \frac{1}{\sin\nu\pi}[J_\nu(x)\cos\nu\pi - J_{-\nu}(x)]$$ 식 (7.38)

$$Y_n(x) = \lim_{\nu\to n} Y_\nu(x)$$

이 경우 모든 ν값에 대한 Bessel방정식의 일반해는

$$y(x) = C_1 J_\nu(x) + C_2 Y_\nu(x)$$

가 된다.

[정리] Y_ν의 성질

(1) $x > 0$에서 J_ν와 Y_ν는 모든 ν에 대해 서로 일차독립이다.

(2) $$Y_n(x) = \frac{2}{\pi}J_n(x)(\ln\frac{x}{2}+y) + \frac{x^n}{\pi}\sum_{m=0}^{\infty}\frac{(-1)^{m-1}(h_m + h_{m+n}}{2^{2m+n}m!(m+n)!}x^{2m}$$

$$- \frac{x^{-n}}{\pi}\sum_{m=0}^{n-1}\frac{(n-m-1)!}{2^{2m-n}m!}x^{2m}$$

여기서 $x > 0$이고 n=0, 1, 2, 3, ... ,

$$h_1 = 1,\ h_m = 1 + \frac{1}{2} + \ \dots + \frac{1}{m},\quad h_{m+n} = 1 + \frac{1}{2} + \ \dots + \frac{1}{m+n}$$

이고 n=0일 때 $Y_n(x)$의 마지막 급수항은 0이다.

(3) $Y_{-n}(x) = (-1)^n Y_n(x)$

[예제 7.17] 다음과 같은 베셀방정식에서 제 1종 베셀함수 $J_0(x)$, $J_1(x)$, $J_2(x)$를 구하라.

$$x^2y'' + xy' + (x^2 - n^2)y = 0$$

[풀이] 차수가 n인 제 1종의 베셀함수는 다음과 같으므로

$$\sum_{m=0}^{\infty}\frac{(-1)^m}{m!(n+m)!}(\frac{x}{2})^{2m+n}$$

(1) $J_0(x)$는 n=0인 경우, $x^2y'' + xy' + x^2y = 0$의 해가 된다.

$$\sum_{m=0}^{\infty} \frac{(-1)^m}{(m!)^2}\left(\frac{x}{2}\right)^{2m} = 1 - \left(\frac{x}{2}\right)^2 + \frac{1}{(2!)^2}\left(\frac{x}{2}\right)^4 - \ldots$$

(2) $J_1(x)$는 n=1인 경우, $x^2y'' + xy' + (x^2-1)y = 0$의 해가 된다.

$$\sum_{m=0}^{\infty} \frac{(-1)^m}{m!(1+m)!}\left(\frac{x}{2}\right)^{2m+1} = \frac{x}{2} - \frac{1}{2!}\left(\frac{x}{2}\right)^3 + \frac{1}{2!3!}\left(\frac{x}{2}\right)^5 - \ldots.$$

(3) $J_2(x)$는 n=2인 경우, $x^2y'' + xy' + (x^2-4)y = 0$의 해가 된다.

$$\sum_{m=0}^{\infty} \frac{(-1)^m}{m!(2+m)!}\left(\frac{x}{2}\right)^{2m+2} = \frac{1}{2!}\left(\frac{x}{2}\right)^2 - \frac{1}{3!}\left(\frac{x}{2}\right)^4 + \frac{1}{2!4!}\left(\frac{x}{2}\right)^6 - \ldots$$

[예제 7.18] n가 양의 정수일 때 베셀함수 $J_n(x)$과 $J_{-n}(x)$사이에는 다음과 같은 관계가 있음을 밝혀라.

$$J_{-n}(x) = (-1)^n J_n(x) \quad (\text{n=1, 2, 3, ...})$$

[풀이] m=1, 2, ... n-1 이라고 하면 $m-n+1 \le 0$이므로 아래 $J_{-n}(x)$에서 $\Gamma(m-n+1)$ = $\pm\infty$이다. 따라서 계수가 0이므로 급수 항은 n-1까지는 나타나지 않고 n부터 발생한다. 따라서

$$J_{-n}(x) = \sum_{m=0}^{\infty} \frac{(-1)^m}{m!\Gamma(m-n+1)}\left(\frac{x}{2}\right)^{2m-n} = \sum_{m=n}^{\infty} \frac{(-1)^m}{m!(m-n)!}\left(\frac{x}{2}\right)^{2m-n}$$

여기서 m대신 m=s+n을 대입하면

$$J_{-n}(x) = \sum_{s=0}^{\infty} \frac{(-1)^{s+n}}{(s+n)!s!}\left(\frac{x}{2}\right)^{2(s+n)-n} = (-1)^n \sum_{s=0}^{\infty} \frac{(-1)^s}{(s+n)!s!}\left(\frac{x}{2}\right)^{2s+n}$$

차수가 n인 제 1종의 베셀함수에서 m대신 s로 대입하면

$$\sum_{m=0}^{\infty}\frac{(-1)^m}{m!(n+m)!}(\frac{x}{2})^{2m+n} = \sum_{s=0}^{\infty}\frac{(-1)^s}{s!(n+s)!}(\frac{x}{2})^{2s+n}$$

가 되므로

$$(-1)^n\sum_{s=0}^{\infty}\frac{(-1)^s}{(s+n)!s!}(\frac{x}{2})^{2s+n} = (-1)^nJ_n(x)$$

가 된다.

[예제 7.19] n가 양의 정수일 때 베셀함수 $J_n(x)$과 $J_n(-x)$사이에는 다음과 같은 관계가 있음을 밝혀라.

$$J_n(-x)=(-1)^nJ_n(x) \quad (n=1,\ 2,\ 3,\ ...)$$

[풀이]

우변항을 정리하면

$$(-1)^nJ_n(x) = (-1)^n\sum_{m=0}^{\infty}\frac{(-1)^m}{m!(n+m)!}(\frac{x}{2})^{2m+n} = \sum_{m=0}^{\infty}\frac{(-1)^{m+n}}{m!(n+m)!}(\frac{x}{2})^{2m+n}$$

$$= \sum_{m=0}^{\infty}\frac{(-1)^{m+n-2m-n}}{m!(n+m)!}(\frac{-x}{2})^{2m+n} = \sum_{m=0}^{\infty}\frac{(-1)^{-m}}{m!(n+m)!}(\frac{-x}{2})^{2m+n}$$

여기서 $(-1)^{-m}=[(-1)^{-1}]^m=(-1)^m$이므로 위 식은

$$=\sum_{m=0}^{\infty}\frac{(-1)^m}{m!(n+m)!}(\frac{-x}{2})^{2m+n} = J_n(-x)$$

가 된다.

7장 연습문제

1. 다음 미분방정식을 거듭제곱 해법으로 풀어라.

(1) $y' + 4y = 0$ (2) $y' - y = 0$ (3) $y'' + 4y = 0$

2. 다음 미분방정식에서 급수해를 구하라.

(1) $y'' + (2\cos x)y = e^x$ (2) $y'' + xy' + 2y = x$

3. 다음 미분방정식에서 프로베니우스해법으로 기본계중 한 개의 해를 구하라.

(1) $xy'' + (1+x)y' + 2y = 0$ (2) $xy'' + (2+x)y' + (x+1)y = 0$

Chapter 8
Laplace 변환

8.1 라플라스 변환과 역변환

라플라스 변환은 제어, 신호처리, 회로 및 통신등 다양한 공학분야에 사용된다. 이것은 $f(t)$를 모든 $t \geq 0$에서 존재된 원함수라고 하면 이것의 라플라스 변환은 원함수 f(t)에서 e^{-st}를 곱하고 t에 대해 0에서 무한대까지 적분하여 변환을 시키면 s의 함수 F(s)로 나타내어 식 (8.1)과 같이 정의한다.

$$F(s) = \int_0^\infty e^{-st} f(t) dt \qquad \text{식 (8.1)}$$

이것을 라플라스 변환(Laplace transform)이라고 하며 $\mathcal{L}(f)$, $\mathcal{L}f$, 혹은 $\mathcal{L}f(t)$로도 표시하기도 한다. 일반적으로 원함수는 소문자로, 라플라스 변환은 대문자로 나타낸다. 예를 들면 원함수 $f(t)$의 변환은 $F(s)$, 원함수 $y(t)$의 변환은 $Y(s)$로 나타낸다. 라플라스의 역변환(inverse transform)은 변환이 주어지고 이것의 원함수를 구할 때 사용된다. 가령 F(s)가 주어지고 $f(t)$를 구하려고 하면

$$f(t) = \mathcal{L}^{-1} F(s) \qquad \text{식 (8.2)}$$

이와 같은 라플라스 변환법의 대표적인 장점은 다음과 같이 있다.

(1) 일반적으로 초기치 문제의 미분방정식의 특수해를 구할 때 앞에서 언급된 바와 같이 먼저 일반해를 구하고 다음에 초기조건을 이용하여 특수해를 구하나 라플라스 변환법을 이용하면 일반해를 구하지 않고 바로 특수해를 구할 수 있다.

(2) 비제차 미분방정식의 해를 구할 때 앞에서도 언급하였듯이 보통 제차미분방정식의 해를 구하고 다음에 비제차 미분방정식의 해를 구하나 라플라스 변환을 이용하면 제차 미분방정식의 해를 구하지 않고 곧장 비제차 미분방정식을 풀이할 수 있다.

(3) 단위계단함수(unit step function), Dirac의 델타함수(Dirac's delta)를 이용함으로서 입력의 형태가 불연속적이거나 순간적인 충격량등으로 나타내는 문제를 효율적으로 풀이할 수 있다.

라플라스 변환은 선형연산(linear operation)이고 선형연산에 의해 함수 $f(t)$, $g(t)$가 라플라스 변환이 존재한다고 하면 상수 a, b에 대해 다음 식을 만족한다.

$$\mathcal{L}[af(t) + bg(t)] = a\mathcal{L}[f(t)] + b\mathcal{L}[g(t)] \qquad \text{식 (8.3)}$$

표 8.1 기본함수와 라플라스 변환

	원함수	라플라스 변환		원함수	라플라스 변환
1	1	$\frac{1}{s}$	6	e^{at}	$\frac{1}{s-a}$
2	a	$\frac{a}{s}$	7	sinwt	$\frac{w}{s^2+w^2}$
3	t	$\frac{1}{s^2}$	8	coswt	$\frac{s}{s^2+w^2}$
4	t^2	$\frac{2!}{s^3}$	9	sinhwt	$\frac{w}{s^2-w^2}$
5	t^n	$\frac{n!}{s^{n+1}}$	10	coshwt	$\frac{s}{s^2-w^2}$

[증명] 정의에 의해

$$\begin{aligned} \mathrm{L}[af(t)+bg(t)] &= \int_0^\infty e^{-st}[af(t)+bg(t)]dt \\ &= a\int_0^\infty e^{-st}f(t)dt+b\int_0^\infty e^{-st}g(t)dt \\ &= a\mathcal{L}[f(t)]+b\mathcal{L}[g(t)] \end{aligned}$$

가 된다.

표 8.1은 기본적인 변환표로서 다른 변환들은 대부분 이 변환에서 얻을 수 있다.

[예제 8.1] 원함수 $f(t)=a$(a는 상수)에 대해 라플라스 변환을 구하라.

[풀이]

라플라스 변환에 대한 정의에 의하여

$$\begin{aligned} F(s) &= \int_0^\infty ae^{-st}dt = -\frac{a}{s}e^{-st}\Big|_0^\infty \\ &= \frac{a}{s} \end{aligned}$$

여기서 a=1이면 $\frac{1}{s}$가 된다.

[예제 8.2] 원함수 $f(t)=e^{at}$(a는 상수)에 대해 라플라스 변환을 구하라.

[풀이]
정의에 의하여

$$F(s)=\int_0^{\infty} e^{at}e^{-st}dt = -\frac{1}{s-a}e^{-(s-a)t}\Big|_0^{\infty}$$
$$= \frac{1}{s-a} \ (s-a > 0\text{일 때})$$

[예제 8.3] 원함수 $f(t)=\cosh at$와 $f(t)=\sinh at$(a는 상수)에 대해 라플라스 변환을 구하라.

[풀이]
함수 $\cosh at$의 변환을 구하기 위해서 $\cosh at = \frac{1}{2}(e^{at}+e^{-at})$의 관계와 식 (8.3)을 이용한다. 그러므로

$$\mathcal{L}\cosh at = \mathcal{L}\left[\frac{1}{2}(e^{at}+e^{-at})\right] = \frac{1}{2}\left(\frac{1}{s-a}+\frac{1}{s+a}\right)=\frac{s}{s^2-a^2}$$

같이하여

$$\mathcal{L}\sinh at = \mathcal{L}\left[\frac{1}{2}(e^{at}-e^{-at})\right] = \frac{1}{2}\left(\frac{1}{s-a}-\frac{1}{s+a}\right)=\frac{a}{s^2-a^2}$$

[예제 8.4] 원함수 $f(t)=\cosh 2t$와 $f(t)=\sinh 4t$(a는 상수)에 대해 라플라스 변환을 구하라.

[풀이]

$$\mathcal{L}\cosh at=\frac{s}{s^2-a^2} \qquad \therefore\ \mathcal{L}\cosh 2t=\frac{s}{s^2-2^2}$$

$$\mathcal{L}\sinh at=\frac{a}{s^2-a^2} \qquad \therefore\ \mathcal{L}\sinh 4t=\frac{4}{s^2-4^2}$$

가 된다.

[예제 8.5] 원함수 $f(t)=\sin at$(a는 상수)에 대해 라플라스 변환을 구하라.

[풀이]
오일러 방정식

$$e^{iat}=\cos at+i\sin at,\ e^{-iat}=\cos at-i\sin at$$

에서

$$\cos at=\frac{1}{2}(e^{iat}+e^{-iat}),\ \sin at=\frac{1}{2i}(e^{iat}-e^{-iat})$$

가 되므로

$$\mathcal{L}\sin at=\mathcal{L}\left[\frac{1}{2i}(e^{iat}-e^{-iat})\right]=\frac{1}{2i}\left(\frac{1}{s-ia}-\frac{1}{s+ia}\right)$$

$$=\frac{a}{s^2+a^2}$$

$$\mathcal{L}\cos at=\mathcal{L}\left[\frac{1}{2}(e^{iat}+e^{-iat})\right]=\frac{1}{2}\left(\frac{1}{s-ia}+\frac{1}{s+ia}\right)$$

$$=\frac{s}{s^2+a^2}$$

[참고] sinat와 cosat의 라플라스 변환은 다음 방법으로도 구할 수 있다.
$e^{iat} = \cos at + i\sin at$에서 양변에 라플라스 변환을 하면

$$\mathcal{L}e^{iat} = \frac{1}{s-ia} = \frac{1}{s-ia} \times \left(\frac{s+ia}{s+ia}\right) = \frac{s}{s+a^2} + i\frac{a}{s^2+a^2}$$
$$= \mathcal{L}(\cos at + i\sin at) = \mathcal{L}\cos at + i\mathcal{L}\sin at$$
$$\therefore \quad \mathcal{L}\cos at = \frac{s}{s^2+a^2}, \quad \mathcal{L}\sin at = \frac{a}{s^2+a^2}$$

[예제 8.6] 원함수 $f(t) = t^n$(n은 양의 정수)에 대해 라플라스 변환을 구하라.

[풀이]

주어진 함수의 라플라스 변환 즉 $\mathcal{L}t^n = \int_0^\infty e^{-st}t^n dt$를 구하기 위하여 우선 이것과 비슷한 형태를 갖는 감마함수 Γ(n) = $\int_0^\infty e^{-t}t^{n-1}dt$ 에 대해 살펴보고자 한다.

감마함수 Γ(n)에서 부분적분하면

$$\Gamma(n) = \int_0^\infty e^{-t}t^{n-1}dt = -e^{-t}t^{n-1}|_0^\infty + (n-1)\int_0^\infty e^{-t}t^{n-2}dt$$

여기서 우변의 첫 번째 항에 대해서 $\lim_{t\to\infty}\frac{t^{n-1}}{e^t}$의 항은 t값이 증가할수록 분모값이 분자값보다 빠르게 증가해서 분수의 값은 0에 접근하므로 $-e^{-t}t^{n-1}|_0^\infty$의 값 : 0이 된다.
따라서 감마함수는

$$\Gamma(n) = (n-1)\int_0^\infty e^{-t}t^{n-2}dt = (n-1)\Gamma(n-1)$$

계속 확장하여 표현하면

$$\Gamma(n) = (n-1)\Gamma(n-1) = (n-1)(n-2)\Gamma(n-2) = (n-1)(n-2) \;....\; \Gamma(1)$$

여기서 $\Gamma(1)$은

$$\Gamma(1) = \int_0^\infty e^{-t}dt = -e^{-t}\Big|_0^\infty$$

$$= 1$$

따라서

$$\Gamma(n) = (n-1)(n-2)\ ....\ 1 = (n-1)!,\ \text{혹은}\ \Gamma(n+1) = n!$$

주어진 문제에서 감마함수의 형태로 바꾸기 위해

$$st = x\text{라 두고 치환적분하면 } sdt = dx \quad \therefore\ dt = \frac{1}{s}dx,\ t = \frac{x}{s}$$

따라서

$$\int_0^\infty e^{-st}t^n dt = \int_0^\infty e^{-x}\left(\frac{x}{s}\right)^n \frac{1}{s}dx = \frac{1}{s^{n+1}}\int_0^\infty e^{-x}x^n dx$$

$$= \frac{\Gamma(n+1)}{s^{n+1}} = \frac{n!}{s^{n+1}}$$

가 되어

$$\mathcal{L}t^n = \int_0^\infty e^{-st}t^n dt = \frac{n!}{s^{n+1}}$$

여기서 t=1일 때는 $\mathcal{L}t = \int_0^\infty e^{-st}tdt = \frac{1}{s^2}$

$$t = 2\text{일 때는 } \mathcal{L}t^2 = \int_0^\infty e^{-st}t^2 dt = \frac{2!}{s^3}$$

가 만족함을 알 수 있다.

[예제 8.7] 원함수 $f(t)=(a+bt)^2(a,\ b$는 상수)에 대해 라플라스 변환을 구하라.

[풀이]

$$\mathcal{L}(a+bt)^2 = \mathcal{L}(a^2+2abt+b^2t^2) = \frac{a^2}{s}+\frac{2ab}{s^2}+\frac{2b^2}{s^3}$$

[예제 8.8] 원함수 $f(t)=\sin^2 t$에 대해 변환하여라.

[풀이]

$\sin^2 t = \frac{1}{2}(1-\cos 2t)$이므로 $\mathcal{L}\sin^2 t = \mathcal{L}[\frac{1}{2}(1-\cos 2t)]$

$$= \frac{1}{2}(\frac{1}{s}-\frac{s}{s^2+2^2}) = \frac{2}{s^2+4s}$$

[예제 8.9] 원함수 $f(t)=\sinh^2 2t$에 대해 라플라스 변환을 구하라.

[풀이]

$$\sinh^2 2t = (\frac{e^{2t}-e^{-2t}}{2})^2 = \frac{1}{4}(e^{4t}-2+e^{-4t})$$

$$\therefore\ \mathcal{L}\sinh^2 2t = \frac{1}{4}(\frac{1}{s-4}-\frac{2}{s}+\frac{1}{s+4}) = \frac{32}{4s(s-4)(s+4)}$$

[예제 8.10] $F(s)=\dfrac{s-4}{s^2-4}$일 때 원함수 $f(t)$를 구하라.

[풀이]

(1) $\mathcal{L}^{-1}(\frac{s-4}{s^2-4}) = \mathcal{L}^{-1}\frac{s}{s^2-4} - \mathcal{L}^{-1}\frac{4}{s^2-4}$

$$= \cosh 2t - \sinh 2t$$

(2) $\dfrac{s-4}{s^2-4} = \dfrac{A}{s-2}+\dfrac{B}{s+2} = -\dfrac{1}{2}\left(\dfrac{1}{s-2}\right)+\dfrac{3}{2}\left(\dfrac{1}{s+2}\right)$

$$\therefore\ \mathcal{L}^{-1}\left(\frac{s-4}{s^2-4}\right) = -\frac{1}{2}e^{2t}+\frac{3}{2}e^{-2t}$$

[예제 8.11] $F(s)=\dfrac{a}{s}+\dfrac{b}{s^2}+\dfrac{c}{s^3}(a,\ b,\ c$는 상수)일 때 원함수 $f(t)$를 구하라.

[풀이]

$$\mathcal{L}^{-1}\left(\frac{a}{s}+\frac{b}{s^2}+\frac{c}{s^3}\right) = a+bt+\frac{1}{2}t^2$$

[예제 8.12] $F(s)=\dfrac{1}{(s-a)(s-b)}$ $(a\neq b)$일 때 원함수 $f(t)$를 구하라.

[풀이]

$$\frac{1}{(s-a)(s-b)} = \frac{A}{s-a}+\frac{B}{s-b} = \frac{1}{a-b}\left(\frac{1}{s-a}-\frac{1}{s-b}\right)$$

$$\therefore\ \mathcal{L}^{-1}\frac{1}{(s-a)(s-b)} = \frac{1}{a-b}(e^{at}-e^{bt})$$

8.2 미분과 적분의 라플라스 변환. 미분방정식의 풀이

8.2.1 미분의 변환과 미분방정식 풀이

$\mathcal{L}f(t) = F(s)$일때 $f(t)$의 미분형태인 $f'(t)$의 변환을 구하기 위해 정의식에서 부분적분하면

$$\mathcal{L}f'(t) = \int_0^\infty e^{-st}f'(t)dt = e^{-st}f(t)|_0^\infty + s\int_0^\infty e^{-st}f(t)dt$$

$$= -f(0) + s\mathcal{L}f(t) \qquad \text{식 (8.4)}$$

2계 도힘수 $f''(t)$에 대힌 변휜은 식 (1)를 활용히면

$$\mathcal{L}f''(t) = \int_0^\infty e^{-st}f''(t)dt = -f'(0) + s\mathcal{L}f'(t)$$

$$= s[-f(0) + s\mathcal{L}f(t)] - f'(0)$$

$$= s^2\mathcal{L}f(t) - sf(0) - f'(0)$$

같이하여 3계 도함수 $f'''(t)$에 대한 변환은

$$\mathcal{L}f'''(t) = \int_0^\infty e^{-st}f'''(t)dt = s^3\mathcal{L}f(t) - s^2f(0) - sf'(0) - f''(0)$$

이렇게 하여 n계 도함수 $f^n(x)$에 대한 변환은

$$\mathcal{L}f^n(t) = \int_0^\infty e^{-st}f^n(t)dt$$

$$= s^n\mathcal{L}f(t) - s^{n-1}f(0) - s^{n-2}f'(0) \ldots - f^{n-1}(0) \qquad \text{식 (8.5)}$$

[예제 8.13] 원함수 $f(t)=t^3$에 대해 라플라스 변환을 구하라.

[풀이]

(1) 표 8.1의 5번 식에 의해

$$\mathrm{L}t^3 = \frac{3!}{s^4} = \frac{6}{s^4}$$

(2) 미분을 이용하면

$$f'(x)=3t^2,\ f''(x)=6t,\ f'''(t)=6\text{이 되므로}$$

$$\mathrm{L}f'''(t) = s^3\mathrm{L}f(t)\text{-}s^2f(0)\text{-}sf'(0)\text{-}f''(0) = s^3\mathrm{L}f(t) = \mathrm{L}6 = \frac{6}{s}$$

그러므로 $\mathrm{L}t^3 = \frac{6}{s^4}$이 되어 표의 결과와 일치한다.

[예제 8.14] $f(t)=\sin^2 t$에 대해 변환을 미분을 이용하여 구하여라.

[풀이]

$f'(t)=2\sin t\cos t=\sin 2t$이므로

$$\mathcal{L}f'(t) = -f(0)+s\,\mathcal{L}f(t) = s\mathcal{L}f(t) = \mathcal{L}\sin 2t = \frac{2}{s^2+2^2}$$

그러므로 $\mathcal{L}f(t) = \frac{2}{s(s^2+2^2)}$가 된다.

[예제 8.15] 함수 $f(t)=t\cos at$(a는 상수)의 변환을 구하라.

[풀이]

이것을 구하기 위해 정의에 의해서

$$\mathcal{L}f(t) = \mathcal{L}(t\cos at) = \int_0^{\infty} e^{-st}(t\cos at)dt$$

이것의 직접적인 적분 값은 구하기 어려우므로 미분의 변환을 이용하면

$$f'(t)=\cos at - at\sin at,\ f''(t)=-2a\sin at - a^2 t\cos at$$

$$= -2a\sin at - a^2 f(t)$$

가 되고 이것을 변환하면

$$s^2\mathcal{L}f(t)\text{-}sf(0)\text{-}f'(0) = s^2\mathcal{L}f(t)\text{-}1 = \mathcal{L}[-2a\sin at - a^2 f(t)]$$

$$= -\frac{2a^2}{s^2+a^2} - a^2\mathcal{L}f(t)$$

정리하면

$$(s^2+a^2)\mathcal{L}f(t) = -\frac{2a^2}{s^2+a^2} + 1 = \frac{s^2-a^2}{s^2+a^2}$$

$$\therefore\ \mathcal{L}f(t) = \frac{s^2-a^2}{(s^2+a^2)^2}$$

[예제 8.16] 다음 미분방정식의 해를 라플라스 변환을 이용하여 구하라.

$$y''+y'-6y=1,\ y(0)=0,\ y'(0)=0$$

[풀이]

양변에 라플라스 변환을 하면

$$\mathcal{L}y''(t) = s^2\mathcal{L}y(t)\text{-}y(0)\text{-}y'(0) = s^2\mathcal{L}y(t)$$

$$\mathcal{L}y'(t) = -y(0)+s\mathcal{L}y(t) = s\mathcal{L}y(t)$$

이므로

$$\mathcal{L}(y'' + y' - 6y) = s^2\mathcal{L}y + s\mathcal{L}y - 6\mathcal{L}y = (s^2 + s - 6)\mathcal{L}y$$
$$= \mathcal{L}(1) = \frac{1}{s}$$

그러므로

$$\mathcal{L}y = \frac{1}{s(s-2)(s+3)}$$

역변환을 하기 위해 부분분수로 분해하면

$$\frac{1}{s(s-2)(s+3)} = \frac{A}{s} + \frac{B}{s-2} + \frac{C}{s+3} = -\frac{1}{6s} + \frac{1}{10(s-2)} + \frac{1}{15(s+3)}$$

(여기서 $A = -\frac{1}{6}$, $B = \frac{1}{10}$, $C = \frac{1}{15}$ 이다)

따라서 역변환하면 특수해는

$$y(t) = -\frac{1}{6} + \frac{1}{10}e^{2t} + \frac{1}{15}e^{-3t}$$

가 된다.

[예제 8.17] 다음 미분방정식의 해를 라플라스 변환을 이용하여 구하라.

$$y'' - y' = 0,\ y(0) = 0,\ y'(0) = 1$$

[풀이]

양변에 라플라스 변환을 취하면

$$\mathcal{L}y''(t) = s^2\mathcal{L}y(t) - y(0) - y'(0) = s^2\mathcal{L}y(t) - 1,$$

$$\mathcal{L}y'(t) = -y(0) + s\mathcal{L}y(t) = s\mathcal{L}y(t)$$

이므로 이것을 정리하면

$$(s^2 - s)\mathcal{L}y = 1 \quad \therefore \ \mathcal{L}y = \frac{1}{s^2 - s} = \frac{1}{s-1} - \frac{1}{s}$$

그러므로 미방의 해는

$$y(t) = e^t - 1$$

8.2.2 적분의 변환

$\mathcal{L}f(t) = F(s)$라고 하면 $f(t)$의 적분형태인 $\int_0^t f(\tau)d\tau$의 라플라스 변환($\mathcal{L}[\int_0^t f(\tau)d\tau]$)을 적분의 변환이라고 하고 이것을 구하기 위해서

$$g(t) = \int_0^t f(\tau)d\tau \text{라고 두면} \quad g'(t) = f(t)$$

양변에 변환을 취하면 $\mathcal{L}g'(t) = s\mathcal{L}g(t) - g(0)$
여기서

$$g(0) = \int_0^0 f(\tau)d\tau = 0$$

따라서 $\mathcal{L}g'(t) = s\mathcal{L}g(t) = \mathcal{L}f(t) = F(s)$이므로
이것은 $s\mathcal{L}g(t) = s\mathcal{L}[\int_0^t f(\tau)d\tau] = F(s)$가 되어서

$$\mathcal{L}[\int_0^t f(\tau)d\tau] = \frac{F(s)}{s}, \text{ 혹은 } \mathcal{L}^{-1}[\frac{F(s)}{s}] = \int_0^t f(\tau)d\tau \qquad \text{식 (8.6)}$$

가 된다.

[예제 8.18] 적분의 변환성질을 이용하여 다음 $F(s)$의 원함수 $f(t)$를 구하라.

$$F(s) = \frac{1}{s^2(s-1)}$$

[풀이]

$F(s) = \frac{1}{s-1}$이라고 하면 $f(t)$는 e^t가 되므로

$$\mathcal{L}^{-1}\left[\frac{1}{s(s-1)}\right] = \int_0^t e^{\tau} d\tau = e^t - 1$$

그러므로 $\frac{1}{s(s-1)} = F(s)$라고 하면

$$\mathcal{L}^{-1}\left[\frac{1}{s^2(s-1)}\right] = \int_0^t (e^{\tau}-1) d\tau = [e^{\tau}-\tau]_0^t$$
$$= e^t - t - 1$$

따라서 주어진 변환 $\frac{1}{s^2(s-1)}$의 원함수 $f(t)$는 $e^t - t - 1$가 된다.

[예제 8.19] 다음 $F(s)$의 원함수 $f(t)$를 구하라.

$$F(s) = \frac{1}{s^2 + a^2} \text{(}a\text{는 상수)}$$

[풀이]

$\frac{1}{s^2+a^2} = \frac{1}{s(s+a)}$이므로 여기서 $F(s)$를 $\frac{1}{s+a}$이라고 하면

$$f(t) = e^{-at},\ f(\tau) = e^{-a\tau}$$

가 되어

$\frac{1}{s(s+a)}$의 역변환을 구하기 위해 적분의 변환을 이용하면

$$\int_0^t e^{-a\tau} d\tau = -\frac{1}{a}e^{-a\tau}]_0^t = -\frac{1}{a}(e^{-at}-1) = \frac{1}{a}(1-e^{-at})$$

(별해) 이것을 다음과 같이 부분분수를 이용해서도 구할 수 있다.

$$\frac{1}{s^2+a^2} = \frac{1}{s(s+a)} = \frac{A}{s}+\frac{B}{s+a}$$

$$= \frac{1}{a}\left(\frac{1}{s}-\frac{1}{s+a}\right)$$

여기서 $A=\frac{1}{a}$, $B=-\frac{1}{a}$이다.

윗 식을 원함수를 구하기 위해 역변환하면

$$f(t) = \frac{1}{a}(1-e^{-at})$$

가 되어 같은 결과가 된다.

[예제 8.20] 다음 $F(s)$의 원함수 $f(t)$를 구하라.

$$F(s)=\frac{s-2}{s^2(s^2+4)}$$

[풀이]

$F(s)= \frac{s-2}{s^2+4}$라고 두고 이것의 역변환을 하면

$$\mathcal{L}^{-1}\left[\frac{s-2}{s^2+4}\right] = \cos 2t-\sin 2t$$

그러므로 $\mathcal{L}^{-1}\left[\frac{1}{s}\left(\frac{s-2}{s^2+4}\right)\right] = \int_0^t (\cos 2\tau-\sin 2\tau)d\tau = \frac{1}{2}(\sin 2t+\cos 2t-1)$.

같이하여 $F(s) = \frac{1}{s}\left(\frac{s-2}{s^2+4}\right)$라고 하면

$$\mathcal{L}^{-1}\left[\frac{1}{s^2}\left(\frac{s-2}{s^2+4}\right)\right] = \int_0^t \frac{1}{2}(\sin 2\tau + \cos 2\tau - 1)d\tau$$

$$= \frac{1}{4}(\sin 2t - \cos 2t - 2t + 1)$$

가 된다.

8.3 이동정리

8.3.1 제 1이동정리

$$F(s)=\int_0^\infty e^{-st}f(t)dt \text{ 라고 할 때 } F(s-a)=\int_0^\infty e^{-(s-a)t}f(t)dt$$

$$=\int_0^\infty e^{-st}[e^{at}f(t)]dt = \mathcal{L}[e^{at}f(t)] \qquad \text{식 (8.7)}$$

가 된다. 이렇게 하여

$F(s)=\mathcal{L}f(t)$ 일때 $F(s-a)=\mathcal{L}[e^{at}f(t)]$ 혹은 $\mathcal{L}^{-1}[F(s-a)]=e^{at}f(t)$가 되어 이것을 제 1 이동정리, 혹은 s축상으로 이동이라고 한다.

[예제 8.21] 다음 미분방정식의 초기치 문제를 풀어라.

$$y''+y'-3y=0.\ y(0)=1,\ y'(0)=2$$

[풀이]

양변에 라플라스 변환을 하면

$$s^2Y-sy(0)-y'(0)+sY-y(0)-3Y=0$$

$$\therefore\ (s^2+s-3)Y=s+3$$

그러므로 Y는

$$Y=\frac{s+3}{s^2+s-3} = \frac{s+3}{s^2+s+\frac{1}{4}-\frac{13}{4}}$$

$$= \frac{s+\frac{1}{2}+\frac{5}{2}}{(s+\frac{1}{2})^2-(\frac{\sqrt{13}}{2})^2}$$

$$\therefore\quad y(t) = e^{-\frac{1}{2}t}[\cosh\frac{\sqrt{13}}{2}t+\frac{5}{\sqrt{13}}\sinh\frac{\sqrt{13}}{2}t]$$

[예제 8.22] 다음을 역변환하라.

$$\frac{a}{s+1}+\frac{b}{(s+1)^2}+\frac{c}{(s+1)^3} \quad (a,\ b,\ c\text{는 상수})$$

[풀이]

$$\mathcal{L}^{-1}\left[\frac{a}{s+1}+\frac{b}{(s+1)^2}+\frac{c}{(s+1)^3}\right] = ae^{-t}+bte^{-t}+\frac{1}{2}ce^{-t}t^2$$

가 된다.

[예제 8.23] 다음을 라플라스 변환하라.

$$e^{-2t}(\cos 4t+\sin 4t)$$

[풀이]

$\mathcal{L}[\cos 4t+\sin 4t] = \dfrac{s}{s^2+4^2}+\dfrac{4}{s^2+4^2}$ 이므로 제 1이동정리를 사용하면

$$\mathcal{L}[e^{-2t}(\cos 4t+\sin 4t)] = \frac{s+4}{(s+4)^2+4^2}+\frac{4}{(s+4)^2+4^2}$$

[예제 8.24] 다음을 역변환하라.

$$\frac{as+b}{(s+c)^2+d^2} \quad (a,\ b,\ c,\ d\text{는 상수이다})$$

[풀이] 주어진 분수를 분해하면

$$\frac{as+b}{(s+c)^2+d^2} = \frac{a(s+c)+b-ac}{(s+c)^2+d^2} = \frac{a(s+c)}{(s+c)^2+d^2}+\frac{b-ac}{(s+c)^2+d^2}$$

그러므로 제 1이동정리를 사용하면

$$\mathcal{L}^{-1}\left[\frac{a(s+c)}{(s+c)^2+d^2}+\frac{b-ac}{(s+c)^2+d^2}\right] = e^{-ct}\left[a\cos dt+\frac{b-ac}{d}\sin dt\right]$$

[예제 8.25] 다음 미분방정식의 초기치 문제를 변환에 의해 풀어라.

$$4y'' - 8y' - 3y = 0.\ \ y(0) = 0,\ \ y'(0) = 1$$

[풀이]
양변에 라플라스 변환을 하면

$$4(s^2 Y - 1) - 8sY - 3Y = 0 \quad : (4s^2 - 8s - 3)Y = 4$$

그러므로

$$Y = \frac{4}{4s^2 - 8s - 3)} = \frac{1}{s^2 - 2s - \frac{3}{4}} = \frac{1}{(s-1)^2 - \frac{7}{4}}$$

따라서 미방의 해는

$$y(t) = \frac{2}{\sqrt{7}} e^t \sinh \frac{\sqrt{7}}{2} t$$

8.3.2 제 2이동정리

제 2이동정리를 언급하기 위해서 우선 단위계단함수에 대해 설명한다.
단위계단함수는 $u_a(t)$ 혹은 $u(t-a)$라고 표기하고 다음과 같이 정의한다.

$$u_a(t)\begin{cases}(1)\, t < a : u_a(t) \rightarrow 0 \\ (2)\, t > a : u_a(t) \rightarrow 1\end{cases}$$

즉 $u_a(t)$는 $t > a$ 범위에서는 '0'에 접근하고 $t < a$ 범위에서는 '1'에 접근하는 함수이다.
이러한 단위계단함수의 라플라스 변환을 구하면

$$\mathcal{L} u_a(t) = \int_0^\infty e^{-st} u_a(t) dt = \int_a^\infty e^{-st} dt = -\frac{1}{s} e^{-st} \Big|_a^\infty$$

$$= \frac{e^{-as}}{s}$$

가령 $u_3(t)$를 변환하면 $\frac{e^{-3s}}{s}$ 가 된다.

만약 F(s)를 힘수 $f(t)$의 라플라스 변환, 즉 $\mathcal{L}f(t)$ 라고 하면

$$e^{-as}F(s)=e^{-as}\int_0^{\infty}e^{-s\tau}f(\tau)d\tau = \int_0^{\infty}e^{-s(\tau+a)}f(\tau)d\tau$$

여기서 e^{-as}는 변수 τ에 대해서 상수이고 이 적분을 구하기 위해 $\tau+a=t$라고 하면

$$d\tau=dt,\ \tau=t-a$$
$$\tau\to 0:\ t\to a,\ \tau\to\infty:\ t\to\infty$$

가 되므로

$$\int_0^{\infty}e^{-s(\tau+a)}f(\tau)d\tau = \int_a^{\infty}e^{-st}f(t-a)dt$$

위 우측의 적분 속에 있는 식의 형태는 라플라스 변환모양이나 값에는 변동이 없는 상태에서 적분의 적분구간을 맞추기 위해서 단위계단함수를 이용하면 $u_a(t)$는 $0<t<a$범위에서는 0이고 $t>a$에서는 1의 값을 가지므로

$$\int_a^{\infty}e^{-st}f(t-a)dt = \int_a^{\infty}e^{-st}f(t-a)u_a(t)dt + \int_0^{a}e^{-st}f(t-a)u_a(t)dt$$
$$= \int_0^{\infty}e^{-st}f(t-a)u_a(t)dt$$

가 되어

$$e^{-as}F(s) = \int_0^{\infty}e^{-st}f(t-a)u_a(t)dt = \mathcal{L}[f(t-a)u_a(t)] \qquad \text{식 (8.8)}$$

가 성립한다.

이것을 제 2이동정리 혹은 t축 상으로 이동이라고 하고 역변환하면 다음과 같이 정리된다.

$$\tilde{f}(t) = f(t-a)u_a(t)$$

라고 하면

$$\mathcal{L}^{-1}[e^{-as}F(s)] = \tilde{f}(t) \qquad \text{식 (8.9)}$$

[예제 8.26] 다음 변환을 역변환하여라.

$$\frac{e^{-s}-e^{-2s}}{s^2-1}$$

[풀이]

$\mathcal{L}^{-1}[\frac{1}{s^2-1}]$ = sinh$t$이므로 제 2이동정리에 의해서

$$\mathcal{L}^{-1}[\frac{e^{-s}-e^{-2s}}{s^2-1}] = \sinh(t-1)u_1(t) - \sinh(t-2)u_2(t)$$

가 된다.

[예제 8.27] 다음 미분방정식을 풀어라.

$$\begin{cases} y'' - 3y' + 2y = 1, & 0 \le t < 1 \\ y'' - 3y' + 2y = 0, & t \ge 1 \end{cases}$$

여기서 $y(0)=0$, $y'(0)=0$이다.

[풀이]

위의 미방을 단위계단함수로 한 개의 식으로 표현하면

$$y'' - 3y' + 2y = u_0(t) - u_1(t)$$

가 된다.

양변에 라플라스 변환을 하면

$$s^2 Y - 3sY + 2Y = \frac{1}{s} - \frac{e^{-s}}{s}$$

Y에 대하여 정리하면

$$Y = \frac{1}{s(s-1)(s-2)} - \frac{e^{-s}}{s(s-1)(s-2)}$$

역변환을 하기 위해 분수를 부분분수로 분해하면

$$\frac{1}{s(s-1)(s-2)} = \frac{A}{s}+\frac{B}{s-1}+\frac{C}{s-2} = \frac{1}{2s}-\frac{1}{s-1}+\frac{1}{2(s-2)}$$

그러므로 미방의 해 $y(t)$는 제 2이동정리에 의해서

$$y(t) = \frac{1}{2}-e^{t}+\frac{1}{2}e^{2t}-\ [\frac{1}{2}-e^{(t-1)}+\frac{1}{2}e^{2(t-1)}]u_1(t)$$

가 된다.

[예제 8.28] 다음 비 감쇠계의 해를 구하라.

$$y''+4y=r(t)$$

여기서 $y(0)=0,\ y'(0)=0$인 조건에서 $r(t)$는 $0\le t<0,\ r(t)=1$이고 $t>1,\ r(t)=0$이다.

[풀이]

양변에 변환을 취하면

$$r(t) = u_0(t)-u_1(t)$$

가 되므로

$$s^2Y+4Y=\frac{1}{s}-\frac{e^{-s}}{s} \qquad \therefore\ Y=\frac{1}{s(s^2+4)}-\frac{e^{-s}}{s(s^2+4)}$$

여기서

$$\frac{1}{s(s^2+4)} = \frac{A}{s}+\frac{Bs+C}{s^2+4} = \frac{1}{4s}-\frac{s}{4(s^2+4)}$$

이므로 미방의 해 $y(t)$는 제 2이동정리에 의해서

$$y(t) = \frac{1}{4}-\frac{1}{4}\cos 2t-\ [\frac{1}{4}-\frac{1}{4}\cos[2(t-1)]]u_1(t)$$

가 된다.

8.4 변환의 미분과 적분

8.4.1 변환의 미분

라플라스 변환 $F(s) = \int_0^\infty e^{-st} f(t) dt$라고 할 때 변환의 미분형태인 $F'(s)$는 다음과 같이 구할 수 있다.

$$F'(s) = \frac{d}{ds}[\int_0^\infty e^{-st} f(t) dt] = \int_0^\infty \frac{\partial}{\partial s}[e^{-st} f(t)] dt = \int_0^\infty [-te^{-st} f(t)] dt$$

$$= \int_0^\infty e^{-st} [-tf(t)] dt = \mathcal{L}[-tf(t)]$$

$$= -\mathcal{L}[tf(t)]$$

가 되어 이것을 정리하면 다음과 같다. 즉

$$F'(s) = -\mathcal{L}[tf(t)], \text{ 혹은 } \mathcal{L}^{-1}[tf(t)] = -F(s)' \qquad \text{식 (8.10)}$$

[예제 8.29] 다음 식을 라플라스 변환식을 구하라.

$$t \sin\beta t$$

[풀이]

$\mathcal{L} \sin\beta t = \frac{\beta}{s^2 + \beta^2}$ 이므로

$$\mathcal{L} t \sin\beta t = -\frac{\beta}{s^2 + \beta^{2'}} = \frac{2\beta s}{(s^2 + \beta^2)^2}$$

[예제 8.30] 다음 식을 라플라스 변환식을 구하라.

$$t cos\beta t \pm \frac{1}{\beta} \sin\beta t$$

[풀이]

$$\mathcal{L}\cos\beta t = \frac{s}{s^2+\beta^2} \text{ 이므로 } \mathcal{L}t\cos\beta t = -\frac{s}{s^2+\beta^2}' = -[\frac{(s^2+\beta^2)-s \cdot 2s}{(s^2+\beta^2)^2}]$$

$$= \frac{s^2-\beta^2}{(s^2+\beta^2)^2}$$

그러므로

$$\mathcal{L}[t\cos\beta t \pm \frac{1}{\beta}\sin\beta t] = \frac{s^2-\beta^2}{(s^2+\beta^2)^2} \pm \frac{1}{s^2+\beta^2}$$

따라서

$$\mathcal{L}[t\cos\beta t + \frac{1}{\beta}\sin\beta t] = \frac{s^2-\beta^2}{(s^2+\beta^2)^2} + \frac{1}{s^2+\beta^2} = \frac{2s^2}{(s^2+\beta^2)^2}$$

$$\mathcal{L}[t\cos\beta t - \frac{1}{\beta}\sin\beta t] = \frac{s^2-\beta^2}{(s^2+\beta^2)^2} - \frac{1}{s^2+\beta^2} = \frac{-2\beta^2}{(s^2+\beta^2)^2}$$

[예제 8.31] 다음 식의 라플라스 변환식을 변환의 미분을 이용하여 구하라.

$$t^2e^{2t}$$

[풀이]

$$\mathcal{L}e^{2t} = \frac{1}{s-2} \text{ 이므로 } \mathcal{L}te^{2t} = \frac{1}{s-2}' = \frac{1}{(s-2)^2}$$

따라서

$$\mathcal{L}t^2e^{2t} = [\frac{1}{(s-2)^2}]' = \frac{2(s-2)}{(s-2)^4} = \frac{2}{(s-2)^3}$$

가 되어 제 1이동정리에 의한 결과와 일치하게 된다.

[예제 8.32] 다음 식을 라플라스 변환식을 구하라.

$$te^{3t}\sin 3t$$

[풀이]

$\mathcal{L}\sin 3t = \dfrac{3}{s^2+3^2}$가 되므로

$$\mathcal{L}t\sin 3t = -\frac{3}{s^2+3^{2'}} = \frac{6s}{(s^2+3^2)^2}$$

$$\therefore\ \mathcal{L}te^{3t}\sin 3t = \frac{6(s-3)}{[(s-3)^2+3^2]^2}$$

[예제 8.33] 다음 변환식의 원함수를 구하라.

$$\ln\frac{s+1}{s+2}$$

[풀이]

F(s) = $\ln\dfrac{s+1}{s+2}$라 하면 $-F(s)' =-(\dfrac{s+1}{s+2})'/(\dfrac{s+1}{s+2})$

$$= -(\frac{s+2}{s+1})\times[\frac{s+2-(s+1)}{(s+2)^2}]$$

$$= -\frac{1}{(s+1)(s+2)} = -\frac{1}{s+1}+\frac{1}{s+2}$$

그러므로

$$tf(t) =-e^{-t}+e^{-2t} \qquad \therefore\ f(t) = \frac{-e^{-t}+e^{-2t}}{t}$$

[예제 8.34] 다음 변환식의 원함수를 구하라.

$$\cot^{-1}(s-1)$$

[풀이]

$F(s)=\cot^{-1}(s-1)$라고 하면 $-F(s)' = \dfrac{1}{1+(s-1)^2}$

$$(\text{참고; } \frac{d}{dx}\cot^{-1}x = -\frac{1}{1+x^2})$$

$$\mathcal{L}[\frac{1}{1+(s-1)^2}] = e^t \sin t$$

이므로

$$f(t)=\frac{e^t \sin t}{t}$$

가 된다.

8.4.2 변환의 적분

정의에 의해 $F(s)=\int_0^\infty e^{-st}f(t)dt$이므로

$$F(\tilde{s})=\int_0^\infty e^{-\tilde{s}t}f(t)dt$$

$$\therefore \int_s^\infty F(\tilde{s})d\tilde{s} = \int_s^\infty [\int_0^\infty e^{-\tilde{s}t}f(t)dt]d\tilde{s}$$

위 적분에서 적분의 순서를 바꾸면 $f(t)$는 $\tilde{s}$의 함수가 아니므로

$$\int_s^\infty F(\tilde{s})d\tilde{s} = \int_0^\infty [\int_s^\infty e^{-\tilde{s}t} f(t)d\tilde{s}]dt = \int_0^\infty f(t)[\int_s^\infty e^{-\tilde{s}t}d\tilde{s}]dt$$

여기서

$$\int_s^\infty e^{-\tilde{s}t}d\tilde{s} = |-\frac{e^{-\tilde{s}t}}{t}|_s^\infty = \frac{e^{-st}}{t}$$

이므로

$$\int_s^\infty F(\tilde{s})d\tilde{s} = \int_0^\infty f(t)[\frac{e^{-st}}{t}]dt = \int_0^\infty e^{-st}[\frac{f(t)}{t}]dt$$
$$= \mathcal{L}[\frac{f(t)}{t}]$$

8.5 주기함수의 변환

$f(t)$를 주기가 p이고 모든 양의 t에 대한 함수라고 하면 다음 식이 성립한다.

$$f(t+p) = f(t)$$

이러한 $f(t)$에 대한 라플라스 변환을 하면

$$\mathcal{L}f(t) = \int_0^\infty e^{-st}f(t)dt = \int_0^p e^{-st}f(t)dt + \int_p^{2p} e^{-st}f(t)dt + \int_{2p}^{3p} e^{-st}f(t)dt + \ldots$$

여기서 $f(\tau)=f(\tau+p)$이므로

$$\int_0^p e^{-st}f(t)dt = \int_0^p e^{-s\tau}f(\tau)d\tau.\ (t=\tau,\ \ dt=d\tau)$$

$$\int_p^{2p} e^{-st}f(t)dt = \int_0^p e^{-s(\tau+p)}f(\tau)d\tau.\ (t=\tau+p.\ \ dt=d\tau)$$

$$\int_{2p}^{3p} e^{-st}f(t)dt = \int_0^p e^{-s(\tau+2p)}f(\tau)d\tau.\ (t=\tau+2p.\ \ dt=d\tau)$$

$$\vdots$$

그러므로

$$\int_0^\infty e^{-st}f(t)dt = (1+e^{-sp}+e^{-2o}+e^{-3p}+\ldots)\int_0^p e^{-s\tau}f(\tau)d\tau$$

여기서 우측 괄호항은 초항이 1이고 등비가 e^{-sp}인 무한등비급수 합이므로

$$1+e^{-sp}+e^{-2o}+e^{-3p}+\ldots = \frac{1}{1-e^{-sp}}$$

따라서

$$\int_0^\infty e^{-st}f(t)dt = \frac{1}{1-e^{-sp}}\int_0^p e^{-s\tau}f(\tau)d\tau = \frac{1}{1-e^{-sp}}\int_0^\infty e^{-st}f(t)dt \qquad (8.11)$$

8.6 합성곱

함수 $f(t)$, $g(t)$에 대하여 라플라스 변환은 $\mathcal{L}f(t) = F(s)$, $\mathcal{L}g(t) = G(s)$가 될 때 $f(t)$, $g(t)$의 곱, 즉 $f(t)g(t)=h(t)$의 라플라스 변환은 다음과 같이 된다.

$$\mathcal{L}[f(t)g(t)] = \mathcal{L}h(t) = H(s) = F(s)G(s)$$

이것의 역변환은

$$\mathcal{L}^{-1}H(s) = \mathcal{L}^{-1}F(s)G(s) = h(t) = (f * g)(t)$$; f와 g의 합성곱(convolution)

여기서

$$h(t) = (f * g)(t) = \int_0^t f(\tau)g(t-\tau)d\tau \qquad \text{식 (8.12)}$$

이 식의 증명은 생략한다.

[예제 8.35] 다음 변환식의 원함수를 합성곱을 이용하여 구하라.

$$\frac{1}{(s^2+4)^2}$$

[풀이]

$$H(s) = \frac{1}{(s^2+4)^2} = \frac{1}{s^2+4}\frac{1}{s^2+4} = F(s)G(s)$$

$$F(s) = G(s) = \frac{1}{s^2+4}, \quad f(t) = g(t) = \frac{1}{2}\sin 2t$$

그러므로

$$h(t) = \mathcal{L}^{-1}\frac{1}{(s^2+4)^2} = \int_0^t \frac{1}{2}\sin 2\tau \frac{1}{2}\sin 2(t-\tau)d\tau$$

$$= \frac{1}{4}\int_0^t \sin 2\tau \sin 2(t-\tau)d\tau$$

위 식의 우변항의 적분을 구하기 위해서 삼각함수의 공식에서

$$\sin x \sin y = \frac{1}{2}[-\cos(x+y) + \cos(x-y)]$$

이므로

$$\sin 2\tau \sin 2(t-\tau) = \frac{1}{2}[\cos(4\tau - 2t) - \frac{1}{2}\cos 2t$$

가 되어 우변의 항은 적분할 수 있다.

[예제 8.36] 다음 변환식의 원함수를 합성곱을 이용하여 구하라.

$$\frac{1}{(s-1)^2}$$

[풀이]

$$H(s) = \frac{1}{(s-1)^2} = \frac{1}{s-1}\frac{1}{s-1},\ F(s) = G(s) = \frac{1}{s-1}$$

그러므로

$$f(t) = g(t) = e^t$$

$$h(t) = \mathcal{L}^{-1}\frac{1}{(s-1)^2} = \int_0^t e^{\tau}e^{t-\tau}d\tau = \tau e^t|_0^t = te^t$$

[예제 8.37] 다음 변환식의 원함수를 합성곱을 이용하여 구하라.

$$\frac{1}{s(s-1)}$$

[풀이]

$$H(s) = \frac{1}{s(s-1)} = \frac{1}{s}\frac{1}{s-1},\ F(s) = \frac{1}{s},\ G(s) = \frac{1}{s-1}$$

그러므로

$$f(t)=1,\ g(t)=e^t$$

$$h(t)=\mathcal{L}^{-1}\frac{1}{s(s-1)}=\int_0^t e^{t-\tau}d\tau=-e^te^{-\tau}\Big]_0^t=-1+e^t$$

[예제 8.38] 어떤 강체 진동계에서 운동방정식이 다음과 같을 때 초기치 문제를 구하라.

$$my''+ky=Acoswt,\ y(0)=0,\ y'(0)=0$$

[풀이]
양변에 라플라스 변환을 하면

$$ms^2Y+kY=A\frac{s}{s^2+w^2}$$

Y에 대해 정리하면

$$Y=A_0\frac{1}{s^2+w_0^2}\frac{s}{s^2+w^2},\quad \text{여기서 } A_0=\frac{A}{m},\ w_0=\sqrt{\frac{k}{m}} \text{ 이다.}$$

운동특성을 구하기 위해

$$H(s)=A_0\frac{1}{s^2+w_0^2}\frac{s}{s^2+w^2}=F(s)G(s)$$

그러므로

$$F(s)=A_0\frac{1}{s^2+w_0^2},\ G(s)=\frac{s}{s^2+w^2}$$

$$\therefore\ f(t)=\frac{A_0}{w_0}\sin w_0t,\ g(t)=\cos wt$$

따라서 역변환을 하면

$$h(t) = \mathcal{L}^{-1}\left(A_0 \frac{1}{s^2+w_0^2}\frac{s}{s^2+w^2}\right) = \frac{A_0}{w_0}\int_0^t \sin w_0\tau \cos w(t-\tau)d\tau$$

우측의 적분을 구하기 위하여 $\sin x \cos y = \frac{1}{2}[\sin(x+y)+\sin(x-y)]$를 이용하면

$$\begin{aligned}\sin w_0\tau\cos w(t-\tau) &= \frac{1}{2}[\sin(w_0\tau+wt-w\tau)+\sin(w_0\tau-wt+w\tau)] \\ &= \frac{1}{2}[\sin((w_0-w)\tau+wt)+\sin((w_0+w)\tau-wt)]\end{aligned}$$

가 되므로

$$\frac{A_0}{w_0}\int_0^t \sin w_0\tau\cos w(t-\tau)d\tau = \frac{A_0}{2w_0}\int_0^t[\sin((w_0-w)\tau+wt)+\sin((w_0+w)\tau-wt)]d\tau$$

가 되고 여기서

$$\begin{aligned}&\int_0^t[\sin((w_0-w)\tau+wt)+\sin((w_0+w)\tau-wt)]d\tau \\ &= -\frac{1}{w_0-w}[\cos((w_0-w)+wt)+\cos((w_0+w)-wt)]\end{aligned}$$

따라서

$$h(t) = -\frac{A_0}{2w_0(w_0-w)}[\cos((w_0-w)+wt)+\cos((w_0+w)-wt)]$$

가 된다.

8.7 부분분수

변환식이 다음과 같이 분수로 표현된다면

$$Y(s) = \frac{F(s)}{G(s)} \qquad \text{식 (8.13)}$$

이것의 역변환은 분모 $G(s)$의 형태에 따라 부분분수로 전개가능하다. 이것을 Heaviside 전개라고 한다.

[경우 1] 단순인자 ; $s-a$

[예제 8.39] 다음 미분방정식을 풀어라.

$$y'' + y' - 2y = 1,\ y(0) = 0,\ y'(0) = 1$$

[풀이]

양변에 변환을 취하여 정리하면

$$(s^2 + s - 2)Y = 1 + \frac{1}{s} = \frac{s+1}{s}$$

여기서 Y를 구하면

$$Y = \frac{s+1}{s(s+2)(s-1)}$$

여기서 분모의 s(s+2)(s-1)은 각각 단순인자가 된다. 이 경우는 분모의 각각의 항은 s의 1차항이므로 분자에는 다음과 같이 분모보다 1차수 낮은 상수로 표현된다.

$$\frac{s+1}{s(s+2)(s-1)} = \frac{A}{s} + \frac{B}{s+2} + \frac{C}{s-1}$$

로 표현하여 계수비교하면

$$A + B + C = 0,\ A - B + 2C = 1,\ -2A = 1$$

를 만족하고 A, B, C를 구하면

$$A=-\frac{1}{2},\ B=-\frac{1}{6},\ C=\frac{2}{3}$$

그러므로

$$Y=\frac{s+1}{s(s+2)(s-1)}=\frac{-1}{2s}-\frac{1}{6(s+2)}+\frac{2}{3(s-1)}$$

역변환을 하면

$$y(t)=-\frac{1}{2}-e^{-2t}+\frac{2}{3}e^{t}$$

[경우 2] 다중인자 ; $(s-a)^m$

가령 분모가 $(s-a)^2$인 경우에는

$$\frac{A}{(s-a)^2}+\frac{B}{s-a} \qquad \text{식 (8.14)}$$

$(s-a)^3$인 경우에는

$$\frac{A}{(s-a)^3}+\frac{B}{(s-a)^2}+\frac{C}{s-a} \qquad \text{식 (8.15)}$$

로 표현된다.

[예제 8.40] 다음 미분방정식을 풀어라.

$$y''-3y'-4y=t,\ y(0)=0,\ y'(0)=0$$

[풀이]

양변에 변환을 하면

$$(s^2-3s-4)Y=\frac{1}{s^2} \quad : \quad Y=\frac{1}{s^2(s-4)(s+1)}$$

이때 우변의 분수항은 단순인자와 다중인자의 복합이므로

$$\frac{1}{s^2(s-4)(s+1)} = \frac{a}{s^2}+\frac{b}{s}+\frac{c}{s-4}+\frac{d}{s+1}$$

여기서 상수 a, b, c, d를 구하기 위해 계수를 비교하면

$$-4a=1,\ \ -3a-4b=0,$$
$$b+c+d=0,\ \ a-3b+c-4d=0$$

계산된 a, b, c, d는

$$a=-\frac{1}{4},\ b=\frac{3}{16},\ c=\frac{1}{80},\ d=-\frac{1}{5}$$

따라서

$$Y=\frac{1}{s^2(s-4)(s+1)} = -\frac{1}{4s^2}+\frac{3}{16s}+\frac{1}{80(s-4)}-\frac{1}{5(s+1)}$$

해 $y(t)$는 역변환을 하면 되므로

$$y(t)=-\frac{t}{4}+\frac{3}{16}+\frac{e^{4t}}{80}-\frac{e^{-t}}{5}$$

가 된다.

[경우 3] 단순복소인자 ; $(s-a)(s-\tilde{a})$

분수의 분모 $G(s)$의 인자$(s-a)$중 a는 복소수 $a=\alpha+\beta i$의 형태로 표현된다면 이것의 $\tilde{a}=\alpha-\beta i$로 표현되는 $(s-\tilde{a})$도 역시 인자가 된다.

이렇게 해서$(s-a)(s-\tilde{a})=s^2-(a+\tilde{a})s+a\tilde{a}=s^2-2\alpha s+(\alpha^2+\beta^2)=(s-\alpha)^2+\beta^2$가 되어 완전제곱형태가 된다. 이에 대한 부분분수는 s에 대한 2차항보다 1차항이 낮은 다음과 같이 1차 형태로 표현된다. 이러한 형태는 진동에 관련된 문제에서 나타나기도 한다.

$$\frac{As+B}{(s-\alpha)^2+\beta^2} \qquad \text{식 (8.16)}$$

[예제 8.41] 다음 미분방정식을 풀어라.

$$y'' + 2y' + 2y = \sin 2t,\ \ y(0) = 0,\ \ y'(0) = 0$$

[풀이]

변환식으로 정리하면

$$(s^2 + 2s + 2)Y = \frac{2}{s^2 + 2^2},\quad \therefore Y = \frac{2}{(s^2 + 2^2)(s^2 + 2s + 2)}$$

우변의 분수를 부분분수로 나타내면

$$\frac{2}{(s^2 + 2^2)(s^2 + 2s + 2)} = \frac{As + B}{s^2 + 2^2} + \frac{Cs + D}{(s+1)^2 + 1}$$

에서

$$2B + 3D = 2,\ \ A + C = 0$$

$$2A + B + D = 0,\ \ 2A + 2B + 4C = 0$$

구해진 상수 A, B, C, D는

$$A = -\frac{1}{5},\ \ B = -\frac{1}{5},\ \ C = \frac{1}{5},\ \ D = \frac{3}{5}$$

따라서

$$Y = \frac{2}{(s^2 + 2^2)(s^2 + 2s + 2)} = -\frac{1}{5}\left(\frac{s+1}{s^2 + 2^2}\right) + \frac{1}{5}\left[\frac{s+3}{(s+1)^2 + 1}\right]$$

역변환하면

$$y(t) = -\frac{1}{5}\left(\cos 2t + \frac{1}{2}\sin 2t\right) + \frac{e^{-t}}{5}(\cos t + 2\sin t)$$

가 된다.

[경우 4] 다중복소인자 ; $[(s-\alpha)^2+\beta^2]^m$

가령 $[(s-\alpha)^2+\beta^2]^2$이라고 하면

$$\frac{As+B}{[(s-\alpha)^2+\beta^2]^2}+\frac{Cs+D}{[(s-\alpha)^2+\beta^2]} \qquad \text{식 (8.17)}$$

라고 표현된다.

[예제 8.42] 다음 미분방정식을 풀어라.

$$y''+y=\sin t,\ \ y(0)=0,\ \ y'(0)=0$$

[풀이]

$$(s^2+1)Y=\frac{1}{s^2+1}, \quad \therefore Y=\frac{1}{[(s^2+1)]^2}$$

이것을 역변환은 합성곱으로 구하면

$$F(s)=G(s)=\frac{1}{s^2+1}$$

따라서

$$f(t)=g(t)=\sin t, \quad \sin x \sin y=\frac{1}{2}[-\cos(x+y)+\cos(x-y)]$$

이므로

$$\begin{aligned}\int_0^t \sin\tau\sin(t-\tau)d\tau &= \int_0^t \frac{1}{2}[-\cos(t)+\cos(-t+2\tau)]d\tau \\ &= -\frac{1}{2}t\cos t+\frac{1}{4}(\sin t+\sin t) \\ &= \frac{1}{2}(\sin t - t\cos t)\end{aligned}$$

가 된다.

만약에 Y의 형태가 아래와 같이 나타난다면

$$\frac{1}{[(s^2+1)]^2(s+2)}$$

이것은 다음과 같이 부분분수로 나타낼 수 있다.

$$\frac{1}{[(s^2+1)]^2(s+2)} = \frac{As+B}{[(s^2+1)]^2}+\frac{Cs+D}{s^2+1}+\frac{E}{s+2}$$

여기서 계수를 구하기 위해 계수 비교하면

$$2B+E+2D=1,\ E+C=0,\ 2C+D=0$$
$$A+2E+C+2D=0,\ 2A+B+2C+D=0$$

따라서 구해진 A, B, C, D, E 값은

$$A=-\frac{1}{5},\ B=\frac{2}{5},\ C=-\frac{2}{50},\ D=\frac{2}{25},\ E=\frac{1}{25}$$

따라서

$$\frac{1}{[(s^2+1)]^2(s+2)} = \frac{1}{5}[\frac{-s+2}{[(s^2+1)]^2}]+\frac{1}{25}[\frac{-s+2}{s^2+1}]+\frac{1}{25}[\frac{1}{s+2}]$$

이렇게 하여 우변의 각 항을 역변환하면 해를 구할 수 있다.

8장 연습문제

1. 다음 함수의 라플라스 변환을 구하라.

(1) $\cosh 3t + \sinh 5t$ (2) $\sin 3t$ (3) t^8

(4) $(3+4t)^2$ (5) $\sin^2 2t$ (6) $t\cos 5t$

(7) $e^{4t}(\cos 8t - \sin 8t)$ (8) $t\sin 2t$ (9) $t^3 e^{4t}$

(10) $te^t \sin 8t$

2. 다음 함수의 원함수를 구하라.

(1) $\dfrac{s-1}{s^2-6}$ (2) $\dfrac{1}{(s-1)(s-2)}$ (3) $\dfrac{1}{s^2+4^2}$

(4) $\dfrac{s+1}{s^3(s^2+2)}$ (5) $\dfrac{1}{s-1}+\dfrac{2}{(s-1)^2}+\dfrac{3}{(s-1)^3}$

(6) $\dfrac{2s+4}{(s+1)^2+3^2}$ (7) $\dfrac{e^{-3s}-e^{4s}}{s^2+2}$

3. 다음 미분방정식의 해를 라플라스 변환을 이용하여 구하라.

(1) $y'' + 2y' - 3y = 3,\ y(0)=0,\ y'(0)=0$

(2) $y'' - y' - 2y = 0.\ y(0)=2,\ y'(0)=3$

(3) $y'' - 2y' = 0,\ y(0)=0,\ y'(0)=2$

Chapter 9

푸리에 급수 및 적분

9.1 푸리에 급수

9.1.1 주기함수

일정한 주기를 가진 반복되는 형태를 **주기함수**(periodic function)라고 하고 이 주기함수를 표현하는 도구를 푸리에 급수(Fourier series)라고 한다. 물리학적으로나 공학적으로 주기적으로 반복되는 현상이 응용되는 경우는 많으나 주기함수로서 가장 잘 알려진 사인함수나 코사인함수가 아니더라도 동일한 형태가 주기적으로 나타나는 함수인 경우 불연속이라도 주기함수에 속한다.

함수 $f(x)$가 모든 실수 x에 대하여 정의되고 양수 T로 식 (9.1)을 만족할 때 함수 $f(x)$를 주기함수라 하고 T를 주기라고 한다.

$$f(x+T)=f(x) \qquad \text{식 (9.1)}$$

식 (9.1)을 일반화하기 위해 임의의 정수 n를 사용하면 다음과 같이 표현할 수 있다.

$$f(x+nT)=f(x) \qquad \text{식 (9.2)}$$

n=1일 때 주기중에 가장 작은 주기를 나타내는 T를 주기함수 $f(x)$의 기본주기(fundamental period) 혹은 원시주기(primitive period)라고 한다. 일정한 상수를 나타내는 $f(x)=c$는 기본주기를 갖지 않지만 일정 주기를 갖는 주기함수로 생각할 수 있고 x, x^2, e^x, $\ln x$등의 함수를 주기함수가 아니다.

[정리 9.1] 주기함수의 선형성

$f(x)$와 $g(x)$가 주기가 T인 주기함수라면 $h(x)=af(x)+bg(x)$도 주기함수이다. 여기서 a, b는 상수이다.

[증명]

$f(x)$와 $g(x)$가 주기가 T인 주기함수이므로 $f(x+T)$ = $f(x)$, $g(x+T)$ = $g(x)$가 성립한다. 이때

$$h(x+T) = af(x+T)+bg(x+T) = af(x)+bg(x)$$

가 되므로

$$h(x+T) = h(x)$$

가 성립하여 $h(x)$는 주기함수가 된다.

9.1.2 주기가 2π인 푸리에 급수

주기함수를 표현하기 위하여 가장 간단한 주기함수인 사인함수와 코사인 함수, 그리고 상수를 사용할 수 있다. 그중에서도 $\sin x$와 $\cos x$함수는 주기가 2π인 함수가 되고 일반적인 형태인 $\sin nx$와 $\cos nx$함수는 n값이 크질수록 기본주기는 짧아지지만 2π역시 주기가 되어 주기가 2π인 함수는 다음과 같이 열거할 수 있다.

$$1,\ \cos x,\ \sin x,\ \cos 2x,\ \sin 2x,\ .....,\ \cos nx,\ \sin nx$$

이렇게 하여 주기가 2π가 되는 사인함수와 코사인함수에서 상수항을 더하여 표현된 다음과 같은 식은 크기 1이 되는 주기가 2π인 함수가 된다.

$$1+\sin x+\cos x+\sin 2x+\cos 2x+\ldots+\sin nx+\cos nx \qquad \text{식 (9.3)}$$

이 식 속에 있는 각각의 성분이 임의의 크기를 가질 수 있도록 상수계수를 곱하여 주기가 2π를 갖는 주기함수를 표현하면 다음 식으로 나타낼 수 있다.

$$\begin{aligned} f(x) &= a_0+a_1\cos x+a_2\cos 2x+\ .....\ +b_1\sin x+b_2\sin 2x+\ \ldots \\ &= a_0+\sum_{n=1}^{\infty}a_n\cos nx+\sum_{n=1}^{\infty}b_n\sin nx \\ &= a_0+\sum_{n=1}^{\infty}(a_n\cos nx+b_n\sin nx) \end{aligned} \qquad \text{식 (9.4)}$$

이처럼 주기가 2π인 퓨리에 급수를 삼각급수(trigonometric series)라고 하고 이 식에 나타나는

a_0, a_n, b_n를 삼각급수의 계수라고 한다.

식 (7.4)에서 주기가 2π인 함수를 삼각급수로 나타내려면 상수항의 계수 a_0와 사인 및 코사인 함수에 곱하는 계수 a_n, b_n를 알아야 한다.

9.1.3 삼각함수의 계수

먼저 식 (9.4)에 포함되어있는 상수항의 계수 a_0를 구하기 위해 양변에 $-\pi$에서 π까지 적분을 하면

$$\int_{-\pi}^{\pi} f(x)dx = \int_{-\pi}^{\pi} [a_0 + \sum_{n=1}^{\infty} (a_n \cos nx + b_n \sin nx)]dx$$
$$= a_0 \int_{-\pi}^{\pi} dx + \sum_{n=1}^{\infty} a_n \int_{-\pi}^{\pi} \cos nx dx + \sum_{n=1}^{\infty} b_n \int_{-\pi}^{\pi} \sin nx dx$$

이 식의 우변항에서

$$a_0 \int_{-\pi}^{\pi} dx = 2\pi a_0, \quad \int_{-\pi}^{\pi} \cos nx dx = \frac{1}{n}[\sin nx]_{-\pi}^{\pi} = 0, \quad \int_{-\pi}^{\pi} \sin nx dx = -\frac{1}{n}[\cos nx]_{-\pi}^{\pi} = 0$$

이 되므로

$$\int_{-\pi}^{\pi} f(x)dx = 2\pi a_0$$

가 되어

$$a_0 = \frac{1}{2\pi} \int_{-\pi}^{\pi} f(x)dx$$

코사인함수항의 계수 a_n를 구하기 위하여 식 (9.4)에서 양변에 $\cos mx$(m:양수)를 곱하여 $-\pi$에서 π까지 적분을 하면

$$\int_{-\pi}^{\pi} f(x)\cos mx dx = a_0\int_{-\pi}^{\pi}\cos mx dx + \sum_{n=1}^{\infty} a_n\int_{-\pi}^{\pi}\cos nx\cos mx dx + \sum_{n=1}^{\infty} b_n\int_{-\pi}^{\pi}\sin nx\cos mx dx \qquad \text{식 (9.5)}$$

우변에서

$$a_0\int_{-\pi}^{\pi}\cos mx dx = a_0\frac{1}{m}[\sin mx]_{-\pi}^{\pi} = 0$$

삼각함수의 합차공식에 의해서

$$\cos\alpha\cos\beta = \frac{1}{2}[\cos(\alpha+\beta)+\cos(\alpha-\beta)]$$

$$\sin\alpha\cos\beta = \frac{1}{2}[\sin(\alpha+\beta)+\sin(\alpha-\beta)]$$

가 되므로 a_n가 있는 항을 고려하면

$$\int_{-\pi}^{\pi}\cos nx\cos mx dx = \frac{1}{2}\int_{-\pi}^{\pi}[\cos(n+m)x+\cos(n-m)x]dx$$

만약 $n \neq m$이면

$$\int_{-\pi}^{\pi}[\cos(n+m)x]dx = \int_{-\pi}^{\pi}[\cos(n-m)x]dx = 0$$

$n = m$이면

$$\int_{-\pi}^{\pi}[\cos(n+m)x]dx = 0, \quad \int_{-\pi}^{\pi}[\cos(n-m)x]dx = 2\pi$$

b_n가 있는 항을 고려하면

$$\int_{-\pi}^{\pi}\sin nx\cos mx dx = \frac{1}{2}\int_{-\pi}^{\pi}[\sin(n+m)x+\sin(n-m)x]dx$$

$n \neq m$이면

$$\int_{-\pi}^{\pi}[\sin(n+m)x]dx = \int_{-\pi}^{\pi}[\sin(n-m)x]dx = 0$$

$n=m$인 경우에도

$$\int_{-\pi}^{\pi}[\sin(n+m)x]dx = \int_{-\pi}^{\pi}[\sin(n-m)x]dx = 0$$

이렇게 하여 식 (9.5)는 $n=m$인 경우에 대해 다음 식으로 정리된다.

$$\int_{-\pi}^{\pi}f(x)\cos mx dx = 0 + a_m\pi + 0$$

따라서

$$a_m = \frac{1}{\pi}\int_{-\pi}^{\pi}f(x)\cos mx dx \ (m=n=1, 2, 3, \ ...) \qquad \text{식 (9.6)}$$

사인함수항의 계수 b_n를 구하기 위하여 식 (7.4)에서 양변에 $\sin mx$(m:양수)를 곱하여 $-\pi$에서 π까지 적분하면

$$\int_{-\pi}^{\pi}f(x)\sin mx dx = a_0\int_{-\pi}^{\pi}\sin mx dx + \sum_{n=1}^{\infty}a_n\int_{-\pi}^{\pi}\cos nx \sin mx dx$$

$$+ \sum_{n=1}^{\infty}b_n\int_{-\pi}^{\pi}\sin nx \sin mx dx \qquad \text{식 (9.7)}$$

식 (9.7) 우변의 첫째항과 두 번째 항은 앞에서 언급된 풀이와 같이하여

$$a_0\int_{-\pi}^{\pi}\sin mx dx = \sum_{n=1}^{\infty}a_n\int_{-\pi}^{\pi}\cos nx \sin mx dx = 0$$

세 번째 항에서 적분부분을 정리하면

$$\sin\alpha\sin\beta = -\frac{1}{2}[\cos(\alpha+\beta)-\cos(\alpha-\beta)]$$

이므로

$$\int_{-\pi}^{\pi} \sin nx \sin mx dx = -\frac{1}{2}\int_{-\pi}^{\pi}[\cos(n+m)x - \cos(n-m)x]dx$$

$n \neq m$이면

$$-\frac{1}{2}\int_{-\pi}^{\pi}[\cos(n+m)x - \cos(n-m)x]dx = 0$$

$n = m$인 경우는

$$\int_{-\pi}^{\pi}[\cos(n+m)x]dx = 0, \quad \int_{-\pi}^{\pi}[\cos(n-m)x]dx = 2\pi$$

그러므로 식 (9.7)을 정리하면

$$\int_{-\pi}^{\pi} f(x)\sin mx dx = 0 + 0 + b_m\pi$$

따라서 b_m은 다음과 같이 표시된다.

$$b_m = \frac{1}{\pi}\int_{-\pi}^{\pi} f(x)\sin mx dx \ (m = n = 1, 2, 3, \ldots) \qquad \text{식 (9.8)}$$

이렇게 하여 삼각급수의 계수는 다음과 같이 정리할 수 있다.

$$\left.\begin{aligned} a_0 &= \frac{1}{2\pi}\int_{-\pi}^{\pi} f(x)dx \\ a_m &= \frac{1}{\pi}\int_{-\pi}^{\pi} f(x)\cos mx dx \\ b_m &= \frac{1}{\pi}\int_{-\pi}^{\pi} f(x)\sin mx dx \quad (m = n = 1, 2, 3, \ldots) \end{aligned}\right] \qquad \text{식 (9.9)}$$

식 (9.9)를 푸리에 계수(Fourier coefficient)라고 하고 이것에 의해 구해지는 계수를 갖는 다음과 같은 삼각함수를 푸리에 급수(Fourier series)라고 한다. 또한 식 (9.9)를 오일러 공식이라고도 한다.

$$f(x) = a_0 + \sum_{n=1}^{\infty}(a_n \cos nx + b_n \sin nx)$$

[예제 9.1] 다음과 같이 주기가 2π인 주기함수 $f(x)$의 푸리에 급수를 구하시오.

$$f(x)\begin{cases} 0, -\pi \le x < 0 \\ k, \quad 0 \le x \le \pi \end{cases}$$

[풀이]

먼저 푸리에 계수 a_0, a_n, b_n를 구하면

$$a_0 = \frac{1}{2\pi}\int_{-\pi}^{\pi} f(x)dx = \frac{1}{2\pi}\int_{0}^{\pi} kdx = \frac{k}{2}$$

$$a_n = \frac{1}{\pi}\int_{-\pi}^{\pi} f(x)\cos nxdx = \frac{1}{\pi}\int_{0}^{\pi} kcosnxdx = \frac{k}{n\pi}[\sin nx]_0^{\pi}$$

$$= 0$$

$$b_n = \frac{1}{\pi}\int_{-\pi}^{\pi} f(x)\sin nxdx = \frac{1}{\pi}\int_{0}^{\pi} ksinnxdx = -\frac{k}{n\pi}[\cos nx]_0^{\pi}$$

$$= -\frac{k}{n\pi}(\cos n\pi - 1)$$

푸리에 급수는

$$f(x) = \frac{k}{2} + \sum_{n=1}^{\infty}[-\frac{k}{n\pi}(\cos n\pi - 1)\sin nx]$$

9.1.4 $2L$ 주기를 갖는 푸리에 급수

앞 절에서 주기 2π인 함수의 푸리에 급수를 구했고 여기서는 주기가 2π대신 $2L$인 함수의 푸리에 급수를 구하고자 한다. 이를 위해 주기가 2π이고 변수가 t인 함수를 $g(t)$라고 하고 주기가 $2L$이고

변수가 x인 함수를 $f(x)$라고 둔다. 그러면 t를 변수를 했을 때 주기 $t=2\pi$와 x를 변수로 했을 때 주기 $x=2L$인 경우와의 관계를 알기 위해 $t=kx$라고 하여 k를 구하기 위해 주어진 값을 대입하면

$$2\pi = k(2L), \quad \therefore\ k = \frac{\pi}{L}, \quad dt = kdx = \frac{\pi}{L}dx$$

그러므로 푸리에 계수 a_0, a_n, b_n를 구하면

$$a_0 = \frac{1}{2\pi}\int_{-\pi}^{\pi} g(t)dt = \frac{1}{2\pi}\int_{-L}^{L} g(\frac{\pi}{L}x)(\frac{\pi}{L}dx)$$
$$= \frac{1}{2L}\int_{-L}^{L} f(x)dx$$
$$a_n = \frac{1}{\pi}\int_{-\pi}^{\pi} g(t)\cos ntdt = \frac{1}{\pi}\int_{-L}^{L} g(\frac{\pi}{L}x)\cos n(\frac{\pi}{L}x)(\frac{\pi}{L}dx)$$
$$= \frac{1}{L}\int_{-L}^{L} f(x)\cos\frac{n\pi x}{L}dx$$
$$b_n = \frac{1}{\pi}\int_{-\pi}^{\pi} g(t)\sin ntdt = \frac{1}{\pi}\int_{-L}^{L} g(\frac{\pi}{L}x)\sin n(\frac{\pi}{L}x)(\frac{\pi}{L}dx)$$
$$= \frac{1}{L}\int_{-L}^{L} f(x)\sin\frac{n\pi x}{L}dx$$

이 식을 정리하면 $2L$ 주기를 갖는 $f(x)$의 푸리에 계수a_0, a_n, b_n는 다음과 같이 정리될 수 있다.

$$a_0 = \frac{1}{2L}\int_{-L}^{L} f(x)dx$$
$$a_n = \frac{1}{L}\int_{-L}^{L} f(x)\cos\frac{n\pi x}{L}dx$$
$$b_n = \frac{1}{L}\int_{-L}^{L} f(x)\sin\frac{n\pi x}{L}dx$$

식 (9.10)

또한 $2L$ 주기를 갖는 $f(x)$의 푸리에 급수는 다음과 같이 표현될 수 있다.

$$f(x) = a_0 + \sum_{n=1}^{\infty}\left(a_n \cos\frac{n\pi x}{L} + b_n \sin\frac{n\pi x}{L}\right)$$ 식 (9.11)

[예제 9.2] 다음과 같이 주기가 4인 주기함수 $f(x)$의 푸리에 급수를 구하시오.

$$f(x)=\begin{cases}0, & -2 < x < -1 \\ 2, & -1 < x < 1 \\ 0, & 1 < x < 2\end{cases}$$

[풀이]

먼저 푸리에 계수를 구하면 식 (9.10)에서 $L = 2$

$$a_0 = \frac{1}{2L}\int_{-L}^{L} f(x)dx = \frac{1}{2\times 2}\int_{-1}^{1} 2dx = 1$$

$$a_n = \frac{1}{L}\int_{-L}^{L} f(x)\cos\frac{n\pi x}{L}dx = \frac{1}{2}\int_{-1}^{1} 2\cos\frac{n\pi x}{2}dx$$

$$= [\frac{2}{n\pi}\sin\frac{n\pi x}{2}]_{-1}^{1} = \frac{4}{n\pi}\sin\frac{n\pi}{2}$$

$$b_n = \frac{1}{L}\int_{-L}^{L} f(x)\sin\frac{n\pi x}{L}dx = \frac{1}{2}\int_{-1}^{1} 2\sin\frac{n\pi x}{2}dx$$

$$= [-\frac{2}{n\pi}\cos\frac{n\pi x}{2}]_{-1}^{1} = 0$$

그리고 $f(x)$의 푸리에 급수는 다음과 같다.

$$f(x) = 1 + \sum_{n=1}^{\infty}\left(\frac{4}{n\pi}\sin\frac{n\pi}{2}\cos\frac{n\pi x}{2}\right)$$

9.1.5 우함수와 기함수의 푸리에 급수

(1) 우함수와 기함수의 특징

우함수는 y축에 대하여 대칭으로 코사인함수가 여기에 속하고 기함수는 원점에 대한 대칭인 함수로서 사인함수가 여기에 속한다.

즉 $g(x)$가 우함수, $h(x)$가 기함수가 된다면

$$g(-x) = g(x)$$
$$h(-x) = -h(x) \qquad \text{식 (9.12)}$$

가 성립되고 이러한 우함수와 기함수사이에는 다음과 같은 성질이 있다.

(1-1) 우함수(기함수)의 합이나 차 역시 우함수(기함수)가 된다.

우함수의 합(차)을 $G(x)=g_1(x)\pm g_2(x)$라고 했을 때

$$\begin{aligned} G(-x)&=g_1(-x)\pm g_2(-x) = g_1(x)\pm g_2(x) \\ &= G(x) \end{aligned}$$

기함수의 합(차)을 $H(x)=h_1(x)\pm h_2(x)$라고 했을 때

$$\begin{aligned} H(-x)&=h_1(-x)\pm h_2(-x) = -h_1(x)\pm[-h_2(x)] \\ &=-[h_1(x)\pm(h_2(x))] \\ &=-H(x) \end{aligned}$$

가 되므로 성질 (1-1)이 성립한다.

(1-2) 우함수의 곱은 우함수이고 기함수의 곱은 우함수이다.

우함수의 곱을 $G(x)=g_1(x)g_2(x)$이라고 하면

$$\begin{aligned} G(-x)&=g_1(-x)g_2(-x) = g_1(x)g_2(x) \\ &= G(x) \end{aligned}$$

가 되므로 $G(x)$는 우함수가 된다.

기함수의 곱을 $H(x)=h_1(x)h_2(x)$라고 했을 때

$$\begin{aligned} H(-x) &= h_1(-x)h_2(-x) = (-h_1(x))(-h_2(x)) \\ &= h_1(x)h_2(x) \\ &= H(x) \end{aligned}$$

가 되어 $H(x)$는 우함수가 되어 성질 (1-2)가 성립한다.

(1-3)우함수와 기함수의 곱은 기함수가 된다.

우함수와 기함수의 곱을 $P(x)=g(x)h(x)$라고 하면

$$\begin{aligned} P(-x) &= g(-x)h(-x) = [g(x)][-h(x)] \\ &= -[g(x)][h(x)] \\ &= -P(x) \end{aligned}$$

가 되어 $P(x)$는 기함수가 된다.

이러한 우함수와 기함수의 정적분시, 우함수 $g(x)$를 $-c$와 c를 구간으로 해서 적분시 y축에 대한 대칭이므로 $0 \sim c$까기 적분하여 2배로 취하면 된다. 기함수 $h(x)$를 적분하는 경우는 $-d \sim d$ 범위에서는 양의 면적과 음의 면적이 같으므로 정적분 값은 0이 된다.

이와 같은 관계를 식으로 나타내면 다음과 같다.

① 우함수 $g(x)$의 적분시 : $\int_{-a}^{a} g(x)dx = 2\int_{0}^{a} g(x)dx$

② 기함수 $h(x)$의 적분시 : $\int_{0}^{a} g(x)dx = 0$

[예 9.3] 기함수와 우함수의 특징을 이용하여 다음 적분값을 구하라.

$$\int_{-\pi}^{\pi} \sin x sin 3x dx$$

[풀이]

$\sin x$, $\sin 3x$는 기함수이므로 기함수곱은 우함수가 되어 주어진 적분값은

$$\int_{-\pi}^{\pi} \sin x sin 3x dx = 2\int_{0}^{\pi} \sin x sin 3x dx$$

으로 되고 적분을 구하기 위하여 합차공식에 의해

$$\sin\alpha\sin\beta = -\frac{1}{2}[\cos(\alpha+\beta) - \cos(\alpha-\beta)]$$

가 되므로

$$\sin x sin3x = -\frac{1}{2}(\cos 4x - \cos 2x)$$

그래서

$$2\int_0^{\pi} \sin x \sin 3x dx = \int_0^{\pi}(\cos 2x - \cos 4x)dx = [\frac{1}{2}\sin 2x - \frac{1}{4}\sin 4x]_0^{\pi}$$
$$= 0$$

(2) 푸리에 코사인 급수와 푸리에 사인 급수

우선 푸리에 급수로 전개할 $f(x)$가 주기가 $2L$인 우함수인 경우를 살펴보면 푸리에 급수 표현법 중 우함수인 코사인함수에 대한 급수는 푸리에 코사인 급수라 하고 기함수인 사인함수에 대한 급수는 푸리에 사인 급수라고 한다. 이를 위해 주기가 $2L$인 푸리에 급수를 보면

$$f(x) = a_0 + \sum_{n=1}^{\infty}(a_n\cos\frac{n\pi x}{L} + b_n\sin\frac{n\pi x}{L})$$

① 전개하고자 하는 함수 $f(x)$가 우함수일 때

$$a_0 = \frac{1}{2L}\int_{-L}^{L} f(x)dx = \frac{1}{2L}[2\int_0^L f(x)dx] \text{ (적분속의 함수는 우함수)}$$
$$= \frac{1}{L}\int_0^L f(x)dx$$

$$a_n = \frac{1}{L}\int_{-L}^{L} f(x)\cos\frac{n\pi x}{L}dx = \frac{1}{L}[2\int_0^L f(x)\cos\frac{n\pi x}{L}dx] \text{(적분속의 함수는 우함수)}$$
$$= \frac{2}{L}\int_0^L f(x)\cos\frac{n\pi x}{L}dx$$

$$b_n = \frac{1}{L}\int_{-L}^{L} f(x)\sin\frac{n\pi x}{L}dx = 0 \text{ (적분속의 함수는 기함수)}$$

따라서 푸리에 코사인 급수를 정리하면

$$
\left.\begin{aligned}
f(x) &= a_0 + \sum_{n=1}^{\infty} a_n \cos\frac{n\pi x}{L} \\
a_0 &= \frac{1}{L}\int_0^L f(x)dx \\
a_n &= \frac{2}{L}\int_0^L f(x)\cos\frac{n\pi x}{L}dx
\end{aligned}\right] \quad \text{식 (9.13)}
$$

② 함수가 기함수일 때

$$a_0 = \frac{1}{2L}\int_{-L}^{L} f(x)dx = 0 \ (f(x)\text{는 기함수})$$

$$a_n = \frac{1}{L}\int_{-L}^{L} f(x)\cos\frac{n\pi x}{L}dx = 0 \ (\text{적분속의 함수는 기함수})$$

$$b_n = \frac{1}{L}\int_{-L}^{L} f(x)\sin\frac{n\pi x}{L}dx = \frac{2}{L}\int_0^L f(x)\sin\frac{n\pi x}{L}dx \ (\text{적분속의 함수는 우함수})$$

따라서 푸리에 사인 급수를 정리하면

$$
\left.\begin{aligned}
f(x) &= \sum_{n=1}^{\infty} b_n \sin\frac{n\pi x}{L} \\
b_n &= \frac{2}{L}\int_0^L f(x)\sin\frac{n\pi x}{L}dx
\end{aligned}\right] \quad \text{식 (9.14)}
$$

이렇게 하여 전개하고자 하는 함수가 우함수 혹은 기함수일때는 식 (9.13)과 식 (9.14)로 표현되는 푸리에 코사인 급수와 푸리에 사인급수를 이용하여 간단히 전개할 수 있다.

[예 9.4] 주기가 4인 다음 함수의 푸리에 급수로 전개하라.

$$f(x)=\begin{cases}x+2, & -2<x<0\\ -x+2, & 0<x<2\end{cases}$$

[풀이]

주어진 함수는 L = 2인 우함수이므로 푸리에 코사인 급수로 전개한다.

$$a_0 = \frac{1}{L}\int_0^L f(x)dx = \frac{1}{2}\int_0^2(-x+2)dx = \frac{1}{2}[-\frac{x^2}{2}+2x]_0^2$$

$$= 1$$

$$a_n = \frac{2}{L}\int_0^L f(x)\cos\frac{n\pi x}{L}dx = \int_0^2(-x+2)\cos\frac{n\pi x}{2}dx$$

여기서

$$\int_0^2 xcos\frac{n\pi x}{2}dx= [\frac{2}{n\pi}xsin\frac{n\pi x}{2}]_0^2 - \int_0^2\frac{2}{n\pi}\sin\frac{n\pi x}{2}dx$$

$$= -\int_0^2\frac{2}{n\pi}\sin\frac{n\pi x}{2}dx = (\frac{2}{n\pi})^2[\cos\frac{n\pi x}{2}]_0^2$$

$$= (\frac{2}{n\pi})^2(\cos n\pi - 1)$$

$$\int_0^2\cos\frac{n\pi x}{2}dx = [\frac{2}{n\pi}\sin\frac{n\pi x}{2}]_0^2 = 0$$

따라서

$$a_n = -(\frac{2}{n\pi})^2(\cos n\pi - 1)$$

그러므로 급수전개하면

$$f(x) = 1-\sum_{n=1}^{\infty}(\frac{2}{n\pi})^2(\cos n\pi - 1)\cos\frac{n\pi x}{2}$$

[예 9.5] 주기가 4인 다음 함수의 푸리에 급수로 전개하라.

$$f(x)=\begin{cases}-x-2, & -2<x<0 \\ -x+2, & 0<x<2\end{cases}$$

[풀이]

이 함수는 L = 2인 기함수이므로 푸리에 사인 급수로 전개한다.

$$b_n = \frac{2}{L}\int_0^L f(x)\sin\frac{n\pi x}{L}dx = \int_0^2(-x+2)\sin\frac{n\pi x}{2}dx$$

여기서

$$\begin{aligned}\int_0^2 x sin\frac{n\pi x}{2}dx &= [-\frac{2}{n\pi}xcos\frac{n\pi x}{2}]_0^2+\int_0^2\frac{2}{n\pi}\cos\frac{n\pi x}{2}dx \\ &= -\frac{4}{n\pi}\cos n\pi+(\frac{2}{n\pi})^2[\sin\frac{n\pi x}{2}]_0^2 \\ &= -\frac{4}{n\pi}\cos n\pi\end{aligned}$$

$$\int_0^2\sin\frac{n\pi x}{2}dx = -[\frac{2}{n\pi}\cos\frac{n\pi x}{2}]_0^2 = -\frac{n\pi}{2}(\cos n\pi-1)$$

그러므로

$$b_n = \int_0^2(-x+2)\sin\frac{n\pi x}{2}dx = \frac{4}{n\pi}\cos n\pi-n\pi(\cos n\pi-1)$$

급수전개하면

$$\begin{aligned}f(x) &= \sum_{n=1}^{\infty}b_n\sin\frac{n\pi x}{L} \\ &= \sum_{n=1}^{\infty}[\frac{4}{n\pi}\cos n\pi-n\pi(\cos n\pi-1)]\sin\frac{n\pi x}{2}\end{aligned}$$

(3) 반구간 전개

주기함수, 우함수 그리고 기함수도 아닌 일정한 구간에서 유효한 어떤 비주기 함수 $f(x)$에 대한 푸리에 급수를 고려해 보자. 우선 이 함수를 푸리에 급수로 나타낸다는 것은 가능하지 못하나 이 함수를 우함수의 주기함수 혹은 기함수의 주기함수로 가정하여 전개한 다음 유효했던 구간만 인정하면 비주기함수인 $f(x)$를 급수전개할 수 있게 된다. 이것을 반구간 전개(half-range expansion)라고 하고 이것은 코사인 푸리에 급수로 전개하는 것을 우주기확장(even periodic extension)이라하고 사인 푸리에 급수로 전개하는 것을 기주기확장(odd periodic extension)이라한다.

[예 9.6] $f(x)=x$가 $0 \le x \le k$구간에서 주어진다고 할 때 우주기로 확장했을때와 기주기로 확장했을 때 푸리에 급수를 구하라.

[풀이]

(a) 우주기로 확장했을 경우는 다음과 같은 형태 $f_k(x)$가 된다.

$f_k(x)$는 우함수인 주기함수이므로 아래와 같이 푸리에 코사인 급수로 나타낼 수 있다.

$$f_k(x) = a_0 + \sum_{n=1}^{\infty} a_n \cos\frac{n\pi x}{L} = a_0 + \sum_{n=1}^{\infty} a_n \cos\frac{n\pi x}{k}$$

여기서

$$a_0 = \frac{1}{L}\int_0^L f(x)dx = \frac{1}{k}\int_0^k x dx = \frac{k}{2}$$

$$a_n = \frac{2}{L}\int_0^L f(x)\cos\frac{n\pi x}{L}dx = \frac{2}{k}\int_0^k x\cos\frac{n\pi x}{k}dx$$

또한

$$\int_0^k x\cos\frac{n\pi x}{k}dx = [\frac{k}{n\pi}xsin\frac{n\pi x}{k}]_0^k - \int_0^k \frac{k}{n\pi}\sin\frac{n\pi x}{k}dx$$

$$= -\int_0^k \frac{k}{n\pi}\sin\frac{n\pi x}{k}dx = (\frac{k}{n\pi})^2[\cos\frac{n\pi x}{k}]_0^k$$

$= (\frac{k}{n\pi})^2(\cos n\pi - 1)$ 이므로

$$a_n = \frac{2k}{n^2\pi^2}(\cos n\pi - 1)$$

따라서

$$f_k(x) = \frac{k}{2} + \sum_{n=1}^{\infty} \frac{2k}{n^2\pi^2}(\cos n\pi - 1)\cos\frac{n\pi x}{k}$$

(b) 기주기로 확장했을 경우에 대해서 $f_k(x)$는 다음과 같은 형태가 된다.
이러한 $f_k(x)$를 나타내기 위해 이 함수는 기함수인 주기함수이므로 푸리에 급수는

$$f_k(x) = \sum_{n=1}^{\infty} b_n \sin\frac{n\pi x}{L}$$

가 되고 이 식에 있는 b_n는

$$b_n = \frac{2}{L}\int_0^L f(x)\sin\frac{n\pi x}{L}dx = \frac{2}{k}\int_0^k x sin\frac{n\pi x}{k}dx$$

여기서

$$\begin{aligned}\int_0^k x sin\frac{n\pi x}{k}dx &= [-\frac{2}{n\pi}x cos\frac{n\pi x}{2}]_0^2 + \int_0^2 \frac{2}{n\pi}\cos\frac{n\pi x}{2}dx \\ &= -\frac{4}{n\pi}\cos n\pi + (\frac{2}{n\pi})^2[\sin\frac{n\pi x}{2}]_0^2 \\ &= -\frac{4}{n\pi}\cos n\pi\end{aligned}$$

9.2 푸리에 적분

9.2.1 푸리에 적분

앞에서 언급된 푸리에 급수는 주기가 $2L$인 주기함수 $f_p(x)$를 아래와 같이 표한한 것이다.

$$f_p(x) = a_0 + \sum_{n=1}^{\infty}\left(a_n\cos\frac{n\pi x}{L} + b_n\sin\frac{n\pi x}{L}\right) \qquad \text{식 (9.15)}$$

식 (9.15)의 푸리에 급수내에 있는 푸리에 계수 a_0, a_n, b_n는 다음과 같다.

$$\left.\begin{aligned} a_0 &= \frac{1}{2L}\int_{-L}^{L} f_p(x)dx \\ a_n &= \frac{1}{L}\int_{-L}^{L} f_p(x)\cos\frac{n\pi x}{L}dx \\ b_n &= \frac{1}{L}\int_{-L}^{L} f_p(x)\sin\frac{n\pi x}{L}dx \end{aligned}\right] \qquad \text{식 (9.16)}$$

식 (9.15)에 있는 $\frac{n\pi}{L}$을 w_n으로 두고 식 (9.16)에서 x를 v라고 두면

$$f_p(x) = a_0 + \sum_{n=1}^{\infty}\left(a_n\cos w_n x + b_n\sin w_n x\right) \qquad \text{식 (9.17)}$$

$$\left.\begin{aligned} a_0 &= \frac{1}{2L}\int_{-L}^{L} f_p(v)dv \\ a_n &= \frac{1}{L}\int_{-L}^{L} f_p(v)\cos\frac{n\pi v}{L}dv \\ b_n &= \frac{1}{L}\int_{-L}^{L} f_p(v)\sin\frac{n\pi v}{L}dv \end{aligned}\right] \qquad \text{식 (9.18)}$$

여기서 $\Delta w = w_{n+1} - w_n = \frac{(n+1)\pi}{L} - \frac{n\pi}{L} = \frac{\pi}{L}$가 되므로

식 (9.17)은 다음 식으로 바뀐다.

$$f_p(x) = \frac{1}{2L}\int_{-L}^{L} f_p(v)dv$$
$$+ \frac{1}{\pi}\sum_{n=1}^{\infty}(\cos w_n x\int_{-L}^{L} f_p(v)\cos w_n v dv + \sin w_n x\int_{-L}^{L} f_p(v)\sin w_n v dv)\Delta_w \qquad \text{식 (9.19)}$$

L이 무한대로 접근하면 비주기 함수가 되기에 Δw는 0에 접근하고 식 속에 있는 $\sum_{n\to 1}^{\infty}\Delta w$는 다음 관계식을 만족한다.

$$\sum_{n\to 1}^{\infty}\Delta w = \int_0^{\infty} dw$$

이렇게 하여 비주기함수 $f(x)$는 식 (5)에서

$$f(x) = \lim_{L\to\infty} f_p(x) = \lim_{\Delta w\to 0} f_p(x)$$
$$= \int_0^{\infty}\frac{1}{\pi}(\cos wx\int_{-\infty}^{\infty} f(v)\cos wv dv + \sin wx\int_{-\infty}^{\infty} f(v)\sin wv dv)dw$$
$$= \int_0^{\infty}[\cos wx(\frac{1}{\pi}\int_{-\infty}^{\infty} f(v)\cos wv)dv + \sin wx(\frac{1}{\pi}\int_{-\infty}^{\infty} f(v)\sin wv dv)]dw \qquad \text{식 (9.20)}$$

식 (9.20)에서 괄호속의 항을 $A(w), B(w)$로 두면

$$\left.\begin{aligned} A(w) &= \frac{1}{\pi}\int_{-\infty}^{\infty} f(v)\cos wv dv \\ B(w) &= \frac{1}{\pi}\int_{-\infty}^{\infty} f(v)\sin wv dv \end{aligned}\right] \qquad \text{식 (9.21)}$$

$f(x)$는 다음과 같이 표현할 수 있다.

$$f(x) = \int_0^{\infty} [A(w)\cos wx + B(w)\sin wx]dw \qquad \text{식 (9.22)}$$

여기서 식 (9.22)을 푸리에 적분(Fourier integral)이라하고 적분속에 있는 계수 $A(w), B(w)$를 나타내는 식 (9.21)을 푸리에 적분의 계수라고 한다.

[예제 9.7] 다음 식으로 나타나는 함수의 푸리에 적분을 구하라.

$$f(x) = \begin{cases} 1, & |x| < 1 \\ 0, & |x| > 1 \end{cases}$$

[풀이]

먼저 식 (9.21)에 나타나 있는 푸리에 적분의 계수 $A(w), B(w)$를 구하면

$$\begin{aligned} A(w) &= \frac{1}{\pi}\int_{-\infty}^{\infty} f(v)\cos wv dv = \frac{1}{\pi}\int_{-1}^{1}\cos wv dv \\ &= \frac{1}{\pi}[\frac{1}{w}\sin wv]_{-1}^{1} \\ &= \frac{2}{\pi w}\sin w \\ B(w) &= \frac{1}{\pi}\int_{-\infty}^{\infty} f(v)\sin wv dv = \frac{1}{\pi}\int_{-1}^{1}\sin wv dv \\ &= \frac{1}{\pi}[-\frac{1}{w}\cos wv]_{-1}^{1} \\ &= 0 \end{aligned}$$

여기서 구한 푸리에 적분의 계수를 식 (9.22)에 대입하면 푸리에 적분은

$$\begin{aligned} f(x) &= \int_0^{\infty} [A(w)\cos wx dv + B(w)\sin wx]dw \\ &= \int_0^{\infty} \frac{2}{\pi w}\sin w \cos wx dw \end{aligned}$$

$$= \frac{2}{\pi}\int_0^\infty \left(\frac{\sin w}{w}\right)\cos wx\,dw$$

여기서 $x=0$을 대입하면 $f(x)=1$이 되므로

$$\int_0^\infty \frac{\sin w}{w}dw = \frac{\pi}{2}$$

9.2.2 푸리에 코사인 적분과 푸리에 사인 적분

앞의 푸리에 급수에서 푸리에 코사인 급수와 푸리에 사인 급수에 대해 언급하였고 이와 유사하게 기함수와 우함수의 푸리에 적분을 구하기 위해 먼저 $f(x)$가 우함수의 경우에 대해 알아본다. $f(x)$가 우함수인 경우 적분에 있는 $\cos wx$가 우함수이므로 우함수×우함수 = 우함수가 되어

$$\begin{aligned} A(w) &= \frac{1}{\pi}\int_{-\infty}^{\infty} f(v)\cos wv\,dv \\ &= \frac{2}{\pi}\int_0^{\infty} f(v)\cos wv\,dv \end{aligned}$$

$f(x)$가 우함수인 경우 $\sin wx$가 기함수이므로 우함수×기함수 = 기함수가 되어

$$\begin{aligned} B(w) &= \frac{1}{\pi}\int_{-\infty}^{\infty} f(v)\sin wv\,dv \\ &= 0 \end{aligned}$$

따라서 $f(x)$의 푸리에 적분은 식 (9.22)에서

$$f(x) = \int_0^\infty A(w)\cos wx\,dw \qquad \text{식 (9.23)}$$

여기서 적분 속에 있는 계수 $A(w)$는

$$A(w) = \frac{2}{\pi}\int_0^{\infty} f(v)\cos wv dv \qquad \text{식 (9.24)}$$

가 되어 이것을 $f(x)$가 우함수인 경우의 푸리에 코사인 적분(Fourier cosine integral)이라 한다.

같이하여 $f(x)$가 기함수인 경우 기함수×우함수 = 기함수가 되어

$$\begin{aligned} A(w) &= \frac{1}{\pi}\int_{-\infty}^{\infty} f(v)\cos wv dv \\ &= 0 \end{aligned}$$

기함수×기함수 = 우함수가 되므로

$$\begin{aligned} B(w) &= \frac{1}{\pi}\int_{-\infty}^{\infty} f(v)\sin wv dv \\ &= \frac{2}{\pi}\int_0^{\infty} f(v)\sin wv dv \end{aligned}$$

따라서 $f(x)$의 푸리에 적분은

$$f(x) = \int_0^{\infty} B(w)\sin wx dw \qquad \text{식 (9.25)}$$

여기서 적분 속에 있는 계수 $B(w)$는

$$B(w) = \frac{2}{\pi}\int_0^{\infty} f(v)\sin wv dv \qquad \text{식 (9.26)}$$

가 되어 이것을 $f(x)$가 기함수인 경우의 푸리에 사인 적분(Fourier sine integral)이라 한다.

[예제 9-8] 다음 함수를 푸리에 코사인 적분과 푸리에 사인 적분으로 나타내어라.

$$f(x) = \begin{cases} 1, & 0 < x < 1 \\ 0, & x > 1 \end{cases}$$

[풀이]

첫 번째 경우로서 푸리에 코사인 적분을 구하기 위해

$$\begin{aligned} A(w) &= \frac{2}{\pi}\int_0^\infty f(v)\cos wv dv \\ &= \frac{2}{\pi}\int_0^1 1 \cdot \cos wv dv = \frac{2}{\pi w}[\sin wv]_0^1 \\ &= \frac{2\sin w}{\pi w} \end{aligned}$$

푸리에 코사인 적분 $f(x)$은

$$f(x) = \int_0^\infty A(w)\cos wx dw = \frac{2\sin w}{\pi w}\int_0^\infty \cos wx dw$$

두 번째 경우로서 푸리에 사인 적분을 구하기 위해

$$\begin{aligned} B(w) &= \frac{2}{\pi}\int_0^\infty f(v)\sin wv dv \\ &= \frac{2}{\pi}\int_0^1 1 \cdot \sin wv dv = \frac{2}{\pi w}[-\cos wv]_0^1 \\ &= \frac{2}{\pi w}(1-\cos w) \end{aligned}$$

푸리에 사인 적분 $f(x)$은

$$\begin{aligned} f(x) &= \int_0^\infty B(w)\sin wx dw \\ &= \frac{2}{\pi}\int_0^\infty \frac{1}{w}(1-\cos w)\sin wx dw \end{aligned}$$

9.2.3 복소 푸리에 적분

앞 절에서 언급했던 푸리에 적분의 형태를 복소수 형태로 나타내기 위해 식 (9.22)에서

$$f(x) = \int_0^\infty [A(w)\cos wx + B(w)\sin wx]dw$$

위 푸리에 적분 식에 포함되어있는 $\cos wx$와 $\sin wx$를 복소수 형식으로 표현하기 위해 오일러 공식에서

$$e^{iwx} = \cos wx + i\sin wx$$
$$e^{-iwx} = \cos wx - i\sin wx$$

이므로

$$\cos wx = \frac{1}{2}(e^{iwx} + e^{-iwx}),\ \ \sin wx = \frac{1}{2i}(e^{iwx} - e^{-iwx})$$

가 되고 이것을 식 (9.22)에 대입하면

$$\begin{aligned} f(x) &= \int_0^\infty [A(w)\frac{1}{2}(e^{iwx} + e^{-iwx}) + B(w)\frac{1}{2i}(e^{iwx} - e^{-iwx})]dw \\ &= \int_0^\infty [\frac{1}{2}(A(w) - iB(w))e^{iwx} + \frac{1}{2}(A(w) + iB(w))e^{-iwx}]dw \end{aligned}$$

여기서 $A(w) = \frac{1}{\pi}\int_{-\infty}^{\infty} f(v)\cos wv dv,\ \ B(w) = \frac{1}{\pi}\int_{-\infty}^{\infty} f(v)\sin wv dv$이므로

$$\begin{aligned} A(-w) &= \frac{1}{\pi}\int_{-\infty}^{\infty} f(v)\cos(-wv)dv = \frac{1}{\pi}\int_{-\infty}^{\infty} f(v)\cos wv dv \\ &= A(w) \\ B(-w) &= \frac{1}{\pi}\int_{-\infty}^{\infty} f(v)\sin(-w)v dv = -\frac{1}{\pi}\int_{-\infty}^{\infty} f(v)\sin(w)v dv \\ &= -B(w) \end{aligned}$$

로 되어 $A(w)$는 우함수, $B(w)$는 기함수가 된다. 그래서 $C(w)$를 아래와 같이 두면

$$C(w) = \frac{1}{2}(A(w) - iB(w))$$

$C(-w)$는 다음과 같이 된다.

$$C(-w) = \frac{1}{2}(A(-w) - iB(-w)) = \frac{1}{2}(A(w) + iB(w))$$

$C(w)$와 $C(-w)$를 $f(x)$식에 대입하면

$$f(x) = \int_0^{\infty} [C(w)e^{iwx} + C(-w)e^{-iwx}]dw \qquad \text{식 (9.27)}$$

식 (9.27)을 다시 정리하면

$$\begin{aligned} f(x) &= \int_0^{\infty} C(w)e^{iwx}dw + \int_0^{\infty} C(-w)e^{-iwx}dw \\ &= \int_0^{\infty} C(w)e^{iwx}dw + \int_{-\infty}^{0} C(w)e^{iwx}dw \\ &= \int_{-\infty}^{\infty} C(w)e^{iwx}dw \end{aligned}$$

위 식 속에 있는 $C(w)$를 적분 항으로 표시하면

$$\begin{aligned} C(w) &= \frac{1}{2}(A(w) - iB(w)) \\ &= \frac{1}{2}[\frac{1}{\pi}\int_{-\infty}^{\infty} f(v)\cos wv dv - i\frac{1}{\pi}\int_{-\infty}^{\infty} f(v)\sin wv dv] \\ &= \frac{1}{2\pi}\int_{-\infty}^{\infty} f(v)(\cos wv - i\sin wv)dv \\ &= \frac{1}{2\pi}\int_{-\infty}^{\infty} f(v)e^{-iwv}dv \end{aligned}$$

가 되어 이것을 정리하면 다음과 같이 쓸 수 있다.

$$f(x) = \int_{-\infty}^{\infty} C(w)e^{iwx}dw \qquad \text{식 (9.28)}$$

여기서

$$C(w) = \frac{1}{2\pi}\int_{-\infty}^{\infty} f(v)e^{-iwv}dv \qquad \text{식 (9.29)}$$

가 되고 식 (9.28)을 복소 푸리에 적분, 식 (9.29)를 복소 푸리에 적분의 계수라고 한다.

[예 9.9] 다음 함수의 복소 푸리에 적분을 구하라.

$$f(x) = \begin{cases} 1, & 0 < x < 1 \\ 0, & x > 1,\ x < 0 \end{cases}$$

[풀이]
주어진 함수의 복소 푸리에 적분의 계수를 먼저 구하기 위해 식 (9.29)에서

$$\begin{aligned} C(w) &= \frac{1}{2\pi}\int_{-\infty}^{\infty} f(v)e^{-iwv}dv = \frac{1}{2\pi}\int_{0}^{1} 1 \cdot e^{-iwv}dv \\ &= -\frac{1}{2\pi wi}e^{-iwv}\Big|_0^1 \\ &= -\frac{1}{2\pi wi}(e^{-iw}-1) \end{aligned}$$

이렇게 하여 복소 푸리에 적분을 구하기 위해 앞서 구한 $C(w)$를 식 (9.28)에 대입하면

$$\begin{aligned} f(x) &= \int_{-\infty}^{\infty} -\frac{1}{2\pi wi}(e^{-iw}-1)e^{iwx}dw \\ &= \frac{1}{2\pi i}\int_{-\infty}^{\infty} \left(\frac{1-e^{-iw}}{w}\right)e^{iwx}dw \end{aligned}$$

9.2.4 푸리에 변환

앞에서 언급했던 푸리에 급수와 적분은 함수를 표현하는 것이라면 이 절에서 언급되는 푸리에 변환은 해석시 필요한 시간함수를 주파수함수로 바꿔주는 해석적 도구로 사용된다.

복소 푸리에 적분을 나타내는 식 (9.28)과 식 (9.29)에서

$$f(x) = \int_{-\infty}^{\infty}[\frac{1}{2\pi}\int_{-\infty}^{\infty} f(v)e^{-iwv}dv]e^{iwx}dw \qquad \text{식 (9.30)}$$

식 (9.30)을 변형하면

$$f(x) = \frac{1}{\sqrt{2\pi}}\int_{-\infty}^{\infty}[\frac{1}{\sqrt{2\pi}}\int_{-\infty}^{\infty} f(v)e^{-iwv}dv]e^{iwx}dw$$

적분속의 괄호속에 있는 항의 변수를 x로 바꾸어 $F(w)$라고 하면

$$F(w) = \frac{1}{\sqrt{2\pi}}\int_{-\infty}^{\infty} f(x)e^{-iwx}dx \qquad \text{식 (9.31)}$$

가 되고 $f(x)$를 다음과 같이 표현할 수 있다.

$$f(x) = \frac{1}{\sqrt{2\pi}}\int_{-\infty}^{\infty} F(w)e^{iwx}dw \qquad \text{식 (9.32)}$$

식 (9.31)은 w가 변수이고 식 (9.32)는 x가 변수여서 식 (9.31)은 푸리에 변환인 식이 되고 식 (9.32)는 푸리에 역변환을 나타내는 식이 된다.

[예제 9.10] 다음 함수의 복소 푸리에 변환을 구하라.

$$f(x) = \begin{cases} 1, & 0 < x < 1 \\ 0, & x > 1,\ x < 0 \end{cases}$$

[풀이]

푸리에 변환을 나타내는 식 (7. 2. 17)에서

$$F(w) = \frac{1}{\sqrt{2\pi}}\int_{-\infty}^{\infty} f(x)e^{-iwx}dx$$
$$= \frac{1}{\sqrt{2\pi}}\int_{0}^{1} 1 \bullet e^{-iwx}dx = -\frac{1}{\sqrt{2\pi}wi}e^{-iwx}\Big|_0^1$$
$$= -\frac{1}{\sqrt{2\pi}wi}(e^{-iw}-1)$$

다음에는 푸리에 코사인 변환과 푸리에 사인 변환을 알아보기 위해 앞에서 언급된 푸리에 코사인 적분식 (9.23)에서 계수를 나타내는 식 (9.24)를 대입하면

$$f(x) = \int_0^{\infty}[\frac{2}{\pi}\int_0^{\infty} f(v)\cos wv dv]\cos wx dw \qquad \text{식 (9.33)}$$

식 (9.33)의 모양을 바꾸면

$$f(x) = \sqrt{\frac{2}{\pi}}\int_0^{\infty}[\sqrt{\frac{2}{\pi}}\int_0^{\infty} f(v)\cos wv dv]\cos wx dw \qquad \text{식 (9.34)}$$

적분속의 괄호안의 내용을 $F_c(w)$로 두면

$$F_c(w) = \sqrt{\frac{2}{\pi}}\int_0^{\infty} f(x)\cos wx dx \qquad \text{식 (9.35)}$$

식 (9.34)를 $F_c(w)$로 나타내면

$$f(x) = \sqrt{\frac{2}{\pi}}\int_0^{\infty} F_c(w)\cos wx dw \qquad \text{식 (9.36)}$$

가 되어 식 (9.35)를 **푸리에 코사인 변환**이라 하고 식 (9.36)을 **푸리에 코사인 역변환**이라 한다.

같이하여 푸리에 사인 적분식과 계수를 나타내는 각각 식 (9.25)와 식 (9.26)에서

$$f(x) = \int_0^\infty [\frac{2}{\pi}\int_0^\infty f(v)\sin wv dv]\sin wx dw$$

$$= \sqrt{\frac{2}{\pi}}\int_0^\infty [\sqrt{\frac{2}{\pi}}\int_0^\infty f(v)\sin wv dv]\sin wx dw \qquad \text{식 (9.37)}$$

적분속의 괄호안을 $F_s(w)$로 하면

$$F_c(w) = \sqrt{\frac{2}{\pi}}\int_0^\infty f(x)\sin wx dx \qquad \text{식 (9.38)}$$

따라서

$$f(x) = \sqrt{\frac{2}{\pi}}\int_0^\infty F_s(w)\sin wx dw \qquad \text{식 (9.39)}$$

가 되어 식 (9.38)을 **푸리에 사인 변환**, 식 (9.39)를 **푸리에 사인 역변환**이라 한다.

[예제 9.11] 다음 함수의 (a) 푸리에 변환, (b) 푸리에 코사인 변환, (c) 푸리에 사인변환을 구하라.

$$f(x) = \begin{cases} x, & 0 < x < 1 \\ 0, & x > 1,\ x < 0 \end{cases}$$

[풀이]

(a)푸리에 변환을 구하는 식 (9.31)에서

$$F(w) = \frac{1}{\sqrt{2\pi}}\int_{-\infty}^\infty f(x)e^{-iwx}dx$$

$$= \frac{1}{\sqrt{2\pi}}\int_0^1 x \cdot e^{-iwx}dx$$

여기서

$$\int_0^1 x \cdot e^{-iwx}dx = -\frac{1}{iw}e^{-iwx}x|_0^1 + \frac{1}{iw}\int_0^1 e^{-iwx}dx$$
$$= -\frac{e^{-iw}}{iw} - (\frac{1}{iw})^2 e^{-iwx}|_0^1$$
$$= -\frac{e^{-iw}}{iw} - (\frac{1}{iw})^2 e^{-iw} + (\frac{1}{iw})^2$$

이므로 푸리에 변환 $F(w)$는

$$F(w) = \frac{1}{\sqrt{2\pi}}\{-\frac{e^{-iw}}{iw} - (\frac{1}{iw})^2 e^{-iw} + (\frac{1}{iw})^2\}$$

가 된다.

(b) 푸리에 코사인 변환을 구하기 위해서 식 (9.35)를 활용하면

$$F_c(w) = \sqrt{\frac{2}{\pi}}\int_0^\infty f(x)\cos wx dx$$
$$= \sqrt{\frac{2}{\pi}}\int_0^1 x\cos wx dx$$

여기서

$$\int_0^1 x\cos wx dx = \frac{1}{w}x\sin wx|_0^1 - \frac{1}{w}\int_0^1 \sin wx dx$$
$$= \frac{\sin w}{w} + (\frac{1}{w})^2\cos wx|_0^1$$
$$= \frac{\sin w}{w} + (\frac{1}{w})^2(\cos w - 1)$$

그러므로 푸리에 코사인 변환은

$$F_c(w) = \sqrt{\frac{2}{\pi}}\{\frac{\sin w}{w} + (\frac{1}{w})^2(\cos w - 1)\}$$

(c) 푸리에 사인변환을 구하기 위해 식 (9.38)에서

$$F_c(w) = \sqrt{\frac{2}{\pi}}\int_0^\infty f(x)\sin wx dx$$
$$= \sqrt{\frac{2}{\pi}}\int_0^1 x\sin wx dx$$

적분을 구하기 위해서

$$\int_0^1 x\sin wx dx = -\frac{1}{w}x\cos wx\Big|_0^1 + \frac{1}{w}\int_0^1 \cos wx dx$$
$$= -\frac{\cos w}{w} + \left(\frac{1}{w}\right)^2 \sin wx\Big|_0^1$$
$$= -\frac{\cos w}{w} + \left(\frac{1}{w}\right)^2 \sin w$$

따라서 푸리에 사인 변환은

$$F_c(w) = \sqrt{\frac{2}{\pi}}\left\{-\frac{\cos w}{w} + \left(\frac{1}{w}\right)^2 \sin w\right\}$$

9장 연습문제

1. 다음과 같이 주기가 6인 주기함수 $f(x)$의 푸리에 급수를 구하시오.

$$f(x)=\begin{cases}1, & -3<x<-1\\ 3, & -1<x<1\\ 1, & 1<x<3\end{cases}$$

2. 기함수와 우함수의 특징을 이용하여 다음 적분값을 구하라.

$$\int_{-\pi}^{\pi}\cos x\cos 2x\,dx$$

3. 주기가 2인 다음 함수의 푸리에 급수로 전개하라.

$$f(x)=\begin{cases}2x, & -1<x<0\\ -2x, & 0<x<1\end{cases}$$

4. $f(x)=2x+1$가 $0\le x\le k$구간에서 주어진다고 할 때 우주기로 확장했을때와 기주기로 확장했을 때 푸리에 급수를 구하라.

5. 다음 식으로 나타나는 함수의 푸리에 적분을 구하라.

$$f(x)=\begin{cases}3, & |x|<2\\ 0, & |x|>2\end{cases}$$

6. 다음 함수의 복소 푸리에 적분을 구하라.

$$f(x)=\begin{cases}3, & 0<x<4\\ 0, & x>4,\ x<0\end{cases}$$

Chapter 10

편미분방정식

10.1 편미분방정식의 기초

어떤 함수가 2개 이상의 독립변수를 갖는다고 할 때 그 변수들에 의한 편도함수를 포함하는 미분방정식을 편미분방정식(partial differential equation)이라 하고 편미분방정식의 계수는 방정식속에 포함되어있는 제일 큰 미분된 편도함수의 차수로 정하며 차수가 1차인 경우에는 선형(linear)이라 한다. 이렇게 하여 함수 $u(x,\ y)$의 2계 선형 편미분방정식을 다음 식(10.1)과 같이 표현된다.

$$A\frac{\partial^2 u}{\partial x^2}+B\frac{\partial^2 u}{\partial x\partial y}+C\frac{\partial^2 u}{\partial y^2}+D\frac{\partial u}{\partial x}+E\frac{\partial u}{\partial y}+Fu=r(x,\ y) \qquad \text{식 (10.1)}$$

여기서 $r(x,\ y)=0$이면 제차, $r(x,\ y)\neq 0$이면 비제차 편미분방정식이라고 하고 편미분방정식 속에 포함되어있는 편도함수는 다음과 같이 아래첨자형식으로 나타내기도 한다. 즉

$$\frac{\partial^2 u}{\partial x^2}=u_{xx},\quad \frac{\partial^2 u}{\partial x\partial y}=u_{yx},\quad \frac{\partial^2 u}{\partial y^2}=u_{yy},\quad \frac{\partial u}{\partial x}=u_x,\quad \frac{\partial u}{\partial y}=u_y$$

라고 표현하기도 하여 이것을 이용하면 식 (10.1)은 식 (10.2)로 나타낼 수 있다.

$$\mathrm{A}u_{xx}+\mathrm{B}u_{yx}+\mathrm{C}u_{yy}+\mathrm{D}u_x+\mathrm{E}u_y+Fu=r(x,\ y) \qquad \text{식 (10.2)}$$

편미분방정식 (10.1)의 독립변수는 x와 y가 되고 종속변수는 $u(x,\ y)$가 되어 종속변수 $u(x,\ y)$를 구하는 것이 편미분방정식의 해를 구하는 것이다. 가령 아래와 같은 편미분방정식이 주어진다고 하면

$$\frac{\partial u(x,\ y)}{\partial x}=0 \qquad \text{식 (10.3)}$$

식 (10.3)의 변미분방정식의 해를 구하기 위해서 우선 좌변의 항은 u는 x와 y의 함수이나 y는 상수로 생각하고 x만 변수로 하여 미분한 것이기 때문에 이 식을 적분하면

$$u(x,\ y)=c(y) \qquad \text{식 (10.4)}$$

[예제 10.1] 다음 편미분방정식의 해를 구하라.

(1) $u_{xy} = 0 \ (u = u(x,\ y))$

(2) $u_{yx} = u_y (u = u(x,\ y))$

(3) $u_{xx} - u = 0$

(4) $u_{xy} = - u_x$

[풀이]

(1) u_{xy}는 $\dfrac{\partial^2 u}{\partial y \partial x}$로 표현할 수 있기때문에 주어진 편미분방정식은

$$\frac{\partial^2 u}{\partial y \partial x} = 0$$

가 된다.

$$\frac{\partial u}{\partial x} = p\text{라고 하면}$$

주어진 편미분방정식은

$$\frac{\partial p}{\partial y} = 0$$

로 표시가 가능하고 이것은 p가 y에 대해 편미분을 하였기에 x는 상수로 생각한 것이기에

$$p = p(x)$$

주어진 편미분방정식은

$$\frac{\partial u}{\partial x} = p = p(x)$$

따라서

$$u = \int p(x) dx + Q(y) = P(x) + Q(y)$$

가 된다.

(2) u_{yx}는 $\dfrac{\partial^2 u}{\partial x \partial y}$이므로 주어진 식은

$$\frac{\partial^2 u}{\partial x \partial y} = \frac{\partial}{\partial x}\left(\frac{\partial u}{\partial y}\right) = \frac{\partial u}{\partial y}$$

여기서 $\dfrac{\partial u}{\partial y} = p$라고 하면 위 식은

$$\frac{\partial p}{\partial x} = p$$

이러한 편미분방정식을 변수분리형으로 풀면

$$\frac{\partial p}{p} = \partial x$$

가 되어

$$\ln|p| = x + q(y)$$

그러므로

$$p = e^{x + q(y)}$$

가 되므로 주어진 식은

$$\frac{\partial u}{\partial y} = p = e^{x + q(y)}$$

로 변형되고 이것을 풀면

$$u(x,\ y) = e^x \int e^{q(y)} dy + P(x)$$

여기서

$$\int e^{q(y)} dy = Q(y)$$

라고 하면 $u(x,\ y)$는

$$u(x,\ y) = e^x Q(y) + P(x)$$

가 된다.

(3) 주어진 편미분방정식은 y에 대한 도함수가 없으므로 $u'' - u = 0$의 미분방정식의 해에서 발생하는 상수 c_1, c_2대신에 y의 함수인 $c_1(y)$, $c_2(y)$로 표현할 수 있다. 그러므로 $u'' - u = 0$의 해는 앞의 2장에서 언급된바와 같이 $u = c_1 e^x + c_2 e^{-x}$이므로 주어진 편미분방정식의 해는

$$u = c_1(y)e^x + c_2(y)e^{-x}$$

이다.

(4) $u_{xy} = \dfrac{\partial^2 u}{\partial y \partial x}$이므로 주어진 편미분방정식은

$$\frac{\partial^2 u}{\partial y \partial x} = -\frac{\partial u}{\partial x}$$

가 되고 $\dfrac{\partial u}{\partial x} = p$라고 하면

$$\frac{\partial p}{\partial y} = -p$$

가 되어 이것을 변수분리형으로 풀면

$$\ln|p| = -y + c_1(x)$$

$$\therefore\ p = e^{-y + c_1(x)} = c(x)e^{-y}$$

이므로 이 결과를 $\dfrac{\partial u}{\partial x} = p$에 적용하면

$$u = \int c(x)e^{-y}dx + g(y) = e^{-y}\int c(x)dx + g(y)$$

$$= f(x)e^{-y} + g(y)$$

여기서 $f(x) = \int c(x)dx$이다.

[예제 10.2] 대표적인 2계 편미분방정식을 예를 들라.

(1) 1차원 열전도방정식

$$\frac{\partial u}{\partial t}=c^2\frac{\partial^2 u}{\partial x^2}$$

(2) 1차원 파동방정식(현의 진동)

$$\frac{\partial^2 u}{\partial^2 t}=c^2\frac{\partial^2 u}{\partial x^2}$$

(3) 2차원 라플라스 방정식

$$\frac{\partial^2 u}{\partial x^2}+\frac{\partial^2 u}{\partial y^2}=0$$

(4) 2차원 파동방정식(막, 면의 진동)

$$\frac{\partial^2 u}{\partial^2 t}=c^2(\frac{\partial^2 u}{\partial^2 x}+\frac{\partial^2 u}{\partial^2 y})$$

(5) 2차원 푸아송방정식

$$\frac{\partial^2 u}{\partial x^2}+\frac{\partial^2 u}{\partial y^2}=f(x,\ y)$$

(6) 3차원 라플라스 방정식

$$\frac{\partial^2 u}{\partial x^2}+\frac{\partial^2 u}{\partial y^2}+\frac{\partial^2 u}{\partial z^2}=0$$

10.2 1차원 파동방정식과 해

악기의 현과 같은 탄성현의 길이방향을 가로지르는 미소진동의 지배방정식을 유도하기위해 대상되는 현을 x방향으로 두고 길이를 L만큼 늘여 $x=0$와 $x=L$에서 고정시킨다.

이때 $t=0$에서 현을 잡아당긴후 놓으면 현이 진동하게 되므로 $t>0$에서 위치 x에서의 변위 $u(x, y)$를 구해보자.

문제를 단순화하기 위하여 다음과 같이 가정한다.

(1) 현은 균일하고 완전탄성체이며 질량은 일정하다.

(2) 현에 작용하는 중력은 무시한다.

(3) 현의 각 점은 수평방향의 운동은 없이 수직으로 운동한다.

현이 운동했을 때 미소 길이 Δx를 고려하기 위해 위치 x인 경우 P라고 하고 위치 $x+\Delta x$인 경우를 Q라고 한다. 이때 각점의 운동은 수평방향으로는 없고 수직방향으로만 있기때문에 P점의 수평방향의 장력과 Q점의 수평방향의 장력은 같게 된다. 따라서 T_1, T_2를 각각 P점과 Q점의 장력이라 한다면

$$T_1\cos\alpha = T_2\cos\beta = T \qquad \text{식 (10.5)}$$

를 만족하고 T_1과 T_2의 수직방향의 힘 $-T_1\sin\alpha$와 $T_2\sin\beta$의 합력은 뉴턴의 제2 법칙에 따라 '질량×가속도'로 표시되는 $\rho\Delta x\dfrac{\partial^2 u}{\partial t^2}$과 같게 된다. 여기서 α는 P점에서의 장력 T_1의 방향과 x축 사이의 각도이고 β는 Q점에서 장력 T_2의 방향과 x축 사이의 각도이다. 또한 ρ는 단위길이당 질량. Δx는 현의 미소부분의 길이, 그리고 $\dfrac{\partial^2 u}{\partial t^2}$는 점 x와 $x+\Delta x$내 점에서의 가속도를 나타낸다. 그러므로

$$T_2\sin\beta - T_1\sin\alpha = \rho\Delta x\frac{\partial^2 u}{\partial t^2}$$

가 된다.

위 식에서 식 (10.5)로 나누면

$$\frac{T_2\sin\beta}{T_2\cos\beta} - \frac{T_1\sin\alpha}{T_1\cos\alpha} = \tan\beta - \tan\alpha = \frac{\rho\Delta x}{T}\frac{\partial^2 u}{\partial t^2}$$

여기서 $\tan\alpha$는 x점에서의 현의 기울기이고 $\tan\beta$는 $x+\Delta x$점에서의 현의 기울기이므로

$$\tan\alpha = \frac{\partial u}{\partial x}\Big|_x,\ \tan\beta = \frac{\partial u}{\partial x}\Big|_{x+\Delta x}$$

가 되어 다음과 같이 정리된다.

$$\frac{\partial u}{\partial x}\Big|_{x+\Delta x} - \frac{\partial u}{\partial x}\Big|_x = \frac{\rho\Delta x}{T}\frac{\partial^2 u}{\partial t^2}$$

이 식을 양변에 Δx로 나누어 Δx를 0으로 수렴시키면

$$\frac{\partial^2 u}{\partial t^2} = c^2\frac{\partial^2 u}{\partial x^2} \quad (\text{단 } c^2 = \frac{T}{\rho}\text{이다}) \qquad \text{식 (10.6)}$$

를 얻을 수 있어 이 식을 **1차원 파동방정식**(one - dimensional wave equation)이라 하고 1차원이라고 하는 것은 공간을 나타내는 변수 $(x,\ y,\ z)$에서 x만을 포함되어있기 때문이다.

[1] 변수분리법에 의한 1차원 파동방정식 풀이

1차원 파동방정식 (8. 6)의 해는 현의 변위를 나타내는 것으로 $u(x,\ t)$로 표현되고 이것은 현이 어떻게 운동하는지를 파악하는 것이다. 이러한 해를 구하기 위하여 우선 현의 경계조건은 양 끝점에서는 고정되어있으므로 모든 시간 t에 대하여 변위 $u(x,\ t)$는 $x=0$나 $x=L$에서 항상 0가 되어 다음과 같이 나타낼 수 있다.

$$u(0,\ t) = 0 \qquad \text{식 (10.7)}$$

$$u(L,\ t) = 0 \qquad \text{식 (10.8)}$$

다음 $u(x,\ t)$를 x와 t의 변수분리하여 x에만 의존하는 함수 $P(x)$, t에만 의존하는 함수 $Q(t)$의 곱으로 표시하면

$$u(x,\ t) = P(x)\,Q(t) \qquad \text{식 (10.9)}$$

식 (10. 9)를 변수 x에 대하여 미분하면

$$\frac{\partial^2 u}{\partial x^2} = P''(x)\,Q(t)$$

변수 t에 대하여 미분하면

$$\frac{\partial^2 u}{\partial t^2} = P(x)\,Q''(t)$$

가 각각 성립된다.

위의 두 식을 식 (10.6)의 좌변과 우변에 적용하면

$$\frac{\partial^2 u}{\partial t^2} = P(x)\,Q''(t)$$

$$c^2\frac{\partial^2 u}{\partial x^2} = c^2 P''(x)\,Q(t)$$

따라서

$$P(x)\,Q''(t) = c^2 P''(x)\,Q(t)$$

가 되므로 양변에 $c^2 P(x)\,Q(t)$로 나누면

$$\frac{Q''(t)}{c^2 Q(t)} = \frac{P''(x)}{P(x)}$$

로서 좌측항은 t만의 함수이고 우측항은 x만의 함수가 되어 등식이 성립하려면 변수로 나타나서는 안되고 상수로 나타나는 경우에만 등식이 성립된다. 이렇게 하여 상수를 k라고 하면

$$\frac{Q''(t)}{c^2 Q(t)} = \frac{P''(x)}{P(x)} = k \text{ (k는 상수이다)}$$

로 표현되어 이 식으로부터 다음과 같은 두 개의 상미분방정식을 얻을 수 있다.

$$Q''(t) - kc^2 Q(t) = 0 \qquad \text{식 (10.10)}$$

$$P''(x) - kP(x) = 0 \qquad \text{식 (10.11)}$$

식 (10.10)과 식 (10.11)으로부터 각각의 해 $Q(t)$와 $P(x)$를 구하여 식 (8.9)에 대입하면 편미분 방정식의 해 $u(x,\ t)$를 구할 수 있다.

이렇게 하여 식 (10.7)과 식 (10.8)의 경계조건을 식 (10.9)에 대입하면

$$u(0,\ t) = P(0)\,Q(t) = 0$$

$$u(L,\ t) - P(L)\,Q(t) = 0 \qquad \text{식 (10.12)}$$

식 (10.9)에서 $Q(t) = 0$가 되면 $u(x,\ t) = 0$가 되므로 이것은 의미가 없기 때문에 $Q(t) \neq 0$가 되어야 하므로

$$P(0) = 0,\ P(L) = 0 \qquad \text{식 (10.13)}$$

가 되어야 한다.

먼저 $P(x)$항을 구하기 위해 식 (10.11)과 식 (10.13)에서

[1] $k = 0$ 인 경우

$$P''(x) = 0$$

윗 식에서 $P(x)$를 구하기 위해 두 번 적분하면

$$P(x) = Ax + B \quad (A,\ B\text{는 상수})$$

① $P(0) = 0$에서 $B = 0$

② $P(L) = 0$에서 $AL = 0$ 이므로 $L \neq 0$이므로 $A=0$가 되므로

$$P(x) = 0$$

가 되어 이 경우에는 $u(x,\ t)$ = 0가 되어 의미가 없어 $k \neq 0$가 되어야 한다.

[2] $k = \mu^2$, 즉 k가 양수인 경우

$$P''(x) - kP(x) = P''(x) - \mu^2 P(x) = 0$$

가 되어 2장에서 언급되었던 상 미분방정식의 풀이법으로 하여 λ에 대한 특성방정식을 세우면

$$\lambda^2 - \mu^2 = 0$$

따라서 $\lambda = \pm\mu$가 되어 일반해는 다음과 같다.

$$P(x) = Ae^{\mu x} + Be^{-\mu x} \ (A,\ B\text{는 상수})$$

상수 A, B를 구하기 위하여 경계조건을 적용하면

① $P(0)$ = 0이므로 $A + B = 0$
② $P(L)$ = 0이므로 $Ae^{\mu L} + Be^{-\mu L} = 0$

①의 결과를 ②에 대입하면

$$Ae^{\mu L} - Ae^{-\mu L} = A(e^{\mu L} - e^{-\mu L}) = 0$$
$$\therefore\ A = 0$$

이 경우에는 $A = B = 0$가 되므로 $P(x)$ = 0가 되어 의미가 없는 해가되어 k는 양수가 아님을 알 수 있다. 이렇게 하여 다음의 k가 음수인 경우를 고려한다.

[3] $k = -p^2$, 즉 k가 음수인 경우

$$P''(x) + p^2 P(x) = 0$$

λ에 대한 특성방정식을 세우면

$$\lambda^2 + p^2 = 0 \qquad \therefore \lambda = \pm ip$$

일반해는 실수부가 0이고 허수부가 p인 경우로서 다음과 같이 일반해를 표시할 수 있다.

$$P(x) = A\cos px + B\sin px \ (A,\ B\text{는 상수}) \qquad \text{식 (10.14)}$$

경계조건을 고려하면

$$P(0) = A = 0$$
$$P(L) = B\sin pL = 0$$

두 번째 식에서 $B = 0$이라면 $A,\ B = 0$가 되기 때문에 $P(x) = 0$가 되므로 이 경우는 의미가 없다. 그래서 $B \neq 0$ 의 조건을 만족해야 하므로 $\sin pL = 0$가 되어야 한다.

$$\therefore\ p = \frac{n\pi}{L} \ (n = 1,\ 2,\ 3,\ ..) \qquad \text{식 (10.15)}$$

따라서 $A = 0$의 조건과 식 (10. 15)를 식 (10. 14)에 대입하면

$$P(x) = B\sin\frac{n\pi}{L}x \ (n = 1,\ 2,\ 3,\ ..)$$

n이 정수일 때 윗 식이 성립하므로

$$P_n(x) = B_n \sin\frac{n\pi}{L}x \quad (n = \text{정수}) \qquad \text{식 (10.16)}$$

이렇게 하여 식 (10.9)에 나타나있는 편미분방정식의 해 $u(x,\ t) = P(x)\,Q(t)$의 우변항중 $P(x)$는 구하였고 다음은 $Q(t)$항을 구하기 위해 식 (10.10)에서

$$Q''(t) - kc^2 Q(t) = 0$$

이 식에 있는 $k = -p^2$인 경우에 $u(x,\ t)$가 존재하고 $p = \frac{n\pi}{L}$이기에 좌변의 두 번째 항은 다음과 같이 표현된다.

$$-kc^2 Q(t) = (\frac{cn\pi}{L})^2 Q(t)$$ 식 (10.17)

식 (10. 17)을 $Q(t)$에 대한 상미분방정식에 대입하면

$$Q''(t) + (\frac{cn\pi}{L})^2 Q(t) = 0$$ 식 (10.18)

가 되고 $\lambda_n = \frac{cn\pi}{L}$라고 하면 식 (10. 18)은

$$Q''(t) + \lambda_n^2 Q(t) = 0$$ 식 (10.19)

상미분방정식 (10. 19)을 풀기위해서 λ에 대한 특성방정식을 세우면

$$\lambda^2 + \lambda_n^2 = 0, \qquad \therefore \ \lambda_n = \pm \lambda_n i$$

실수부가 0이고 허수부가 λ_n이므로 식 (10. 19)의 미분방정식 해는

$$Q(t) = C cos \lambda_n t + D sin \lambda_n t \quad (C, \ D\text{는 상수})$$

윗 식은 n가 정수일 때 성립하므로

$$Q_n(t) = C_n \cos \lambda_n t + D_n \sin \lambda_n t$$ 식 (10.20)

이렇게 하여 편미분방정식의 일반해 $u(x, \ t)$는 n가 정수일 때 성립하므로 식 (8.9)에서

$$\begin{aligned} u_n(x, \ t) &= P_n(x) Q_n(t) \\ &= B_n \sin \frac{n\pi}{L} x (C_n \cos \lambda_n t + D_n \sin \lambda_n t) \end{aligned}$$

여기서 상수항을 정리하기 위하여 $B_n C_n = B_n'$, $B_n D_n = B_n''$라고 하면

$$u_n(x,\ t) = (B_n^{'} \cos\lambda_n t + B_n^{''} \sin\lambda_n t)\sin\frac{n\pi}{L}x \quad (n\text{는 정수}) \qquad \text{식 (10.21)}$$

식 (10.21)로 나타나는 편미분방정식의 해가 되는 함수들은 진동하는 현의 고유함수(eigen funtion)라 하고 $\lambda_n = \frac{cn\pi}{L}$을 고윳값(eigen value)이라 한다.

다음은 1차원 파동방정식의 초기조건에서 초기변위와 초기속도는 각각 $f(x)$, $g(x)$라고 두면 초기조건은 다음과 같이 표현할 수 있다.

$$u(x,0) = f(x) \qquad \text{식 (10.22)}$$

$$\frac{\partial u}{\partial t}\Big|_{t=0} = g(x) \qquad \text{식 (10.23)}$$

식 (10.6)은 제차이고 선형의 특성을 가진 1차원 편미분방정식으로서 초기조건을 만족하는 해를 구하기 위하여 n가 정수이므로 선형의 정리와 중첩의 정리에 의하여 유한개의 해 u_n의 합은 식 (10.6)의 해가 된다. 따라서, 해는 식 (10.21)에서 다음과 같이 무한급수로 표현할 수 있다.

$$\begin{aligned} u_n(x,\ t) &= \sum_{n=1}^{\infty} u_m(x,\ t) \\ &= \sum_{n=1}^{\infty} [(B_n^{'} \cos\lambda_n t + B_n^{''} \sin\lambda_n t)\sin\frac{n\pi}{L}x] \end{aligned} \qquad \text{식 (10.24)}$$

식 (10.24)에서 초기조건 식 (10.22)를 적용하면

$$u(x,0) = \sum_{n=1}^{\infty} B_n^{'} \sin\frac{n\pi}{L}x = f(x)$$

이렇게 하여 $f(x)$는

$$f(x) = \sum_{n=1}^{\infty} B_n^{'} \sin\frac{n\pi}{L}x \qquad \text{식 (10.25)}$$

식 (10.25)는 푸리에 사인급수형태이므로 계수 $B_n^{'}$는 푸리에 사인급수의 계수로 생각할 수 있어

다음과 같이 표현할 수 있다.

$$B_n^{'} = \frac{2}{L}\int_0^L f(x)\sin\frac{n\pi x}{L}dx \quad (n = 1,\ 2,\ 3,\ ..\ ) \qquad \text{식 (10.26)}$$

다음에는 식 (10.23)의 초기속도를 나타내는 초기조건을 적용하기 위하여 식 (8.24)의 t에 대한 1차 편도함수를 구하면

$$\frac{\partial u}{\partial t} = \sum_{n=1}^{\infty}[(-B_n^{'}\lambda_n\sin\lambda_n t + B_n^{''}\lambda_n\cos\lambda_n t)\sin\frac{n\pi}{L}x]$$

가 되므로 윗 식에서 $t=0$를 대입하면

$$\frac{\partial u}{\partial t}\Big|_{t=0} = \sum_{n=1}^{\infty}B_n^{''}\lambda_n\sin\frac{n\pi}{L}x = g(x)$$

이 식을 다시 정리하면

$$g(x) = \sum_{n=1}^{\infty}B_n^{''}\lambda_n\sin\frac{n\pi}{L}x \qquad \text{식 (10.27)}$$

식 (10. 27)의 형태도 푸리에 사인급수의 형태이므로 계수 $B_n^{''}\lambda_n$는

$$B_n^{''}\lambda_n = \frac{2}{L}\int_0^L g(x)\sin\frac{n\pi x}{L}dx$$

고유값 λ_n는 $\frac{cn\pi}{L}$와 같으므로 $B_n^{''}$는 아래와 같이 표현될 수 있다.

$$B_n^{''} = \frac{2}{cn\pi}\int_0^L g(x)\sin\frac{n\pi x}{L}dx \qquad \text{식 (10.28)}$$

따라서, 식 (10.6)으로 표현되는 1차원 파동 편미분방정식의 해 $u_n(x,\ t)$는 식 (10.26)으로 나타나는 계수 $B_n^{'}$와 식 (10.28)로 나타나는 계수 $B_n^{''}$를 포함하는 식 (10.24)로 다음과 같이 정리할 수 있다. 즉

$$u_n(x,\ t) = \sum_{n=1}^{\infty}[(B_n^{'}\cos\lambda_n t + B_n^{''}\sin\lambda_n t)\sin\frac{n\pi}{L}x]$$

여기서

$$B_n^{'} = \frac{2}{L}\int_0^L f(x)\sin\frac{n\pi x}{L}dx$$

$$B_n^{''} = \frac{2}{cn\pi}\int_0^L g(x)\sin\frac{n\pi x}{L}dx$$

이다.

[예제 10.1] 1차원 파동방정식의 해가 다음과 같이 주어질 때 초기속도가 0인 경우에 대해 해를 구하라.

$$u_n(x,\ t) = \sum_{n=1}^{\infty}[(B_n^{'}\cos\lambda_n t + B_n^{''}\sin\lambda_n t)\sin\frac{n\pi}{L}x]$$

[풀이]

문제의 조건에서 초기속도가 0이므로

$$\frac{\partial u}{\partial t}|_{t=0} = g(x) = 0$$

가 되어 계수 $B_n^{''}$는

$$B_n^{''} = \frac{2}{cn\pi}\int_0^L g(x)\sin\frac{n\pi x}{L}dx$$

$$= \frac{2}{cn\pi}\int_0^L (0\times\sin\frac{n\pi x}{L})dx = 0$$

가 된다. 해 $u_n(x,\ t)$는 $\lambda_n = \dfrac{cn\pi}{L}$이므로

$$u_n(x,\ t) = \sum_{n=1}^{\infty} B_n' \cos\lambda_n t \sin\frac{n\pi}{L}x$$
$$= \sum_{n=1}^{\infty} B_n' \cos\frac{cn\pi t}{L} \sin\frac{n\pi}{L}x$$

삼각함수의 곱을 합과 차로 변환하는 공식에 의해

$$\cos\alpha\sin\beta = \frac{1}{2}[\sin(\alpha+\beta)-\sin(\alpha-\beta)]$$

이므로 $\alpha = \frac{cn\pi t}{L}$, $\beta = \frac{n\pi x}{L}$라고 두면

$$\cos\frac{cn\pi t}{L}\sin\frac{n\pi}{L}x = \frac{1}{2}[\sin\frac{n\pi}{L}(x-ct)+\sin\frac{n\pi}{L}(x+ct)]$$

따라서 초기속도가 0인 1차원 파동방정식의 해 $u_n(x,\ t)$는

$$u_n(x,\ t) = \sum_{n=1}^{\infty}\frac{1}{2}B_n'[\sin\frac{n\pi}{L}(x-ct)+\sin\frac{n\pi}{L}(x+ct)]$$

가 된다.

[예제 10.2] 1차원 파동방정식의 해가 다음과 같이 주어진다.

$$u_n(x,\ t) = \sum_{n=1}^{\infty}[(B_n'\cos\lambda_n t + B_n''\sin\lambda_n t)\sin\frac{n\pi}{L}x]$$

초기조건으로서 초기속도가 0이고 초기변위가 다음과 같을 때 해를 구하라.

$$f(x) = \begin{cases} x, & 0 < x < \frac{L}{2} \\ 2a - x, & \frac{L}{2} < x < L \end{cases} \quad (L\text{은 } 2a\text{인 상수이다})$$

[풀이]

앞의 예제에서 초기속도가 0이면 $B_n^{''} = 0$이다.

그러므로 해 $u_n(x,\ t)$는

$$u_n(x,\ t) = \sum_{n=1}^{\infty} B_n^{'} \cos\frac{cn\pi t}{L} \sin\frac{n\pi}{L}x$$

여기서 상수 $B_n^{'}$는

$$B_n^{'} = \frac{2}{L}\int_0^L f(x)\sin\frac{n\pi x}{L}dx = \frac{1}{a}[\int_0^a xsin\frac{n\pi x}{2a}dx + \int_a^{2a}(2a-x)\sin\frac{n\pi x}{2a}dx]$$

가 되므로 각각의 적분을 구하면

$$\int_0^a xsin\frac{n\pi x}{2a}dx = -\frac{2a}{n\pi}xcos\frac{n\pi x}{2a}|_0^a + \frac{2a}{n\pi}\int_0^a \cos\frac{n\pi x}{2a}dx$$

$$= -\frac{2a^2}{n\pi}\cos\frac{n\pi}{2} + (\frac{2a}{n\pi})^2\sin\frac{n\pi x}{2a}|_0^a$$

$$= -\frac{2a^2}{n\pi}\cos\frac{n\pi}{2} + (\frac{2a}{n\pi})^2\sin\frac{n\pi}{2}$$

$$\int_a^{2a}\sin\frac{n\pi x}{2a}dx = -[\frac{2a}{n\pi}\cos\frac{n\pi x}{2a}|_a^{2a} = -\frac{2a}{n\pi}\cos n\pi + \frac{2a}{n\pi}\cos\frac{n\pi}{2}$$

$$\int_a^{2a} xsin\frac{n\pi x}{2a}dx = -\frac{2a}{n\pi}xcos\frac{n\pi x}{2a}|_a^{2a} + \frac{2a}{n\pi}\int_a^{2a}\cos\frac{n\pi x}{2a}dx$$

$$= -\frac{4a^2}{n\pi}\cos n\pi + \frac{2a^2}{n\pi}\cos\frac{n\pi}{2} + (\frac{2a}{n\pi})^2\sin\frac{n\pi x}{2a}|_a^{2a}$$

$$= -\frac{4a^2}{n\pi}\cos n\pi + \frac{2a^2}{n\pi}\cos\frac{n\pi}{2} + (\frac{2a}{n\pi})^2\sin n\pi - (\frac{2a}{n\pi})^2\sin\frac{n\pi}{2}$$

이므로

$$B_n' = \frac{1}{a}[-\frac{2a^2}{n\pi}\cos\frac{n\pi}{2}+(\frac{2a}{n\pi})^2\sin\frac{n\pi}{2}+2a(-\frac{2a}{n\pi}\cos n\pi+\frac{2a}{n\pi}\cos\frac{n\pi}{2})$$

$$-\{-\frac{4a^2}{n\pi}\cos n\pi+\frac{2a^2}{n\pi}\cos\frac{n\pi}{2}+(\frac{2a}{n\pi})^2\sin n\pi-(\frac{2a}{n\pi})^2\sin\frac{n\pi}{2}\}]$$

$$= \frac{8a}{n^2\pi^2}\sin\frac{n\pi}{2}$$

위에서 구한 B_n'를 $u_n(x,\ t)$를 구하는 식에 대입하게 되면

$$u_n(x,\ t) = \sum_{n=1}^{\infty}\frac{8a}{n^2\pi^2}\sin\frac{n\pi}{2}\cos\frac{cn\pi t}{L}\sin\frac{n\pi}{L}x$$

가 된다.

그러므로 해 $u_n(x,\ t)$는

$$u_n(x,\ t) = \sum_{n=1}^{\infty}B_n'\cos\frac{cn\pi t}{L}\sin\frac{n\pi}{L}x$$

10.3 열전도방정식과 해

길이가 L이고 단면적이 A인 원형막대가 x축상에 있다고 할 때 막대의 온도분포를 구하기 위해서 다음과 같은 가정을 한다.

① 막대표면의 열손실은 없고 내부의 열은 x축 방향으로만 흐른다.

② 막대의 밀도 ρ, 비열 h와 열전달 계수 k는 일정하다.

③ 내부에서 생성열은 없다.

이러한 가정하에 막대의 온도분포 u를 $u(x,\ t)$라 하여 공간변수 x와 시간변수 t의 함수라 하면 질량 m요소의 열량 H는 다음과 같이 표현할 수 있다.

$$H(x,\ t) = hmu(x,\ t) \qquad \text{식 (10.29)}$$

이 원형막대의 $[x,\ \ x+\Delta x]$구간에서의 질량 m는 밀도를 ρ, 부피를 V라고 하면

$$m = \rho V = \rho A \Delta x$$

가 되어 내부 열량은

$$H(x,\ t) = h(\rho A \Delta x)u(x,\ t)$$

이므로 열전도율 $\dfrac{\partial H}{\partial t} = H_t$는

$$H_t = h(\rho A \Delta x)u_t(x,\ t) \qquad \text{식 (10.30)}$$

또한 열전도율 H_t는 단면적 A와 온도의 x에 대한 구배 $\dfrac{\partial u}{\partial x}$, 즉 u_x에 비례하므로 다음과 같이 표현할 수 있다.

$$H_t = -kAu_x(x,\ t)$$

여기서 음의 부호는 x축 상으로 온도가 감소하는 방향으로 열이 흐르기 때문이며 $[x,\ \ x+\Delta x]$

구간에서의 열전도율은

$$H_t = -kAu_x(x,\ t) - [-kAu_x(x+\Delta x,\ t)]$$
$$= kA[u_x(x+\Delta x,\ t) - u_x(x,\ t)] \qquad \text{식 (10.31)}$$

식 (10.30)과 식 (10.31)에서

$$h(\rho A\Delta x)u_t(x,\ t) = kA[u_x(x+\Delta x,\ t) - u_x(x,\ t)]$$

이므로 $u_t(x,\ t)$는

$$u_t(x,\ t) = \frac{k}{h\rho}\left[\frac{u_x(x+\Delta x,\ t) - u_x(x,\ t)}{\Delta x}\right]$$

여기서 $\Delta x \to 0$이면

$$u_t(x,\ t) = \frac{k}{h\rho}u_{xx} \qquad \text{식 (10.32)}$$

가 되고 $c^2 = \dfrac{k}{h\rho}$라고 하면 식 (10.32)는

$$\frac{\partial u}{\partial t} = c^2\frac{\partial^2 u}{\partial x^2} \qquad \text{식 (10.33)}$$

식 (10.33)을 1차원 **열전도방정식** 또는 **확산방정식**이라고 한다.

1차원 열전도방정식의 해 $u_t(x,\ t)$를 구하기 위해서 x축 길이가 L로 유한하고 양끝이 단열인 조건에서 식 (8-3-5)의 경계조건과 초기조건은 다음과 같이 표시된다.

(1) 경계조건 : $u(0,\ t) = 0,\ u(L,\ t) = 0$ (양끝이 단열)

(2) 초기조건 : $u(x,\ 0) = f(x)$ 　　　　식 (10.34)

1. 변수분리법

편미분방정식 (10.33)의 해를 구하기 위해서 해 $u(x,\ t)$를 x만의 함수 $X(x)$와 t만의 함수 $T(t)$의 곱으로 표시한다. 즉

$$u(x,\ t) = X(x)\,T(t) \qquad \text{식 (10.35)}$$

여기서

$$\frac{\partial u}{\partial t} = X(x)\,T'(t),\ c^2\frac{\partial^2 u}{\partial x^2} = c^2 X''(x)\,T(t)$$

이므로 식 (10.33)에서

$$X(x)\,T'(t) = c^2 X''(x)\,T(t)$$

가 되고 양변에 $c^2X(x)\,T(t)$으로 나누면 식 (10.36)과 같이 변수분리가 된다.

$$\frac{T'(t)}{c^2\,T(t)} = \frac{X''(x)}{X(x)} \qquad \text{식 (10.36)}$$

이 식이 성립할려면 상수(k)인 경우에만 성립되므로

$$\frac{T'(t)}{c^2\,T(t)} = \frac{X''(x)}{X(x)} = k\ (k\text{는 상수}) \qquad \text{식 (10.37)}$$

따라서 식 (10.37)에서 두 개의 상미분방정식을 얻을 수 있다.

$$T'(t) - kc^2\,T(t) = 0 \qquad \text{식 (10.38)}$$

$$X''(x) - kX(x) = 0 \qquad \text{식 (10.39)}$$

식 (10.38)에서 $T(t)$는 특성방정식으로부터

$$s - kc^2 = 0, \qquad \therefore s = kc^2$$

이고 식 (10.39)에서 특성방정식으로부터

$$s^2 - k = 0, \ \therefore \ s = \pm\sqrt{k}$$

가 되어서 k가 양수이면 $T(t)$와 $X(x)$는 무한대로 증가하는 상태가 되니까 k는 음수이어야 한다. 따라서 $k = -\lambda^2$라고 하면 식 (10.38)과 식 (10.39)는

$$T'(t) + \lambda^2 c^2 T(t) = 0 \quad \text{식 (10.40)}$$

$$X''(x) + \lambda^2 X(x) = 0 \quad \text{식 (10.41)}$$

으로 되고 $T(t)$와 $X(x)$는 다음과 같이 구해질 수 있다.

$$T(t) = ae^{-\lambda^2 c^2 t} \ (a \ ; \text{상수})$$
$$X(x) = c_1 \sin\lambda x + c_2 \cos\lambda x \ (c_1, \ c_2 : \text{상수})$$

그러므로 해 $u(x, t)$는

$$\begin{aligned} u(x, t) &= X(x)\,T(t) \\ &= e^{-\lambda^2 c^2 t}(A sin\lambda x + B cos\lambda x) \ (A, \ B : \text{상수}) \end{aligned} \quad \text{식 (10.42)}$$

2. 경계조건

위에서 구한 식 (10-3-14)에 포함되어있는 상수를 구하기 위해서 경계조건을 적용하면

(1) $u(0, t) = 0$이므로

$$e^{-\lambda^2 c^2 t}(B cos\lambda x) = 0, \quad \therefore \ B = 0 \quad \text{식 (10.43)}$$

(2) $u(L, t) = 0$에서

$$e^{-\lambda^2 c^2 t}(A sin\lambda x) = 0$$

여기서 A = 0이되면 $u(x,\ t)$ = 0가 되어 해는 의미가 없으므로 $A \neq 0$가 되어야한다. 그러므로

$$\sin\lambda x = 0, \quad \therefore \lambda = \pm\frac{\pi}{L},\ \pm\frac{2\pi}{L},\ \cdots$$

가 되어

$$\lambda_n = \pm\frac{n\pi}{L}\ (n = 1,\ 2,\ 3,\ \ldots\ ) \qquad \text{식 (10.44)}$$

식 (10.43), 식 (10.44)의 결과를 식 (10.42)에 대입하고 중첩의 원리에 의해 해 $u(x,\ t)$는 다음과 같이 나타낼 수 있다.

$$u(x,\ t) = \sum_{n=1}^{\infty} A_n e^{-\lambda_n^2 c^2 t}\sin\lambda_n x \quad (\lambda_n = \frac{n\pi}{L}) \qquad \text{식 (10.45)}$$

3. 초기조건

식 (10.34)에서 언급된 초기조건을 식 (10.45)에 대입하면

[초기조건 : $u(x,\ 0) = f(x)$]

$$u(x,\ 0) = \sum_{n=1}^{\infty} A_n \sin\lambda_n x = f(x)$$

이 식을 다시 정리하면

$$f(x) = \sum_{n=1}^{\infty} A_n \sin\lambda_n x \qquad \text{식 (10.46)}$$

함수 $f(x)$는 $0 \le x \le L$사이에서 기함수 형태로 주기화시키면 위 식 (10.46)과 같은 형태로 전개할 수 있어 식 속에 있는 A_n는 기함수 형태로 주기화한 함수 $f(x)$의 푸리에 계수가 된다. 따라서 계수 A_n는

$$A_n = \frac{2}{L}\int_0^L f(x)\sin\lambda_n x dx \qquad \text{식 (10.47)}$$

이렇게 하여 식 (10.33)의 편미분방정식의 해 $u(x,\ t)$는 식 (10.45)와 식 (10.47)로부터 다음과 같이 정리할 수 있다.

$$u(x,\ t) = \sum_{n=1}^{\infty} A_n e^{-\lambda_n^2 c^2 t}\sin\lambda_n x \quad (\lambda_n = \frac{n\pi}{L})$$

$$A_n = \frac{2}{L}\int_0^L f(x)\sin\lambda_n x dx \qquad \text{식 (10.48)}$$

[예제 10.3] 초기조건의 $f(x)$가 다음과 같이 주어질 때 온도분포 $u(x,\ t)$를 구하라.

$$f(x) = c_1\sin\frac{\pi x}{L}$$

[풀이]

식 (10.46)에서

$$f(x) = \sum_{n=1}^{\infty} A_n \sin\lambda_n x = c_1\sin\frac{\pi x}{L}$$

이므로 $A_1 = c_1,\ A_2 = A_3 = \dots = 0$이 된다.

따라서 온도분포 $u(x,\ t)$는 식 (10.48)에서

$$u(x,\ t) = \sum_{n=1}^{\infty} A_n e^{-\lambda_n^2 c^2 t}\sin\lambda_n x = c_1 e^{-\lambda_1^2 c^2 t}\sin\lambda_1 x \ (\lambda_1 = \frac{\pi}{L})$$

과 같이 된다.

10장 연습문제

1. 다음 방정식의 해 $u(x,\ y)$를 구하라.

(1) $u_{xx}=0$ (2) $u_{xx}=2u$ (3) $u_{xy}=2u_x$

2. 다음 식으로 주어지는 열전도방정식에서 초기조건 $f(x)$ = $2\sin x$이라 할때 해 $u(x,\ t)$를 구하라. 단 $L=\pi$이다.

$$\frac{\partial u}{\partial t} = c^2\frac{\partial^2 u}{\partial x^2}$$

3. 다음 식으로 주어지는 파동방정식에서 초기속도 $g(x)=0$이고 초기변위 $f(x)$ = $\cos 2x$일 때 변위 $u(x,\ t)$를 구하라. 단 $L=\pi,\ c=1$이다.

$$\frac{\partial^2 u}{\partial t^2}=c^2\frac{\partial^2 u}{\partial x^2}$$

Chapter 11
복소수와 복소함수

11.1 복소수

복소수 z는 $\sqrt{-1}$을 i라고 했을 때 다음과 같이 정의한다.

$$z = x + iy = (x,\ y) \qquad \text{식 (11.1)}$$

여기서 x는 복소수의 실수부, y는 허수부라고 하고 다음과 같이 표현한다.

$$Re(z) = x,\ Im(z) = y \qquad \text{식 (11.2)}$$

식 (11.1)에서 $x = 0$이면 $z = iy = (0,\ y)$가 되어 이러한 수를 순허수라 하고 i를 $(0,\ 1)$로 하여 허수단위라고 한다. 식 (11.1)에서 허수부의 부호만 다른 복소수를 z의 공액복소수라고 하고 다음과 같이 표현한다.

$$\bar{z} = x - iy = (x,\ -y) \qquad \text{식 (11.3)}$$

복소수의 연산법칙을 살펴보기위해 복소수 z_1, z_2가 각각 아래와 같을 때

$$z_1 = x_1 + iy_1,\ z_2 = x_2 + iy_2$$

(1) 덧셈 : $z_1 + z_2$

$$\begin{aligned} z_1 + z_2 &= (x_1 + iy_1) + (x_2 + iy_2) \\ &= (x_1 + x_2) + i(y_1 + y_2) = (x_1 + x_2,\ y_1 + y_2) \end{aligned}$$

(2) 뺄셈 : $z_1 - z_2$

$$\begin{aligned} z_1 - z_2 &= (x_1 + iy_1) - (x_2 + iy_2) \\ &= (x_1 - x_2) + i(y_1 - y_2) = (x_1 - x_2,\ y_1 - y_2) \end{aligned}$$

(3) 곱셈 : z_1z_2

$$z_1z_2 = (x_1+iy_1)(x_2+iy_2) = x_1x_2 + ix_1y_2 + iy_1x_2 - y_1y_2$$
$$= (x_1x_2 - y_1y_2) + i(x_1y_2 + y_1x_2)$$
$$= (x_1x_2 - y_1y_2,\ x_1y_2 + y_1x_2)$$

(4) 나눗셈 : $\dfrac{z_1}{z_2}$

$$\frac{z_1}{z_2} = \frac{x_1+iy_1}{x_2+iy_2} = (\frac{x_1+iy_1}{x_2+iy_2})(\frac{x_2-iy_2}{x_2-iy_2})$$
$$= \frac{x_1x_2 - ix_1y_2 + iy_1x_2 + y_1y_2}{x_2^2+y_2^2} = \frac{x_1x_2+y_1y_2}{x_2^2+y_2^2} + i(\frac{y_1x_2-x_1y_2}{x_2^2+y_2^2})$$
$$= (\frac{x_1x_2+y_1y_2}{x_2^2+y_2^2},\ \frac{y_1x_2-x_1y_2}{x_2^2+y_2^2})$$

같이하여 복소수 z와 공액복소수 $\bar{z}$와 연산을 해보면

$$z+\bar{z} = (x+iy) + (x-iy)$$
$$= 2x$$
$$z-\bar{z} = (x+iy) - (x-iy)$$
$$= i2y$$
$$z\bar{z} = (x+iy)(x-iy) = x^2+y^2$$
$$\frac{\bar{z}}{z} = \frac{x-iy}{x+iy} = (\frac{x-iy}{x+iy})(\frac{x-iy}{x-iy}) = \frac{x^2-ixy-iyx-y^2}{x^2+y^2}$$
$$= \frac{x^2-y^2}{x^2+y^2} - i\frac{2xy}{x^2+y^2}$$

이와같이 복소수는 실수부와 허수부로 구성되어있기 때문에 가로축(x축)을 실수부를 표시한 실수축(real part), 세로축(y축)을 허수부를 표시하는 허수축(imaginary part)으로 구성하여 이 평면을 복소평면(complex plane)이라 하고 복소수 $z=x+iy$라고 나타낸다. 이것을 극좌표계 $(r,\ \theta)$로 표현하면

$$x = r\cos\theta,\ y = r\sin\theta \qquad \text{식 (11.4)}$$

여기서 r은 반경을 나타내고, θ는 x축과 y축 사이의 각도를 뜻한다. 이 식을 이용하여 식 (11.1)의 복소수 z를 다음과 같이 극형식으로 나타낼 수 있다.

$$\begin{aligned} z = x + iy &= r\cos\theta + ir\sin\theta \\ &= r(\cos\theta + i\sin\theta) \end{aligned} \qquad \text{식 (11.5)}$$

복소수 z의 크기는 $r = \sqrt{x^2 + y^2}$로 나타내며 $|z|$라고도 하고 θ는 복소수 z의 편각(argument)이라고 하여 arg(z)라고 표시한다. 또한 복소수의 주편각(principal value of the argument)은 식 (11.6)으로 정의되이 이것을 이용하면 복소수의 편각은 식 (11.7)로 표시된다. 즉

$$-\pi \leq Arg(z) \leq \pi \qquad \text{식 (11.6)}$$

$$\theta = \arg(z) = Arg(z) + 2n\pi,\ (n = 1,\ 2,\ 3,\ \dots\ ) \qquad \text{식 (11.7)}$$

복소수 z를 극형식으로 나타내기 위해 오일러의 공식에서

$$e^{i\theta} = \cos\theta + i\sin\theta \qquad \text{식 (11.8)}$$

식 (11.5)와 식 (11.8)에서

$$z = r(\cos\theta + i\sin\theta) = re^{i\theta} \qquad \text{식 (11.9)}$$

식 (11.9)를 양변에 n거듭제곱하면

$$z^n = r^n(\cos\theta + i\sin\theta)^n = r^n e^{i\theta n}$$

여기서 $e^{i\theta n} = \cos(n\theta) + i\sin(n\theta)$이므로

$$r^n(\cos\theta + i\sin\theta)^n = r^n\{\cos(n\theta) + i\sin(n\theta)\}$$

따라서

$$(\cos\theta + i\sin\theta)^n = \cos(n\theta) + i\sin(n\theta) \quad \text{식 (11.10)}$$

가 성립하여 식 (11.10)을 드 므아브르(De Moivre)의 공식이라 한다.

식 (11.9)에서 복소수 z_1, z_2를 극형식으로 표시하면

$$z_1 = r_1(\cos\theta_1 + i\sin\theta_1) = r_1 e^{i\theta_1}$$
$$z_2 = r_2(\cos\theta_2 + i\sin\theta_2) = r_2 e^{i\theta_2}$$

두 복소수 곱 $z_1 z_2$는

$$\begin{aligned} z_1 z_2 &= (r_1 e^{i\theta_1}) \times (r_2 e^{i\theta_2}) = r_1 r_2 e^{i(\theta_1 + \theta_2)} \\ &= r_1 r_2 [\cos(\theta_1 + \theta_2) + i\sin(\theta_1 + \theta_2)] \end{aligned} \quad \text{식 (11.11)}$$

$z_1 z_2$의 크기 $|z_1 z_2|$는

$$|z_1 z_2| = |z_1||z_2|$$

와 같고 편각 $\arg(z_1 z_2)$는

$$\arg(z_1 z_2) = \arg(z_1) + \arg(z_2) \quad \text{식 (11.12)}$$

이다.

두 복소수의 나눗셈 $\dfrac{z_1}{z_2}$은

$$\frac{z_1}{z_2} = \frac{r_1 e^{i\theta_1}}{r_2 e^{i\theta_2}} = \frac{r_1}{r_2} e^{i(\theta_1 - \theta_2)}$$

$$= \frac{r_1}{r_2}[\cos(\theta_1 - \theta_2) + isin(\theta_1 - \theta_2)] \quad 식\ (11.13)$$

$\frac{z_1}{z_2}$의 크기 $|\frac{z_1}{z_2}|$는

$$|\frac{z_1}{z_2}| = \frac{|z_1|}{|z_2|}$$

가 되고 편각 $\arg(\frac{z_1}{z_2})$은

$$\arg(\frac{z_1}{z_2}) = \arg(z_1) - \arg(z_2) \quad 식\ (11.14)$$

복소수 z의 제곱근을 구하기 위해서 z가 다음과 같이 표현된다고 하자.

$$z = w^n (n = 0,\ 1,\ 2,\ \ldots),\ z \neq 0 \quad 식\ (11.15)$$

이때 w는

$$w = \sqrt[n]{z} \quad 식\ (11.16)$$

가 되어 식 (11.16)을 z의 n제곱근이라고 하고 이것을 극형식으로 나타내기 위해 z와 w를 식 (11.17)과 같이 표기한다.

$$z = r(\cos\theta + isin\theta)$$
$$w = R(\cos\psi + isin\psi) \quad 식\ (11.17)$$

식 (11.15)와 식 (11.17), 그리고 식 (11.10)에 의해

$$z = r(\cos\theta + isin\theta) = R^n(\cos n\psi + isinn\psi)$$

윗 식에서 다음 관계가 성립된다.

$$r = R^n,\ n\psi = \theta + 2k\pi\ (k\text{는 정수})$$

여기서 R, ψ를 구하면

$$R = \sqrt[n]{r},\ \psi = \frac{\theta + 2k\pi}{n},\ (k = 0,1,2,\ ..,\ n-1) \qquad \text{식 (11.18)}$$

그래서 n제곱근 $\sqrt[n]{z}$는

$$\begin{aligned}\sqrt[n]{z} &= w = R(\cos\psi + i\sin\psi) \\ &= \sqrt[n]{r}\left[\cos\left(\frac{\theta+2k\pi}{n}\right) + i\sin\left(\frac{\theta+2k\pi}{n}\right)\right] \\ &\qquad (k = 0,1,2,\ ..,\ n-1)\end{aligned} \qquad \text{식 (11.19)}$$

식 (11.19)에서 $k=0$이면

$$\sqrt[n]{z} = \sqrt[n]{r}\left[\cos\left(\frac{\theta}{n}\right) + i\sin\left(\frac{\theta}{n}\right)\right] \qquad \text{식 (11.20)}$$

식 (11.20)을 $\sqrt[n]{z}$의 주값이라 한다.

[예제 11.1] 복소수 z_1, z_2가 다음과 같을 때 아래사항을 구하라.

$$z_1 = 1-2i,\ z_2 = 3+4i$$

(1) $z_1 + z_2$ (2) $z_1 - z_2$ (3) $z_1 z_2$ (4) $\dfrac{z_1}{z_2}$

[풀이]

(1) $z_1 + z_2 = (1-2i)+(3+4i) = 4+2i$

(2) $z_1 - z_2 = (1-2i)-(3+4i) = -2-6i$

(3) $z_1 z_2 = (1-2i)(3+4i) = 3+4i-6i+8 = 11-2i$

(4) $\frac{z_1}{z_2} = \frac{1-2i}{3+4i} = (\frac{1-2i}{3+4i})(\frac{3-4i}{3-4i}) = \frac{3-4i-6i-8}{9+16}$

$= -\frac{5}{25}-\frac{10}{25}i = -\frac{1}{5}-\frac{2}{5}i$

[예제 11.2] 복소수 z_1, z_2가 다음과 같을 때 물음에 답하라.

$$z_1 = 2+2i,\ z_2 = \sqrt{3}+i$$

(1) z_1, z_2의 각각의 극형식 (2) 극형식을 이용하여 z_1z_2와 $\frac{z_1}{z_2}$의 계산

[풀이]

복소수 $z = r(\cos\theta + isin\theta)$이므로 각각 복소수의 크기와 주편각인 r, θ를 구하면

$$|z_1| = \sqrt{2^2+2^2} = 2\sqrt{2},\quad |z_2| = \sqrt{3+1} = 2$$

$$\arg(z_1) = \arg(\tan\frac{2}{2}) = \frac{\pi}{4} \pm 2n\pi(n=0,\ 1,\ 2,\ \ldots),\ \text{주편각 ; } Arg(z_1) = \frac{\pi}{4}$$

$$\therefore\ z_1 = 2\sqrt{2}(\cos\frac{\pi}{4}+isin\frac{\pi}{4}) = 2\sqrt{2}e^{i\frac{\pi}{4}}$$

$$\arg(z_2) = \arg(\tan\frac{1}{\sqrt{3}}) = \frac{\pi}{6} \pm 2n\pi(n=0,\ 1,\ 2,\ \ldots)\ ,\ \text{주편각 ; } Arg(z_2) = \frac{\pi}{6}$$

$$\therefore\ z_2 = 2(\cos\frac{\pi}{6}+isin\frac{\pi}{6}) = 2e^{i\frac{\pi}{6}}$$

그러므로

$$z_1z_2 = (2\sqrt{2}e^{i\frac{\pi}{4}})(2e^{i\frac{\pi}{6}}) = 4\sqrt{2}e^{i\frac{5\pi}{12}} = 4\sqrt{2}(\cos\frac{5\pi}{12}+isin\frac{5\pi}{12})$$

$$\frac{z_1}{z_2} = \frac{2\sqrt{2}e^{i\frac{\pi}{4}}}{2e^{i\frac{\pi}{6}}} = \sqrt{2}e^{i\frac{\pi}{12}} = \sqrt{2}(\cos\frac{\pi}{12}+isin\frac{\pi}{12})$$

[예제 11.3] 복소수 $z=1+i$의 제곱근을 구하라.

[풀이]

$z = r(\cos\theta + i\sin\theta)$에서 $r=\sqrt{2},\ \theta=\frac{\pi}{4}$이므로

$$z = \sqrt{2}(\cos\frac{\pi}{4} + i\sin\frac{\pi}{4})$$

식 (11.15)에서 $z=w^2$, 이때 제곱근 w는

$$w = \sqrt{z} = R(\cos\psi + i\sin\psi)$$

식 (11.18)에서

$$R=\sqrt{r}=2^{\frac{1}{4}},\ \psi=\frac{\frac{\pi}{4}+2k\pi}{2}=\frac{\pi}{8}+k\pi,\ (k=0,1)$$

이고 제곱근을 w_1, w_2라고 하면

(1) $k=0,\ \psi_1=\frac{\pi}{8}$

$$w_1 = 2^{\frac{1}{4}}(\cos\frac{\pi}{8} + i\sin\frac{\pi}{8})$$

(2) $k=1,\ \psi_2=\frac{\pi}{8}+\pi$

$$w_2 = 2^{\frac{1}{4}}[\cos(\frac{\pi}{8}+\pi) + i\sin(\frac{\pi}{8}+\pi)] = 2^{\frac{1}{4}}[\cos(\frac{\pi}{8}) - i\sin(\frac{\pi}{8})]$$

$$w_1 = 2^{\frac{1}{4}}(\cos\frac{\pi}{8} + i\sin\frac{\pi}{8})$$

11.2 복소함수

S를 복소수 집합, 함수 $f(z)$를 S에서 정의되어있는 함수, z를 복소변수(complete variable)라 하면 $f(z)$의 정의역(domain)은 z로 이루어진 점의 집합이 되어 함수 $f(z)$는 복소변수 z로 표현되는 복소함수로서 다음과 같이 나타낼 수 있다.

$$f(z) = u(x, y) + iv(x,\ y) \qquad \text{식 (11.21)}$$

식 (11.21)에서 $u(x,\ y)$, $v(x,\ y)$는 $z = x + iy$에 의존하므로 x, y에 대한 실함수이다.
반지름이 ρ, 중심이 z_0인 원은 식(11.22)으로 표현할 수 있다.

$$|z - z_0| = \rho \qquad \text{식 (11.22)}$$

식 (11.22)에서 원점이 중심이고 반지름이 1인 원을 단위원(unit circle)이라하고 $|z - z_0|$와 ρ사이의 관계에 의해서 다음과 같이 이름을 붙인다.

$|z - z_0| < \rho$: 열린원판(경계를 제외한 원판)
$|z - z_0| \le \rho$: 닫힌원판(경계를 포함한 원판)
$|z - z_0| > \rho$: 원의 외부
$\rho_1 < |z - z_0| < \rho_2$: 열린환형(도넛모양의 영역)
$\rho_1 \le |z - z_0| \le \rho_2$: 닫힌환형(경계를 포함하는 도넛모양의 영역)

여기서 ρ_1은 도넛모양에서 작은 반경을 나타내고, ρ_2는 큰 반경을 나타낸다.
복소함수 $f(z)$가 $|z - z_0| < \rho$인 $z = z_0$에서 연속(continuous)이라면 다음 식이 만족하고

$$\lim_{z \to z_0} f(z) = f(z_0) \qquad \text{식 (11.23)}$$

점 $z = z_0$에서 $f(z)$의 도함수는

$$f'(z_0) = \lim_{\Delta z \to 0} \frac{f(z_0 + \Delta z) - f(z_0)}{\Delta z} = \lim_{z \to z_0} \frac{f(z) - f(z_0)}{z - z_0} \qquad \text{식 (11.24)}$$

로 정의되어 $f(z)$는 점 $z = z_0$에서 미분가능하다고 하고 이것은 도함수의 값은 어떤 경로로 거치든 동일한 값이 되어야 한다. 함수 $f(z)$가 어떤 정의역 내의 점 $z = z_0$을 포함한 부근 $|z - z_0| < \rho$인 모든 점에서 미분가능하면 점 $z = z_0$에서 해석적(analysis)이라하고 정의역내부의 모든 점에서 해석적이면 함수 $f(z)$를 해석함수(analysis function)라고 한다.

복소함수 $f(z)$가 해석적인지 아닌지를 판단하기 위해 식 (11.21)에서

$$f(z) = u(x, y) + iv(x,\ y)$$

점 $z = x + iy$의 근방에서 미분가능하다면 이 함수의 도함수는 식 (4)에서 $\Delta z = \Delta x + i\Delta y$를 대입하면 다음과 같이 구할 수 있다.

$$\begin{aligned} f'(z) = \lim_{\Delta z \to 0} \frac{f(z + \Delta z) - f(z)}{\Delta z} &= \lim_{\Delta z \to 0} \frac{f(x + iy + \Delta x + i\Delta y) - f(x + iy)}{\Delta x + i\Delta y} \\ &= \lim_{\Delta z \to 0} \frac{f((x + \Delta x) + i(y + \Delta y)) - f(x + iy)}{\Delta x + i\Delta y} \end{aligned}$$

과 같이 되고 역시 u, v를 이용하면 다음과 같이 표현할 수 있다.

$$f'(z) = \lim_{\Delta z \to 0} \frac{[u(x + \Delta x,\ y + \Delta y) + iv(x + \Delta x,\ y + \Delta y)] - [u(x,\ y) + iv(x,\ y)]}{\Delta x + i\Delta y} \qquad \text{식 (11.25)}$$

식 (11.25)의 도함수를 구하기 위해서 아래와 같이 두 가지 경로에 대해 생각해본다.

(1) 경로1: 시작을 $\Delta y \to 0$ 하고, 다음에는 $\Delta x \to 0$

(2) 경로2: 시작을 $\Delta x \to 0$하고, 다음에는 $\Delta y \to 0$

경로1

$\Delta y \to 0$이 되면 $\Delta z = \Delta x + i\Delta y = \Delta x$가 되므로 식 (11.25)에서

$$f'(z) = \lim_{\Delta x \to 0} \frac{[u(x+\Delta x,\ y)+iv(x+\Delta x,\ y)]-[u(x,\ y)+iv(x,\ y)]}{\Delta x}$$

이 식을 u, v항으로 정리하면

$$f'(z) = \lim_{\Delta x \to 0} \frac{[u(x+\Delta x,\ y)-u(x,\ y)]}{\Delta x} + i\lim_{\Delta x \to 0} \frac{[v(x+\Delta x,\ y)-v(x,\ y)]}{\Delta x}$$

여기서

$$\lim_{\Delta x \to 0} \frac{[u(x+\Delta x,\ y)-u(x,\ y)]}{\Delta x} = \frac{\partial u}{\partial x},\ \lim_{\Delta x \to 0} \frac{[v(x+\Delta x,\ y)-v(x,\ y)]}{\Delta x} = \frac{\partial v}{\partial x}$$

이므로

$$f'(z) = \frac{\partial u(x,\ y)}{\partial x} + i\frac{\partial v(x,\ y)}{\partial x} \qquad \text{식 (11.26)}$$

경로2

경로1과 같이하여 $\Delta x \rightarrow 0$이 되면 $\Delta z = \Delta x + i\Delta y = i\Delta y$가 되므로 식 (11.25)에서

$$f'(z) = \lim_{\Delta y \to 0} \frac{[u(x,\ y+\Delta y)+iv(x,\ y+\Delta y)]-[u(x,\ y)+iv(x,\ y)]}{i\Delta y}$$

이 식을 u, v항으로 정리하면

$$f'(z) = \lim_{\Delta y \to 0} \frac{[u(x,\ y+\Delta y)-u(x,\ y)]}{i\Delta y} + \lim_{\Delta y \to 0} \frac{[v(x,\ y+\Delta y)-v(x,\ y)]}{i\Delta y}$$

여기서

$$\lim_{\Delta y \to 0} \frac{[u(x,\ y+\Delta y)-u(x,\ y)]}{\Delta y} = \frac{\partial u}{\partial y},\ \lim_{\Delta y \to 0} \frac{[v(x,\ y+\Delta y)-v(x,\ y)]}{\Delta y} = \frac{\partial v}{\partial y}$$

이므로

$$f'(z) = -i\frac{\partial u(x,\ y)}{\partial y} + \frac{\partial v(x,\ y)}{\partial y} \quad \text{식 (11.27)}$$

복소함수 $f(z)$가 해석적이라면 도함수는 경로에 관계없이 일정해야하므로 식 (11.26)과 식 (11.27)의 결과는 같아야 한다. 따라서

$$\frac{\partial u(x,\ y)}{\partial x} + i\frac{\partial v(x,\ y)}{\partial x} = -i\frac{\partial u(x,\ y)}{\partial y} + \frac{\partial v(x,\ y)}{\partial y}$$

를 만족해야 하므로 실수부와 허수부를 고려하면

$$\frac{\partial u(x,\ y)}{\partial x} = \frac{\partial v(x,\ y)}{\partial y},\ \frac{\partial u(x,\ y)}{\partial y} = -\frac{\partial v(x,\ y)}{\partial x} \quad \text{식 (11.28)}$$

식 (11.28)을 해석적인 함수인지 아닌지를 판단하는 기준으로 코시-리만(Cauchy-Riemann)방정식이라한다.

다음에는 지수함수, 로그함수, 다항함수, 삼각함수등의 **초등함수**(elementary function)의 복소함수에 대해 언급한다.

(1) 복소지수함수

복소지수함수(complex exponential function)는 다음과 같이 복소함수의 지수함수형태로 나타낸다.

$$e^z = e^{x+iy} = e^x(\cos y + i\sin y) \quad \text{식 (11.29)}$$

복소지수함수를 미분하면 식 (11.26)에 의해서

$$f'(z) = (e^z)' = \frac{\partial u(x,\ y)}{\partial x} + i\frac{\partial v(x,\ y)}{\partial x} = \frac{\partial (e^x\cos y)}{\partial x} + i\frac{\partial (e^x\sin y)}{\partial x}$$

$$= (e^x\cos y) + i(e^x\sin y) = e^z$$

따라서 다음 식이 성립한다.

$$f'(z) = (e^z)' = e^z \quad \text{식 (11.30)}$$

식 (11.29)에서 $x=0$하고 하면

$$e^z=(e^{x+iy})_{x=0}=e^{iy}=\cos y+i\sin y$$

위 식은 오일러공식이 되고 여기서 $y=2\pi$일 때

$$e^{i2\pi}=\cos 2\pi+i\sin 2\pi=1$$

이 되고 역시 $y=2\pi n$일 때도

$$e^{i2\pi n}=\cos 2\pi n+i\sin 2\pi n=1$$

을 만족하므로

$$e^{z+2\pi ni}=e^z e^{2\pi ni}=e^z(\cos 2\pi n+i\sin 2\pi n)=e^z \text{ (n는 정수)} \qquad \text{식 (11.31)}$$

식 (11.31)은 복소지수함수 e^z는 주기가 $2\pi i$인 주기함수임을 나타낸다.

(2) 복소삼각함수

식 (11.28)에서

$$e^{i\theta}=\cos\theta+i\sin\theta,\ e^{-i\theta}=\cos\theta-i\sin\theta$$

이 되므로 $\theta=z$로 두면

$$e^{iz}=\cos z+i\sin z$$
$$e^{-iz}=\cos z-i\sin z$$

가 되므로 위 식을 합차에 의해서

$$\cos z=\frac{e^{iz}+e^{-iz}}{2},\ \sin z=\frac{e^{iz}-e^{-iz}}{2i} \qquad \text{식 (11.32)}$$

가 된다.

[예제 11.4] 다음 복소함수들이 해석적 여부를 설명하라.

(1) $2z+1$　　　　(2) $3(\bar{z})^2-1$

[풀이]

(1) $z=x+iy$이므로 $2z+1 = (2x+1)+i2y$

여기서

$$u(x,\ y)=2x+1,\ v(x,\ y)=2y$$

가 되므로 식 (11.28)의 코시-리만방정식을 이용하기 위하여

$$\frac{\partial u(x,\ y)}{\partial x} = 2,\ \frac{\partial v(x,\ y)}{\partial y} = 2$$

$$\therefore\ \frac{\partial u(x,\ y)}{\partial x} = \frac{\partial v(x,\ y)}{\partial y}$$

$$\frac{\partial u(x,\ y)}{\partial y} = 0,\ -\frac{\partial v(x,\ y)}{\partial x} = 0$$

$$\therefore\ \frac{\partial u(x,\ y)}{\partial y} = -\frac{\partial v(x,\ y)}{\partial x}$$

그러므로 식 $f(z) = 2z+1$은 해석적이다.

(2) $\bar{z}=x-iy$이므로

$$\begin{aligned} 3(\bar{z})^2-1 &= 3(x-iy)^2-1 = 3(x^2-i2xy-y^2)-1 \\ &= (3x^2-3y^2-1)-i6xy \end{aligned}$$

$$\therefore\ u(x,\ y)=3x^2-3y^2-1,\ v(x,\ y)=-6xy$$

이므로

$$\frac{\partial u(x,\ y)}{\partial x} = 6x,\ \frac{\partial v(x,\ y)}{\partial y} = -6y$$

$$\therefore\ \frac{\partial u(x,\ y)}{\partial x} \neq \frac{\partial v(x,\ y)}{\partial y}$$

그러므로 식 $f(z) = 3z^2 - 1$은 해석적이 아니다.

[예제 11.5] 복소수 z가 다음과 같을 때 복소지수함수 $f(z)=e^z$를 구하라.

$$z=4-i\pi$$

[풀이]

$$f(z)=e^z = e^{4-i\pi} = e^4[\cos(-\pi)-isin(-\pi)]$$

11장 연습문제

1. 복소수 z_1, z_2가 다음과 같을 때 아래 사항을 구하라.

$$z_1 = 3 - 5i,\ \ z_2 = 1 + 7i$$

(1) $z_1 + z_2$ (2) $z_1 - z_2$ (3) $z_1 z_2$ (4) $\dfrac{z_1}{z_2}$

2. 복소수 z_1, z_2가 다음과 같을 때 물음에 답하라.

$$z_1 = 5 + 5i,\ \ z_2 = 1 + \sqrt{3}\,i$$

3. 다음 복소수의 제곱근을 구하라.

$$z = 2 + 2\sqrt{3}\,i$$

4. 다음 복소함수들이 해석적 여부를 설명하라.

(1) $4z^2 - 4$ (2) $2(\bar{z})^2 + 2$

5. 복소수 z가 다음과 같을 때 복소지수함수 $f(z) = e^z$를 구하라.

$$z = 2 + i2\pi$$

6. 다음 복소함수가 해석적 여부를 확인하라.

$$f(z) = \frac{x}{x^2 + y^2} + i\frac{2y}{x^2 + y^2}$$

연습문제 해답

1장 연습문제 해답

1. x에 대한 내림차순

(1) $2x^3+(4+y-y^2)x-y-4$

(2) $6x^4-2yx^3+(3-3y^2+3y)x^2-(12+y-y^3+y^2)x+4y$

(3) $-8x^3-(2+y^2+4y)x+y+16$

y에 대한 내림차순

(1) $-xy^2+(x-1)y+4x+2x^3-4$

(2) $xy^3-(3x^2+x)y^2+(3x^2-x-2x^3+4)y+3x^2+6x^4-12x$

(3) $-xy^2+(-4x+1)y-2x-8x^3+16$

2. $4\left(x+\frac{1}{8}\right)^2-\frac{17}{16}$

3. $g\circ f = x^2+4x+4$, $g\circ g = x+10$, $f\circ g = x^2+14x+44$

4. $\frac{1}{4}x+1$

5. (1) $x = 1$ 혹은 -6 (2) $x = \pm\frac{\sqrt{2}}{2}$ (3) $1<x<2$ (4) $-3<x<2$

6. (1) $-\frac{2\sqrt{6}}{5}$ (2) $\frac{\sqrt{6}}{12}$ (3) $-\frac{5\sqrt{6}}{12}$ (4) -5 (5) $2\sqrt{6}$

7. (1) $\frac{1}{10}(2\sqrt{6}-\sqrt{3})$ (2) $\frac{1}{10}(2\sqrt{6}+\sqrt{3})$ (3) $\frac{1}{10}(6\sqrt{2}-1)$ (4) $\frac{4\sqrt{3}+\sqrt{6}}{12-\sqrt{2}}$

8. $\frac{\sqrt{2}}{2}$

2장 연습문제 해답

1. $(\frac{5}{2},\ 0,\ 0)$

2. (1) $\overrightarrow{2x} \cdot \vec{y}$ = $0\times3+(-8)\times1+2\times2$ = -4

$\vec{y} \cdot \overrightarrow{2x}$ = $3\times0+1\times(-8)+2\times2$ = -4 $\quad\therefore\ \vec{x} \cdot \vec{y}=\vec{y} \cdot \vec{x}$

(2) $(\vec{x}+\vec{y}) \cdot \vec{z}$ = (3, -3, 3) • (-2, 1, 0) = $3\times(-2)+(-3)\times1+3\times0$ = -9

$\vec{x} \cdot \vec{z}+\vec{y} \cdot \vec{z}$ = (0, -4, 1) • (-2, 1, 0) + (3, 1, 2) • (-2, 1, 0)

= $0\times(-2)+(-4)\times1+1\times0+3\times(-2)+1\times1+2\times0$ = -9

$\therefore\ (\vec{x}+\vec{y}) \cdot \vec{z}=\vec{x} \cdot \vec{z}+\vec{y} \cdot \vec{z}$

(3) $(5\vec{x}) \cdot \vec{y}$ = (0, -20, 5) • (3, 1, 2) = $0\times3+(-20)\times1+5\times2$ = -10,

$5(\vec{x} \cdot \vec{y})$ = $5[0\times3+(-4)\times1+1\times2]$ = -10

$\therefore\ (5\vec{x}) \cdot \vec{y}=5(\vec{x} \cdot \vec{y})$

3. $\vec{c}$ = $3\vec{i}+\frac{8}{3}\vec{k}$ 4. $\theta=\cos^{-1}\left(\frac{7}{2\sqrt{21}}\right)$

5. $\begin{vmatrix} -1 & 3 & 2 \\ 6 & 1 & 2 \\ 3 & 1 & -1 \end{vmatrix}$ = $-1\times\begin{vmatrix} 1 & 2 \\ 1 & -1 \end{vmatrix}-3\begin{vmatrix} 6 & 2 \\ 3 & -1 \end{vmatrix}+2\begin{vmatrix} 6 & 1 \\ 3 & 1 \end{vmatrix}$ = 45

6. 111

7. (1) $7\boldsymbol{i}+\boldsymbol{j}-10\boldsymbol{k}$ (2) -63

8. $\frac{3}{10}$

9. $\frac{1}{34}\begin{pmatrix} 34 & 0 & 0 \\ 11 & -9 & 5 \\ 3 & 13 & -11 \end{pmatrix}$

3장 연습문제 해답

1. (1) 7 (2) 0

2. $\lim_{h \to 0} \frac{5-2(x+h)-(5-2x)}{h} = \lim_{h \to 0} \frac{-2h}{h} = -2$

3. (1) $4(x+2)^3$ (2) $\frac{3}{2}\left(\frac{1}{2}x-1\right)^2$ (3) $\frac{1}{3}\left(\frac{2}{3}x-1\right)^{-\frac{1}{2}}$ (4) $9x^2+2x-14$

   (5) $3x^2+1+\frac{5}{2}x^{\frac{3}{2}}+\frac{1}{2}x^{-\frac{1}{2}}$ (6) $-3x^2-7$

4. (1) $\frac{4x(x^2+x+1)-(2x^2+1)(2x+1)}{(x^2+x+1)^2}$ (2) $4(3x^2+4x+1)(3x+2)$

   (3) $\frac{-2(2x+2)}{(x^2+2x+3)^3}$ (4) $\frac{1}{2}(x^3-2x^2+1)^{-\frac{1}{2}}(3x^2-4x)$

5. (1) $\frac{1}{4}\cos\frac{1}{4}x$ (2) $-2\sin 4x$ (3) $-4\sec^2(1-4x)$ (4) $3\sec(3x+1) \circ \tan(3x+1)$

   (5) $3\cos 3x \circ \cos 2x - 2\sin 3x \circ \sin 2x$ (6) $\tan 2x + 2x\sec^2 x - 2\text{cosec}2x \circ \cot 2x$

   (7) $-2\sin 2x \circ \cos(\cos 2x)$

6. (1) $\frac{1}{6}(2x+3)^3$ (2) $-\frac{1}{4}(4-x)^4$ (3) $-\frac{1}{3}x^{-3}+c$ (4) $-\frac{1}{4(4x+1)}+c$

   (5) $-\ln|4-x|+c$ (6) $\frac{2}{5}(x+1)^{\frac{5}{2}}+c$ (7) $2\sin x-\frac{1}{2}e^{2x}+c$ (8) $-\frac{1}{2}\cos(2x+4)+c$

   (9) $-\frac{1}{4}\cot 4x+c$ (10) $\frac{2}{5}x^{\frac{5}{2}}+2x^{\frac{1}{2}}+c$ (11) $(3+x^2)^{\frac{1}{2}}+c$ (12) $\tan(x+1)-x+c$

   (13) $\frac{2}{5}(x+4)^5-2(x+4)^4+c$ (14) $\frac{2}{5}(\sqrt{x+1})^5-\frac{2}{3}(\sqrt{x+1})^3+c$

   (15) $\frac{1}{2}x^2 + \frac{1}{2}(\ln x)^2+c$ (16) $\frac{3}{2}e^{x^2}+c$ (17) $4\tan^{-1}e^x+c$

   (18) $-(4x+1)\cos x+4\sin x+c$ (19) $\sqrt{x^2+2}+c$ (20) $\frac{1}{7}(e^x+5)^7+c$

4장 연습문제 해답

1. (1) $y' = -2ce^{-2x} = -2y$

$\therefore\ y = ce^{-2x}$ 는 주어진 미분방정식의 해이다.

(2) $y' = 4x + a,\ y'' = 4$

$\therefore\ y = 2x^2 + ax + b$ 는 주어진 미분방정식의 해이다.

(3) $y' = c_1\cos x - c_2\sin x,\ y'' = -c_1\sin x - c_2\cos x$

$y'' + y = (-c_1\sin x - c_2\cos x) + (c_1\sin x + c_2\cos x) = 0$

$\therefore\ y = c_1\sin x + c_2\cos x$ 는 주어진 미분방정식의 해이다.

2. (1) $y = ce^{-\frac{1}{x}}$ (2) $y = -\cot x + c$ (3) $y^2 = \dfrac{1}{2\ln|\sin x| + c}$

(4) $y = c_2(x^2+1)^{\frac{1}{2}} - 1$ (5) $y = \dfrac{1}{-e^x + \dfrac{6}{5}}$

3. (1) $\dfrac{2}{\sqrt{3}}\tan^{-1}\dfrac{2}{\sqrt{3}}\left(\dfrac{y}{x} - \dfrac{1}{2}\right) = \ln|x| + c$ (2) $y = \tan(x+c) - x$

(3) $\dfrac{1}{2}(y+x-1) - \dfrac{3}{4}\ln|2(y+x-1)+3| = x + c$ (4) $\sin z = ce^{-x}$

4. (1) 완전미분방정식이고 일반해는 $3x + xy^2 = c$

(2) 완전미분방정식이고 일반해는 $y - 2xe^y + \dfrac{1}{2}x^2 = c$

(3) 완전미분방정식아니고 적분인자는 $(4x-1)^{-\frac{1}{2}}$

(4) 완전미분방정식아니고 적분인자는 x

5. (1) $y = cx^2 + 3$ (2) $y = ce^{-x} - x^2 + 3x - 3$ (3) $y = \dfrac{1}{ce^{-2x} - \dfrac{1}{2}}$

(4) $y^{-1} = ce^{\frac{1}{2}x^2} + 2$

5장 연습문제 해답

1. (1) 1차독립 (2) 1차종속 (3) 1차종속 (4) 1차종속

2. (1) $y=c_1e^{-3x}+c_2e^{5x}$ (2) $y=(c_1+xc_2)e^{-4x}$ (3) $y=e^{x}(A\cos6x+B\sin6x)$

3. (1) $y=c_1x^6+c_2x^{-9}$ (2) $y = x[A\cos(\sqrt{13}\ln x)+B\sin(\sqrt{13}\ln x)]$

   (3) $y=c_1x^2+c_2x^{-1}$ (4) $y=(c_1+c_2\ln x)x$

4. (1) $y=c_1e^{3x}+c_2e^{-2x}$ (2) $y=c_1e^{\sqrt{\frac{7}{2}}x}+c_2e^{-\sqrt{\frac{7}{2}}x}$ (3) $y=c_1x^6+c_2x^{-1}$

6장 연습문제 해답

1. (1) $y(x) = c_1e^{6x}+c_2e^{-x}-\frac{2}{5}e^{x}$ (2) $y(x) = c_1\cos 3x+c_2\sin 3x + \frac{2}{9}x$

(3) $y(x) = c_1e^{4x}+c_2e^{-3x} + \frac{1}{170}\cos x-\frac{13}{170}\sin x$

2. (1) $y(x) = \frac{4}{35}e^{6x}-\frac{21}{35}e^{-x}-\frac{2}{5}e^{x}$ (2) $y(x) = -\frac{2}{27}\sin 3x + \frac{2}{9}x$

3. (1) $y_p(x) = \frac{1}{3}e^{x}+3\sin x$ (2) $y_p(x) = -\frac{1}{8}x^4-\frac{1}{4}x^3-\frac{7}{8}x^2-\frac{7}{8}x$

(3) $y_p(x) = \frac{1}{2}x^2e^{-3x}$ (4) $y_p(x) = -\frac{1}{8}x\cos 4x+\frac{1}{8}$

4. (1) $y(x)=c_1+c_2e^{-3x}+c_3e^{4x} + \frac{1}{28}xe^{4x}-\frac{1}{48}x^4+\frac{1}{144}x^3-\frac{1}{12}x$

(2) $y(x) = c_1+c_2x+c_3x^2+c_4e^{x}-\frac{1}{60}x^5-\frac{1}{12}x^4-\frac{1}{3}x^3-\frac{1}{2}\cos x+\frac{1}{2}\sin x$

5. (1) $y_p(x) = \sin 2x\int x\cos 2x\,dx - \cos 2x\int x\sin 2x\,dx = \frac{1}{2}x$

(2) $y_p(x) = \int \frac{4e^{2x}}{-12e^{2x}} \circ 4e^{2x}dx + e^{-x}\int \frac{-3e^{3x}}{-12e^{2x}} \circ 4e^{2x}dx + e^{3x}\int \frac{-e^{-x}}{-12e^{2x}} \circ 4e^{2x}dx$

$= -\frac{2}{3}e^{2x}$

7장 연습문제 해답

1. (1) $y = c_0 + c_1 x + c_2 x^2 + \dots \ = c_0 - 4c_0 x + \frac{4\times4}{2!}c_0 x^2 - \frac{4\times4\times4c_0}{3!}x^3 + \ ,,,,,$

$= c_0\left[1 + \frac{1}{1!}(-4x) + \frac{1}{2!}(-4x)^2 + \frac{1}{3!}(-4x)^3 + \ \dots\right]$

$= c_0 e^{-4x}$

(2) $y = c_0 + c_1 x + c_2 x^2 + \dots \ = c_0 + c_0 x + \frac{1}{2!}c_0 x^2 + \frac{c_0}{3!}x^3 + \ ,,,,$

$= c_0\left(1 + \frac{1}{1!}x + \frac{1}{2!}x^2 + \frac{1}{3!}x^3 + \ \dots\right)$

$= c_0 e^x$

(3) $y = c_0 + c_1 x + c_2 x^2 + \dots \ = c_0 + c_1 x - \frac{4c_0}{2!}x^2 - \frac{4c_1}{3!}x^3 + \frac{4\times4c_0}{4!}x^4 + \dots$

$= c_0\left(1 - \frac{(2x)^2}{2!} + \frac{(2x)^4}{4!} - \frac{(2x)^6}{6!} + \ \dots\right) + c_2\left(2x - \frac{(2x)^3}{3!} + \frac{(2x)^5}{5!} + \ \dots\right)$

$= c_0 \cos 2x + c_2 \sin 2x$

2. (1)$y = c_0\left(1 - x^2 + \frac{3}{2}x^4 + \dots\right) + c_1\left(x - \frac{1}{3}x^3 + .\frac{5}{60}x^5 \dots\right) + \frac{1}{2}x^2 + \frac{1}{6}x^3 - \frac{1}{2}x^4 - \frac{1}{120}x^5 + \dots$

(2) $y = c_0\left(1 - x^2 + \frac{1}{3}x^4 + \dots\right) + c_1\left(x - \frac{1}{2}x^3 + \frac{1}{8}x^5 + \dots\right) + \frac{1}{6}x^3 - \frac{1}{24}x^5 + ..$

3. (1) $y_1 = c_0\left(1 - 2x + \frac{3}{2}x^2 + ..\right)$ (2) $y_1 = c_0\left(1 - \frac{1}{2}x + \frac{1}{24}x^3 - \frac{1}{120}x^4 + \dots\right)$

8장 연습문제 해답

1. (1) $\dfrac{s}{s^2-9}+\dfrac{5}{s^2-25}$ (2) $\dfrac{3}{s^2+9}$ (3) $\dfrac{8!}{s^9}$ (4) $\dfrac{9}{s}+\dfrac{24}{s^2}+\dfrac{32}{s^3}$

   (5) $\dfrac{8}{s(s^2+16)}$ (6) $\dfrac{s^2-25}{(s^2+25)^2}$ (7) $\dfrac{s-12}{(s-4)^2+64}$ (8) $\dfrac{4s}{(s^2+4)^2}$

   (9) $\dfrac{3!}{(s-4)^4}$ (10) $\dfrac{16(s-1)}{[(s-1)^2+64]^2}$

2. (1) $\cosh\sqrt{6}t-\dfrac{1}{\sqrt{6}}\sinh\sqrt{6}t$ (2) $e^{2t}-e^t$ (3) $\dfrac{1}{4}\sin 4t$

   (4) $-\dfrac{1}{2\sqrt{2}}\sin\sqrt{2}t+\dfrac{1}{2}t+\dfrac{1}{4}\cos\sqrt{2}t-\dfrac{1}{4}+\dfrac{1}{4}t^2$ (5) $e^t\left[1+\dfrac{2}{t}+\dfrac{3}{2}t^2\right]$

   (6) $2e^{-t}\cos 3t+\dfrac{2}{3}e^{-t}\sin 3t$

   (7) $\dfrac{1}{\sqrt{2}}\times\sin\sqrt{2}(t-3)u_3(t)-\dfrac{1}{\sqrt{2}}\times\sin\sqrt{2}(t+4)u_{-4}(t)$

3. (1) $y(t)=-1+\dfrac{3}{4}e^t+\dfrac{1}{4}e^{-3t}$ (2) $y(t)=\dfrac{5}{3}e^{2t}+\dfrac{1}{3}e^{-t}$ (3) $y(t)=e^{2t}-1$

9장 연습문제 해답

1. $f(x) = \frac{5}{3} + \sum_{n=1}^{\infty}\left(\frac{4}{n\pi}\sin\frac{n\pi}{3}\cos\frac{n\pi x}{3}\right)$

2. 0

3. $f(x) = -1 - \sum_{n=1}^{\infty}(\frac{2}{n\pi})^2(\cos n\pi - 1)\cos n\pi x$

4. (a) 우주기로 확장했을 경우

$$f_k(x) = k + 1 + \sum_{n=1}^{\infty}\frac{4k}{n^2\pi^2}(\cos n\pi - 1)\cos\frac{n\pi x}{k}$$

(b) 기주기로 확장했을 경우

$$f_k(x) = \sum_{n=1}^{\infty}\left[\frac{2}{n\pi} - \left(\frac{16}{n\pi k} + \frac{2}{n\pi}\right)\cos n\pi\right]\sin\frac{n\pi x}{k}$$

5. $f(x) = \frac{6}{\pi}\int_0^{\infty}(\frac{\sin 2w}{w})\cos wx\,dw$

6. $f(x) = \frac{3}{2\pi i}\int_{-\infty}^{\infty}(\frac{1-e^{-i4w}}{w})e^{iwx}dw$

10장 연습문제 해답

1. (1) $u = c_1(y) + c_2(y)x$ (2) $u = c_1(y)e^{\sqrt{2}x} + c_2(y)e^{-\sqrt{2}x}$

(3) $u = e^{2y}\int c(x)dx + g(y) = f(x)e^{2y} + g(y)$

여기서 $f(x) = \int c(x)dx$이다.

2. $u(x, t) = \sum_{n=1}^{\infty} A_n e^{-\lambda_n^2 c^2 t} \sin\lambda_n x = 2e^{-c^2 t}\sin x$

3. $u_n(x, t) = \sum_{n=1}^{\infty} B_n' \cos nt \sin nx$,

여기서 $B_n' = \frac{1}{\pi}\left[-\frac{1}{2+n}[\cos(2+n)\pi - 1] + \frac{1}{2-n}[\cos(2-n)\pi - 1]\right]$

11장 연습문제 해답

1. (1) $4+3i$ (2) $2-12i$ (3) $38-16i$ (4) $\frac{19}{25}-\frac{13}{25}i$

2. (1) $z_1 = 5\sqrt{2}\left(\cos\frac{\pi}{4}+isin\frac{\pi}{4}\right) = 5\sqrt{2}e^{i\frac{\pi}{4}}$, $z_2 = 2\left(\cos\frac{\pi}{3}+isin\frac{\pi}{3}\right) = 2e^{i\frac{\pi}{3}}$

(2) $z_1z_2 = 10\sqrt{2}e^{i\frac{7\pi}{12}} = 10\sqrt{2}\left(\cos\frac{7\pi}{12}+isin\frac{7\pi}{12}\right)$,

$\frac{z_1}{z_2} = \frac{5\sqrt{2}}{2}e^{-i\frac{\pi}{12}} = \frac{5\sqrt{2}}{2}\left(\cos\frac{\pi}{12}-isin\frac{\pi}{12}\right)$

3. 제곱근 : w_1, w_2

$w_1 = 2\left(\cos\frac{\pi}{6}+isin\frac{\pi}{6}\right)$, $w_2 = -2\left[\cos(\frac{\pi}{6})+isin(\frac{\pi}{6})\right]$

4. (1) 해석적이다 (2) 해석적이 아니다

5. e^2

6. 해석적이 아니다

참고문헌 및 도서

1. 함남우, 공학 핵심수학, 한빛아카데미, 2015년 1월
2. 부경대학교 수학교재편찬위원회, 기초수학의 이해, 경문사, 2010년 3월
3. 수학교재편찬위원회 편역, 최신공업수학(KREYSZIG), 범한서적,,2002년 2월
4. 부경대학교 수학교재편찬위원회, 이공계를 위한 미분적분학, 경문사, 2008년 9월
5. 수학교재편찬위원회, 미적분학의 이해, 교문사, 2014년 2월
6. 서진현외 12인, KREYSZIG 공업수학 개정 10판, 범한서적, 1966년 10월
7. 장윤석, 수식이 보이는 공업수학, 한빛아카데미, 2012년 7월
8. 장윤석, 수식이 보이는 공업수학(개정판), 한빛아카데미, 2018년 6월
9. 金泰富외 6인, 공업수학, 청문각, 1992년 1월
10. 신윤기, 공업수학, 도서출판 GS인터비젼, 2015년 1월
11. 김두만, 공업수학, 복두출판사. 2006년 3월
12. 수학교재편찬위원회, 선형대수학, 경문사. 2010. 3월
13. 공업수학교재편찬위원회, 공업수학1, 북스힐, 2012년 2월
14. 이상구외 4인, 최신 공업수학Ⅱ with Sage, 한빛아카데미, 2016년 1월
15. 失野健太郎외 1인, 線形代數(改訂改題), 裳華房, 1995년 3월
16. 失野健太郎외 1인, 微分積分(改訂版), 裳華房, 1994년 12월

이 저서는 부경대학교 자율창의학술연구비(2023년)에 의하여 연구되었음

공학수학

초판발행 2023년 10월 30일 초판발행
인쇄발행 2023년 11월 03일 인쇄발행
저　　자 **강대민**
발 행 인 송기수
발 행 처 도서출판 GS인터비전
편 집 인 김명신
편 집 처 도서출판 GS인터비전
인 쇄 처 트윈벨 미디어
등록번호 제 25100-2016-000050 호

전　　화 02-976-7898
팩　　스 02-6468-7898
이 메 일 gsinter7@gmail.com
홈페이지 gsintervision.kr
주　　소 서울 은평구 증산로 15길 69, 2층

ISBN 979-11-5576-455-8(93530)

정가 35,000원

도서출판 GS인터비전